Lars Lehmann
„Das Europa der Universitäten"

Quellen und Darstellungen zur Zeitgeschichte

Herausgegeben vom Institut für Zeitgeschichte

Band 127

Lars Lehmann

„Das Europa der Universitäten"

Die Europäische Rektorenkonferenz
und die internationale Politik
1955–1975

DE GRUYTER
OLDENBOURG

Dies ist die überarbeitete Fassung einer Dissertation, die am 15. April 2019 von der Philosophischen Fakultät der Humboldt-Universität zu Berlin angenommen wurde.

ISBN 978-3-11-071968-0
E-ISBN (PDF) 978-3-11-071975-8
E-ISBN (EPUB) 978-3-11-071981-9
ISSN 0481-3545

Library of Congress Control Number: 2020950004

Bibliografische Information der Deutschen Nationalbibliothek
Die Deutsche Nationalbibliothek verzeichnet diese Publikation in der Deutschen Nationalbibliografie; detaillierte bibliografische Daten sind im Internet über http://dnb.dnb.de abrufbar.

© 2021 Walter de Gruyter GmbH, Berlin/Boston
Titelbild: Festumzug vor der Göttinger Stadthalle. Fotograf: Fritz Paul. Fotosammlung zur III. Europäischen Rektorenkonferenz, in: Städtisches Museum Göttingen
Satz: Meta Systems Publishing & Printservices GmbH, Wustermark
Druck und Bindung: Beltz Bad Langensalza GmbH

www.degruyter.com

Inhalt

I. Einleitung

Am 26. September 2017 trat der amtierende französische Staatspräsident Emmanuel Macron vor Studierende der Sorbonne und legte in einer Grundsatzrede seine Sichtweise auf den gegenwärtigen Zustand der Europäischen Union (EU) dar.[1] Nach seiner Einschätzung sei die EU in einem außerordentlich kritischen Zustand. Nationalismus und Protektionismus breiteten sich aus und stellten eine Bedrohung für das europäische Projekt dar. Um den aktuellen Krisenphänomenen Herr zu werden, sei der Aufbau eines souveränen und geeinten Europas mit Initiativen auf bestehenden und neuen Handlungsfeldern notwendig. Zu den neuen Feldern zählte der französische Präsident explizit das Hochschulwesen. Kultur und Wissen machten Europa aus – ihnen sei aber noch nicht die Bedeutung beigemessen worden, die für eine zukünftige EU notwendig sei.[2] Macron unterbreitete daher konkrete hochschulpolitische Vorschläge wie etwa eine stärkere Förderung der Mobilität von Studierenden und Lehrenden sowie den Aufbau von 20 europäischen Universitäten, die untereinander in einem Netzwerk zusammenarbeiten sollten. Der französische Staatschef ist nicht der Einzige, der in der jüngeren Vergangenheit den Hochschulbereich als eine zentrale Schwachstelle auf europäischer Ebene ausgemacht hat. Seit der Finanzkrise der Europäischen Währungsunion ab dem Jahr 2010, der Flüchtlingskrise in Europa ab dem Jahr 2015 und den Querelen um den EU-Ausstieg des Vereinigten Königreichs diskutieren auch Journalisten und Wissenschaftler vermehrt über eine Neugestaltung der Europäischen Union im Allgemeinen und der europäischen Forschungs- und Bildungspolitik im Besonderen. Der Kulturmanager und Publizist Ronald Grätz stellte etwa im Jahr 2017 fest, dass Wissenschaft, Bildung und Kultur im Zuge des europäischen Einigungsprozesses vernachlässigt und in den rund sieben Jahrzehnten seit Ende des Zweiten Weltkriegs einem politischen und wirtschaftlichen Kalkül untergeordnet worden seien.[3] Deshalb plädierte Grätz dafür, diesen Politikfeldern stärkeres Gewicht in der EU zukommen zu lassen und mit ihnen die Zukunft Europas zu gestalten. Für ähnliche europäische Maßnahmen warben auch die beiden Journalisten Manuel J. Hartung und Matthias Krupa. Am 1. Februar 2018 forderten sie in der Wochenzeitung „Die Zeit", dass sich die Europäische Union neu erfinden und sich hierfür auf Universitäten mit ihren Hörsälen, Laboren und Bibliotheken konzentrieren müsse. Sie warfen die Frage auf: „Was liegt näher, wenn man Europa neu begründen will, als der Rückgriff auf die älteste europäische Institution neben der Kirche?"[4] In Zeiten einer gefühlten europapolitischen Dauerkrise solle das tertiäre Bildungswesen einen bisher nicht erbrachten Beitrag leisten, um Lösungen für die Herausforderungen der Zeit zu finden und den Gemeinschaftsgedanken sowie das

---

[1] Vgl. Macron: Initiative pour l'Europe. 26. 9. 2017 [Online-Ressource].
[2] Vgl. ebenda.
[3] Vgl. Grätz: Kann Kultur Europa retten, S. 8; Grätz: Die Zukunft Europas aus der Kultur gewinnen, S. 38 f.
[4] Hartung/Krupa: Eine Uni für Europa, in: Die Zeit, 1. 2. 2018, S. 65.

Ansehen der EU unter den Bürgern zu verbessern. Beobachter sehen das Hochschulwesen damit oftmals als ein bislang vernachlässigtes Politikfeld in der Union an und fordern ein stärkeres hochschulpolitisches Engagement auf europäischer politischer Ebene.

Die These von einer in den Anfängen des Integrationsprozesses vernachlässigten und heute lediglich schwach ausgeprägten europäischen Hochschulaktivität wird in dieser Studie relativiert: Vorschläge, Ideen und Konzepte für eine vertiefte hochschulpolitische Kooperation wurden bereits kurze Zeit nach Ende des Zweiten Weltkriegs entwickelt. In den 1950er und 1960er Jahren diskutierten beispielsweise Akteure aus Politik und Hochschulen über die Gründung supranationaler Universitäten und eine europaweite Harmonisierung von Studiengängen. Solcherlei Ideen blieben dabei keineswegs nur träumerische Überlegungen in Sonntagsreden. Sie wurden teilweise zu konkreten politischen Initiativen ausgearbeitet, in Gesetzesentwürfe gegossen und europäischen politischen Entscheidungsträgern zur Abstimmung vorgelegt. Auch wenn einige dieser Bestrebungen niemals – oder zumindest nur in sehr abgemilderter Form – realisiert wurden, geben sie zu erkennen, dass dem Hochschulwesen bereits in den ersten Dekaden nach Ende des Zweiten Weltkriegs auf europäischer Ebene eine bislang wenig beachtete Bedeutung beigemessen wurde. Zudem wird daran ersichtlich, dass gegenwärtige Forderungen nach einer tiefgreifenden europäischen Hochschulpolitik weniger innovativ sind als man annehmen möchte, da viele Vorschläge – wie etwa der für europäische Gemeinschaftsuniversitäten – eine bis in die Nachkriegszeit zurückreichende Geschichte haben.

Außerdem muss deutlich gemacht werden, dass die Annahme, die europäische Hochschulebene wäre heute schwach ausgeprägt, nur bedingt zutrifft. Denn diese kann nur aufrechterhalten werden, wenn der Blick ausschließlich auf europapolitische Akteure und ihre Kompetenzen gerichtet wird. Die Annahme trifft also nur zu, wenn ein Politikfeld, das sich auf die universitäre Selbstverwaltung stützt, als nicht europäisch genug bezeichnet werden würde. Denn gegenwärtig werden europäische Hochschulmaßnahmen nicht nur unter Einbeziehung europäischer Regierungsakteure erarbeitet, sondern auch unter Berücksichtigung der Universitäten und ihrer Verbände implementiert und ausgestaltet. Deutlich wird diese Tatsache am Beispiel des Bologna-Prozesses, in dem die Europäische Union lediglich ein Akteur neben zahlreichen anderen politischen und akademischen Akteuren auf europäischer, nationaler, regionaler und lokaler Ebene ist. Es ist unter anderem die European University Association (EUA), eine Vereinigung von über 800 Hochschulen mit Sitz in Brüssel, die für die Fortentwicklung des Bologna-Prozesses mitverantwortlich ist.[5] Erfolgreiche europäische hochschulpolitische Maßnahmen werden damit häufig dezentral in die Wege geleitet und umgesetzt. Dieser Umstand mag die europäische politische Ebene in den Augen von Kritikern als

---

[5] Vgl. European University Association: The European Higher Education Area and the Bologna Process [Online-Ressource].

schwach erscheinen lassen; dabei könnte das im tertiären Bildungssektor gelebte Prinzip der geteilten Verantwortlichkeiten unter Einbeziehung nichtstaatlicher Akteure zum Anlass genommen werden, um europäische Hochschulaktivitäten als Ausdruck eines starken und integrativen europäischen Politikfelds anzusehen.

Die vorliegende Studie zeichnet die spannungsreiche Genese erster europäischer Hochschulpolitiken von den erstmals einsetzenden Initiativen in den 1950er Jahren bis zur erfolgreichen Implementierung von Hochschulprogrammen der Europäischen Gemeinschaften (EG) in der Mitte der 1970er Jahre nach. Es ist eine Geschichte voller Kontroversen über Möglichkeiten und Grenzen tertiärer Bildungsmaßnahmen auf europäischer Ebene. Die dargestellte Geschichte darf hierbei allerdings nicht von ihrem Ende gedacht werden: Die Einbeziehung von Hochschulakteuren in die europapolitischen Entscheidungsfindungen war in den ersten Jahrzehnten nach Ende des Zweiten Weltkriegs keine Selbstverständlichkeit.

Die Auseinandersetzungen über erste europäische Hochschulpolitiken stehen im Mittelpunkt dieser Studie. Um sie in ihrer gesamten Bandbreite zu erfassen, müssen zwei Umstände deutlich hervorgehoben werden. Erstens muss beachtet werden, dass die hochschulpolitischen Debatten nicht ausschließlich in den Vorläuferorganisationen der Europäischen Union ausgetragen wurden. Repräsentanten der Europäischen Gemeinschaft für Kohle und Stahl (EGKS), der Europäischen Wirtschaftsgemeinschaft (EWG) und der Europäischen Atomgemeinschaft (EURATOM) stellen zweifelsohne bedeutsame europapolitische Akteure in den Hochschulverhandlungen dar; der Blick auf sie ist für das Nachvollziehen der europäischen Hochschulkontroversen allerdings bei weitem nicht ausreichend. Es müssen zusätzlich die Westeuropäische Union, der Europarat, die NATO und auch die UNESCO in die Untersuchung eingebunden werden. Selbst wenn sich die Tätigkeit mancher Organisation nicht alleine auf den europäischen Kontinent beschränkte, erhoben sie zumindest zeitweise den Anspruch, eigene europäische hochschulpolitische Aktivitäten durchzuführen.[6] Das europäische hochschulpolitische System nach 1945 lässt sich somit nicht über einzelne politische Organe erklären; vielmehr gilt es alle genannten internationalen Regierungsorganisationen in die Betrachtung einzubeziehen, da sie allesamt auf eine jeweils eigene Art eine europäische Hochschulagenda entwickelten und damit Kontroversen befeuerten. Dieser Studie liegt also das Verständnis zugrunde, dass die europäische Integration im Hochschulwesen über zahlreiche verschiedene internationale Regierungsorganisationen eingeleitet wurde.[7] Die vorliegende Untersuchung verdeutlicht damit, dass sich auch in diesem Bereich die europäische Integration nicht auf die EU und ihre Vorläuferorganisationen reduzieren lässt.

---

[6] Vgl. Walter: Der Bologna-Prozess, S. 70–81.
[7] Diese Studie folgt der Sichtweise von Kiran Klaus Patel, der feststellt, dass der Blick auf die europäische Integrationsgeschichte nicht teleologisch auf die Geschichte der EG/EU sowie auf eine zentristische Perspektive verengt werden sollte. Denn die EG waren „nur eine unter vielen" internationalen Organisationen. Vgl. Patel: Projekt Europa, S. 24; Patel: Jenseits des EU-Zentrismus, S. 17; Patel: Provincialising European Union, S. 649–673.

Zweitens soll vor Augen geführt werden, dass die staatlichen Akteure und ihre Stellvertreter in den internationalen Regierungsorganisationen nur einen Teil der hier in den Blick zu nehmenden Akteure darstellen. Um den Auseinandersetzungen gerecht zu werden, müssen ebenso Repräsentanten des Hochschulwesens als eigenständige und zugleich Einfluss nehmende Akteure betrachtet werden. In jüngerer Vergangenheit gibt es eine Vielzahl an institutionalisierten Akteuren. Das „Handbook of European Associations in Higher Education" listete für das Jahr 2000 insgesamt 37 Organisationen auf, die sich als europäisch ausgerichtete Hochschulvereinigungen einstuften und mit einem jeweils eigenständigen Profil als Nichtregierungsorganisation (NGO) staatenübergreifend zu wirken gedachten.[8] Der Großteil dieser NGOs gründete sich im letzten Viertel des 20. Jahrhunderts. Einzelne Vorläufer spielten jedoch bereits vor 1975 eine beträchtliche Rolle. Die hier dargestellten Anfänge europäischer Hochschulpolitiken umfassen damit gerade auch die Perspektive der von solchen Maßnahmen betroffenen Hochschulen.

Eine besonders aktive und zugleich einflussreiche Personengruppe, welche die Hochschulgeschicke in den ersten Nachkriegsjahrzehnten mitzugestalten versuchte, setzte sich aus den Leitern der Universitäten zusammen. Je nach Hochschulverfassung handelte es sich um Rektoren, Vizekanzler oder Präsidenten. Sie versuchten auf informellem Weg – sei es über private Treffen, Briefe oder Konferenzbesuche – oder auf formellem Weg, etwa in Kommissionen oder Ausschüssen, auf europäische hochschulpolitische Entscheidungen einzuwirken. Nach ersten Großversammlungen entschlossen sie sich Ende der 1950er Jahre zur Gründung einer gemeinsamen Organisation, die oft als Europäische Rektorenkonferenz bezeichnet und mit dem Akronym ERK abgekürzt wurde. Auch wenn ihre umgangssprachliche Bezeichnung von den späten 1950er Jahren bis zur Jahrtausendwende erhalten blieb, änderte die Organisation mehrfach ihren offiziellen Namen. Die ERK, die häufig auch in deutscher Sprache mit dem französischen Kürzel CRE[9] benannt wurde, startete 1959 unter dem Namen Ständige Konferenz der Rektoren und Vizekanzler europäischer Universitäten (= Standing Conference of Rectors' and Vice-Chancellors of European Universities). In der Mitte der 1970er Jahre erweiterte sie den bereits sperrigen Namen in Ständige Konferenz der Rektoren, Präsidenten und Vizekanzler europäischer Universitäten. In den späten 1970er Jahren entschieden ihre Mitglieder, die Organisation fortan als Vereinigung europäischer Universitäten (= Association of European Universities) zu bezeichnen. Während sie damit zu Beginn ausschließlich auf die leitende Spitze der Hochschulen verwiesen, hoben sie nun das Gesamtgebilde der Universität hervor. Nach der Jahrtausendwende richtete sich die Organisation neu aus und schloss sich im Jahr 2001 mit einer zweiten, in den frühen 1970er Jahren etablierten europäischen Hochschulvereinigung zusammen. Gemeinsam mit dem Ver-

---

[8] Vgl. Wächter: Handbook of European Associations in Higher Education, S. 7.
[9] Das Akronym CRE leitet sich von der französischen Organisationsbezeichnung Conférence permanente des recteurs et vice-chanceliers des universités européennes ab.

bindungskomitee der Rektorenkonferenzen der Europäischen Gemeinschaft[10] bildete die ERK fortan die Europäische Universitätsvereinigung (= European University Association). Diese neue Organisation operiert seither unter dem Akronym EUA und hat ihren Sitz in Brüssel unweit des Berlaymont-Gebäudes der Europäischen Kommission.[11] In deutscher Sprache blieb die umgangssprachliche Bezeichnung Europäische Rektorenkonferenz bis zur Jahrtausendwende bestehen.[12] Dies erklärt sich nicht zuletzt aus dem Umstand, dass ihre Mitglieder trotz der Namensänderungen keinen völligen Neubeginn erkennen konnten; stattdessen setzte sich für sie die Geschichte der einen Organisation mit einem lediglich veränderten Kurs fort. Zugleich war die Bezeichnung Europäische Rektorenkonferenz eingängig und erinnerte an die nationalen Pendants der Westdeutschen und Österreichischen Rektorenkonferenzen.[13] In dieser Studie wird daher ebenfalls von der Europäischen Rektorenkonferenz (ERK) zu lesen sein. Ihre Geschichte bietet den Fixpunkt dieser Studie, von dem ausgehend die verschiedenen europäischen Hochschulkontroversen zwischen Regierungen und ihren Vertretern auf der einen Seite, und den Universitäten und ihren Repräsentanten auf der anderen Seite, systematisch ausgewertet werden. Auch wenn die ERK nicht in jeder Kontroverse ein handlungsmächtiger Akteur war, bezogen ihre Mitglieder häufig Stellung, die sich anhand der ausgewerteten Publikationen und Archivalien der Organisation nachvollziehen lässt. Die Unterlagen der ERK können daher als Grundlage genommen werden, um die spannungsgeladene Entstehung erster europäischer Hochschulpolitiken nachzuzeichnen.

Drei Leitfragen wird im analytischen Teil der Arbeit nachgegangen: Erstens wird die Frage zu beantworten sein, weshalb sich politische und universitäre Akteure überhaupt der tertiären Bildung auf europäischer Ebene annahmen und welche Interessen sie damit verfolgten. Institutionalisierte Foren des grenzüberschreitenden akademischen und politischen Austausches hatten sich bereits im späten 19. Jahrhundert herausgebildet. Mit der Schaffung eines gemeinsamen Marktes in Westeuropa nach Ende des Zweiten Weltkriegs und der Spaltung des Kontinents durch den Kalten Krieg waren allerdings gänzlich neue Bedingungen gegeben, unter denen diese in nationenübergreifenden Verbünden bestehen konnten. Es gilt

[10] Ab 1996 änderte das Verbindungskomitee der Rektorenkonferenzen der Europäischen Gemeinschaft seinen Organisationsnamen und nannte sich fortan Vereinigung der Rektorenkonferenzen der Europäischen Gemeinschaften (= The Confederation of European Union Rectors' Conferences).

[11] Vgl. Merger Agreement between the Association of European Universities (CRE) and the Confederation of European Union Rectors' Conferences, in: HAEU – CRE-44 Salamanca, 2001: European University Association (E.U.A.).

[12] Noch heute wird die EUA in Pressemitteilungen manchmal als „europäische Rektorenkonferenz" beschrieben. Vgl. Hochschulrektorenkonferenz: HRK-Präsident protestiert gegen Umgang mit Hochschulangehörigen in der Türkei. Pressemitteilung der HRK, 20. 7. 2016 [Online-Ressource].

[13] In der Schweiz wurde die Vereinigung in den Medien häufig auch als „Europäische Hochschulrektorenkonferenz" übersetzt. Vgl. Europäische Hochschulrektorenkonferenz, in: HAEU – CRE-6 Geneva, 1969: Allocutions.

daher den Antrieb hinter der Zusammenarbeit der Hochschulleiter und mit Hochschulbildung befasster Regierungsvertreter herauszuarbeiten und deren Hand-
lungsmotive offenzulegen.

Zweitens wird zu klären sein, inwieweit Universitätsleiter europäische politische
Entscheidungen beeinflussten und inwieweit sie selbst durch europapolitische
Entscheidungsträger beeinflusst wurden. Die formellen Entscheidungsfindungen
sahen häufig nur die Einbeziehung von Regierungen, Parlamenten und Vertretern
von Ministerien sowie von internationalen Regierungsorganisationen vor. Es muss
daher analysiert werden, welche Kanäle die Hochschulrepräsentanten überhaupt
nutzten, um auf politische Entscheidungsfindungen einzuwirken.

Drittens gilt es zu analysieren, welche Selbstbilder die Zusammenarbeit der Universitätsleiter prägten und wie sich diese Selbstbilder – also die von ihnen vertretenen Ideale, Argumente und Instrumente – im Zuge der anhaltenden Auseinandersetzungen mit politischen Entscheidungsträgern veränderten. Die Geschichte der
Universitäten reicht bis in das Mittelalter zurück. Vorstellungen über Sinn und
Zweck bestimmter Hochschulpolitiken als auch über die Arbeitsweisen einer Universität konnten damit lange vor den Kontroversen mit Regierungsakteuren der
ersten Nachkriegsdekaden geprägt worden sein. Es wird daher auch analysiert
werden, mit welchem Universitätsverständnis die Rektoren und Vizekanzler auf
internationalem Parkett auftraten.

1. Europäische Integration, Kalter Krieg, Universitätsgeschichte

Die Analyse der Interaktionen von Hochschulleitern mit europäischen Politikern
und hohen Beamten zielt auf einen Beitrag zur Geschichte des europäischen Integrationsprozesses. Der „europäische Zusammenschluss" und die „Einheit Europas"
wurden in der Geschichtswissenschaft bis in die jüngste Zeit als Werk von Berufs-
politikern geschrieben. Regierungen und Parlamente erarbeiteten demnach weitreichende Verträge und schufen damit inter- und supranationale Kooperationen,
die das „alte Mächtekonzert" der Nationalstaaten – je nach Interpretation – trans-
formierten oder ablösten. Dieser Blick auf die Diplomatiegeschichte spiegelt sich
unter anderem in den Gesamtdarstellungen zur Europäischen Integration von
Gerhard Brunn, Gabriele Clemens und Wilfried Loth wider.[14] Die Perspektivie-
rung auf politische Akteure zeigt sich auch in ersten Studien über die Geschichte
der Bildungspolitik der EG/EU. Im Jahr 2006 veröffentlichte Luce Pépin die Publikation „The History of European Cooperation in Education and Training".[15] Der
ehemalige Leiter des europäischen Informationsnetzwerks Eurydice zeichnet die

---

[14] Vgl. Brunn: Die europäische Einigung; Loth: Europas Einigung; Clemens/Reinfeldt/Wille: Geschichte der europäischen Integration.
[15] Vgl. Pépin: The History of European Cooperation in Education and Training.

Genese der Bildungspolitik der Europäischen Union und ihrer Vorgängereinrichtungen nach. Besonders wertvoll sind die darin abgedruckten Erinnerungsberichte involvierter europapolitischer Entscheidungsträger. Zudem ist die im Jahr 2005 erschienene Monographie „Universities and the Europe of Knowledge"[16] von Anne Corbett hervorzuheben, welche die Geschichte der europäischen Hochschulpolitik mit einem Schwerpunkt auf einzelne entscheidende politische Führungspersönlichkeiten nachzeichnet. Pépin und Corbett erklären die Entstehung europäischer Hochschulpolitiken als ein Ergebnis vornehmlich politischer Aushandlungsprozesse, die zwischen der Europäischen Kommission, Regierungsmitgliedern und Parlamentariern stattfanden. Die vorliegende Studie greift auf deren ertragreiche Erkenntnisse zurück, erweitert allerdings die Perspektive durch die Einbeziehung der Rektoren und Vizekanzler als auf die europäischen Entscheidungsfindungen einflussnehmende Akteure. Es wird also angestrebt, europäische Hochschulpolitiken nicht nur aus den Eigenlogiken und -dynamiken der EG/EU zu erklären, sondern auch aus den Idealen und politischen Interventionen von Hochschulakteuren abzuleiten. Damit leistet diese Studie einen Beitrag zu der von Kiran Klaus Patel geforderten Perspektivenerweiterung in der europäischen Integrationsgeschichtsschreibung auf bislang kaum berücksichtigte gesellschaftliche Gruppen und Nichtregierungsorganisationen.[17]

Um einen Forschungsbeitrag zur Geschichte der europäischen Integration leisten zu können, greift diese Studie auf die Gedankenfigur der Europäisierung zurück. Seit einiger Zeit widmen sich unter anderem Politologen, Soziologen und Rechtswissenschaftler den Möglichkeiten und Grenzen dieses Begriffs.[18] In älteren Forschungen wurde dieser Begriff vornehmlich verwendet, um den kontinuierlichen Zuwachs an politischen und administrativen Kompetenzen europäischer Regierungsorgane – meist im Rahmen der EG/EU – terminologisch fassbar zu machen.[19] Neuere Forschungen – gerade auch in der Geschichtswissenschaft – lösen sich allmählich von dieser starren Fokussierung auf das institutionelle Gefüge der EG/EU und nehmen zugleich Abstand von der Notwendigkeit, dass eine Europäisierung mit einem kontinuierlichen Anwachsen politischer und administrativer Kompetenzen einhergehen müsse.[20] Die vorliegende Studie orientiert sich dementsprechend an einer neueren Definition von Ulrike von Hirschhausen und Kiran Klaus Patel, die unter Europäisierung all jene „politischen, sozialen, wirtschaftlichen und kulturellen Prozesse [verstehen] [...], die europäische Verbindungen und Ähnlichkeiten durch Nachahmung, Austausch und Verflechtung vor-

---

[16] Vgl. Corbett: Universities and the Europe of Knowledge.
[17] Vgl. Patel: Forschungsbericht, S. 631.
[18] Vgl. Harmsen/Wilson: Approaches to Europeanization, S. 13–26; Graziano/Vink: Challenges of a new research agenda, S. 3–22; Schuppert (Hrsg.): The Europeanisation of Governance.
[19] Vgl. Green/Caporaso/Risse-Kappen (Hrsg.): Transforming Europe, S. 1.
[20] Die Loslösung von einem starren Europäisierungsbegriff kommt beispielhaft in den zwölf Fallstudien des von Martin Conway und Kiran Klaus Patel herausgegebenen Sammelbands zur Europäisierung zur Anwendung. Vgl. Hirschhausen/Patel, Introduction, S. 1–18.

antreiben *oder* relativieren."[21] Durch ihre Ausdehnung der Definition auf nicht-politische Prozesse wird es möglich, auch Europäisierungen abseits der üblichen (west)europäischen Regierungsorgane zu fassen.[22] Zugleich erlaubt diese offengehaltene Definition von Europäisierung, auch all diejenigen Akteure in die Analyse einzubeziehen, die mit dem Integrationsprozess der EG/EU nicht einverstanden waren und/oder alternative Konzepte und Ideen vertraten. Damit verliert der Begriff der Europäisierung seine Normativität, da Europäisierung nicht mit einer bestimmten integrationistischen oder teleologischen Perspektive auf Europa gleichgesetzt wird. Stattdessen wird es möglich, ganz vielfältige Positionierungen und Vorstellungen von dem, was Europa ist und was es sein sollte, in den Blick zu bekommen.

In dieser Studie wird der Begriff der Europäisierung verwendet, um zu analysieren, was Europas Hochschulleiter überhaupt dazu veranlasst hat, ihre Zusammenarbeit auf europäischer Ebene zu institutionalisieren. Zwar gab es unter Hochschulangehörigen bereits seit vielen Jahrhunderten einen regen Austausch. Es steht allerdings außer Frage, dass die Zusammenarbeit der Hochschulleiter nach 1945 ein bis dahin unbekanntes Ausmaß annahm. Weshalb kooperierten diese also nach Ende des Zweiten Weltkriegs zunehmend staatenübergreifend und welche Erwartungen waren dabei an Europa als Handlungsfeld geknüpft? Zudem greift diese Studie auf den Begriff der Europäisierung zurück, um zu analysieren, inwieweit sich unter den Rektoren und Vizekanzlern auch ein neues europäisches Hochschulpolitikverständnis etablierte. Inwieweit unterstützten sie europäische politische Lösungen für bislang in den Nationalstaaten gelöste Herausforderungen im tertiären Bildungswesen? Der Blick auf diese Komponenten von Europäisierung wird dienlich sein, um zu klären, welche Bedeutung und welche Funktionen die Hochschulleiter der europäischen Ebene beimaßen.

Neben der Geschichte der europäischen Integration liefert die vorliegende Arbeit einen Beitrag zur Geschichte des Kalten Kriegs, der hier als ein bestimmender Faktor der europäischen Nachkriegsordnung im Allgemeinen und der europäischen hochschulpolitischen Entscheidungsfindungen im Besonderen aufgefasst wird. In der jüngeren Vergangenheit ist bereits eine Reihe an Arbeiten erschienen, welche die europäische Integration vor dem Hintergrund des Ost-West-Konfliktes einordnen. Der an der London School of Economics tätige Historiker Piers Ludlow weist etwa in dem von ihm herausgegebenen Sammelband „European Integration and the Cold War" darauf hin, dass eine Trennung beider Felder in einer zu extremen Weise vorgenommen werde und aufgrund mannigfaltiger Verflechtun-

21 Hirschhausen/Patel: Europäisierung, Version: 1.0, in: Docupedia-Zeitgeschichte, 29. 11. 2010 [Online-Ressource].
22 Ulrich Beck und Edgar Grande schlagen die Unterscheidung einer vertikalen und einer horizontalen Europäisierung vor. Während Erstere für eine „Öffnung des nationalen Containers nach oben" und damit für eine Verlagerung nationalstaatlicher Kompetenzen an überstaatliche Einrichtungen steht, meint Letztere eine staatenübergreifende Formierung zivilgesellschaftlicher Akteure. Vgl. Beck/Grande: Das kosmopolitische Europa, S. 151.

gen lediglich in künstlicher Form aufrechtzuerhalten sei.[23] Die Entstehung europäischer Hochschulpolitiken wird daher in der vorliegenden Studie gerade vor dem Hintergrund der Einflüsse und Auswirkungen des Kalten Kriegs behandelt, was in der bisherigen Forschung in lediglich begrenzter Weise getan wurde.[24] Eine Ausnahme sind Publikationen von John Krige, der der Entwicklung europäischer Wissenschaftspolitiken vor dem Hintergrund des Ost-West-Konfliktes nachgegangen ist und dabei immer wieder Erkenntnisse zur Genese der europäischen Hochschulpolitiken gewinnen konnte.[25] Arbeiten zum Umgang europäischer Hochschulleiter mit dem Ost-West-Konflikt liegen allerdings bis jetzt noch nicht vor.

Um die Auswirkungen des Kalten Kriegs auf die Mitglieder der Europäischen Rektorenkonferenz analytisch fassen zu können, greift diese Studie auf die von Emmanuel Droit, Jan Hansen und Frank Reichherzer diskutierte Gedankenfigur der „Fenster im Kalten Krieg"[26] zurück. Diese Fenster hätten es erlaubt, mit Akteuren der anderen Seite des sogenannten Eisernen Vorhangs zu interagieren. Binäre Ordnungsvorstellungen von Ost und West griffen daher zu kurz, da sonst Vernetzungen zwischen der westlichen und der östlichen Hemisphäre aus den Augen zu verlieren drohten.[27] Entsprechend wertet die vorliegende Studie aus, inwieweit die ERK und europäische Regierungsorgane darauf zielten, hochschulpolitische Vorhaben auf Grundlage der binären Ordnungslogik durchzuführen, und inwieweit es gelang, diese Logik durch Kontakte zur anderen Seite des Eisernen Vorhangs zu überwinden.

Diese Studie leistet außerdem einen Beitrag zur Geschichte der Universitäten in Europa. Sylvia Paletschek weist in ihrem Forschungsbericht zur Universitätsgeschichte darauf hin, dass die räumliche Repräsentation einer Universität weit über die regionale und nationale Dimension hinausreiche und eine Universitätsgeschichte daher auch in transnationale Universitäts- und Bildungslandschaften eingebettet werden könne.[28] Dementsprechend lässt sich die ERK als eine Plattform begreifen, in der Leiter einzelner Universitäten ihren Repräsentationsraum über den eigenen Nationalstaat hinaus auszudehnen versuchten.

In zahlreichen Überblicksdarstellungen zur Geschichte der Universitäten haben sich die Autoren um eine europäische Perspektive bemüht. Hierbei ist etwa die Monographie des Literatur- und Bildungswissenschaftlers Hans-Albrecht Koch-

---

[23] Vgl. Ludlow: Introduction. European Integration and the Cold War, S. 4.

[24] Studien konnten bereits politische Implikationen des Kalten Kriegs auf US-amerikanische Universitäten und Hochschulpolitiken nachweisen. Vgl. Lowen: Creating the Cold War University; Chomsky u. a. (Hrsg.): The Cold War & the University.

[25] Vgl. Krige: NATO and the Strengthening of Western Science in the Post-Sputnik Era, S. 81–108; Krige: „Carrying American Ideas to the Unconverted", S. 120–142; Krige: American Hegemony and the Postwar Reconstruction of Science in Europe; Oreskes/Krige (Hrsg.): Science and Technology in the Global Cold War.

[26] Vgl. Ditscher: Tagungsbericht. Fenster im „Kalten Krieg", in: H-Soz-Kult, 1. 4. 2016 [Online-Ressource]; Reichherzer/Droit/Hansen (Hrsg.): Den Kalten Krieg vermessen.

[27] Vgl. Hansen: Abschied vom Kalten Krieg, insbesondere das Kapitel „Fragilität und Persistenz der binären Ordnungslogik", S. 92–100.

[28] Vgl. Paletschek: Stand und Perspektiven der neueren Universitätsgeschichte, S. 178.

hervorzuheben, die im Jahr 2008 unter dem Titel „Die Universität. Geschichte einer europäischen Institution"[29] erschienen ist. Koch zeichnet darin die Geschichte der Universitäten und deren mannigfaltigen institutionellen und ideellen Wandlungen vom Mittelalter bis zur Jahrtausendwende nach. Zudem ist der von Walter Rüegg herausgegebene Band „Vom Zweiten Weltkrieg bis zum Ende des 20. Jahrhunderts"[30] seiner in über 20 Jahren erarbeiteten, vierbändigen Reihe „Geschichte der Universitäten in Europa"[31] zu nennen. Rüegg gelingt es darin, grundlegende Wandlungsprozesse wie etwa die Hochschulexpansion, die Professionalisierung und Demokratisierung an den Universitäten in den Nachkriegsjahrzehnten in eine staatenübergreifende Perspektive einzubetten.[32] Allerdings spielen europäische Aushandlungsprozesse eine lediglich untergeordnete Rolle. Die hochschulpolitischen Kontroversen zu Beginn des europäischen Integrationsprozesses kommen darin kaum vor. Trotzdem kann der Band als Standardwerk und als ein zentraler Bezugspunkt der vorliegenden Studie bezeichnet werden. Eine Vielzahl der in Rüeggs Publikation enthaltenen Erkenntnisse ist für die vorliegende Studie fruchtbar und kann die oft widersprüchlichen Vorstellungen von Europapolitikern und Hochschulleitern über Ziele und Wege europäischer Universitätspolitiken erklären helfen. Es ist allerdings auf zwei Begleitumstände hinzuweisen: Erstens geht die von Rüegg herausgegebene Reihe auf eine Initiative der Europäischen Rektorenkonferenz aus den 1980er Jahren zurück.[33] Die ERK setzte 1983 ein international besetztes Herausgebergremium ein, um die Bände konzeptualisieren und ausarbeiten zu lassen.[34] Zweitens gilt es deutlich zu machen, dass Rüegg in den 1970er Jahren selbst ein zentraler Akteur in den untersuchten europäischen Verhandlungen war. Er war ehemaliger Rektor, Präsident der Westdeutschen Rektorenkonferenz (WRK) und Verhandlungsführer der ERK mit der Europäischen Kommission. Rüegg war damit nicht nur analysierender Begleiter, sondern selbst hochschulpolitischer Gestalter.

Obwohl die unter Leitung Walter Rüeggs herausgegebene Reihe unter dem Dach der Europäischen Rektorenkonferenz erarbeitet wurde, spielt die Organisation darin keine tragende Rolle. Einige wenige Querverweise im vierten Band über die Geschichte der Universitäten vom Zweiten Weltkrieg bis zum Ende des

---

[29] Vgl. Koch: Die Universität.

[30] Vgl. Rüegg (Hrsg.): Vom Zweiten Weltkrieg bis zum Ende des zwanzigsten Jahrhunderts (Band 4).

[31] Vgl. Rüegg (Hrsg.): Mittelalter (Band 1); Rüegg (Hrsg.): Von der Reformation zur Französischen Revolution (Band 2); Rüegg (Hrsg.): Vom 19. Jahrhundert zum Zweiten Weltkrieg (Band 3).

[32] Rüdiger vom Bruch schrieb bereits nach Erscheinen der ersten beiden Bände der Reihe von einem unentbehrlichen Kompendium zur Universitätsgeschichte. Vgl. vom Bruch: Methoden und Schwerpunkte der neueren Universitätsgeschichtsforschung, S. 15 f.

[33] Vgl. Joint University Research Project. First Meeting of the Editorial Board, Bern, 2–3 October 1983, in: HAEU – CRE-181 Meetings of the editorial board for ‚A History of the University in Europe'.

[34] Vgl. Standing Conference of Rectors, Presidents and Vice-Chancellors of the European Universities: Press Release: CRE 8th General Assembly (Athens, 9./14. 9. 1984), in: HAEU – CRE-27 Athens, 1984: Press.

20. Jahrhunderts gehen am Rande auf die Vereinigung ein. Geschichtswissenschaftliche Monographien über die Europäische Rektorenkonferenz sind derweil noch nicht erarbeitet worden. Die bislang einzigen systematischen Untersuchungen zu ihrer Geschichte sind zwei Aufsätze von Autoren, die beruflich in die Arbeit der ERK eingebunden waren. Per Nyborg, der als Generalsekretär der Norwegischen Rektorenkonferenz auf europäischer Ebene aktiv war, schilderte in einem kurzen Essay die Gesamtgeschichte der Organisation.[35] In ähnlicher Weise tat dies auch Andris Barblan, der als ehemaliger Generalsekretär der Europäischen Rektorenkonferenz die Geschichte der Vereinigung ab den 1960er Jahren in einem Aufsatz, gespickt mit persönlichen Einsichten, festgehalten hat.[36] Beide Autoren skizzieren damit eine Geschichte der ERK, ohne dafür auf das vorhandene Archivmaterial zurückzugreifen. Eine quellenkritische Studie über die Genese und Interaktionen der ERK mit Regierungsakteuren liegt bis dato noch nicht vor. Die vorliegende Arbeit liefert damit eine erste quellenkritische Studie, in der die ERK ein zentraler Bezugspunkt ist, um daraus Erkenntnisse für die Geschichte der Universitäten Europas in den ersten Nachkriegsjahrzehnten zu gewinnen.

Zugleich müssen die Grenzen dieser Studie offengelegt werden: In der Analyse stehen diejenigen Hochschulpolitiken im Mittelpunkt, die zwischen Regierungen und ihren Vertretern in internationalen Regierungsorganisationen einerseits, und Hochschulleitern sowie Repräsentanten der ERK andererseits diskutiert wurden. Es werden damit Interaktionen über die Ausgestaltung der europäischen Hochschulebene in den Blick genommen. Die vorliegende Studie versteht sich damit explizit nicht als eine Synthese der vielfältigen nationalen Entwicklungen im Hochschulwesen. Zugleich ist es denkbar, dass Ideen, Konzepte und Initiativen von einzelnen Persönlichkeiten oder Einrichtungen abseits dieser europäischen Auseinandersetzungen für die Ausgestaltung einer staatenübergreifenden Hochschulpolitik entwickelt wurden. Daher gilt es darauf hinzuweisen, dass diese Studie keinen Anspruch auf Vollständigkeit erhebt. Des Weiteren gilt es einzuschränken, dass im Folgenden zuvörderst Hochschulleiter als Repräsentanten tertiärer Bildungseinrichtungen in den Blick genommen werden. Es handelt sich damit nicht um eine Geschichte aller Hochschulangehörigen. Mit dem Fokus auf Leiter der Hochschulen gilt es zugleich kenntlich zu machen, dass es sich nicht um eine europäische Geschichte einzelner Fachdisziplinen handelt, deren Vertreter gegebenenfalls deutlich andere Erwartungen mit europäischen Hochschulpolitiken verknüpft sehen konnten. Trotzdem dürfte diese Studie selbst für die nicht geleisteten Forschungsbeiträge zumindest Bezugspunkte bieten, die es in weiteren Studien zu untersuchen gälte.

[35] Vgl. Nyborg: The Roots of the European University Association [Online-Ressource].
[36] Vgl. Barblan: University Co-operation in Europe, S. 27–35.

2. Theoretisch-methodische Zugänge

Diese Studie richtet die Aufmerksamkeit auf Akteure der Universitäten und der Regierungen auf europäischer Ebene. Um beide Seiten adäquat einbinden zu können und die zu analysierenden Politiken nicht aus den Eigenlogiken und Dynamiken weniger europäischer Regierungsorgane zu erklären, lehnt sich die vorliegende Arbeit an Überlegungen der Sozialwissenschaftler Renate Mayntz und Fritz W. Scharpf aus ihrem in den 1990er Jahren entwickelten „akteurzentrierten Institutionalismus" an.[37] Hierbei handelt es sich um eine Forschungsheuristik, die in einer Zeit entstand, in der das Denken in getrennten Machtblöcken durch die Ost-West-Konfrontation endgültig überwunden zu sein und sich eine neue wirtschaftliche und gesellschaftliche Gestaltungsfreiheit in globalem Maße anzukündigen schien.[38] Bis heute stößt der akteurzentrierte Institutionalismus auf Disziplinen übergreifendes Interesse, da er es erlaubt, die Entstehung politischer Entscheidungen in komplexen und pluralistischen Gesellschaften nachzuvollziehen.[39] Drei Elemente dieser Heuristik sind als theoretische Grundlage in dieser Arbeit besonders wichtig: Erstens werden politische Entscheidungsfindungen als Ergebnis von Interaktionen zwischen zahlreichen unterschiedlichen Akteuren verstanden, zu denen neben staatlichen auch nichtstaatliche Akteure gehören. Solche Akteure sind nicht nur als Individuen zu begreifen, sondern auch als organisierte Gruppen von Menschen mit gleichen oder ähnlichen Präferenzen zu verstehen.[40] In diesem Sinne können die Leiter der europäischen Universitäten jeweils als ein Akteur verstanden werden, der mit anderen Akteuren wie etwa der Europäischen Kommission, der WEU oder dem Europarat interagierte und versuchte, Entscheidungen über europäische Hochschulpolitiken zu beeinflussen. Zweitens lenkt die Heuristik den Blick auf das institutionelle Gefüge von Interaktionen. Institutionen können einerseits als formale Regeln verstanden werden, die den Interaktionen verschiedener Akteure zugrunde liegen. Beispielhaft lassen sich Organisationsverfassungen oder Gesetze nennen. Institutionen können andererseits durch soziale Normen geprägt werden, die Interaktionen trotz fehlender gesetzlicher oder verfassungsmäßiger Regelungen möglich machen. Selbst wenn also Universitätsleiter nicht formell über festgelegte Regeln in die Verhandlungen eingebunden sind, ist es ihnen möglich, informellen Einfluss auf Ergebnisse europäischer hochschulpolitischer Verhandlungen zu nehmen. Drittens finden Interaktionen nicht in einem hermetisch abgeriegelten Raum statt, was bedeutet, dass auch nicht-institutionelle Faktoren auf Interaktionen Einfluss nehmen können. Zur Veranschaulichung lassen sich der erfolgreiche Start des sowjetischen Erdsatelliten Sputnik 1 oder die Achtundsechziger-Proteste nennen, die die europäischen hochschulpolitischen Debatten maßgeblich be-

---

[37] Vgl. Mayntz/Scharpf: Der Ansatz des akteurzentrierten Institutionalismus, S. 39–72.
[38] Vgl. Hansen: Politik und wirtschaftlicher Wettbewerb in der Globalisierung, S. 57–59.
[39] Vgl. Mayntz: Sozialwissenschaftliches Erklären, S. 83.
[40] Vgl. Scharpf: Interaktionsformen, S. 319.

einflussten, auch wenn deren Protagonisten überhaupt nicht in die Hochschulverhandlungen eingebunden waren.

Um das gemeinschaftliche Wirken der Rektoren, Vizekanzler und Präsidenten
Europas theoretisch fassbar zu machen, lehnt sich diese Studie außerdem an das
Konzept des Habitus an. Die einflussreichsten Autoren eines Habitus-Konzepts
sind Pierre Bourdieu und Norbert Elias, die beide unabhängig voneinander ein
solches entwickelten. Bourdieu beschreibt den Habitus als ein „Erzeugungs- und
Strukturierungsprinzip von Praxisformen und Repräsentationen".[41] Dementsprechend lässt sich der Habitus als „inkorporierte, gleichsam haltungsmäßige Dispo-
sition" eines Menschen verstehen.[42] Denn das Denken, Handeln und Wahrnehmen eines Menschen ergebe sich nicht aus einem absoluten freien Willen, sondern
geschehe auf Basis von sozial eingeübten Mustern, die sein Denken, Wahrnehmen
und Handeln strukturierten. Der Mensch ist also Individuum und Bestandteil von
Kollektiven zugleich. Individualität und Kollektivität sind dabei keine Gegensätze.
Bourdieu schreibt hierzu, dass es möglich sei, „im Zentrum des Individuellen sel-
ber Kollektives zu entdecken".[43] Menschen reproduzieren dementsprechend bereits vorherrschende Handlungsweisen, passten diese aber zugleich an neue Hand-
lungssituationen an. Der Habitus der Menschen drücke sich etwa in ihrer Sprache,
ihrer Kleidung und ihrem Geschmack aus.

Die vorliegende Studie orientiert sich im Weiteren an Elementen des Habitus-
Konzepts von Norbert Elias. Elias stellt fest, dass Personengruppen – gleich ob ein
Paar oder ein ganzes Volk – einen sozialen Habitus herausbilden können. Der
1897 in Breslau geborene und aufgrund seiner deutsch-jüdischen Herkunft verfolgte und emigrierte Soziologe geht in seiner Studie „Die Gesellschaft der Individuen" davon aus, dass die Mitglieder einer gesellschaftlichen Gruppe eine ähnliche
soziale Persönlichkeitsstruktur ausprägten und sich daher in den Gewohnheiten
ihres Denkens, Fühlens und Handelns ähnelten. Die Menschen, die wechselseitig
auf sich angewiesen seien, entwickelten damit ähnliche „Denk-, Wahrnehmungs-
und Handlungsmuster"[44] aus. Personen besäßen dabei deutlich mehr als nur einen sozialen Habitus: Sie könnten etwa einen geschlechtlichen, einen nationalen
und einen beruflichen Habitus ausprägen und diese ineinander verweben.[45] Der
soziale Habitus von Menschen ist also sehr vielschichtig. Zugleich solle jedoch
nicht übersehen werden, dass jeder Einzelne einer Gruppe auch eigene, individuelle Gewohnheiten herausbilde und damit neben dem sozialen auch einen persönlichen Habitus besäße. Der soziale Habitus ist für Elias allerdings der „Mutterboden, aus dem sich diejenigen persönlichen Merkmale herauswachsen, durch die
sich ein einzelner Mensch von anderen Mitgliedern seiner Gesellschaft unterschei-
det."[46] Personen sind damit Individuen und Angehörige von Gemeinschaften glei-

---

[41] Bourdieu: Entwurf einer Theorie der Praxis, S. 164.
[42] Bourdieu: Der Tote packt den Lebenden, S. 62.
[43] Bourdieu: Zur Soziologie der symbolischen Formen, S. 132.
[44] Liebsch: Identität und Habitus, S. 85 f.
[45] Vgl. Elias: Studien über die Deutschen, u. a. S. 7 f. und 392.
[46] Elias: Die Gesellschaft der Individuen, S. 244.

chermaßen, was Elias mit seinem Begriff der „Ich-Wir-Identität" beschreibt. In diesem Sinne lassen sich Europas Hochschulleiter als Individuen verstehen, die aufgrund ihrer universitären Werdegänge sich überschneidende Denk- und Handlungsmuster verinnerlichten und daher als Gruppe einen ähnlichen Habitus hatten.

Nach Auffassung von Elias entsteht die Zugehörigkeit einer Person zu einer Gruppe dabei aus seiner Abhängigkeit von anderen Gruppenangehörigen. Er schreibt in diesem Zusammenhang von Gruppen als einer „sozialen Überlebenseinheit".[47] In diesem Sinne können Europas Rektoren und Vizekanzler zugleich als ein soziales und dynamisches Netzwerk auf europäischer Ebene verstanden werden, das im Laufe der zweiten Hälfte des 20. Jahrhunderts zusammenkam, um seine sich überschneidenden Interessen und Normen gegenüber anderen Akteuren mit abweichenden Interessen und Normen zu verteidigen.

3. Quellengrundlage

Die vorliegende Studie untersucht die Kontroversen zwischen Universitätsleitern und Regierungsakteuren vornehmlich anhand von Quellen aus zahlreichen Archiven der akademischen und der politischen Sphäre. Drei Ebenen wurden hierbei berücksichtigt: Erstens sind Quellen der europäischen Ebene ausgewertet worden. Dies umfasst die Archivalien der in Europa wirkmächtigen internationalen Regierungsorganisationen sowie Archivalien der Europäischen Rektorenkonferenz. Zweitens sind exemplarisch Quellen nationaler Entscheidungsträger eingesehen worden, um deren Einflüsse auf die europäische Ebene abschätzen zu können. Drittens sind Quellen der lokalen Ebene eingeflossen, um anhand einzelner involvierter Persönlichkeiten individuelle Einblicke in die europäische Zusammenarbeit zu gewinnen.

Eine zentrale Anlaufstelle für diese Studie war das Archiv der Universität Genf, welches den Gesamtbestand der ERK während der Ausarbeitung dieser Studie beherbergte.[48] Die Akten beinhalten Dokumente aller ERK-Organe ab den frühen 1960er Jahren. Die Archivalien dokumentieren die Entscheidungsprozesse zwischen den Universitätsleitern. Dies zeigt sich etwa in der Korrespondenz der Präsidenten, die sich mit aktiven ERK-Mitgliedern regelmäßig austauschten und in einem regen Schriftverkehr mit politischen Entscheidungsträgern standen.[49] Zudem sind für diese Studie insbesondere die Protokolle des ERK-Präsidiums syste-

---

[47] Ebenda, S. 245.
[48] Die Unterlagen zur ERK konnten in einer Lagerhalle in einem Genfer Vorort ausfindig gemacht werden. Gegen Ende des Arbeitsprozesses an dieser Studie sind die Akten in das Historische Archiv der Europäischen Union (HAEU) überführt worden. Die zitierten Dokumente sind für diese Publikation an die Signaturen des HAEU angepasst worden.
[49] Die Universität Genf beherbergt in ihrem Archiv (= im Folgenden UNIGE) u. a. die Akten ihres ehemaligen Rektors und ERK-Präsidenten Jaques Courvoisier.

matisch ausgewertet worden, welches mehrmals jährlich zusammentrat und europäische hochschulpolitische Themen diskutierte, Strategien entwickelte und die Wirkmächtigkeit ihrer den Regierungsakteuren vorgebrachten Argumente abzuschätzen versuchte. Seit 2016/17 befindet sich der Gesamtbestand der ERK-Akten nun im Historischen Archiv der Europäischen Union in Florenz.

Innerhalb der Europäischen Rektorenkonferenz nahmen einige wenige Personen eine besonders aktive und damit letztlich wirkmächtige Rolle ein. Sie waren meist nicht nur in der ERK aktiv, sondern übernahmen zugleich Führungsaufgaben in nationalen Universitätsvereinigungen. Um dies in der Analyse zu berücksichtigen, sind Unterlagen der Westdeutschen Rektorenkonferenz in der HRK-Bibliothek in Bonn eingesehen worden. Die dortigen Unterlagen umfassen zugleich Schriftverkehr mit den französischen und britischen Schwesterorganisationen. Des Weiteren sind Archivalien in den Archiven der Universitäten in Manchester und Köln ausgewertet worden. Dazu gehört der Nachlass des ehemaligen Vizekanzlers der Universität Manchester, Mansfield Cooper, welcher Tagebuch führte und seine Sichtweise auf die ERK und auf die europäischen politischen Entscheidungsfindungen vielfach kommentierte.[50] Ebenso gehören dazu verstreut aufzufindende Dokumente des ehemaligen Kölner Rektors und WRK-Präsidenten Hermann Jahrreiß, welcher für viele Jahre zur Führungsriege der Europäischen Rektorenkonferenz gehörte. Er stand in regem Austausch mit französischen und britischen Kollegen; die ausgewerteten Ego-Dokumente beinhalten persönliche – häufig unverblümte – Einschätzungen der Universitätsleiter über Geschehnisse während der europäischen Verhandlungen.

Die Positionen der europäischen Politik in Bezug auf die ERK wurden über Dokumente aus verschiedenen Archiven europäischer Regierungsorganisationen rekonstruiert. Dazu gehören Archivalien der kultur- und bildungspolitischen Aktivitäten der Brüsseler-Pakt-Organisation und der Westeuropäischen Union, die in den frühen 1960er Jahren an das in Straßburg ansässige Archiv des Europarats übergingen und dort ausgewertet wurden. Hierbei sind insbesondere die Bestände über den 1955 gegründeten und bis 1959 bestehenden WEU-Universitätsausschuss von Bedeutung.[51] Sie erlauben nicht zuletzt Einblicke in die kontrovers diskutierten formalen Bedingungen der Zusammenarbeit zwischen Hochschulakteuren und hohen Beamten unter dem Dach der WEU und den politischen Hintergründen ihrer Kooperationen. Zudem sind zahlreiche Dokumente über die Verbindungen der Universitätsrektoren zum Europarat eingesehen worden. Hier-

---

[50] Vgl. Mansfield Cooper Papers, in: Archiv der Universität Manchester (= im Folgenden UNIMA); vgl. Unterlagen von Hermann Jahrreiß, in: Historisches Archiv der Universität zu Köln (= im Folgenden UNIKOE).

[51] Die gesichteten Protokolle und Briefwechsel des WEU-Universitätsausschusses waren allerdings nicht vollständig, was daran liegen dürfte, dass der Ausschuss einen unabhängigen Status hatte und seine Dokumente daher wohl nur teilweise von der Westeuropäischen Union archiviert wurden. Trotzdem zeigen die vorhandenen Akten die Beziehung zwischen der WEU und den Universitätsrektoren auf, die durch ergänzende Dokumente anderer Archive und durch publizierte Quellen analysiert werden konnte.

zu gehören insbesondere Protokolle des Ausschusses für akademische Lehre und Forschung (CHER) sowie Briefe führender Protagonisten, die insbesondere vor dem Hintergrund der Studierendenproteste um das Jahr 1968 auch über europäische hochschulpolitische Pläne debattierten. Im Archiv der Europäischen Kommission sind außerdem Archivalien über die kontrovers diskutierten Pläne zu supranationalen Universitäten und harmonisierenden Politikideen, die Korrespondenz der Kommission mit der ERK sowie mit anderen Hochschulverbänden ausgewertet worden.[52] Das Archiv der Europäischen Kommission verwahrt außerdem Unterlagen über das Verbindungskomitee der Rektorenkonferenzen der Europäischen Gemeinschaft, einer zweiten – eng mit der ERK-Geschichte verknüpften – Hochschulorganisation auf europäischer Ebene. Zu den Archivalien über das Verbindungskomitee gehören seine Gründungsdokumente von 1970 bis 1973 sowie Dokumente über seinen Austausch mit der Kommission ab 1973.[53] Weitere Akten über das Verbindungskomitee und dessen Verknüpfungen zur ERK fanden sich im Archiv des Rates der Europäischen Union. Hierzu gehörten etwa die Akten, in denen über die Kooperation der EG mit Universitäten reflektiert wurde.[54] Zusätzlich wurden Dokumente der Online-Archive der UNESCO[55] und der NATO[56] verwendet, die jeweils eigene – auf den europäischen Raum bezogene – Hochschulaktivitäten entwickelten, die Auseinandersetzungen mit Hochschulleitern nach sich zogen.

Die ausgewerteten Archivalien umfassen damit Dokumente aus Politik und Universitäten; sie stammen von der lokalen, nationalen und europäischen Ebene; sie umfassen formelle und informelle Schreiben, welche die Sichtweisen von Universitätsleitern, Repräsentanten von Regierungs- und Nichtregierungsorganisationen sowie Regierungen und Ministerialbeamten widerspiegeln.

4. Gliederung

Nach einer Einordnung des Themas in die historischen, politischen und gesellschaftlichen Zusammenhänge im Hinführungskapitel II widmet sich die Studie in einem ersten Hauptkapitel den Anfängen der multilateralen Kooperation von Hochschulleitern in den 1950er Jahren. Ihre Zusammenarbeit begann dabei sehr zögerlich. Zwei erste, groß angelegte Versammlungen europäischer Universitätsleiter, die 1955 in Cambridge und 1959 in Dijon stattfanden, kamen unter der

---

[52] Die Korrespondenz zwischen der Europäischen Kommission und der Europäischen Rektorenkonferenz finden sich unter anderem in den Akten BAC 78/1980 255; BAC 64/1984 1657 und BAC 64/1984 1682.

[53] Vgl. Création du Comité de Liaison, in: HAEC – BAC 64/1984 1658; Réunion, in: HAEC – BAC 64/1984 1660.

[54] Vgl. La coopération entre les universités européennes, in: CM2, CEE, CEEA 1.851.41.

[55] Vgl. UNESCO-Online-Archiv. URL: http://unesdoc.unesco.org/ulis/en/. Abrufdatum: 13. 4. 2018.

[56] Vgl. Nato Online Archives. URL: http://archives.nato.int/. Abrufdatum: 13. 4. 2018.

Schirmherrschaft der Westeuropäischen Union (WEU) zustande.[57] Die WEU war eine Plattform, die aus der Brüsseler-Pakt-Organisation hervorgegangen und in erster Linie auf sicherheits- und verteidigungspolitische Fragen ausgerichtet war. Von 1955 bis 1959 kooperierten Universitätsleiter zudem regelmäßig mit hohen Beamten der Außen- und Bildungsministerien in einem von der WEU eingesetzten Universitätsausschuss. Ihre formelle Zusammenarbeit wird in Kapitel III behandelt. Es gilt hierbei die Interessen der WEU und die Formierung der Hochschulleiter als Interessengemeinschaft im Zuge der Ost-West-Spannungen im Allgemeinen und der sogenannten Sputnik-Krise im Besonderen herauszuarbeiten. Dabei wird das Verhältnis der involvierten Akteure zur NATO und deren Wissenschafts- und Bildungsbestrebungen deutlich gemacht.

In den späten 1950er und frühen 1960er Jahren versuchten Universitätsleiter außerdem auf die Europäische Atomgemeinschaft Einfluss zu nehmen, die bestrebt war, eine supranationale Hochschule als mögliches Vorbild für weitere Gemeinschaftsuniversitäten zu errichten. Die damit verbundenen Ziele – in der Zeit der Euphorie um die Potentiale der Kernenergie – werden in Kapitel IV behandelt. Es wird unter anderem gezeigt, dass die daraus erwachsene Kontroverse maßgeblich zur Schaffung der Europäischen Rektorenkonferenz als einer – ihrem Selbstverständnis nach – politisch unabhängigen Vereinigung beigetragen hat.

Nach Jahren hitziger Debatten lösten die mitwirkenden Universitätsleiter ihre Bindung an die Westeuropäische Union und etablierten die Europäische Rektorenkonferenz als eine eigenständige Organisation. Sie richteten fortan in regelmäßigen Abständen eine Generalversammlung aus, wählten sich einen Präsidenten, setzten ein Präsidium sowie einen ständigen Ausschuss ein und etablierten in Genf ein Sekretariat. Damit erreichte die Europäische Rektorenkonferenz einen Institutionalisierungsgrad, der ihr ein kontinuierliches Zusammenspiel mit verschiedenen politischen Entscheidungsträgern erlaubte. In den Aufbaujahren der ERK kam es zu zwei bedeutenden Auseinandersetzungen mit politischen Akteuren, die im Zentrum von Kapitel V stehen. Zum einen fand eine Auseinandersetzung mit dem Europarat statt. Denn zeitgleich mit der Loslösung von der WEU entschieden sich ERK-Mitglieder, in dem 1959/60 neu eingerichteten Ausschuss für akademische Lehre und Forschung gemeinsam mit hohen Beamten der Europaratsstaaten zu kooperieren.[58] Die Bedingungen dieser Zusammenarbeit führten jedoch zu einem Konflikt, in dem die Frage aufgeworfen wurde, wie die politische Unabhängigkeit der Hochschulrepräsentanten gewahrt und zugleich deren wirkmächtige Einflussnahme auf die Politik gesichert werden könne. Zum anderen strebte die NATO die Gründung einer eigenen Universität in Europa unter Mitwirkung von Eisenhower-Beratern nach dem Vorbild des Massachusetts Institutes of Technology (MIT) an. Es gilt in diesem fünften Kapitel unter anderem herauszuarbeiten,

---

[57] Vgl. Ständige Konferenz der Rektoren und Vizekanzler der Europäischen Universitäten: Entstehung und Entwicklung bis zur III. Konferenz in Göttingen 1964, S. 8–12.
[58] Vgl. Jürgen Fischer: Origine et la mission de la CRE, in: HAEU – CRE-14 Bologna, 1974: Administrative Tasks.

dass beide Kontroversen maßgeblich zur Legitimation der Europäischen Rektorenkonferenz als Verteidigerin universitärer Ideale beitrugen.

Ab der Mitte der 1960er Jahre und damit unmittelbar nach Gründung geriet die Europäische Rektorenkonferenz in mehrfacher Weise in eine Krise, die im Kapitel VI analysiert wird. Unter anderem machten sich die durch Studierendenproteste evident werdenden Forderungen nach Demokratisierung auch in der ERK bemerkbar. Zugleich versuchte die Europäische Wirtschaftsgemeinschaft die Proteste für die Legitimation neuer hochschulpolitischer Initiativen zu nutzen, was zu Auseinandersetzungen mit den Universitätsleitern und den Hochschulverbänden führte.

Die europapolitischen Bestrebungen der EWG und ihre Folgen stehen im Mittelpunkt von Kapitel VII. Die Europäische Kommission legte 1969 rund 20 Richtlinienvorschläge vor, mit denen sie eine Harmonisierung von einzelnen Studiengängen durch europaweite Standards erreichen wollte. Die Auseinandersetzungen über diese Richtlinien, die letztlich nicht in Kraft traten, brachten weitreichende Konsequenzen mit sich. So richteten die Europäischen Gemeinschaften ihre hochschulpolitischen Bemühungen neu aus und banden fortan Repräsentanten tertiärer Bildungseinrichtungen proaktiv ein. Im Zuge dieser Neuausrichtung etablierte sich das noch bis heute in der europäischen Hochschulpolitik vorherrschende Prinzip geteilter Verantwortlichkeiten.

In der ersten Hälfte der 1970er Jahre richtete die Europäische Rektorenkonferenz darüber hinaus ihren Blick auf die Tätigkeit der Organisation der Vereinten Nationen für Erziehung, Wissenschaft und Kultur (UNESCO), welche Staaten aus Ost und West zusammenbrachte und damit über den Eisernen Vorhang hinweg tätig war. Seit den 1950er Jahren hatte sich die ERK mit Fragen des Ost-West-Konfliktes beschäftigt. In den frühen 1970er nahmen diese einen zentralen Stellenwert ein. Auf Initiative der UNESCO bemühte sich die ERK, sich als eine gesamteuropäische – also die Universitätsleiter des Westens und des Ostens umfassende – Vereinigung zu etablieren.[59] Damit gingen jedoch erhebliche Konflikte über den Umgang mit europäischen Hochschultraditionen einher, die im Zentrum von Kapitel VIII stehen. So war unter den beteiligten Rektoren und Vizekanzlern umstritten, welchen Stellenwert der Autonomie von Universitäten und der wissenschaftlichen Freiheit von Hochschulangehörigen beigemessen werden sollte.

Das abschließende Kapitel IX resümiert die Ergebnisse dieser Studie und ordnet die Erkenntnisse in die Forschungsfelder der europäischen Integration, des Kalten Kriegs und der Universitätsgeschichte ein.

---

[59] Vgl. Rivier: En Marge de la Cinquième Assemblée de la Conférence des Recteurs Européens, S. 1–3.

II. Hinführung

Als Rektoren und Vizekanzler in der zweiten Hälfte der 1950er Jahre zu ersten groß angelegten europäischen Versammlungen zusammenkamen, gaben sich Medienvertreter euphorisch und maßen den akademischen Zusammenkünften eine historische Bedeutung zu. Ein Korrespondent der „New York Times" besuchte 1955 die Universität Cambridge, an der rund 90 Universitätsleiter aus 15 europäischen Staaten zusammengekommen waren, um in einer Juniwoche über gemeinsame Herausforderungen im Hochschulwesen zu diskutieren. In seiner Berichterstattung schrieb er sichtlich beeindruckt, dass es ein solches internationales Hochschulereignis wohl seit 200 Jahren nicht mehr gegeben habe.[1] Er war nicht der einzige Teilnehmer, welcher der Veranstaltung historisches Gewicht beimaß. Der WEU-Generalsekretär Louis Goffin, dessen Regierungsorganisation die Schirmherrschaft der Versammlung in Cambridge übernommen hatte, ging bei seiner Vermessung der Geschichtsträchtigkeit noch einige Jahrhunderte weiter zurück. Er schrieb rückblickend: „It would be probably necessary to go back to the end of the Middle Ages to find another occasion when such a large and brilliant assembly of representatives of universities in Europe has met together."[2] Pressevertreter und Organisatoren zeigten sich damit in keiner Weise verlegen, den Versammlungen der Universitätsleiter einen außerordentlichen Seltenheitswert zuzusprechen.

Inwieweit aber lässt sich eine solche Einschätzung in kritischer Rückbetrachtung aufrechterhalten? In welchem Maße hatte es historische Vorläufer gegeben, welche den Versammlungen der Rektoren und Vizekanzler ein Vorbild sein konnten? Wie sah in der damaligen Zeit überhaupt die europäische und internationale Wissenschafts- und Hochschulebene aus? Waren die europäischen Rektorenkonferenzen der 1950er Jahre von außergewöhnlicher Natur oder eher ein Spiegel ihrer Zeit? Welche Aufgaben und Kompetenzen hatten Rektoren und Vizekanzler und welche Einrichtungen repräsentierten sie? Was hielt sie als Gemeinschaft zusammen?

Diese Fragen werden im Folgenden in vier Schritten beantwortet: Zuerst wird die Geschichte der Universitäten im Zeitalter des *wissenschaftlichen Internationalismus* nachverfolgt. Anhand dieser historischen Kontextualisierung vom 19. bis zur Mitte des 20. Jahrhunderts wird abgemessen, inwieweit die Zusammenkünfte ab den 1950er Jahren als historisch besonders oder gar einmalig einzustufen sind. Zugleich werden dabei geschichtliche Konfliktlinien der europäischen und internationalen Zusammenarbeit aufgezeigt, welche sich auf die eine oder andere Weise auf die hochschulpolitischen Kontroversen der europäischen Ebene nach Ende des

---

[1] Die historischen Zuschreibungen finden sich etwa in European Launch University Parley, in: The New York Times, 21. 7. 1955, S. 8; Meeting of Heads of Universities, in: The Manchester Guardian, 20. 7. 1955, S. 4.
[2] Goffin: Preface, S. IX.

Zweiten Weltkriegs auswirken konnten. In einem zweiten Schritt werden die Akteure vorgestellt, die in der zweiten Hälfte des 20. Jahrhunderts die europäische hochschulpolitische Ebene prägten. Dazu gehörten gerade auch jene internationalen Organisationen, die neben der ERK an den europäischen Hochschuldebatten beteiligt waren. In einem dritten Schritt werden das Amt des Hochschulleiters mit seinen Kompetenzen in den Blick genommen und zugleich strukturelle Gemeinsamkeiten und Unterschiede der Universitäten Europas herausgearbeitet. Daran soll ermessen werden, welche Leistungen von der Europäischen Rektorenkonferenz überhaupt erwartet werden konnte. In einem vierten Schritt werden kollektive Selbstbilder der Universitätsleiter analysiert, die einerseits als gemeinsame Werte und andererseits als Werkzeuge zur hochschulischen Interessenvertretung auf europäischer Ebene fungierten.

1. Europas Universitäten und der wissenschaftliche Internationalismus

Wissenschaftlicher Austausch über staatliche Grenzen hinweg ist seit jeher Bestandteil des akademischen Selbstverständnisses. An monarchischen Höfen, in Gelehrtengesellschaften und an Universitäten kamen Scholaren ganz unterschiedlicher Länder für ihre Forschungs- und Lehrtätigkeiten zusammen. Latein erlaubte es ihnen, sich über viele Jahrhunderte trotz verschiedener Muttersprachen zu verständigen und in einen wissenschaftlichen Diskurs zu treten. Die Geschichte des akademischen Austauschs spiegelt sich beispielhaft in den vielfältigen Bezeichnungen für die staatenübergreifende Gemeinschaft der Gelehrten: In der Zeit der Aufklärung war die Bezeichnung *Res publica litteraria* gebräuchlich; im viktorianischen Zeitalter verwendete die englischsprachige Welt das Schlagwort *commonwealth of learning*; in der deutschsprachigen Welt des 19. Jahrhunderts kam der Begriff der *Gelehrtenrepublik* auf und erst in der jüngeren Vergangenheit setzte sich der noch gegenwärtig gebräuchliche Terminus der *scientific community* durch.[3] Die verschiedenen Bezeichnungen weisen allesamt auf eine Wissenschaftsgemeinde hin, welche eigenen Gesetzen der Zusammenarbeit folge und sich über politische und gesellschaftliche Schranken gleichermaßen hinwegsetze. Unter ihren Mitgliedern spiele also weder die Nationalität noch die Standeszugehörigkeit eine signifikante Rolle. Dieses Selbstverständnis der Grenzen- und Schrankenlosigkeit traf zu keiner Zeit vollumfänglich zu. In der Frühen Neuzeit blieb es beispielsweise lediglich einem kleinen Prozentsatz der Universitätsangehörigen vorbehalten, das Heimatland für eine akademische Tätigkeit zu verlassen.[4] Die Bildungswissenschaftlerin Barbara M. Kehm schätzt, dass im Durchschnitt 2 Pro-

---

[3] Vgl. Neumeister/Wiedemann (Hrsg.): Res Publica Litteraria; Manning: Building Global Perspectives in History of Science, S. 1–18; Füssel: Einleitung. Gelehrtenrepublik, S. 5–7.
[4] Vgl. Karady: La république des lettres des temps modernes, S. 82 f.

zent aller Studierenden mobil waren und für ein Studium an fremdstaatliche Universitäten gingen.[5] Die grenzenlose Gemeinschaft der Lehrenden und Lernenden kannte also alleine in quantitativer Hinsicht deutliche Grenzen.

Für das späte 19. und frühe 20. Jahrhundert lassen sich zwei gegenläufige und teilweise miteinander verwobene Entwicklungen feststellen: Einerseits entwickelten sich Forschung und Lehre zu einer festen Größe im nationalen Bewusstsein und dienten der Abgrenzung zu anderen Nationalstaaten; andererseits fand die staatenübergreifende Vernetzung von Forschenden und Lehrenden in einer bis dahin unbekannten Dynamik statt. Es kam damit gleichzeitig zu einer Nationalisierung und Internationalisierung.

Die Nationalisierung manifestierte sich in einer Bürokratisierung des Hochschulwesens. In zahlreichen Staaten etablierten Regierende erstmals Behörden, die sich von zentraler Stelle aus den allgemeinen Herausforderungen in Wissenschaft und Bildung annahmen. Ein frühes Beispiel für eine zentrale Neuorganisation der Hochschulen sind die Länder der Habsburgermonarchie mit der 1760 eingerichteten Studienhofkommission.[6] Unter der Regentschaft Maria Theresias wurden Reformen durchgeführt, durch die nicht nur eine Rückkopplung der Bildung an den Staat eingeleitet, sondern auch die Bildung zu einer Voraussetzung für das Wohl des Staats ausgerufen wurde.[7] Als weiteres Beispiel für eine nationale Neuorganisation des Hochschulwesens kann das 1928 in Frankreich gegründete Ministère de l'Instruction publique genannt werden.[8] Solcherlei Verwaltungen sollten es den Regierenden erlauben, auf das Bildungswesen im Allgemeinen und auf das Hochschulwesen im Besonderen koordinierend und steuernd einzuwirken.[9] Staatliche Akteure begannen also die in ihrem Staat befindlichen Hochschulen als ein in sich zusammenhängendes System zu begreifen und zentrale Koordinationsmechanismen zu etablieren.

Selbst in bildungsföderalen Staaten lassen sich Nationalisierungsprozesse im Hochschulwesen feststellen. Dies zeigt sich beispielhaft am Deutschen Reich, in dem die Bildung eine Kernkompetenz der Länderebene blieb.[10] Friedrich Althoff, Ministerialdirektor im preußischen Kultusministerium, hatte 1898 angeregt, hohe Beamte der regionalen Länderministerien zu einer Hochschulkonferenz des Reichs zusammenzubringen. Althoff unterstrich, dass die Konferenz dazu diene, eine „Verständigung über die Angelegenheiten zwischen denjenigen Bundesstaa-

---

[5] Vgl. Kehm: Forschung am INCHER Kassel zu Fragen der Internationalisierung im Hochschulbereich, S. 61.

[6] Vgl. Weitensfelder: Studium und Staat, S. 21–25.

[7] Csáyk: Von der Ratio Educationis zur Education Nationalis, S. 207.
Vgl. Hammerstein: Besonderheiten der österreichischen Universitäts- und Wissenschaftsreform zur Zeit Maria Theresias und Joseph II., S. 787–812.

[8] Vgl. vom Brocke: Kultusministerien und Wissenschaftsverwaltungen in Deutschland und Österreich, S. 193.

[9] Vgl. Osterhammel: Die Verwandlung der Welt, S. 1128.

[10] Vgl. vom Bruch: Gelehrtenpolitik, Sozialwissenschaften und akademische Diskurse, S. 213.

ten, welche Universitäten haben, herbeizuführen."[11] Zu den gemeinschaftlich behandelten Themen gehörten etwa eine mögliche gegenseitige Anerkennung von Studienleistungen sowie eine Aussprache über die Zulassung von Frauen zum Studium. Es sollten Verhandlungen unter deutschen Staaten geführt, Herausforderungen in Hochschulen auf Reichsebene erörtert und Lösungen zwischen den Akteuren abgestimmt werden. Aus Althoffs Initiative ging ein dauerhaftes Organ hervor, das einmal jährlich zusammentrat und in gewissem Sinne als Vorläufer der heutigen Kultusministerkonferenz zu begreifen ist. Selbst das föderal aufgebaute Deutsche Reich versuchte damit eine nationalstaatliche Handlungsfähigkeit im Hochschulwesen zu gewährleisten.

Die nationale Prägung des Hochschulwesens zeigte sich außerdem in der steigenden finanziellen Abhängigkeit der Universitäten und ihrer Angehörigen vom Staat. Während sich etwa Professoren in der Frühen Neuzeit meist über Gelder finanzierten, die ihre Studierenden für den Besuch der Vorlesungen entrichteten, übernahm zwischen dem 18. und frühen 20. Jahrhundert zumeist der Staat diese Aufgabe. In zahlreichen europäischen Staaten setzte eine Verbeamtung der Professorenschaft ein.[12] Es kam damit oftmals zu einem Umbau von Universitäten eigenen Rechts zu Staatsuniversitäten;[13] die Professorenschaft und die meist aus ihrem Kreis gewählten Rektoren wurden damit Staatsbedienstete.

An den Universitäten setzte außerdem eine Ausdifferenzierung der Fachdisziplinen ein. Während die mittelalterlichen Universitäten idealtypischer Weise aus den vier Fakultäten für Theologie, Medizin, Recht und Philosophie bestanden, entwickelte sich im Laufe des 19. Jahrhunderts eine breite Fächersystematik heraus, die zur Einrichtung neuer Fakultäten führte. Nicht zuletzt aufgrund des politischen und gesellschaftlichen Drucks wurden fortan Fächer für handwerkliche Fertigkeiten berücksichtigt und natur- und technikwissenschaftliche Fakultäten an den Universitäten eingerichtet.[14] Zudem entstanden stellenweise eigene natur- und technikwissenschaftliche Hochschulen, die im Laufe der Zeit in bestehende Universitäten integriert oder zu eigenständigen Teiluniversitäten aufgewertet wurden.

Die Ausdifferenzierung der Fächer ging mit einer Hierarchisierung in den Universitäten einher; denn Professoren blieben nicht die einzigen Lehrenden an den Universitäten. Es wurden zahlreiche neue Stellen geschaffen und der Lehrkörper erweitert. Neben die ordentlichen Professoren traten im deutschsprachigen Raum etwa außerordentliche Professoren, Privatdozenten und wissenschaftliche Mitarbeiter. Die Universität als Gemeinschaft gleichberechtigter Gelehrter wurde meist

---

[11] Einladungsschreiben zur Konferenz in Eisenach, Berlin, 6. Juni 1898, in: vom Brocke/Krüger (Hrsg.): Hochschulpolitik und Föderalismus, S. 7.

[12] Das Beispiel der Universität Wien macht deutlich, dass einige Hochschullehrer noch bis in die Mitte des 20. Jahrhunderts einen erheblichen Anteil ihres Einkommens durch Kollegiengelder verdienten. Vgl. Staudigl-Ciechowicz: Das Dienst-, Habilitations- und Disziplinarrecht der Universität Wien, S. 106.

[13] Vgl. Reimer: Hochschule zwischen Kaiserreich und Diktatur, S. 13.

[14] Vgl. Bockstaele: Mathematik und exakte Naturwissenschaften, S. 407 f.

von einer hierarchisierten Universität abgelöst, an der die im deutschen Sprachraum als Ordinarien und im englischen Sprachraum als Don bezeichneten Professoren eine Vormachtstellung einnahmen.[15] Die ordentlichen Professoren hatten damit in der sich ausdifferenzierenden Universität eine Machtfülle, die sie weit über andere Universitätsangehörige stellte.[16] Im späten 19. Jahrhundert entstand damit ein Gefälle unter den Hochschulangehörigen, das immer wieder zu Kritik führte und noch die Studierendenproteste in den späten 1960er Jahren befeuern sollte.

Nicht nur in der wachsenden Rolle staatlicher Behörden und der zunehmenden finanziellen Abhängigkeit der Forschenden und Lehrenden vom Staat spiegelt sich eine Nationalisierung. Diese kommt darüber hinaus in der Gründung nationaler Interessenverbände der Hochschulangehörigen zum Ausdruck. An der Wende vom 19. zum 20. Jahrhundert etablierten sich etwa in ersten westeuropäischen Staaten nationale Rektorenkonferenzen. Dazu gehörten die Niederlande mit dem 1898 gegründeten Rektorenkollegium, die Schweiz mit ihrer 1904 gegründeten Hochschulrektorenkonferenz, Österreich mit seiner 1911 etablierten Rektorenkonferenz und Großbritannien mit seinem Committee of Vice-chancellors and Principals.[17] Wie vielfältig die gemeinsame Interessenwahrnehmung in der Bildungspolitik aussehen konnte, zeigt das Beispiel des Deutschen Reichs, wo sich Universitätsangehörige gleich in mehreren Verbänden gegen die von Althoff einberufene Konferenz der Regierungsvertreter organisierten. Zu diesen gehörten die 1903 etablierte Außeramtliche Deutsche Rektorenkonferenz, die 1904 gegründete Außeramtliche Preußische Rektorenkonferenz, der 1907 erstmals zusammengetretene Deutsche Hochschullehrertag, die 1909 ins Leben gerufene Vereinigung außerordentlicher Professoren Preußens und der Verband deutscher Privatdozenten.[18] Alleine die Auflistung der Organisationsnamen verdeutlicht, dass sich bereits im frühen 20. Jahrhundert komplexe Akteurskonstellationen im Hochschul- und Wissenschaftswesen herausbildeten und korporativ organisierte Akteure aus Politik und Hochschulen ihre Interessen zu vertreten versuchten.

Die Nationalisierung des Hochschulwesens machte sich auch im Lehrbetrieb bemerkbar, da Latein als *lingua franca* des akademischen Europas durch Landessprachen ersetzt wurde. Bereits im 17. und 18. Jahrhundert hatte sich eine Hinwendung zu den Landessprachen angedeutet, auch wenn vielerorts das Lateinische noch parallel dazu fortbestand.[19] Bis weit in das 18. Jahrhundert war es nicht unge-

---

[15] Vgl. Osterhammel: Die Verwandlung der Welt, S. 1133; Paletschek: Die permanente Erfindung einer Tradition, S. 517.

[16] Christophe Charle verweist mit Blick auf Frankreich darauf, dass das soziale Selbstverständnis der Professoren im ausgehenden 19. und frühen 20. Jahrhundert nicht einheitlich war, sondern sich je nach Fakultät oder Fachrichtung voneinander stark unterscheiden konnte. Vgl. Christophe Charle: La République des universitaires (1870–1940), S. 18.

[17] Vgl. Rüegg/Sadlak: Hochschulträger, S. 93.

[18] Vgl. vom Brocke/Krüger: Vorwort, in: Dieselben (Hrsg.): Hochschulpolitik und Föderalismus, S. XIII.

[19] Vgl. Ehlich: Alles Englisch oder was, S. 219.

wöhnlich, auch Vorlesungen in lateinischer Sprache abzuhalten und wissenschaftliche Werke auf Latein zu publizieren. Latein wurde allerdings im 19. Jahrhundert
immer weiter durch die Nationalsprachen als Lehr- und Lernsprachen zurückgedrängt.[20] Mit der Verdrängung einer internationalen Wissenschaftssprache entwickelten sich zugleich nationalspezifische Forschungsdiskurse heraus. Fremdspra-
chige Studienangebote blieben eine Ausnahme. Selbst das Studium fremder
Kulturen setzte nicht mehr unbedingt voraus, dass dieses mit dem Erlernen der
entsprechenden Fremdsprache einhergehen musste. Je nach Fachdisziplin konnte
eine Landessprache zugleich auch im Ausland bedeutsam werden. Bis zum Ersten
Weltkrieg war etwa die deutsche Sprache auch in nicht-deutschsprachigen Ländern für die Fächer der Physik und Chemie von Bedeutung.[21] Die Verwendung
von Fremdsprachen in der Wissenschaft konnte jedoch auch von Animositäten
begleitet sein und zu einem Politikum werden.[22] Jan Surman hebt etwa für das
späte 19. Jahrhundert hervor, dass die deutsche Sprache in Mittel- und Osteuropa
mit kultureller Abhängigkeit gleichgesetzt und daher vielerorts von den dortigen
Landessprachen verdrängt wurde.[23] Der Erfolg der Landessprachen für die wissenschaftliche Kommunikation wurde auch durch die Schaffung von Kunstspra-
chen nicht aufgehalten, die – wie etwa das in den 1880er Jahren von Ludwik Lejzer
Zamenhof erarbeitete Esperanto – als alternative Globalsprachen hätten verwendet werden können.[24] Michael D. Gordin hebt hervor, dass Sprache nicht nur dem
Zweck der Inhaltsvermittlung, sondern zugleich auch der Identitätsbildung diente
und daher dazu beitrug, Konflikte zwischen nationalen Entitäten auch in der Wissenschaft auszutragen.[25] Erst im Laufe des 20. Jahrhunderts setzte der Siegeszug
des Englischen zur neuen *Lingua franca* ein, wobei allein die Geschichte der Europäischen Rektorenkonferenz zeigt, dass Wissenschafts- und Hochschulvertreter
aus anderen Sprachregionen weiterhin um die internationale Stellung ihrer jeweiligen Landessprache rangen.

Neben diesen Tendenzen einer Nationalisierung lassen sich zugleich Entwicklungen einer zunehmenden Internationalisierung des akademischen Betriebs feststellen. Ab der Mitte des 19. Jahrhunderts entstanden in einem rasanten Tempo
vielfältige institutionalisierte Foren des grenzübergreifenden Austauschs. Der Besuch von internationalen Fachkongressen wurde ebenso zu einem festen Bestandteil der akademischen Lebenswirklichkeit wie die Mitgliedschaft in wissenschaftlichen Fachvereinigungen. Winfried Gregory listete für die Jahre von 1843 bis 1937
über 2000 internationale Konferenzen auf, die er für diesen Zeitraum ausfindig
machen konnte. Für das Jahr 1937 nennt er außerdem 250 Vereinigungen, die
akademischen Akteuren mehrerer Länder einen institutionalisierten Austausch

---

[20] Vgl. Valkova: Wissenschaftssprache und Nationalsprache, S. 79.
[21] Vgl. Klein: Deutsch statt Latein, S. 35–47; Pörksen (Hrsg.): Die Wissenschaft spricht Englisch.
[22] Reinbothe: Deutsch als internationale Wissenschaftssprache, S. 3 f.
[23] Vgl. Surman: Science and Its Publics, S. 32.
[24] Vgl. Korzhenkov: Zamenhof; Sikosek: Die neutrale Sprache.
[25] Vgl. Gordin: Scientific Babel, S. 2 f.

über Ländergrenzen hinweg boten.[26] Technische Innovationen begünstigten die staatenübergreifende Vernetzung wissenschaftlicher Akteure.[27] Eisenbahnen, Dampfschiffe und Telegraphenmasten machten es akademischen Kreisen problemlos möglich, Kontakte zu ausländischen Fachkollegen aufzubauen und in einen kontinuierlichen Fachdiskurs zu treten. In welcher Rasanz sich die Verkehrs- und Kommunikationswege auf den Informationsaustausch auswirkten, brachte der in Berlin lehrende Privatdozent Bruno Glatzel in einem 1913 veröffentlichen Zeitungsartikel in der „Internationalen Monatsschrift" zum Ausdruck.

„Als Heinrich Hertz in den Jahren 1887 und 1888 seine berühmten Versuche über die Erzeugung elektrischer Wellen und ihre Ausstrahlung in den Raum veröffentlichte, dachte sicher niemand daran, daß schon 15–20 Jahre später auf den großen Amerikadampfern mitten auf dem Ozean täglich Zeitungen für die Passagiere gedruckt werden würden, in denen die neuesten Depeschen standen, welche mit Hilfe der Funkentelegraphie vom Festlande nach dem Schiff übermittelt waren."[28]

Neue Transport- und Kommunikationsmittel begünstigten die staatenübergreifende Vernetzung von Wissenschaftlern und vereinfachten deren Austausch.[29] Ein entscheidender Impulsgeber für die Internationalisierung des wissenschaftlichen Diskurses waren dabei die Weltausstellungen in der zweiten Hälfte des 19. Jahrhunderts. Auf ihnen stellten die teilnehmenden Staaten über mehrere Monate ihre wissenschaftlichen Entdeckungen, technischen Errungenschaften und künstlerischen Arbeiten einer breiten Öffentlichkeit zur Schau.[30] Zugleich fungierten sie als Dach für zahlreiche Kongresse, die Wissenschaftler verschiedener Disziplinen am Rande der Schauen austrugen.[31]

Die Internationalisierung manifestierte sich außerdem in der Herausgabe universalistisch angelegter Enzyklopädien und international ausgerichteter Fachzeitschriften sowie in der Standardisierung einiger sozial-, natur- und technik-

---

[26] Vgl. Gregory (Hrsg.): International Congresses and Conferences 1840–1937.

[27] Staaten gründeten u. a. auch überstaatliche Organisationen zur gemeinsamen Regelung von Routen des Personen- und Güterverkehrs. Neue Forschungen legen nahe, dass diese Organisationen bereits vereinzelt supranational organisiert waren und damit bestimmte Entscheidungskompetenzen aus dem Hoheitsrecht der Nationalstaaten übertragen bekamen. Vgl. Thiemeyer: Die „Volonté Générale", S. 229–248.

[28] Glatzel, Bruno: Die Entwicklung der drahtlosen Telegraphie, in: Internationale Wochenschrift für Wissenschaft, Kunst und Technik, 7.6 (1913), S. 1117–1132, hier S. 1117.

[29] Der in Harvard lehrende ordentliche Professor Hugo Münsterberg hob die wachsende Bedeutung einer Professionalisierung des Wissenschaftsaustauschs hervor. So seien die Kontakte so lebhaft und vielgestaltig geworden, dass es einer professionelleren Organisierung bedurft hätte. Zu viel der besten Kraft sei durch die Planlosigkeit und Zufälligkeit der Beziehungen verschwendet worden. Vgl. Münsterberg, Hugo: Die deutsche Kultur und das Ausland. Rede in der Neuen Aula der Berliner Universität vom 10. November 1910, in: Internationale Wochenschrift für Wissenschaft, Kunst und Technik, 4.49 (1910), S. 1471–1478, hier S. 1474.

[30] Zu den auf Weltausstellungen präsentierten Neuheiten gehörten Gasmotoren, Näh- und Schreibmaschinen sowie Kautschuk und Aluminium. Vgl. Kretschmer: Geschichte der Weltausstellungen, S. 288 f.

[31] Im letzten Viertel des 19. Jahrhunderts erfuhren die wissenschaftlichen Kongresse einen Bedeutungszuwachs auf den Weltausstellungen und wurden fester Bestandteil des Ausstellungsprogramms. Vgl. Rasmussen: Au nom de la patrie, S. 34.

wissenschaftlicher Instrumentarien.[32] Die Vereinheitlichung wissenschaftlicher Standards wurde dabei durch die Tätigkeit internationaler Institute gefördert, die zur Vermessung der Welt beitrugen. Hierzu zählten das 1885 gegründete Internationale Statistische Institut und das 1875 errichtete Internationale Büro für Maß und Gewicht. Solche Gemeinschaftseinrichtungen förderten die Herausbildung europa- oder gar weltweit einheitlicher Messgrößen, die die Nachvollziehbarkeit von Wissen und dessen praktische Anwendung über staatliche Grenzen hinweg vereinfachten.[33] Hierbei wirkten Regierende und Forschende gleichermaßen mit, die häufig jeweils eigene Strategien entwickelten, um sich an diesem Normierungsprozess zu beteiligen. Der Heidelberger Mathematiker Paul Stäckel hob etwa noch wenige Monate vor Ausbruch des Ersten Weltkriegs im Hinblick auf die internationale Zusammenarbeit seiner Fachkollegen hervor, die „Mathematik [habe] den Vorzug, außerhalb aller menschlichen Parteien zu stehen, so daß eine sachliche Verständigung so gut wie vollständig erreicht werden kann".[34] Gerade in den quantitativ arbeitenden Wissenschaften schienen damit einheitliche Standards gesetzt werden zu können, da diese als „objektiv" und damit als vor staatlicher Vereinnahmung geschützte Disziplinen angesehen wurden.

Eine besondere Vorreiterrolle bei der Internationalisierung der Wissenschaftsbeziehungen nahm die im Jahr 1899 gegründete Internationale Assoziation der Akademien (IAA) ein.[35] Zu ihren Mitgliedern gehörten unter anderem die Akademien von Berlin, Paris, Madrid und St. Petersburg. Neben namhaften europäischen Akademien hatte die IAA mit den Akademien von Washington und Tokio auch zwei außereuropäische Mitglieder. Die IAA agierte als Dachverband der Akademien mit dem erklärten Ziel, „wissenschaftliche Unternehmungen von allgemeinem Interesse" zu fördern und gleichzeitig zu einer „Erleichterung des wissenschaftlichen Verkehrs" zwischen den verschiedenen Ländern beizutragen.[36] Eine Besonderheit der IAA war es, nicht nur die Wissenschaftler, sondern ebenso die Leiter der Akademien zu einem Dialog zusammenzubringen. Ähnlich wie die Europäische Rektorenkonferenz förderte sie damit auch einen Austausch zwischen Leitungspersonen über wissenschaftsorganisatorische Themen.

Institutionalisierte Formen des grenzüberschreitenden Wissenschaftsaustausches wurden zumindest ansatzweise auch an den einzelnen Universitäten sichtbar. Im frühen 20. Jahrhundert etablierten manche Universitäten internationale Austauschprogramme, die es einer geringen Anzahl an Professoren erlaubte, für einen Gastaufenthalt an eine Partneruniversität zu wechseln.[37] Der Austausch

---

[32] Vgl. Charle: Comparaisons et transferts en histoire culturelle de l'Europe, S. 67 f.

[33] Vgl. Prévost/Beaud: Statistics, Public Debate and the State, 1800–1945; Herren: Hintertüren zur Macht, S. 159.

[34] Paul Stäckel: Die Versammlung der Internationalen Mathematischen Unterrichts-Kommission zu Paris am 1. bis 4. April, in: Internationale Wochenschrift für Wissenschaft, Kunst und Technik, 8.9 (1914), S. 1153–1157, hier S. 1156.

[35] Schroeder-Gudehus: Les scientifiques et la paix, S. 42.

[36] Protokoll über die Conferenz in Wiesbaden behufs Gründung einer Internationalen Association der Akademien. Zitiert nach Gierl: Geschichte und Organisation, S. 318.

[37] Vgl. vom Brocke: Der deutsch-amerikanische Professorenaustausch, S. 128–182; Füssl: Deutsch-amerikanischer Kulturaustausch im 20. Jahrhundert, S. 52 f.

fand zwischen Universitäten aus führenden Industrienationen einschließlich französischer, deutscher und amerikanischer Einrichtungen statt.[38] Der deutsch-amerikanische Professorenaustausch ermöglichte beispielsweise zwischen 1904 und 1914 rund 40 namhaften Professoren der Universitäten Berlin, Harvard und Columbia, an der Universität des Partnerlandes zu forschen und zu lehren.[39] Solche Programme blieben allerdings eine Seltenheit, sodass den Antrittsreden des jeweiligen Gastprofessors meist politische und öffentliche Aufmerksamkeit zuteilwurde. Häufig besuchten hohe Staatsgäste die Antrittsvorlesungen der Gastprofessoren wie etwa Kaiser Wilhelm II. auf deutscher Seite und US-Präsident Theodore Roosevelt auf amerikanischer Seite.

Der wissenschaftliche Internationalismus war meist weit davon entfernt, ausschließlich Akteure mit einem kosmopolitischen Idealismus zusammenzubringen.[40] Viele Akteure mochten den Internationalismus schätzen, sie hatten sich allerdings zugleich der Ideenwelt des Nationalstaats verschrieben. Dies spiegelt sich in den Aussagen des Berliner Universitätsrektors Max Rubner wider. Als er einen amerikanischen Professor als Gast an seiner Universität willkommen hieß, betonte er im Hinblick auf die Rolle der Wissenschaft:

„Keinem verwaschenen Internationalismus soll sie dienen. Zwar ist die Wahrheit und das Wissen Gemeingut aller Nationen, aber Forschung und Wissenschaft haben stets einen nationalen Einschlag, denn sie nehmen ihren Ursprung wie von der Art der einzelnen Gelehrten, so von den zeitgenössischen Kulturbedürfnissen und Idealen einer Nation."[41]

Wissenschaftliche Leistungen erwuchsen für Rubner in erster Linie aus dem Mutterboden einer Nation, auch wenn diese letzten Endes auch für den Rest der Welt von Bedeutung werden konnten. Neuere Forschungen zeigen auf, dass sich die Nationalisierung und die Internationalisierung in Wissenschaft und Hochschulwesen als zwei sich gegenseitig bedingende Entwicklungen verstehen lassen.[42] Darauf verweisen Mitchell G. Ash und Jan Surman, die diesbezüglich schreiben:

„… academic communities supported nationalization processes, creating and at the same being formed by nationalistic discourse, and yet precisely this nationalization, once achieved, became the basis for later moves towards international standing."[43]

Gerade die nationale Interpretation der Wissenschaft konnte also dazu beitragen, überhaupt erst auf internationalem Parkett an Gewicht zu gewinnen. Die Bereit-

---

[38] Christophe Charle argumentiert, dass sich die Institutionalisierung solcher Austauschprogramme im Deutschen Reich und Frankreich nicht zuletzt aus ihrer Rivalität ergeben habe. Beide Länder konkurrierten um internationale Verbündete und versuchten deshalb institutionalisierte Programme zu etablieren, um die potentiellen Bündnisländer enger an sich zu binden. Vgl. Charle: The Intellectual Networks of Two Leading Universities, S. 406.

[39] Paulus: Vorbild Amerika, S. 74 f.

[40] Vgl. Sluga: Internationalism in the Age of Nationalism, S. 2.

[41] Max Rubner: Zum deutsch-amerikanischen Gelehrtenaustausch. Ansprache des Rektors vom 10. November 1910, in: Internationale Wochenschrift für Wissenschaft, Kunst und Technik, 4.49 (1910), S. 1467–1472, hier S. 1467 f.

[42] Vgl. Maurer: „… und wir gehören auch dazu", S. 186; Laqua/Bouyssou: Internationalisme ou affirmation de la nation, S. 51–67.

[43] Ash/Surman: Introduction, S. 15 f.

schaft der internationalen Kooperation stand letztlich in einem vielfältigen Spannungs- und Abhängigkeitsverhältnis zu dem sich ausbreitenden Nationalbewusstsein.

Multilaterale Kooperationen unter den Universitätsleitern blieben im Zeitalter des wissenschaftlichen Internationalismus eine Seltenheit. Ausnahmen gab es allerdings im Rahmen europäischer Kolonialreiche. Eine Vorreiterrolle nahmen hierbei die britischen Vizekanzler ein, die sich nach der Jahrhundertwende mit ihren Amtskollegen in den britischen Kolonien zusammenschlossen. Sie trafen sich 1903 zu einer Allied Colonial Universities Conference und 1912 zu Congresses of the Universities of the British Empire. Während der letztgenannten Kongresse einigten sich die anwesenden Akteure auf die Einrichtung eines Büros, das einen kontinuierlichen Austausch ermöglichen und gemeinsame Hochschulprojekte vorantreiben sollte.[44] Es folgte die Einrichtung gemeinsamer Kommissionen und Ausschüsse. Bereits in den ersten beiden Dekaden des 20. Jahrhunderts waren damit die Grundlagen für die bis heute existierende Association of Commonwealth Universities gelegt. Allerdings richtete sich die Arbeit dieser Vereinigung anfangs weniger an die einheimischen Bevölkerungen der Kolonialreiche, sondern zuvörderst an Briten in den Kolonien, welche für Führungsaufgaben in den Besitzungen ausgebildet wurden. Die Politologin und Sozialwissenschaftlerin Tamson Pietsch betont, dass Universitätsleiter im Empire darum bemüht waren, sich eine eigene „British academic world"[45] zu schaffen, um die britische Kultur und Lebensweise über die Hochschulen in die Kolonien zu bringen. Die Anfänge der internationalen Zusammenarbeit von Hochschulleitern lassen sich damit in den kolonialen Kontext des frühen 20. Jahrhunderts datieren. Vereinzelt sollte sich der Kolonialismus noch auf den ersten Zusammenkünften von Europas Rektoren und Vizekanzlern in den 1950er Jahren bemerkbar machen, auf denen sich meist britische Teilnehmer gegen eine negative Interpretation des Kolonialismus verwahrten. Während der 1955 ausgetragenen Cambridge-Versammlung hob etwa der britische Altphilologe Gilbert Murray hervor, dass Europas Universitätsleiter in Zeiten kolonialer Unabhängigkeitsbestrebungen ihren Blick entschieden auf europäische Kolonialgebiete richten müssten, um einen Beitrag zur Verteidigung der Zivilisation zu leisten:

„The fact is that, in facing this widespread revolutionary movement for independence and self-government which is now inspiring the non-European, non-Christian and generally backward peoples, there is a real danger of an almost world-wide re-barbarisation of human society, and one of our best means of defence against that danger lies in the work of our universities."[46]

Ein europäisches Überlegenheitsgefühl und der Anspruch auf geistige Führerschaft in den Kolonien lassen sich damit nicht nur für die Zeit vor, sondern auch nach dem Zweiten Weltkrieg feststellen.

---

[44] Vgl. Pietsch: Out of Empire, S. 11–26.
[45] Pietsch: Empire and Higher Education Internationalisation; Pietsch: Empire of Scholars, S. 4 f.
[46] Murray: Dangers Threatening our Historic European Civilization, S. 31.

Insgesamt durchzog das späte 19. und frühe 20. Jahrhundert eine kaum auflösbare Ambivalenz: Einerseits organisierten sich Akteure des Wissenschafts- und Hochschulsystems korporativ über staatliche Grenzen hinweg. Andererseits schlossen sich politische und akademische Akteure national zusammen und stellten Forschung und Lehre in den Dienst ihrer Nation. Trotz dieser Ambivalenz im Wissenschafts- und Universitätswesen sollte diese Zeit unter der europäischen Rektorenschaft der 1950er Jahre geschätzt und stellenweise glorifiziert werden. Der erste ERK-Präsident Marcel Bouchard äußerte etwa während einer Rektorenkonferenz in Göttingen, dass er noch „die gute alte Zeit vor 1914 gekannt"[47] habe. Die Unzulänglichkeiten dieser Zeit spielten in der Europäischen Rektorenkonferenz der 1950er und 1960er Jahre retrospektiv kaum mehr eine Rolle. Nicht zuletzt, da diese von den Erfahrungen überlagert wurden, welche Europas Universitätsleiter im Zeitalter der Weltkriege gemacht hatten.

1.1 Die Universitäten im Zeitalter der Weltkriege

Mit dem Ausbruch des Ersten Weltkriegs fand der Internationalismus in Wissenschaft und Hochschulen ein vorläufiges Ende. Die anfängliche Kriegseuphorie in Europas Gesellschaften führte auch an den Universitäten zu einer Mentalität, welche im deutschsprachigen Raum als „Burgfrieden" und im französischen Sprachraum als „Union sacrée" bezeichnet wird.[48] Zwar gab es einen beträchtlichen Anteil unter den Akademikern, die dem nationalen Pathos verhalten und stellenweise kritisch gegenüberstanden; die propagandistischen Verlautbarungen ihrer Kollegen übertönten allerdings fast jedwede kritische Stimme. Studierende organisierten patriotische Kundgebungen und erklärten den Krieg des Vaterlandes zu einer gerechten Sache. Dozenten und Forscher unterzeichneten Appelle und solidarisierten sich mit den militärischen Ambitionen ihres Landes. Eine Erklärung der Hochschullehrer des Deutschen Reichs unterzeichneten etwa 4.000 Dozenten und Professoren und damit ein beträchtlicher Teil der gesamten deutschen Hochschullehrerschaft.[49] Darin verwahrten sie sich gegen eigentlich wohlwollende Einschätzungen aus dem Ausland, man solle zwischen den politisch-militärischen und wissenschaftlichen Akteuren des Deutschen Reichs unterscheiden und letztere nicht voreilig für den Krieg in Geiselhaft nehmen. In ihrer Erklärung betonten sie:

„Wir Lehrer an Deutschlands Universitäten und Hochschulen dienen der Wissenschaft und treiben ein Werk des Friedens. Aber es erfüllt uns mit Entrüstung, daß die Feinde Deutschlands, England an der Spitze, angeblich zu unseren Gunsten einen Gegensatz machen wollen zwischen dem Geiste der deutschen Wissenschaft und dem, was sie den preußischen Militarismus nennen."[50]

---

[47] Dankrede Marcel Bouchards für Ehrenbürgerschaft der Universität Göttingen, in: HAEU – CRE-2 Gottingen, 1964: Allocutions, S. 6.
[48] Vgl. von Ungern-Sternberg: Wissenschaftler, S. 170.
[49] Leonhard: Büchse der Pandora, S. 243; Maurer: „… und wir gehören auch dazu", S. 273.
[50] Erklärung der Hochschullehrer des Deutschen Reiches, Berlin, 23. Oktober 1914 [Online-Ressource].

Die Unterzeichner stellten sich damit bedingungslos hinter die Kriegsführung ihres Landes. Ähnliche Verlautbarungen gab es auch in anderen kriegführenden Nationen.[51] Französische, russische und britische Gelehrte solidarisierten sich mit dem Militär ihrer Nation und widersprachen feindlichen Anschuldigungen. Wissenschafts- und Hochschulakteure ließen sich damit auf einen Propagandakrieg ein und gerieten so in „akademische Schützengräben".[52] Die Unterstützung der Kriegsführung des eigenen Landes durch die Angehörigen der Universitäten erklärt die Historikerin Trude Maurer nicht zuletzt mit dem Umstand, dass die Universitäten der meisten Länder Europas „Staatsanstalten" waren und damit auch in den Hochschulen die Frage beantwortet werden musste, „wie der Staat seine Macht, vielleicht sogar seine Existenz wahren konnte."[53] Die staatliche Durchdringung der Universitäten im ausgehenden 19. Jahrhundert hatte damit dazu beigetragen, dass die Hochschulangehörigen zu nationalistischen Protagonisten im Ersten Weltkrieg wurden.

Die Solidarisierung der Wissenschaftler und Hochschullehrer mit den militärischen Zielen ihrer jeweiligen Nation führte zu einem weitgehenden Erliegen internationaler Wissenschaftsbeziehungen. Mit nationalem Pathos lösten Professoren ihre Zusammenarbeit mit Kollegen aus dem verfeindeten Ausland. Zahlreiche Spitzenforscher gaben ihre im gegnerischen Ausland erhaltenen Ehrungen und Preise zurück; Wissenschaftsfunktionäre schlossen Kollegen des verfeindeten Auslands aus ihren Akademien und Fachverbänden aus. Der Sekretar der philosophisch-historischen Klasse der Preußischen Akademie der Wissenschaften, Hermann Diels, schrieb im September 1914 von einer „Katastrophe" für die internationale Wissenschaft, da die „jahrelang mühsam gesammelte Frucht gemeinsamen wissenschaftlichen Wirkens wie mit einem Schlage in dem prasselnden Feuermeere dieses Weltkrieges in Asche sinkt".[54] Der Erste Weltkrieg beendete damit vorläufig die meisten internationalen Zusammenarbeiten, die vor dem Kriegsausbruch zu einem scheinbar festen Bestandteil der akademischen Welt geworden waren.[55]

Die meisten Universitäten in Europa blieben – nach dem Urteil des Historikers Peter Lundgreen – während der Kriegsjahre eine „strukturell stabile Institution".[56] Der Erste Weltkrieg war zu unvorhersehbar ausgebrochen und dauerte zu kurz an, als dass neue Normen des universitären Miteinanders und militärische Interessen zu einer tiefgreifenden Umgestaltung der Universitäten hätten führen können. Trotzdem zeichnete sich bereits während des Ersten Weltkriegs ab, dass die Universitäten für kommende zwischenstaatliche Konflikte gebraucht werden würden.

---

[51] Vgl. Rasmussen: Mobilising minds, S. 397; Maurer: Krieg der Professoren, S. 222.

[52] Lundgreen: Europäische Universitäten im Krieg, S. 213.

[53] Maurer: Universitäten im Krieg, S. 10 f.

[54] Diels, Hermann: Eine Katastrophe der internationalen Wissenschaft, in: Internationale Monatsschrift für Wissenschaft, Kunst und Technik, 9.2 (1915), S. 127–134, hier S. 127 und 129.

[55] Eine Ausnahme bildeten Kooperationen unter Kriegsalliierten, die in der zweiten Hälfte des Weltkriegs vermehrt durchgeführt wurden. Vgl. Irish: The University at War, Part II.

[56] Lundgreen: Europäische Universitäten im Krieg, S. 354.

Dieser Umstand spiegelt sich beispielhaft in einer Stellungnahme des britischen Kabinettmitglieds und Historikers, Herbert Fisher, der 1917 schrieb:

„This war, in a degree far higher than any conflict in the whole course of history, has been a battle of brains. It has been a war of chemists, of engineers, of physicists, of doctors. The Professor and Lecturer, the Researcher Assistant, and the Research Student have suddenly become powerful assets to the Nation. [...] The war has shown [...] one of the great needs of England [...]. We want more brains, more knowledge, a more scientific method in National life."[57]

Fisher sah damit einen engen Zusammenhang zwischen der Leistungsfähigkeit in Forschung und Lehre und den Siegesaussichten seines Landes im Krieg. Er gab sich daher überzeugt, dass der nationale Geist auch künftig durch die Universitäten wehen müsse.[58] Trotz solcher nationalistischer Erwartungen erlebte der Internationalismus in Wissenschaft und Hochschulen in der Zwischenkriegszeit eine Renaissance. Nach Kriegsende setzten zahlreiche Institute ihre internationale Zusammenarbeit fort oder gründeten sich neu. Zu den Neugründungen gehörten beispielsweise das dem Völkerbund angegliederte Internationale Institut für geistige Zusammenarbeit, die Internationale Astronomische Union, die Internationale Union für Geodäsie und Geophysik sowie die Internationale Union für reine und angewandte Chemie.[59] Damit kam es nach Kriegsende zu einer Wiederbelebung der internationalen Zusammenarbeit. Emily Rosenberg interpretiert die Zwischenkriegszeit daher als eine „Blütezeit transnationaler Expertenvereinigungen".[60] Die Renaissance des Internationalismus zeigte sich zwischen den Weltkriegen auch an Vereinigungen, die sich auf Angehörige der Universitäten fokussierten. Dazu zählten insbesondere international aktive Studierendenorganisationen.[61] Das in Genf ansässige Committee of International Student Organizations war eine Art Weltverband unter dem Dach des Völkerbunds und zählte 1936 sieben Mitgliedsorganisationen.[62] Dazu gehörten die International Federation of University Women, der World Student Service, die International Student Federation, die World Student Christian Foundation und die World Union of Jewish Students.[63] Das Committee

---

[57] Fisher: British Universities and the War, S. xiiif.
[58] Der Reformdiskurs während des Krieges mündete in die Stärkung der Forschung an den britischen Universitäten, die in der Einführung des Doktorats für eigenständige wissenschaftliche Arbeiten ihren Ausdruck fand. Vgl. Weber: British Universities in the First World War, S. 86 f.
[59] Vgl. Rothbarth: Geistige Zusammenarbeit im Rahmen des Völkerbundes, S. 24–36; Heilbron: Hochschule und auswärtige Politik, S. 143–152.
[60] Rosenberg: Expertennetzwerke, S. 924.
[61] Eine besondere Form des Studierendenaustauschs boten die International Student Games; sie waren eine Art Olympiade, in der sich Studierende der teilnehmenden Länder in verschiedenen sportlichen Disziplinen maßen. Selbst zu Beginn des Zweiten Weltkriegs wurden die Spiele noch ausgetragen. Ende August 1940 kamen studentische Athleten aus 23 Ländern nach Monaco, um für eine Woche an den Wettkämpfen teilzunehmen. Vgl. Students and the War (Executive Meeting of the League of Nation's Committee of International Student Organizations: January 15, 1940 at the International Institute for Intellectual Cooperation in Paris, France), in: Angel (Hrsg.): The International Law of Youth Rights, Dordrecht 1995, S. 92.
[62] Vgl. Fuchs: The Creation of New International Networks in Education, S. 199–209.
[63] Vgl. The Eleventh Session of the League of Nations' Committee of International Student Organizations (April 1936 at the Secretariat of the League of Nations – Geneva – Switzerland), in: Angel (Hrsg.): The International Law of Youth Rights, S. 77.

of International Student Organizations bemühte sich um einen Dialog unter den verschiedenen Mitgliedsverbänden und brachte sie für gemeinsame Projekte zusammen. Während seiner elften Zusammenkunft in Genf erklärten sich seine Mitglieder zu *dem* globalen studentischen Repräsentationsorgan:

„It does not forget, that, by its composition, it represents nearly all the students of the world, and that it even has ramifications in the higher spheres of the university world. This consideration makes it conscious of its responsibilities not only for the present but for the future of university youth".[64]

Der Internationalismus der 1920er und 1930er Jahre war nicht zuletzt über den Aufbau nationaler Förderungs- und Koordinationsstellen erreicht worden. So gründeten Regierungen Einrichtungen, die sich den Verbindungen ihrer Hochschulangehörigen ins Ausland annahmen. Dazu zählte etwa der 1925 offiziell gegründete Akademische Austauschdienst, der ein Vorläufer des heutigen DAAD darstellte. Ebenso ist das 1934 etablierte British Council zu nennen. Beide organisierten Auslandsaufenthalte für Studierende, Wissenschaftler und Hochschullehrer, richteten Zweigstellen im Ausland ein und boten dort Sprach- und Kulturangebote an.[65]

Die Wiedergeburt des wissenschaftlichen Internationalismus in der Zwischenkriegszeit brachte auch Universitätskongresse mit sich, an denen Hochschulleiter aus verschiedenen Ländern zusammenkamen. Solche Treffen fanden etwa in den frühen 1930er Jahren in Havanna und Paris statt.[66] Damit setzte sich in der Zwischenkriegszeit die zaghafte Annäherung von Universitätsleitern auf internationalem Parkett fort. Alleine das Zustandekommen dieser internationalen Rektorenkonferenzen weist darauf hin, dass das Hochschulmanagement in zunehmendem Maße reflektiert und Bestandteil des internationalen Diskurses wurde. Auch wenn das Hochschulwesen nationalstaatlich orientiert blieb, war die Renaissance des Internationalismus damit zugleich die Geburtsstunde von Rektorenzusammenkünften, an denen auch die Leiter der kontinentaleuropäischen Universitäten teilnahmen.

Die Neuauflage des wissenschaftlichen Internationalismus nach Ende des Ersten Weltkriegs ging mit anhaltenden nationalistischen und politisch-ideologischen Konflikten einher.[67] Wie sehr die Kluft zwischen den ehemaligen Kriegsgegnern fortbestand, zeigt sich beispielhaft in einem Merkblatt, welches der Verband der Deutscher Hochschulen im Dezember 1923 herausgab. Darin warnten die Autoren davor, für eine Annäherung an die Westmächte nicht „deutsche Ehre und

---

[64] Ebenda, S. 80.

[65] Vgl. Laitenberg: Der DAAD von seinen Anfängen bis 1945, S. 28 f.

[66] In den 1970er Jahren erinnerten Mitglieder der Europäischen Rektorenkonferenz an die Zusammenkünfte vor 1945 und interpretierten sie als Vorgeschichte ihrer eigenen Kooperation nach 1945. In einem Kurzbericht über die Gründung der ERK verwiesen sie etwa auf eine Vorläuferversammlung, die 1937 in Paris stattgefunden und zum ersten Mal Universitätsleiter multilateral zusammengebracht habe. Vgl. CRE from 1969 to 1974, S. 3.

[67] Vgl. Leonhard: Der überforderte Frieden, S. 634; Beaupré: Das Trauma des großen Krieges, S. 188 f.

Würde zu opfern, nur um an wissenschaftliche Informationen zu gelangen".[68] Solcherlei Vorbehalte gegenüber den ehemaligen Kriegsgegnern hielten sich auch in den internationalen Vereinigungen. Der naturwissenschaftlich orientierte Internationale Wissenschaftsrat und die geisteswissenschaftlich ausgerichtete Union Académique Internationale waren zwei Organisationen, die aus der Internationalen Assoziation der Akademien hervorgegangen waren. Trotz mancher Verhandlungen nahmen sie deutsche Akademien erst 1935 auf.[69] Spannungen aus den Kriegszeiten setzten sich damit auch unter Wissenschafts- und Hochschulakteuren in Friedenszeiten fort.

1.2 Die Universitäten im Nationalsozialismus

Die totalitäre Ideologie des Nationalsozialismus und der von seinen Protagonisten entfesselte Weltkrieg führten nicht nur die internationalen Wissenschafts- und Hochschulverbindungen, sondern das gesamte europäische Universitätswesen in eine existentielle Krise.[70] Bereits vor 1933 waren die Mitgliedschaften deutscher Wissenschaftler in internationalen Vereinigungen gering. Nach 1933 sollten diese weiter zurückgehen. Der Altertumswissenschaftler Ulrich Kahrstedt hob am 18. Januar 1934 bei einer Festrede zur Reichsgründungsfeier der Göttinger Universität hervor:

„… wir sagen ab der internationalen Wissenschaft, wir sagen ab der internationalen Gelehrtenrepublik, wir sagen ab der Forschung um der Forschung willen. […] Solange man bei dem Wort ‚deutscher Gelehrter‘ sich noch einen Mann vorstellen kann, der bei seiner Forschung an die internationale Gelehrtenrepublik und nicht an das deutsche Volk […] denkt, kann man keiner Regierung, die allein dem deutschen Volk dienen will zumuten, daß sie sich bei uns Rat holt."[71]

---

[68] Mitteilungen des Verbandes der Deutschen Hochschulen, 33, Sonderausgabe, 12.1923.

[69] Vgl. Schroeder-Gudehus: Deutsche Wissenschaft und internationale Zusammenarbeit; Schroeder-Gudehus: Die Jahre der Entspannung, S. 105–115; Metzler: Deutschland in den internationalen Wissenschaftsbeziehungen, S. 81.

[70] Im Dritten Reich reorganisierten staatliche und akademische Akteure die Universitäten kollektiv. Die neuen Hochschulverfassungen sollten die Universitäten hierarchisieren und den Rektor zu einem weisungsbefugten ‚Führer‘ seiner Hochschule machen. Anstelle einer Wahlprozedur durch einen akademischen Senat wurde der Rektor vom Erziehungsministerium ernannt. Dem Ministerium kam außerdem die Entscheidungsgewalt über die Ernennung der Prorektoren und Dekane zu, für die der Rektor lediglich Vorschläge unterbreiten konnte. Der akademische Senat hatte fortan lediglich beratende Funktion. Das NS-Regime versuchte sich auf diese Weise weitreichenden Einfluss auf alle wichtigen Posten in den deutschen Universitätsverwaltungen zu sichern. Die Umgestaltung der Universitäten leiteten allerdings nicht nur staatliche Akteure ein; sie wurde ebenso von der Studierendenschaft vorangetrieben. Bereits 1931 und damit zwei Jahre vor der Machtübernahme der NSDAP war der Nationalsozialistische Deutsche Studentenbund an den meisten deutschen Universitäten zur stärksten Kraft in den Allgemeinen Studentenausschüssen aufgestiegen. Die Anpassung der Universitäten an die NS-Diktatur erfolgte damit nicht von *oben*, sondern ebenso von *unten*. Vgl. Hausmann: Die Geisteswissenschaften im „Dritten Reich", S. 57; Heiber: Universitäten unterm Hakenkreuz, Band 1 Teil II, S. 261f.; Grüttner: Wissenschaft, in: Enzyklopädie des Nationalsozialismus, S. 147; Grüttner: Studenten im Dritten Reich, S. 481 f.

[71] Ulrich Kahrstedts Festrede zur Reichsgründungsfeier der Göttinger Universität am 18. 1. 1934, in: Wegeler: … wir sagen ab, Anlage 8, S. 367.

Kahrstedt forderte nicht weniger als die völlige Aufhebung des freien staatenüber-greifenden Wissenschaftsaustausches und eine Selbstunterwerfung von Forschen-den und Lehrenden unter die nationalsozialistische Politik. Selbst diejenigen, die noch gewillt waren, ihre Verbindungen ins Ausland aufrechtzuerhalten, konnten dies nur bedingt tun. Die Teilnahme deutscher Wissenschaftler an gewöhnlichen internationalen Fachkonferenzen stand unter Vorbehalt von NS-Ministerien. So musste etwa das Ministerium für Volksaufklärung und Propaganda vorab eine Er-laubnis erteilen, damit ein deutscher Wissenschaftler an einer Tagung im Ausland teilnehmen durfte.[72] Die internationale Verflechtung deutscher Wissenschaftler und Hochschullehrer wurde damit frühzeitig unter Kontrolle des Regimes ge-bracht. Der Rückzug deutscher Wissenschaftler aus den internationalen Wissen-schafts- und Hochschulverbänden spiegelte sich gerade auch in den transnational agierenden Studierendenverbänden. Über den Zustand dieser Verbände während der Kriegszeit erklärten Vertreter des Internationalen Instituts für geistige Zusam-menarbeit 1940 in Paris:

„The Hitler regime in Germany has withdrawn its national organizations one after the other from the international federations – and dissolved them. The rupture of its very fragile connec-tion with the International Confederation of Students (C.I.E.), which took place last May, com-pleted the secession of German university youth from the international community."[73]

Die internationale akademische Zusammenarbeit, die bis dahin meist über Büros in Westeuropa organisiert war, konnte nach Kriegsausbruch in ihrer bestehenden Form nicht weiter existieren. Einige Verbände verlegten ihre Sitze in die USA oder nach Lateinamerika. Andere stellten für die Jahre des Krieges ihre Arbeit ein oder lösten sich vollständig auf. Das Committee of International Student Organizations schilderte bereits im Frühjahr 1940 die Schwierigkeiten, seine Arbeit weiter auf-rechtzuerhalten:

„No doubt, the difficulties met with in regard to travelling, which reduce to a minimum the indispensable personal contacts between the international secretariats and the national associati-ons, and, in general, between the students of the various countries, are not of a nature to facilitate these efforts."[74]

Mit dem sich ausbreitenden Krieg ließen sich akademische Kooperationen in Eu-ropa kaum noch aufrechterhalten. Zwar fanden in den von den Nationalsozialisten okkupierten Gebieten immer wieder internationale Wissenschaftsveranstaltungen statt; diese wurden allerdings zuvörderst zum Zweck der Propaganda ausgerichtet. Während des Kriegs wurde etwa Werner Heisenberg, deutscher Atomphysiker und Nobelpreisträger von 1932, in die besetzten Gebiete geschickt, um im akade-

---

[72] Vgl. Beyerchen: Wissenschaftler unter Hitler, S. 112.
[73] The International Student Organizations in War Time (Intellectual Cooperation Bulletin, pub-lished by the League of Nations, International Institute of Intellectual Cooperation, Paris, France, January, 1940), in: Angel (Hrsg.): The International Law of Youth Rights, S. 91.
[74] Students and the War (Executive Meeting of the League of Nation's Committee of Internatio-nal Student Organizations: January 15, 1940 at the International Institute for Intellectual Co-operation in Paris, France), in: Angel (Hrsg.): The International Law of Youth Rights, S. 94.

mischen Umfeld ein positives Bild deutscher Kultur im Allgemeinen und der deutschen Wissenschaft im Konkreten zu propagieren.[75] Auf solche Propagandareisen ließen sich auch Professoren ein, die später in der Europäischen Rektorenkonferenz aktiv waren, wie etwa Hermann Jahrreiß, der von 1959 bis 1964 als Vizepräsident der ERK fungierte.[76] Die nationalsozialistische Herrschaft hatte damit die grenzübergreifende Wissenschaftskooperation entweder unterbunden oder sie zur Verbreitung der nationalsozialistischen Ideologie ausgenutzt. Die Ideale der Kooperation abseits gesellschaftlicher Schranken und nationaler Grenzen war damit im Dritten Reich völlig pervertiert worden.

Die nationalsozialistische Herrschaft hatte darüber hinaus das Fundament fast aller Universitäten im besetzten Europa erschüttert, auch wenn sich die Universitäten – im Urteil von Notker Hammerstein – „je nach Ferne oder Nähe zum nationalsozialistischen Regime und später zum Kriegsgeschehen in je eigener, typischer Weise"[77] entwickelten. Tendenziell fielen die Konsequenzen für die Universitäten Ost- und Südeuropas drastischer aus als für die in West- und Nordeuropa. Lutz Raphael stellt mit Blick auf das Vichy-Regime fest, dass nichtjüdische Studierende und Lehrende an der Pariser Sorbonne ein „scheinbar normales Universitätsleben" führen konnten, solange sie keinen offenen Widerstand gegen die Machthaber und deren Ideologie leisteten.[78] Manch einer sicherte sich die Fortsetzung seiner Forschungstätigkeit durch eine Zusammenarbeit mit NS-Behörden. Andere arbeiteten stillschweigend weiter und sahen über Verbrechen in ihrem Umfeld hinweg. Zahlreiche Hochschulangehörige flohen und ließen ihre Heimat, Familie, Sprache und Kultur zurück.[79]

Noch radikalere Folgen hatte die NS-Herrschaft in Mittel- und Osteuropa, wo die deutschen Besatzer Universitätseinrichtungen, Labore und Institute zerstörten und das Ziel verfolgten, Forschung und höhere Bildung vollständig zu unterbinden.[80] Wissenschaftler und Hochschullehrer wurden massenhaft interniert und ermordet. Die ost- und mitteleuropäischen Universitätswesen fielen damit großteils der nationalsozialistischen Zerstörungs- und Vernichtungspolitik zum Opfer. Auch wenn die meisten Universitäten nach Kriegsende in kurzer Zeit wiedererrichtet wurden, blieben die in der NS-Zeit gemachten Erfahrungen ein unauslöschlicher Bestandteil des kollektiven Gedächtnisses.[81] Dabei blieben allerdings

---

[75] Vgl. Walker: Physics and Propaganda, S. 339–389.

[76] Vgl. Jahrreiß: England und Deutschland, S. 10.

[77] Hammerstein: Universitäten und Kriege im 20. Jahrhundert, S. 521.

[78] Raphael: Die Pariser Universität unter deutscher Besatzung 1940–1944, S. 507 f.

[79] Vgl. Ash/Söllner: Introduction, S. 4.

[80] Eine Abschwächung des auf Vernichtung setzenden Kurses setzte aufgrund kriegswirtschaftlicher Engpässe des Deutschen Reichs ein, was etwa zur vereinzelten Wiedereröffnung von Fachschulen für kriegsrelevante Fächer in Polen führte. Den überlebenden Gelehrten war sonst meist nichts übriggeblieben als ihrer Tätigkeit in geheim agierenden Studiengruppen nachzukommen. Vgl. Kleßmann/Długoborski: Nationalsozialistische Bildungspolitik und polnische Hochschulen 1939–1945, S. 535–559.

[81] Akademiker setzten sich in wissenschaftlichen Arbeiten mit dem Phänomen der NS-Zeit und ihren Folgen für die Universitäten auseinander. Der deutsche Philosoph Karl Jaspers schrieb

Auseinandersetzungen über die konkrete Schuld geistiger Eliten weitgehend ausgeklammert. Eike Wolgast hat in einer Studie herausgearbeitet, dass deutsche Rektoren in ihren Reden nach 1945 kaum Verantwortung für die Geschehnisse der NS-Zeit übernahmen, sondern vielmehr ihre „eigene Ohnmacht" unterstrichen und dabei auf ihrer „Integrität" während der NS-Zeit beharrten.[82] Auf den ersten europäischen Rektorenkonferenzen nach Ende des Zweiten Weltkriegs wurde die Schuldfrage für die nationalsozialistischen Verbrechen nicht thematisiert. Teilnehmer bemühten sich höchstens um eine abstrakt gehaltene Rhetorik der Annäherung. Der französische Bildungsminister André Boulloche, der in der NS-Zeit in einem Konzentrationslager interniert gewesen war, sprach sich etwa im Beisein zahlreicher Rektoren und Vizekanzler für eine gegenseitige Verständigung aus.[83] Auf einer Konferenz, die 1959 in Dijon stattfand, betonte er:

„Our young people were born at a time of unprecedented material, moral and spiritual upheaval [...]. The despairing cry of a young German student who was killed in the war deserves to be taken to heart."[84]

Eine solche Sprache der Versöhnung war unter den Universitätsleitern keine Seltenheit. Als der Gründungspräsident der ERK, Marcel Felix Bouchard, der als Offizier in beiden Weltkriegen gedient hatte, eine Ehrenbürgerschaft der Göttinger Georg-August-Universität verliehen bekam,[85] betonte er im Beisein europäischer Amtskollegen im Hinblick auf das deutsch-französische Verhältnis:

„Mit allen Mitteln und bei jeder Gelegenheit müssen wir uns all der Bande bewusst werden, welche Natur und Geschichte zwischen uns geflochten haben, und uns darüber klar werden, dass wir füreinander verantwortlich und im Grunde eins sind".[86]

Auch wenn bei ihrer Zusammenarbeit nach Ende des Zweiten Weltkriegs weiterhin nationale Interessen eine entscheidende Bedeutung hatten, bekannten sich Eu-

---

1946 etwa von einer moralischen Vernichtung der Universitäten durch die NS-Herrschaft. Vgl. Jaspers: Die Idee der Universität, S. 5.

[82] Wolgast: Die Wahrnehmung des Dritten Reiches in der unmittelbaren Nachkriegszeit, S. 328.

[83] Als Bildungsminister unter dem französischen Premierminister Michel Debré kam André Boulloche nach Dijon und betonte in seiner Ansprache die Verantwortung der Hochschulen als Mittler gemeinsamer kultureller Werte. Boulloche hatte von 1934 bis 1939 Rechtswissenschaften an der École Polytechnique studiert, bevor er ins französische Militär eingezogen wurde. Nach der Besetzung Frankreichs durch die deutsche Wehrmacht schloss er sich 1940 der Résistance an. Im Januar 1944 geriet er in deutsche Gefangenschaft und überlebte eine 14-monatige Gefangenschaft in mehreren deutschen Konzentrationslagern. Seine Kriegserfahrungen prägten – so im Urteil des Familienbiographen Charles Kaiser – sein anhaltendes Engagement für die deutsch-französische Verständigung, der sich Boulloche bis zu seinem Lebensende verschrieben habe. Vgl. Kaiser: The Cost of Courage.

[84] Inaugural Address by Monsieur André Boulloche, Ministre de l'Education Nationale, in: Western European Union (Hrsg.): Second Conference of European University Rectors and Vicechancellors held at Dijon, S. 3 f.

[85] Ernennung von Marcel Bouchard zum Ehrenbürger der Georg-August-Universität durch Walther Zimmerli, Göttingen, 8. September 1964, in: HAEU – CRE-2 Gottingen, 1964: Allocutions.

[86] Dankrede Marcel Bouchards für Ehrenbürgerschaft der Universität Göttingen, in: HAEU – CRE-2 Gottingen, 1964: Allocutions, S. 6.

ropas Universitätsleiter zumindest in ihren öffentlichen Reden weitgehend zu einer staatenübergreifenden Hochschul- und Wissenschaftsgemeinschaft.

1.3 Das sowjetische Hochschulwesen

Die Konferenzen von Europas Rektoren und Vizekanzlern in den 1950er Jahren hatten nicht nur aufgrund der wenige Jahre zurückliegenden NS-Herrschaft einen besonderen Charakter. Dieser besondere Charakter ergab sich ebenso durch die damals gegenwärtigen Umstände einer bipolar geprägten – oder zumindest gedachten – Weltordnung mit seiner politisch-ideologischen Spaltung zwischen dem demokratisch-marktwirtschaftlichen Westen und dem sozialistisch-planwirtschaftlichen Osten.

In der Sowjetunion vollzog sich eine politisch-ideologische Umgestaltung der Universitäten in einem langwierigen und von Widersprüchen gezeichneten Prozess, der mit der Russischen Revolution von 1917 begann und erst am Vorabend des Zweiten Weltkriegs ein vorläufiges Ende fand. Die Langwierigkeit dieses Prozesses lag nicht zuletzt daran, dass sich an den Universitäten noch bis in die frühe Stalin-Ära eine konservative und liberale Professorenschaft halten konnte, die eine simple Adaption kommunistischer Politikziele verhinderte. Die Durchsetzung politisch-ideologischer Vorgaben ging an den Universitäten mit Wellen der Gewalt einher. In den frühen 1920er Jahren und während des stalinistischen Terrors in den späten 1930er Jahren kam es etwa zu sozialen Säuberungen und der Deportation missliebiger Akademiker.[87] Offene Kritik am Regime und ihrer Wissenschafts- und Hochschulpolitik wurde damit eine Gefahr für Leib und Leben.

Die Anpassung der Universitäten an die kommunistischen Vorgaben stellte das Sowjet-Regime auf lange Sicht durch eine Berufungspraxis nach politisch-ideologischen Gesichtspunkten sicher. Nach der Beseitigung alter illoyal geltender Dozenten wurden die frei gewordenen Posten durch Parteikader oder zumindest politisch genehme Hochschullehrer neubesetzt. Trotz mancher Widerstände an den Universitäten konnte damit eine wachsende Systemkonformität der Universitätsangehörigen hergestellt werden.

Weder unter Wladimir Lenin noch unter Josef Stalin hatte es allerdings ein klar definiertes Universitätskonzept gegeben, dessen Umsetzung von der politischen Führungsriege mit letzter Konsequenz angestrebt worden wäre.[88] Einerseits galten die Universitäten als ein Überbleibsel des Zarenreiches, das die soziale Ungleichheit zementiere und damit in seiner alten Form abgeschafft gehöre. Andererseits waren die sowjetischen Regime auf funktionierende Bildungsstätten angewiesen, wobei es nahelag, auf die zaristische Universitätsinfrastruktur zurückzugreifen. Es dürfte nicht zuletzt dieser Ambivalenz geschuldet sein, dass sich die Universitäten

---

[87] Vgl. Fox: Das seltsame Schicksal der russischen Universitäten, S. 31; Finkel: Purging the Public Intellectual, S. 589–613; Altrichter: Der Herr des Terrors, S. 193 f.
[88] Vgl. Finkel: On the ideological front, S. 40–66.

in der Sowjetunion zu einem eher zweitrangigen Ort der Wissensproduktion entwickelten. Zwar verblieb bei den Universitäten das Promotionsrecht. Nachwuchswissenschaftler konnten damit weiterhin an Universitäten ihre wissenschaftliche Qualifikation erlangen. In dem sowjetischen „Empire of Knowledge"[89] hatten allerdings die Akademien eine führende Rolle inne. Die von Zar Peter dem Großen gegründete und nach der russischen Revolution umbenannte Akademie der Wissenschaften der UdSSR stand an ihrer Spitze. Die sowjetische Wissenschaftselite arbeitete damit zu größeren Teilen nicht an Universitäten, sondern betrieb ihre Forschungen an außeruniversitären Einrichtungen. Neben den Akademien verlagerten sich auch Forschungsaktivitäten an Spezialinstitute und Hochschulen für angewandte Wissenschaften. Den Universitäten blieb damit zuvörderst die Rolle einer Ausbildungsstätte.

Laut dem Wissenschaftshistoriker Loren Graham entwickelten sich die Universitäten in der Stalin-Ära zu einem „amalgam of pre-revolutionary institutions and revolutionary ideology".[90] Einerseits behielten die Universitäten altbekannte Strukturen bei – einschließlich eines Rektorats, Fakultäten und Lehrstühle; andererseits sicherten sich das Zentralkomitee und seine Bildungsbehörden weitgehenden Einfluss auf wesentliche Universitätsangelegenheiten. Dazu gehörte es, die Forschung und Lehre seit dem ersten Fünfjahresplan von 1928 auf die planwirtschaftlichen Ziele auszurichten und die Studierendenzahlen und Lehrinhalte mit den Bedürfnissen der kollektiv organisierten Wirtschaftsbetriebe abzustimmen.[91] Damit unterlagen Forschung und Lehre staatlichen Nützlichkeitserwägungen. Die Einhaltung politisch-ideologischer Vorgaben an den Universitäten stellte das Sowjet-Regime über die Kontrolle der Lehrpläne sicher. Lehrbücher durften etwa erst nach eingehender Überprüfung durch Sicherheitsbeamte herausgegeben werden.[92] Aufgrund rigider Kontrollen erlangte das politische Regime in der Stalin-Ära weitreichende Kontrolle über die Wissenszirkulation innerhalb der Sowjetunion.

Mit der Machtausdehnung der Sowjetunion am Ende des Zweiten Weltkriegs setzte in Ost- und Mitteleuropa der Aufbau nationaler Universitätssysteme ein, die zumindest stellenweise nach sowjetischem Vorbild aufgebaut wurden. In der geschichtswissenschaftlichen Forschung ist in jüngerer Vergangenheit im Hinblick auf die Sowjetisierung der Hochschulen Mittel- und Osteuropas eine Perspektivenverschiebung vorgenommen worden. Während ältere Forschungen, die selbst unter dem Eindruck des Kalten Kriegs entstanden, eine fundamentale Anpassung der Universitäten an sowjetische Hochschulmaximen konstatierten, betonen jüngere Studien – wie etwa die von John Connelly[93] –, dass es keine uniforme Anpassung gegeben habe, sondern auf nationaler und lokaler Ebene ganz unterschiedlich aus-

---

[89] Tolz: Russian Academicians and the Revolution.
[90] Graham: Science in Russia and the Soviet Union, S. 98.
[91] Vgl. Rüegg/Sadlak: Hochschulträger, S. 91.
[92] Vgl. Graham: Science in Russia and the Soviet Union, S. 95.
[93] Vgl. Connelly: Captive University, S. 1–3; Connelly: Die polnischen Universitäten und der Staatssozialismus, S. 173–197.

geprägte, mit divergierenden Dynamiken einhergehende Anpassungsprozesse stattgefunden hätten.

Wie in der Sowjetunion behielten Universitäten zwar meist altbekannte Strukturen mit einem Rektorat, Fakultäten und Lehrstühlen bei. Zugleich gerieten im Laufe des ersten Nachkriegsjahrzehnts fast alle wichtigen Universitätsangelegenheiten in die „direkte politische und administrative Einmischung von Partei und Staat".[94] Dazu gehörte die Verknüpfung der Hochschulplanung mit den planwirtschaftlichen Zielen des Landes.[95] Studienzulassungen wurden damit meist nach dem planwirtschaftlichen Bedarf an Arbeitskräften vergeben. Außerdem wurden häufig als illoyal geltende Dozenten beseitigt und ihre Posten durch politisch genehme Hochschullehrer neubesetzt.[96] Damit ging das Ziel der sozialen Umgestaltung einher. Das Bildungsprivileg der alten Eliten sollte durch die Förderung von Studierenden aus Arbeiter- und Bauernfamilien gebrochen werden. Während zahlreiche Länder die soziale Umgestaltung an den Universitäten über Studienplatzvergaben regelten, wurden etwa in Polen gezielte Vorbereitungskurse für die Arbeiterjugend und in der DDR spezielle Arbeiter-und-Bauern-Fakultäten eingerichtet, in denen die Bildungslücken der betroffenen Kinder geschlossen und sie auf ein reguläres Universitätsstudium vorbereitet werden sollten.[97] Die Einhaltung politischer Vorgaben wurde nicht zuletzt über die Kontrolle der Lehrpläne und Zensuren in der wissenschaftlichen Publizistik geregelt. Wie in der Sowjetunion wurde die Spitzenforschung nur noch bedingt an den Universitäten und dagegen vermehrt von außeruniversitären Instituten, Laboren und Akademien erbracht. Dabei darf allerdings nicht übersehen werden, dass Anpassungen an sowjetische Modelle nicht nur aufoktroyiert wurden, sondern selbst von den jeweiligen kommunistischen Eliten in oftmals regional angepasster Weise eingeführt wurden. Die Beispiele Polen und Tschechoslowakei zeigen, dass noch Ideale der akademischen Selbstverwaltung für einige Zeit wirkungsmächtig blieben.[98] Ralph Jessen stellt dagegen für die DDR fest, dass ostdeutsche Hochschulen nach einem lang anhaltenden und teilweise widersprüchlichen Prozess, der bis 1968 andauerte, weit angepasster waren als die in den sozialistischen Nachbarstaaten. Jessen schreibt über das Ergebnis dieser Transformationen in der DDR:

„Die Universitäten waren keine relativ autonomen Wissenschaftsrepubliken mehr, deren innere Angelegenheiten in den Händen eines privilegierten Ordinarienpatriziats lagen, sondern Teil eines zentralisierten Staatsapparates, der alle Ansprüche auf Wissenschaftsautonomie und Selbstverwaltung verwarf und statt dessen widerspruchslose Unterordnung unter die Weisungen der führenden Partei verlangte."[99]

Das Selbstverständnis von hochschulischer Autonomie hatte damit bei weitem nicht mehr die gleiche Bedeutung wie in den meisten westeuropäischen Staaten.

---

[94] Rüegg/Sadlak: Hochschulträger, S. 89.
[95] Vgl. ebenda, S. 91.
[96] Vgl. Jessen: Akademische Elite und kommunistische Diktatur, S. 13 f.
[97] Vgl. Kowalczuk: Geist im Dienste der Macht, S. 146; Connelly: Captive University, S. 3.
[98] Ebenda, S. 19.
[99] Jessen: Akademische Elite und kommunistische Diktatur, S. 430.

Es zeigten sich also durchaus regionale Unterschiede in der Anpassung der Hochschulen an das sowjetische Hochschulmodell, wobei Oskar Anweiler betont, dass die strukturelle Anpassung der Hochschulen tendenziell weit tiefgreifender erfolgte als die inhaltliche Anpassung der Lehre. Bei Letzterer blieben häufig nationale Traditionen erhalten, die nur stellenweise durch sowjetische Lernziele überlagert wurden.[100] Trotz dieser Unterschiede lässt sich von einer „Sowjetisierung"[101] der Hochschulsysteme in Mittel- und Osteuropa sprechen, die sich in Anlehnung an Monika Kaiser als eine „Übertragung beziehungsweise Übernahme" sowjetischer „Strukturen und Funktionsmechanismen" einschließlich „Denk- und Verhaltensweisen" in Mittel- und Osteuropa verstehen lässt.[102]

Zwar studierte bereits unter Stalin eine kleine Zahl linientreuer Studierender aus den neu entstandenen Satellitenstaaten Osteuropas an Universitäten der UdSSR.[103] Eine Internationalisierung des sowjetischen Wissenschafts- und Hochschulsystems setzte jedoch erst nach dem Tod Stalins ein. Beispielhaft zeigte sich dies an der 1960 in Moskau etablierten Universität der Völkerfreundschaft, welche junge Menschen aus den dekolonisierten und meist antiwestlich eingestellten Staaten Afrikas, Asiens und Lateinamerikas nach Moskau führte.[104] Ihre Studienzeit wurde über Vollstipendien finanziert. Stalins Nachfolger an der Parteispitze der KPdSU, Nikita Chruschtschow, äußerte im Zuge des Gründungsaktes seine Hoffnung, dass sich die ausländischen Studierenden von der „Zeitkrankheit des Kommunismus"[105] anstecken ließen. Nicht zuletzt die naturwissenschaftlich-technischen Erfolge in der Stalin-Ära bestärkten das Bewusstsein des Chruschtschow-Regimes, das sowjetische Wissenschafts- und Hochschulsystem für sozialistische Verbündete sowie neutrale Staaten zu öffnen. Die russische Tageszeitung „Iswestija" schrieb im August 1963:

„[Die Studierenden] kommen von weit her, um in unserem Land zu studieren. Sie kommen aus Asien und Europa, aus Afrika und Amerika, in das Land der Raumschiffe und Atomkraftwerke, um aus der unerschöpflichen Quelle des Wissens zu trinken, die das sowjetische Volk angesammelt hat".[106]

Als Rektoren in der Mitte der 1950er Jahre zu ersten europäischen Konferenzen zusammenkamen, kam kein einziger Teilnehmer aus einem Staat des Warschauer Pakts. Die Bipolarität hatte damit zwischen die Universitätsleiter des Ostens und des Westens den von Winston Churchill diagnostizierten Eisernen Vorhang gehängt.[107] Jan Sperna Weiland, der von 1979 bis 1983 Rektor der Erasmus Universität Rotterdam war, betonte gegen Ende des Ost-West-Konfliktes rückblickend:

---

100 Vgl. Anweiler: Sowjetisierung im Bildungswesen, S. 311.
101 Vgl. Rüegg/Sadlak, Hochschulträger, S. 88.
102 Kaiser: Sowjetischer Einfluß auf die ostdeutsche Verwaltung und Politik 1945–1970, S. 111–135.
103 Vgl. Tromly: East European Students in Soviet Higher Education Establishments, S. 80.
104 Vgl. Djagalov/Evans: Moskau 1960, S. 3.
105 Dirnecker: Die „Patrice Lumumba-Universität für Völkerfreundschaft" in Moskau, S. 220.
106 Rupprecht: Gestrandetes Flaggschiff, S. 96.
107 Vgl. Applebaum: Der Eiserne Vorhang, S. 237.

„Once upon a time, Europe was divided into two blocs: East and West […]. Exchange, scientific as well as cultural, was extremely limited, suspicion was commonplace and ,containment' was considered to be the right answer to a question which could not be wrong, the adequate expression of a non-relation. All this was reflected in the life and work of the […] European Rectors' Conference."[108]

Trotzdem war der Umgang mit dieser Spaltung noch nicht zementiert: Einerseits lag zwar der Terror unter dem 1953 verstorbenen Stalin erst kurze Zeit zurück, in dessen Diktatur universitäre Vorstellungen von der Autonomie und der wissenschaftlichen Freiheit weitgehend ausgehöhlt und die mittel- und osteuropäischen Hochschulwesen unter sowjetischen Vorzeichen umgestaltet wurden. Andererseits kündigten sich unter Nikita Chruschtschow Reformen an, die mit einer zaghaften Öffnung der Wissenschafts- und Bildungseinrichtungen einhergingen.[109] Damit war nicht mehr grundsätzlich auszuschließen, dass akademische Zusammenkünfte zwischen Ost und West initiiert und dauerhaft institutionalisiert werden könnten.

2. Europas bildungspolitischer Internationalismus

Nach Ende des Zweiten Weltkriegs wurden Europas Hochschulen zum ganz überwiegenden Teil in nationalstaatlich orientierten Hochschulwesen wiedererrichtet. Es setzte eine Renationalisierung der Hochschullandschaft ein, die als eine direkte Folge der Renationalisierung des Staatengefüges verstanden werden kann. Selbst in der bildungsföderalen Bundesrepublik Deutschland, in der das Wissenschafts- und Hochschulwesen wieder eine Kernkompetenz der Bundesländer wurde, setzte sich der nationalstaatlich orientierte Abstimmungsprozess fort. Dies spiegelt sich alleine in der 1948 aus der Konferenz der deutschen Erziehungsminister hervorgegangenen Kultusministerkonferenz, in der sich die für Forschung, Bildung und Kultur verantwortlichen Länderminister zu überregionalen Anliegen abstimmten.[110]

Darüber hinaus setzte erneut eine Dynamik der Internationalisierung ein. So wurden Forschende und Lehrende unter anderem durch nationalstaatlich organisierte Austauschprogramme gefördert. Hierzu gehörte das von der US-Regierung 1946 erstmals aufgesetzte Fulbright-Programm, das über bilaterale Verträge Forschenden und Studierenden einen Austausch von und in die USA ermöglichte.[111] Ebenso sind die Förderungen des Deutschen Akademischen Austauschdienstes (DAAD) zu nennen, welcher nach seiner Wiedereröffnung 1950 insbesondere Studien- und Forschungsaufenthalte für den akademischen Nachwuchs der Bundesrepublik in Partnerstaaten finanzierte. Die statistischen Daten der Jahre 1955/56

---

[108] Weiland: Editorial, S. 7.
[109] Vgl. Ivanov: Science after Stalin, S. 317–338.
[110] Vgl. Fränz/Schulz-Hardt: Zur Geschichte der Kultusministerkonferenz 1948–1998, S. 177.
[111] Vgl. Vogel: The Making of the Fulbright Program, S. 11–21.

des DAAD verdeutlichen beispielhaft die Bedeutung des Ost-West-Konflikts für die internationalen Wissenschaftsbeziehungen. Während 119 der insgesamt 176 DAAD-Stipendiaten nach Westeuropa gingen, bestand weder eine Austauschmöglichkeit in die Sowjetunion, noch in die sozialistischen Staaten Mittel- und Osteuropas, noch in das kommunistische China.[112] Einzige Ausnahme war Jugoslawien, das eine Sonderstellung einnahm und unter Staatspräsident Josip Tito mit beiden Machtblöcken kooperierte.[113]

Die Wiederbelebung des Internationalismus nach Ende des Zweiten Weltkriegs drückte sich außerdem in Form von Großforschungsprojekten aus, die Regierungen gemeinschaftlich finanzierten. In Westeuropa entstanden etwa 1952/53 die Europäische Organisation für Kernforschung (CERN) sowie 1962 die Europäische Weltraumforschungsorganisation (ESRO). Dies sind zwei von zahlreichen Beispielen, in denen Regierungen Westeuropas ihre Ressourcen bündelten, um auf kostenintensiven Forschungsfeldern gemeinsam Gewicht zu entwickeln.[114] Nach 1945 etablierten sich damit milliardenschwere Großforschungen, welche über zwischenstaatliche Abkommen in die Wege geleitet wurden.

Die Internationalisierung nach Ende des Zweiten Weltkriegs kam darüber hinaus in einem „Gründungsboom"[115] an internationalen Regierungsorganisationen zum Ausdruck, die sich auf die eine oder andere Art der Wissenschaft und dem Hochschulwesen annahmen und diese Felder unter dem Vorzeichen des Ost-West-Konfliktes und der europäischen Integration auf eine zwischenstaatliche Ebene hoben. Im Gegensatz zu der Zeit vor und nach dem Ersten Weltkrieg etablierten Regierungen damit eine kontinentale beziehungsweise globale Infrastruktur für bildungs- und wissenschaftspolitisches Handeln.[116]

Nur wenige dieser Regierungsorganisationen überwanden in den ersten drei Nachkriegsjahrzehnten die Logik der binär gedachten Weltordnung. Zu diesen wenigen Organisationen gehörte die im November des Jahres 1945 gegründete United Nations Educational, Scientific and Cultural Organization (UNESCO). Die in Paris ansässige UNESCO gründete sich als eine rechtlich den Vereinten Nationen untergeordnete zwischenstaatliche Institution.[117] In ihrer Satzung betonte die UNESCO, sie wolle „durch Förderung der Zusammenarbeit zwischen den Völkern auf den Gebieten der Erziehung, Wissenschaft und Kultur zur Wahrung des Friedens und der Sicherheit beitragen, um in der ganzen Welt die Achtung vor Recht und Gerechtigkeit, vor den Menschenrechten und Grundfreiheiten zu stärken".[118] Der globale Wirkungsanspruch gab der UNESCO ihre Besonderheit, da sie blö-

---

112 Vgl. Alter: Der DAAD seit seiner Wiedergründung 1950, S. 67.
113 Vgl. Calic: Der ewige Partisan, S. 287 ; Calic: Geschichte Jugoslawiens, S. 197 f.
114 Vgl. Große Hüttmann: ESA (Europäische Weltraumagentur), S. 107.
115 Walter: Der Bologna-Prozess, S. 66.
116 Vgl. Eckhardt Fuchs/Jürgen Schriewer: Internationale Organisationen als Global Players in Bildungspolitik und Pädagogik, S. 145; Akira Iriye: Global Community, S. 1.
117 Vgl. Krill: Die Gründung der UNESCO, S. 247.
118 Artikel 1, Absatz 1 der Satzung der UNESCO. Vgl. UNESCO Constitution, signed on 16 November 1945 [Online-Ressource].

ckeübergreifend agierte und damit Hochschulpolitikern des demokratischen Westens einen Austausch mit Akteuren des sozialistischen Ostens bot.[119] Zugleich bezog die UNESCO wissenschaftliche und zivilgesellschaftliche Akteure für die Durchführung von Projekten und zur Erarbeitung von Konventionen ein. Damit ermöglichte sie nicht nur einen Austausch unter politischen Akteuren, sondern förderte ebenso die transnationale Zusammenarbeit von Wissenschaftlern und Universitätsangehörigen. Ein hochschulpolitisches Großereignis organisierte sie 1948 unter Leitung ihres ersten Generaldirektors Julian Huxley im niederländischen Utrecht. Gemeinsam mit der niederländischen Regierung versammelte die UNESCO rund 200 Universitätsvertreter aus aller Welt. Auf der Versammlung beschlossen die Teilnehmer, eine globale, unabhängige Universitätsorganisation zu gründen.[120] Dieses Ziel realisierten sie mit der 1950 gegründeten und an die Arbeit der UNESCO gekoppelten International Association of Universities (IAU).[121] Die IAU etablierte sich als eine globale Dachorganisation der Universitäten, in der Europas Universitätsrektoren neben Universitätsrepräsentanten anderer Weltregionen mitwirkten.[122] Im Laufe ihrer Geschichte ermöglichte die IAU nicht nur einen Austausch über universitätsinterne Fragen, sondern bot ebenso Gelegenheit für einen „Austausch über globale Problemfelder" – sei es das atomare Wettrüsten, die Alphabetisierung im globalen Süden oder das Wachstum der Weltbevölkerung.[123] Insbesondere das Präsidium der Europäischen Rektorenkonferenzen pflegte Kontakte zur IAU. Eine bedeutende europazentrierte Plattform der UNESCO war das Europäische Zentrum für Hochschulbildung (CEPES). Dieses hatte die UNESCO 1972 in Budapest eingerichtet. Es war für die Universitäten der östlichen und westlichen Hemisphäre ein Forum, um sich gemeinsam über Hochschulentwicklungen auszutauschen und Wege der Annäherung zu erörtern. Die Arbeit von CEPES überdauerte die Zeit des Ost-West-Konflikts. Das Zentrum setzte seine Arbeit bis in das Jahr 2011 fort. Es entwickelte sich im Laufe seiner Geschichte zu einem wichtigen Kooperationspartner der Europäischen Rektorenkonferenz.

In der westlichen Hemisphäre entstanden zahlreiche weitere internationale Regierungsorganisationen, die hochschulpolitisches Gewicht entwickelten. Dazu gehörte die 1961 gegründete und in Paris ansässige Organisation für europäische wirtschaftliche Zusammenarbeit und Entwicklung (OECD). Sie gehört zu den be-

---

[119] Vgl. Uvalić-Trumbić: The World's Reference Point for Change in Higher Education, S. 30 f.

[120] Die International Association of Universities war nicht die einzige international agierende Hochschulorganisation der Nachkriegszeit. Ebenso etablierte sich in den 1950er Jahren die International Student Conference, die „nach einem gegenseitigen Verständnis und freundschaftlicher Zusammenarbeit" strebte. Vgl. Neuhaus: Dokumente zur Hochschulreform, S. 533.

[121] Vgl. Dorsmann/Blankesteijn: Work with Universities. The 1948 Utrecht Conference and the Birth of IAU.

[122] Die IAU sollte sich zu einem wichtigen Ansprechpartner der ERK entwickeln und als global agierender Kooperationspartner für ihre europäischen Bemühungen fungieren.

[123] Bungert: Globaler Informationsaustausch und globale Zusammenarbeit, S. 177–191.

deutendsten Organisationen der westlichen Industrieländer und dient bis heute insbesondere zur Koordinierung der Wirtschafts-, Handels- und Entwicklungspolitik. Sie ging aus der 1948 gegründeten Organisation für europäische wirtschaftliche Zusammenarbeit (OEEC) hervor, die 18 europäischen Staaten eine Plattform bot, um über Konzepte und Strategien zur Umsetzung des Marshallplans für wirtschaftlichen Wiederaufbau nach dem Zweiten Weltkrieg zu beraten.[124] Die OECD ging über den westeuropäischen Raum hinaus und umfasste bei ihrer Gründung 20 Industriestaaten – einschließlich der USA und Kanada. In den 1960er und 1970er Jahren wurden weitere außereuropäische Industrienationen wie Japan, Australien und Neuseeland Mitglieder. Damit entwickelte sie sich von einer vornehmlich europäischen zu einer Organisation der gesamten westlich-marktwirtschaftlich geprägten Welt. In ihrem Gründungsdokument legte die OECD dar, dass sie Politik für anhaltendes Wirtschaftswachstum, Beschäftigung und für einen hohen Lebensstandard fördern wolle.[125] In ihrer Gründungskonvention blieb Bildungspolitik noch ausgeklammert, über die Verknüpfung von wirtschafts- und bildungspolitischen Themen gewann sie allerdings in der Folgezeit an Einfluss auf die Hochschulsysteme ihrer Mitgliedsstaaten.[126] Dieser Einfluss gelang der OECD insbesondere über Studien, die den Mitgliedsstaaten Stärken und Schwächen im internationalen Vergleich darlegten. Für ihre Studien griff die OECD auch auf externe Gutachter zurück und verzahnte damit wissenschaftliche und politische Expertise.

Eine weitere, auch für die Wissenschaftsgeschichte nicht zu unterschätzende Organisation war der Nordatlantikpakt (NATO). Die im April 1949 von den USA, Kanada und zehn europäischen Staaten gegründete NATO ist ein vornehmlich politisch militärisches Bündnis. Seine Gründungsmitglieder hatten allerdings vertraglich festgehalten, auch das gemeinsame kulturelle Erbe sichern und ein besseres Verständnis unter den Bündnisstaaten herstellen zu wollen.[127] Die NATO dehnte bereits in den 1950er Jahren ihre Aktivitäten auf das Wissenschaftsfeld aus. Im Dezember 1957 richtete sie einen Wissenschaftsausschuss ein, dessen Vorsitzender zugleich als Wissenschaftlicher Berater des NATO-Generalsekretärs fungierte. Ihr Wissenschaftsprogramm blieb vornehmlich auf militärrelevante Großforschungsprojekte ausgerichtet. Über ihr Wissenschaftsprogramm organisierte sie Lehrangebote und Summer Schools für Studierende und vergab zwischen 1959

---

[124] Vgl. Jonas: Organisation für wirtschaftliche Zusammenarbeit und Entwicklung, S. 292.

[125] Vgl. Convention on the Organisation for Economic Co-operation and Development, Paris, 14. Dezember 1960 [Online-Ressource].

[126] Vgl. Papadopoulos: The OECD Approach to Education in Retrospect, 1960–1990, in: European Journal of Education 46.1 (2011), S. 85 f.
Von den 1970er Jahren an unterhielt die ERK unregelmäßige Kontakte zur OECD. Vgl. HAEU – CRE-415 Correspondence Organisation for Economic Co-operation and Development.

[127] Vgl. Der Nordatlantikvertrag, Washington DC, 4. April 1949, in: NATO Online Archive.

und 1967 für rund 900 Wissenschaftler Förderungen für Forschungsaufenthalte im Ausland.[128]

Neben diesen internationalen Regierungsorganisationen mit globalem oder gesamtwestlichem Wirkungsanspruch entstanden zudem auch solche, die während des Ost-West-Konflikts auf Westeuropa beschränkt blieben und sich zu entscheidenden Plattformen des europäischen Einigungsprozesses entwickelten. Hierzu gehört der am 5. Mai 1949 eingerichtete und in Straßburg ansässige Europarat, der bestrebt war, eine Zusammenarbeit in Wirtschaft, Kultur und Wissenschaft zu ermöglichen.[129] Ihm gingen zahlreiche Initiativen verschiedener europäischer Einigungsbewegungen wie etwa der Union der Europäischen Föderalisten und des United Europe Movement voraus. Auch wenn manche Gründungsinitiatoren die Hoffnung gehabt hatten, mit ihm einen europäischen Bundesstaat zu errichten, etablierte sich der Europarat letztlich als eine zwischenstaatliche Regierungsorganisation, die die Hoheitsrechte der Nationalstaaten nicht antastete. Der Europarat folgte weitgehend der bipolaren Logik des Kalten Krieges und blieb bis zum Zusammenbruch der Sowjetunion eine Organisation westeuropäischer sowie assoziierter Staaten. In seinen 1949 verabschiedeten Statuten verschrieb sich der Europarat der Aufgabe, „eine engere Verbindung zwischen seinen Mitgliedern zum Schutze und zur Förderung der Ideale und Grundsätze, die ihr gemeinsames Erbe bilden, herzustellen und ihren wirtschaftlichen und sozialen Fortschritt zu fördern."[130] Der Europarat war damit nicht nur auf wirtschaftliche Fragen fokussiert, sondern strebte zudem eine enge Zusammenarbeit in Kultur und Wissenschaft an. Bereits in den 1950er Jahren verabschiedete der Europarat drei hochschulpolitische Konventionen. Mit der Europäischen Konvention über die Gleichwertigkeit der Reifezeugnisse von 1953, dem Europäischen Übereinkommen über die Gleichwertigkeit der Studienzeiten an Universitäten von 1956 und dem Europäischen Übereinkommen über die akademische Anerkennung von akademischen Graden und Hochschulzeugnissen von 1959 machte der Europarat deutlich, dass mit ihm als einer internationalen hochschulpolitischen Organisation zu rechnen war.[131]

---

[128] Vgl. Committee on Information and Cultural Relations – Ad Hoc Meeting of Senior Officers in NATO Countries concerned with Government-Sponsored Cultural Activities. Visiting Professorship. Note by the United Kingdom Delegation, 27. 6. 1956, in: NATO Online Archive; Committee on Information and Cultural Relations – Ad Hoc Meeting of Senior Officers in NATO Countries concerned with Government-Sponsored Cultural Activities. Seminars and Summer Schools. Note by the United Kingdom Delegation, 26. 6. 1956, in: NATO Online Archive.

[129] Vgl. Holeschovsky: Europarat, in: Bergmann/Wickel (Hrsg.): Handlexikon der Europäischen Union, S. 310 f.

[130] Satzung des Europarates, in: Reif (Hrsg.): Europäische Integration, S. 76.

[131] Vgl. European Convention on the Equivalence of Diplomas Leading to Admission to Universities, Paris, 11. 12. 1953 [Online-Ressource]; European Convention on the Equivalence of Periods of University Study, Paris, 15. 12. 1956 [Online-Ressource]; European Convention on the Academic Recognition of University Qualifications, Paris, 14. 12. 1959 [Online-Ressource].

Im Gegensatz zum Europarat widmeten sich die Organisationen der späteren Europäischen Gemeinschaften in den 1950er Jahren noch überwiegend der wirtschaftlichen Zusammenarbeit. Die 1951 beschlossene Europäische Gemeinschaft für Kohle und Stahl ermöglichte ihren anfänglich sechs Mitgliedsstaaten zollfreien Zugang zu den Rohstoffen der Montanindustrie. Die dafür gegründete Hohe Behörde konnte gemeinsame Regelungen für alle Mitgliedsstaaten treffen und war damit die erste europäische supranationale Organisation nach Ende des Zweiten Weltkriegs. Die 1957 geschaffene Europäische Wirtschaftsgemeinschaft strebte insbesondere die Errichtung eines gemeinsamen Marktes und die Schaffung einer Zollunion an. Allerdings legte der Gründungsvertrag der EWG bereits fest, dass mit dem gemeinsamen Markt zugleich der freie Personenverkehr und die Niederlassungsfreiheit gewährleistet werden sollten. Damit war das Ziel der gegenseitigen Anerkennung von Studienleistungen und Abschlüssen verbunden.[132] Die ebenfalls 1957 eingerichtete und ebenfalls supranational organisierte Europäische Atomgemeinschaft sollte zudem Fortschritte auf dem Gebiet der Kernenergie erzielen. Trotz ihrer vornehmlichen Ausrichtung auf Energiefragen bot gerade der EURATOM-Vertrag erste Spielräume für eine europäische Hochschulpolitik. So sah der Vertrag etwa die Schaffung einer „Institution im Range einer Universität"[133] vor. Insgesamt wurde also nach Ende des Zweiten Weltkriegs eine Vielzahl an Regierungsorganisationen gegründet, die sich dem Hochschulwesen annahm und versuchte, hochschulpolitisches Gewicht zu entwickeln.

Neben diesen Regierungsorganisationen gab es multilaterale Kultur- und Bildungsinitiativen, die im Zuge des europäischen politischen Einigungsprozesses ins Leben gerufen wurden. Sie entstanden zwar häufig unter dem Einfluss von Regierungsakteuren, reklamierten für sich jedoch einen regierungsunabhängigen Status. Dies zeigt sich beispielhaft an dem 1950 eingerichteten College of Europe in Brügge, das sich als eine unabhängige Graduiertenschule für Themenfelder der einsetzenden europäischen Integration etablierte. Die Entstehungsgeschichte des Colleges of Europe reicht zum Haager Europa-Kongress im Jahr 1948 zurück.[134] Der in der Kulturkommission des Kongresses engagierte spanische nationalliberale Diplomat und Schriftsteller Salvador de Madariaga schlug eine entsprechende Gründung vor. Neben ihm förderte insbesondere Hendrik Brugmans, niederländischer Politiker und Romanist, die Gründung des Colleges of Europe. Brugmans war zuvor in der Union der europäischen Föderalisten aktiv und wurde 1946 zu deren erstem Präsidenten gewählt.[135] Von 1949 bis 1972 übte er das Amt des Rektors im College of Europe aus, das sich dem Ziel verschrieb, seine Studierenden zu „competent, experienced and responsible European" zu formen.[136] Trotz der

---

132 Vgl. Artikel 57 des Vertrags zur Gründung der Europäischen Wirtschaftsgemeinschaft, Rom, 25. März 1957, in: CVCE [Online-Ressource].
133 Vgl. Vertrag zur Gründung der Europäischen Atomgemeinschaft, Paragraph 9 Absatz 2 und Artikel 216, in: CVCE [Online-Ressource].
134 Vgl. Brugmans: The College of Europe, in: CVCE [Online-Ressource].
135 Vgl. Loth: Europas Einigung, S. 14.
136 Bekemans/Mahncke/Picht: The College of Europe, S. 9.

formellen Unabhängigkeit entwickelte es sich zu einer Kaderschmiede für die Europäischen Gemeinschaften.

Ein spannungsreiches Verhältnis zwischen der institutionellen Unabhängigkeit und einem europapolitischen Auftrag lässt sich nicht nur am College of Europe, sondern auch am Beispiel des 1950 gegründeten Europäischen Kulturzentrums (CEC) veranschaulichen, aus dem 1954 die Europäische Kulturstiftung hervorging. Das CEC ging insbesondere aus einer Initiative des Schweizer Philosophen Denis de Rougemont hervor, der in der Kulturkommission des Haager Europa-Kongresses für dessen Gründung geworben hatte.[137] Das CEC verfolgte das Ziel, über seine Kultur- und Bildungsarbeit die Einheit Europas zu fördern. Es legte Austauschprogramme auf und trug Unterlagen zusammen, die für eine europäische Kulturpolitik relevant erschienen. Zugleich erarbeitete es Studien, die für die politischen Entscheidungen des Europarats hilfreich sein sollten.[138] Erster Präsident der Europäischen Kulturstiftung war der 1886 in Luxemburg geborene Staatsmann Robert Schuman. Als französischer Außenminister ebnete er mit dem nach ihm benannten Schuman-Plan den Weg zur Gründung der Montanunion. Er gilt als einer der Wegbereiter der deutsch-französischen Verständigung. Ähnlich wie das College of Europe blieb auch das Europäische Kulturzentrum bzw. die Europäische Kulturstiftung eng mit dem Ziel der europäischen politischen Einigung verbunden.

Zentrale Figuren des europäischen politischen Einigungsprozesses gründeten 1958 das kleine – in der Öffentlichkeit beinahe unbemerkt gebliebene – Institut der Europäischen Gemeinschaft für Hochschulstudien. Das Institut verstand sich als eine von den europäischen politischen Organen unabhängige Einrichtung zur Förderung des europäischen Gedankens in der Hochschulbildung. Praktisch bestand es jedoch zu einem ganz überwiegenden Teil aus Vertretern der EG, die über das Institut Informationen über die Forschung und Lehre zur europäischen Integration sammeln ließen.[139] Bis in die 1970er Jahre publizierte das Institut Studien zu EG-relevanten Themen mit Schwerpunkten in den Sozial- und Wirtschaftswissenschaften sowie in den Politik- und Rechtswissenschaften. Es weitete seine Aktivitäten jedoch immer wieder aus und förderte Projekte, die über direkte Fragen zu den Europäischen Gemeinschaften hinausgingen und allgemeinere, europabetreffende kultur- und geschichtswissenschaftliche Themen behandelten. Ein Anliegen des Instituts war es, all denjenigen Bildungseinrichtungen eine praktische Unterstützung zuteilwerden zu lassen, die bestrebt waren, Institute, Seminare oder Lehrstühle für Europastudien einzurichten.[140] Max Kohnstamm, der das Institut über mehrere Jahre als Direktor leitete, schrieb über das Institut:

„Im ersten Jahrzehnt seines Bestehens half es bei der Errichtung mehrerer Hochschulzentren für europäische Fragen und förderte Kontakte zwischen denen, die sich mit solchen Studien befaß-

---

[137] Vgl. Cornides: Der Europarat als politischer Rahmen der europäischen kulturellen Zusammenarbeit, S. 6995.
[138] Ebenda, S. 6997.
[139] Vgl. Hindrichs: Kulturgemeinschaft Europa, S. 58.
[140] Vgl. Kohnstamm/Hager: Zivilmacht Europa – Supermacht oder Partner, S. 9.

ten, durch Tagungen, Seminare und die regelmäßige Veröffentlichung von Mitteilungsblättern über Hochschulforschung und -lehre zur europäischen Integration."[141]

Das Institut war damit Förderer von Europastudien an den Universitäten, die in direkter oder indirekter Weise ein Bewusstsein für die Arbeit der Europäischen Gemeinschaften unter Studierenden und Lehrenden schaffen sollten. Jean Monnet betonte, dass das Institut den dazu willigen Universitäten auch Geldmittel zur Verfügung stellen solle.[142] Diese Geldmittel kamen nicht zuletzt von privaten Geldgebern. Die US-amerikanische Ford-Stiftung ließ dem Institut Finanzmittel in Höhe von 500.000 US-Dollar zukommen. Die Stiftung begründete ihre Zahlung an das Institut damit, dass sie helfen wolle, die hölzernen Hochschulstrukturen in Europa aufzubrechen und neue – letztlich US-amerikanische – Ideen zu verankern. Sie erklärte diesbezüglich:

„The European Community Institute will be in a central position to aid European Universities to overcome parochial interests. The development of a European and Atlantic outlook at the old universities of Europe and the funding of a new university are revolutionary steps in European higher education."[143]

Die Arbeit des Instituts war damit eine Kampfansage an jene Rektoren und Vizekanzler, die in einer europäischen hochschulpolitischen Ebene eine Gefahr für ihre Einrichtungen erblickten.[144] Zu dem Führungszirkel des Institutes gehörten namhafte Persönlichkeiten der europäischen Spitzenpolitik wie Jean Monnet, Walter Hallstein und Étienne Hirsch.[145]

Zahlreiche weitere wissenschaftliche und hochschulische Einrichtungen etablierten sich in den ersten Jahrzehnten nach Ende des Zweiten Weltkriegs auf europäischer Ebene. Nicht nur unmittelbar nach 1945, sondern auch in den 1970er Jahren kam es dabei zu einer Gründungswelle neuer europäischer Hochschul- und Wissenschaftseinrichtungen. Davon zeugen in den 1970er Jahren etwa die Grün-

---

[141] Ebenda.
[142] Palayret: Eine Universität für Europa, S. 39.
[143] Zitiert nach Giuliana Gemelli: Western Alliance and Scientific Community in the early 1960s, S. 178 f.
[144] Das Institut der Europäischen Gemeinschaft für Hochschulstudien wurde von Anbeginn seiner Tätigkeit an von der Ford Foundation finanziert, die – wie Valérie Aubourg schreibt – sich nicht nur eine Verbreitung europäischer Gemeinschaftswerte, sondern sich insbesondere auch eine Förderung des transatlantischen Gemeinschaftsgefühls versprach. Vgl. Valérie Aubourg: Problems of Transmission, S. 416–443.
[145] Als erster Direktor fungierte der niederländische Diplomat Max Kohnstamm, der von 1952 bis 1957 Sekretär der EGKS-Behörde war und zugleich als Vizepräsident des Aktionskomitees der Vereinigten Staaten von Europa diente. Kohnstamm sollte das Institut in den 1970er Jahren leiten. Kohnstamm gab sich von Beginn der Debatte als Befürworter europäischer Bildungs- und Wissenschaftsbemühungen zu erkennen. Seine Laufbahn führte ihn unter anderem in das niederländische Außenministerium. Am 2. Oktober 1956 notierte sich Kohnstamm in sein Tagebuch, dass gerade die Wissenschaft dazu angetan sei, dem Nationalismus als Pseudoreligion eine Absage zu erteilen. Es sollte seiner Auffassung nach eine dringliche Aufgabe der europäischen Organe sein, gemeinsame Forschung zu ermöglichen. Vgl. Harryvan/van der Harst: Max Kohnstamm, S. 5.

dung des Europäischen Hochschulinstituts in Florenz[146], das nach zwei Jahrzehnten der Diskussionen in intergouvernementaler Weise, aber mit enger Bindung an die EG seine Arbeit aufnahm. Darüber hinaus ist die Europäische Wissenschaftsstiftung (ESF) zu nennen, die sich auf schwedische Initiative gründete und sich in Straßburg niederließ.[147] Die ESF zählt eine Vielzahl an großen Wissenschaftsorganisationen zu ihren Mitgliedern und nahm eine Doppelfunktion zwischen Grundlagenforschung und deren Förderung einerseits und der politischen Interessenvertretung der Wissenschaftseinrichtungen auf europäischer Ebene andererseits wahr.[148] Viele weitere Bottom-up-Initiativen entstanden unter Forschenden und Lehrenden und prägten die europäische Ebene fernab von Regierungsakteuren.

Bereits in den 1950er Jahren hatte sich angekündigt, dass das Hochschulwesen ein europäisches und globales Politikfeld werden würde. Die Gründungsgeschichte der ERK fällt in eine Zeit, in der sich eine hochschulpolitische Infrastruktur mit zahlreichen korporativen Regierungsakteuren herausbildete. Hierbei zeigen sich Parallelen zu früheren Entwicklungen. Als sich im späten 19. und frühen 20. Jahrhundert die Hochschulpolitik als nationales Politikfeld etablierte, folgten Gründungen zahlreicher nationaler Hochschulverbände. Rektoren, Professoren, Dozenten und Studierende etablierten jeweils eigene Vereinigungen, in denen sie ihre Interessen vertraten. In der zweiten Hälfte des 20. Jahrhunderts lässt sich ein ähnlicher Prozess für die europäische und internationale Ebene feststellen. Bereits in der ersten Nachkriegsdekade kooperierten nationale Hochschulverbände auf bilaterale Weise. Es etablierten sich etwa die britisch-deutschen, die britisch-französischen und die deutsch-skandinavischen Rektorenkonferenzen, die kontinuierliche zwischenstaatliche Kontakte der Universitätsleiter ermöglichten.[149] Die Gründungsgeschichte der Europäischen Rektorenkonferenz fällt damit in eine Zeit, in der auch nationale Verbände internationale Bindungen eingingen. Zugleich blieb die ERK nicht der einzige kontinentale Zusammenschluss von Universitätsleitern. Die International Association of Universities, die sich als globale Dachorganisation etabliert hatte, umfasste 1975 gleich mehrere Regionalverbände. Dazu gehörten neben der Europäischen Rektorenkonferenz die Association of Commonwealth Universities, die Association of African Universities, die Association of Arab Universities, die Association of South-East Asian Institutes of Higher Learning sowie die

---

[146] Vgl. Kapitel IV über die Kontroverse um eine supranationale Universität.

[147] Press Release of the European Science Foundation 1974, in: HAEU – ESF-14; Report of the Committee Appointed by the Preparatory Commission of the ESF to visit the Places offered as Site for the Foundation, April 10, 1974, in: HAEU – ESF-16.

[148] Vgl. Transcript of Dr. Brunner's Address to the Inaugural Assembly of the European Science Foundation – November 18, 1974, in: HAEU – ESF -17; Schreiben von Umberto Colombo an Sir Michael Atiyah über die Rolle der ESF hinsichtlich der EG-Forschungs(förder)politik, 23. 3. 1993, in: HAEU – ESF-465.

[149] Noch bis in die 1990er Jahre waren es insbesondere die nationalen Rektorenkonferenzen, die untereinander Abkommen zur gegenseitigen Anerkennung von Studienleistungen und Abschlüssen vereinbarten und damit zur Internationalisierung der Hochschulsysteme beitrugen. Vgl. Rüegg: Globalisierung des Universitätswesens, S. 40.

Union de Universidades de America Latina.[150] Die Gründung der ERK muss daher als Teil einer weitaus größeren, globalen Entwicklung verstanden werden.

3. Rektor, Vizekanzler, Präsident: Aufgaben und Kompetenzen

„*Die* europäische Universität gibt es nicht. Europas Universitäten haben eine lange Geschichte hinter sich. Die Zeit, in der eine Universität gegründet worden ist, das Land, in dessen Bereich sie lebt und dessen Geschichte sie teilt, haben jeder einzelnen Universität ihr besonderes Gesicht gegeben."[151]

Mit diesen Worten stellte der Rektor der Georg-August-Universität Göttingen, Walther Zimmerli, gegenüber seinen europäischen Amtskollegen fest, dass die Gemeinsamkeiten ihrer Einrichtungen weniger offensichtlich seien, als es anzunehmen war. Die von Zimmerli angeführten vielfältigen Gesichter der Universitäten sind bis heute unübersehbar. Der Einfluss des Staates auf ihre Leitung und Koordination variiert genauso sehr wie die Art und Weise ihrer Finanzierung: Vielfach speisen sie sich aus staatlichen Geldern, andere sind hingegen privatwirtschaftlich organisiert. Manchmal bestehen Mischformen aus staatlichen und privaten Finanzmitteln. Zudem unterscheiden sich ihre Strukturen: Zahlreiche Universitäten gliedern sich in Fakultäten, andere haben Fachbereiche oder Institute. Weitere Universitäten wie etwa die in Cambridge und in Oxford bestehen aus einer Föderation von autonom agierenden Colleges. Auch wenn bis heute das Ideal einer Universität mit umfangreicher Fächervielfalt aus Geistes-, Sozial- und Naturwissenschaften besteht, gibt es neben Volluniversitäten mit vielen Fächern auch zahlreiche Teiluniversitäten mit wenigen Fächern. Zugleich divergiert die Forschungsorientierung in den Universitäten. Während manche die wissenschaftliche Bildung ins Zentrum stellen, bieten andere ein stark berufsbezogenes Lehrangebot mit Ausbildungscharakter an.[152] Der Umstand der Verschiedenartigkeit war bereits den Mitgliedern der Europäischen Rektorenkonferenz immer wieder vor Augen geführt worden.[153] In der Zeitschrift „CRE Information" erklärte der General-

---

[150] Nachhaltige Arbeitskontakte zwischen der ERK und Verbänden anderer Weltregionen hat es in den 1950er und 1960er Jahren kaum gegeben. Erst in den ausgehenden 1970er und 1980er Jahren sind Bemühungen für eine interkontinentale Zusammenarbeit intensiviert worden. So bemühte sich die ERK um den Aufbau zu Verbänden Nord- und Lateinamerikas. Für die Konstituierungsphase des europäischen hochschulpolitischen Feldes spielten interkontinentale Beziehungen allerdings nur eine untergeordnete Rolle.

[151] Ansprache des Tagungspräsidenten der III. Generalversammlung der Ständigen Konferenz der Rektoren und Vizekanzler der Europäischen Universitäten, Professor Zimmerli, Rektor der Universität Göttingen, 2. 9. 1964, in: HAEU – CRE-2 Gottingen, 1964: Allocutions.

[152] Eine ausführlichere Darstellung der Strukturvielfalt an Europas Universitäten vgl. Koch: Die Universität, S. 7–16.

[153] Über die Reflexion innerhalb der ERK über die Verschiedenartigkeit der Universitäten in ihren jeweiligen nationalen Systemen vgl. Brief von Rolf Deppler, erster Sekretär der ERK, an Walther Zimmerli, 13. Dezember 1968, in: HAEU – CRE-446 President Courvoisier: internal correspondence.

sekretär der Französischen Rektorenkonferenz, Jean-Louis Moret-Bailly, den Lesern alleine mit Blick auf Deutschland und Frankreich:

„The basic difference between their educational systems, the totally dissimilar approach to the very concept of ‚university‘ and, finally, differences in the role played by universities in the life of the nation seemed to prelude anything beyond friendly mutual tolerance."[154]

Bei all den strukturellen Eigenheiten an den Universitäten war damit eine gegenseitige Toleranz und Rücksichtnahme notwendiger Bestandteil der europäischen hochschulischen Zusammenarbeit. Die sich fortentwickelnden Unterschiede in und an den Universitäten machte es der Führungsriege der ERK schwer, eine praktikable Definition festzulegen, was die Einrichtungen, deren Leiter zu europäischen Konferenzen zusammengekommen waren, überhaupt strukturell verbinde. Die Europäische Rektorenkonferenz setzte sich letztlich aus Einrichtungen mit ganz unterschiedlicher Gestalt zusammen, weshalb die Mitglieder der ERK immer wieder neu darüber verhandelten, wen oder was sie eigentlich repräsentierten. Europas Universitäten waren damit innerhalb der ERK – ganz nach dem Leitmotto der Europäischen Union – „in Vielfalt geeint".[155]

Die Vielfältigkeit der Universitäten ging zugleich mit starken Unterschieden der Aufgaben und Kompetenzen ihrer Leiter einher. Diese Verschiedenheit spiegelt sich alleine in den unterschiedlichen Bezeichnungen, die es für den formell höchsten Posten in den Universitäten gibt: Je nach Hochschulverfassung handelt es sich hierbei um einen Rektor, einen Präsidenten oder einen Kanzler. Der Rektor war für lange Zeit die geläufigste Bezeichnung innerhalb der europäischen Rektorengemeinschaft. Diese leitet sich von dem lateinischen Verb *regere* ab, welches als *lenken* oder *leiten* übersetzt wird.[156] In zahlreichen Ländern wird die Bezeichnung des Rektors allerdings nicht nur für die Leiter von Universitäten, sondern auch für die Leiter anderer Schuleinrichtungen verwendet. In Kontinentaleuropa werden die leitenden Personen an den Universitäten daher häufig mit einem Namenszusatz versehen. Mancherorts werden männliche Personen als *rector magnificus* und weibliche Personen als *rectrix magnifica* betitelt. In den britischen Universitäten und ihren ehemaligen Kolonien hat sich häufig der Kanzler (= Chancellor) als Oberhaupt der Universität erhalten. Die Bezeichnung wird allerdings auch an Colleges verwendet. Der Kanzler einer britischen Universität ist allerdings zuvörderst mit repräsentativen Aufgaben betraut. In Großbritannien werden hierfür immer wieder Personen des öffentlichen Lebens gewählt. An zahlreichen kontinentaleuropäischen Universitäten gibt es zwar ebenfalls einen Kanzler; dieser ist dort allerdings meist dem Rektor untergeordnet und häufig für den Haushalt und die Leitung des nichtakademischen Personals verantwortlich. Die handfeste Leitungstätigkeit an den britischen Universitäten fällt meist nicht dem Kanzler, sondern

---

[154] Jean-Louis Moret-Bailly: The Franco-German Rectors' Conference, in: CRE Information, 1.3 (1966), S. 26.
[155] Offizielle Seite des seit 2000 festgelegten Europamottos „in Vielfalt geeint" [Online-Ressource].
[156] Vgl. *regere* in: Pons Latein-Wörterbuch.

dem Vizekanzler zu. Es sollten daher auch die britischen Vizekanzler sein, die in der Europäischen Rektorenkonferenz mitwirkten. Im Laufe der zweiten Hälfte des 20. Jahrhunderts traten in zunehmendem Maße Präsidenten an die Spitze der Universitäten. Dieser Terminus, welcher zuvor bereits in der Wirtschaft und im Vereinswesen verbreitet war, spiegelt die Professionalisierung im Hochschulmanagement wider, die sich im Zuge steigender Studierendenzahlen in weiten Teilen Europas vollzog.

Rektoren, Vizekanzler und Präsidenten mochten gemeinsam haben, dass sie in ihrer europäischen Zusammenarbeit als „the university's effective headship"[157] auftraten; sie mochten in irgendeiner Form in die Struktur- und Entwicklungsplanung ihrer Universität eingebunden sein. Viele von ihnen hatten auch einen gewissen Einfluss auf die Verteilung der Mittel und damit auf die Anzahl an Stellen und Ausstattungen der Lehrstühle. Solch handfeste Aufgaben sollten allerdings nicht darüber hinwegtäuschen, dass sie in ihren Universitäten unterschiedlich steuerungsmächtig waren. Die ERK stellte in einem Positionspapier fest:

„'The words ,Rector' and ,Vice-Chancellor' ... mean the holder for the time being of the office of a University ... which is its effective headship.' [...] At all events, there are great differences in this regard between one country and another and one university and another."[158]

Die Machtverhältnisse innerhalb einer Universität mussten immer wieder neu austariert werden. Dies ist ein Umstand, den Mitchell G. Ash mit dem Begriff der „Universitätsinnenpolitik"[159] zusammenfasst. Alleine das Rektorat oder Präsidentenbüro war meist mit mehreren Personen besetzt; Prorektoren oder Vizepräsidenten leiteten Teilaufgaben und zwangen die Universitätsleiter damit zu kollegialen Entscheidungen.[160] Zudem gab es in den Universitäten ganz vielfältige Instanzen, die in die universitären Entscheidungsprozesse eingebunden waren. Im Idealtypus der Ordinarienuniversität, die in den 1950er und 1960er Jahren vorherrschte, waren die Rektoren bei wesentlichen Entscheidungen auf die Zustimmung der ordentlichen Professoren ihrer Universität angewiesen, die zudem als Alleinvertreter ihres Wissenschaftszweiges maßgeblich die Forschung und Lehre ausrichten konnten.[161] Im Idealtypus der Gruppenuniversität, die in den 1970er und 1980er Jahren in mehreren europäischen Ländern zwischenzeitlich eingeführt wurde, waren die Universitätsleiter wiederum auf die Zusammenarbeit mit den Repräsentanten der Professorenschaft, des akademischen Mittelbaus, der nicht-akademischen Mitarbeiter und der Studierenden angewiesen. In allen Fällen

---

[157] Report of the Permanent Committee, in: Jaques Courvoisier (Hrsg.): Assemblée générale/ Conférence Permanente des Recteurs et Vice-chanceliers des Universités Européennes – 4. Genève, S. 403.

[158] CRE in Search of its Mission. Report on a meeting of some of the General Secretaries of the national Conferences of Rectors and Vice-Chancellors in Geneva, March 21 and 22, 1969, in: HAEU – CRE-80 Meetings 1969.

[159] Ash: Die Universität Wien in den politischen Umbrüchen des 19. und 20. Jahrhunderts, S. 31.

[160] Vgl. Otto Kimminich: Rektoratsverfassung, S. 409 f.

[161] Ordinarienuniversität, in: Turner/Weber/Göbbels-Dreyling (Hrsg.): Hochschule von A–Z, S. 105.

konnten Universitätsleiter nicht als „Alleinherrscher" agieren, sondern mussten in irgendeiner Form kollegiale Organe wie etwa Hochschulräte oder Universitätsparlamente einbinden.[162] Für die Europäische Rektorenkonferenz bedeutete dies, dass sie intern keine verbindlichen Beschlüsse fassen konnte, die dann eins zu eins umgesetzt würden. Die Hochschulleiter konnten die Ergebnisse der ERK-Tagung lediglich als Empfehlung beziehungsweise Vorschlag an ihre Hochschulangehörigen richten.

Zugleich kamen die Rektoren und Vizekanzler mit ganz unterschiedlicher Vorbildung in ihr leitendes Amt. Zahlreiche Universitäten wählen den Rektor aus dem Kreise ihrer Professoren. In diesem Fall ist der Rektor meist fachlich profiliert und als Wissenschaftler unter den akademischen Mitarbeitern der Universität anerkannt.[163] In anderen Universitäten wiederum ist der Posten des Universitätsleiters mit einem Verwaltungsfachmann besetzt. Er bringt zwar Führungskompetenz mit, sein Wissen zu Forschung und Lehre dürfte allerdings innerhalb seiner Universität eher geringgeschätzt werden. Die verschiedenen Vorbildungen zeigen auf, dass die Rektoren in ihrer Universität mit einer jeweils unterschiedlichen Autorität gegenüber den Universitätsangehörigen auftreten und Entscheidungen der ERK mit unterschiedlichem Gewicht in ihrer Universität einbringen konnten.[164]

Für die europäische Zusammenarbeit der Universitätsleiter kam erschwerend hinzu, dass ihre Amtsperioden stark variierten. In den 1950er und 1960er Jahren war die Amtsdauer vieler Universitätsrektoren noch häufig auf ein Jahr – manchmal sogar auf ein halbes Jahr – beschränkt. Ständige Wechsel an der Universitätsspitze machten eine kontinuierliche Einbringung in die ERK geradezu unmöglich.[165] Zudem waren nicht alle Universitätsleiter von ihren Aufgaben als Professor entbunden, sondern übten ihr Amt in Teilzeit aus, um weiterhin einem Lehrauftrag nachzukommen.[166] ERK-Präsident Jaques Courvoisier äußerte einmal den Gedanken, „a large number of rectors [...] are frequently replaced in office, [...] before they have been able to understand what the organisation is and what they can expect of it."[167] Mit der Bildungsexpansion und der Vergrößerung der Universitäten folgte in den 1970er und 1980er Jahren der Trend zur Professionalisierung der Universitätsleitung, was mit der Ausweitung der Amtszeiten auf fünf bis sechs

---

[162] Vgl. Blatt: Die Verantwortung der Universität gegenüber der Gesellschaft und sich selbst, in: Zimmerli (Hrsg.): Die optimale und maximale Größe der Universität, S. 165.
[163] Vgl. Rektor, in: Behnel (Hrsg.): Das kleine Lexikon der Hochschulbegriffe, S. 130.
[164] Vgl. Lockwood: Management, S. 121–152.
[165] Die unterschiedlichen Amtsdauern der Hochschulleiter und ihre Folgen für die interuniversitäre Zusammenarbeit auf europäischer Ebene wurden von der ERK reflektiert und diskutiert. Vgl. Standing Conference of the Rectors and Vice-chancellors of the European Universities. Reflections on the future of CRE, in: HAEU – CRE-121 Meetings 1969.
[166] Vgl. Präsident, in: Albrecht Behnel (Hrsg.): Das kleine Lexikon der Hochschulbegriffe, S. 119.
[167] Jaques Courvoisier: Some thoughts on the future of the European Standing Conference with a view to the Board meeting in Paris on January, 1968, in: HAEU – CRE-120 Meetings 1968.

Jahre einherging. Ein besonderes Beispiel blieb der englische Vizekanzler, dessen Amtszeit zeitlich unbegrenzt war und der damit auch über Jahrzehnte in die europäische Zusammenarbeit eingebunden bleiben konnte. Universitätsleiter mit längeren Amtszeiten hatten zweifellos den Vorteil, längerfristig in der Europäischen Rektorenkonferenz mitzuarbeiten und gleichzeitig auch soviel an Autorität zu gewinnen, dass die Arbeitsergebnisse der ERK innerhalb ihrer Universität Gehör finden konnten. Zugleich hatten diejenigen mit größerem zeitlichem Freiraum mehr Möglichkeiten, die Verhandlungen der ERK mit europäischen Politikern mitzugestalten. Es war ihnen damit möglich, als individuelle Akteure in Erscheinung zu treten und ihre Interessen und Normvorstellungen leichter auf europäischer Ebene repräsentieren zu können.

Zusammengefasst hatte es damit nicht nur zwischen den Universitäten, ihren Strukturen und Arbeitsweisen erhebliche Unterschiede gegeben. Die divergierenden Hochschultraditionen hatten zugleich den Universitätsleitern ganz unterschiedliche Aufgaben, Kompetenzen und Machtpositionen zuteilwerden lassen. In ihrer europäischen Zusammenarbeit mussten die Rektoren, Vizekanzler und Präsidenten daher immer wieder neu aushandeln, was sie eigentlich verbinde und welche spezifischen Folgen durch europäische politische Vorhaben an ihren Universitäten zu erwarten waren. Dieser Heterogenität waren sich Vertreter der ERK durchaus bewusst. Rolf Deppler, der in den Jahren 1967/68 ERK-Generalsekretär war, stellte etwa gegenüber ERK-Mitgliedern fest:

„A German ‚Rektor' takes on this office for a limited period and often continues as a full-time teacher or research worker. Consequently, he will have a different conception of his duties from that of an English Vice-Chancellor, who devotes himself full-time to this work, or a French ‚recteur' who is at the same time ‚Director of Public Education' of his ‚Academie'. That is why we have in fact often the same spirit but different interests or languages."[168]

4. Kollektive Selbstbilder

Die Aufgaben und Kompetenzen der Universitätsleiter unterschieden sich voneinander so sehr wie die Strukturen ihrer Universitäten. Die Mitglieder der Europäischen Rektorenkonferenz stellten sich daher immer wieder die Frage, was sie eigentlich miteinander verbinde. Eine gemeinsame Agenda der Hochschulen auf europäischer Ebene war nicht automatisch gegeben. Was die Rektoren, Vizekanzler und Präsidenten jedoch mehrheitlich teilten, waren simplifizierte Vorstellungen darüber, was eine Universität grundsätzlich auszeichne. Diese Vorstellungen werden in der vorliegenden Studie als kollektive Selbstbilder aufgefasst, auf die die Hochschulleiter in dreifacher Weise zurückgreifen konnten: Erstens dienten ihnen diese Selbstbilder als Ideale, da sie gegebene Zustände an den Universitäten in

---

[168] The Future of the Standing Conference of the Rectors and Vice-Chancellors of the European Universities. Report prepared by Mr. Deppler and reviewed by Professors Courvoisier and Kuenen, Oktober 1968, in: HAEU – CRE-120 Meetings 1968.

überspitzter Form zum Ausdruck brachten und ein Zusammengehörigkeitsgefühl aller Angehörigen einer Universität sowie zwischen den Angehörigen der verschiedenen Universitäten begünstigten. Die kollektiven Selbstbilder förderten damit die Herausbildung einer „corporate identity". Zweitens konnten die kollektiven Selbstbilder von den Hochschulleitern als Argumente genutzt werden, um ihre Universitäten in den europapolitischen Aushandlungsprozessen zu positionieren und ihre hochschulischen Ideale vor Interessen aus Politik, Wirtschaft und Gesellschaft zu schützen. Die kollektiven Selbstbilder konnten damit ein Mittel zur rhetorischen Überzeugung sein. Drittens war es den Universitätsleitern möglich, die kollektiven Selbstbilder als Instrumente zu verwenden, um von den Idealen unabhängige Interessen – beispielsweise finanzieller oder materieller Art – zu begründen und in den hochschulpolitisch relevanten Entscheidungsprozessen durchzusetzen. Der Rückgriff auf Selbstbilder konnte damit auch lediglich ein Mittel zum Zweck sein. Diese drei Spielarten kollektiver Selbstbilder sollten nicht getrennt voneinander verstanden, sondern zusammengedacht werden. Erst wenn ein Instrument argumentativ überzeugte und auf ein glaubhaftes Ideal verwies, konnte es politisch wirkmächtig vertreten werden.

Sechs kollektive Selbstbilder konnten während der Auswertung der Quellen für die vorliegende Studie ausfindig gemacht werden. Ein erstes zentrales Selbstbild war die Autonomie der Universitäten. In den Diskussionen der ERK wurde diese von Rektoren und Vizekanzlern in zweifacher Weise beschworen: Einerseits betonten sie die Autonomie in legalistischer Weise und hoben die hohe Bedeutung der akademischen Selbstverwaltung hervor. Angehörige der Universität sollten selbst über ihre internen Belange entscheiden können und in Gremien, Kommissionen und Ausschüssen die sie betreffenden Beschlüsse fassen. Andererseits unterstrichen Universitätsleiter repetitiv die Autonomie ihrer Einrichtungen von der Politik und von politischen Ideologien.[169] Die Hochschulangehörigen und nicht die politischen oder gesellschaftlichen Meinungsführer sollten über die interne Handhabung in den Universitäten entscheiden, sei es in Bezug auf die Studieninhalte oder -abschlüsse, die Curricula oder die Hochschulstrukturen. Die in der Europäischen Rektorenkonferenz versammelten Universitätsspitzen waren sich jedoch bewusst, dass die Autonomie der Universität in der Praxis nicht absolut war, sondern gewisse Einschränkungen zu akzeptieren seien.[170] Dazu gehörte, dass die Universitäten auf Geldmittel des Staates angewiesen waren und daher zwangsläu-

---

[169] Vgl. Blanquaert: Autonomy and Independence of Universities. Group B Opening Address, in: Leech (Hrsg.): Report of the Conference of European University Rectors and Vice-Chancellors held in Cambridge, 20th–27th July 1955, London 1955, S. 91.

[170] Auf einer Generalversammlung der ERK, die 1969 in Genf stattfand, suchte eine Arbeitsgruppe nach einer praktisch handhabbaren Definition von Autonomie. Dabei einigten sich die Mitwirkenden auf vier Einschränkungen der Autonomie an den Universitäten. Diese Definition umfasste „Financial Limitations", „Administrative Limitations", „Staff Limitations" und „Pedagogical Limitations". Vgl. The Autonomy of the University. Attempt to find a realistic definition, in: Courvoisier (Hrsg.): Acts of the 4th General Assembly Held in Geneva, S. 495.

fig in einem gewissen Spannungsverhältnis zur Politik stehen mussten. Zugleich waren sich die Universitätsleiter bewusst, dass die Universitäten als fester Bestandteil der Gesamtgesellschaft zu sehen waren und diese daher eine gewisse Rücksicht auf gesellschaftliche und politische Herausforderungen genommen werden musste. Außerdem gaben die Hochschulleiter zu verstehen, dass es personelle Abhängigkeiten vom Staat geben könne. An zahlreichen Universitäten waren die Professoren verbeamtet und unterlagen damit staatlichen Berufsordnungen. Der erste ERK-Präsident Marcel Bouchard beschwor Autonomie gegenüber europäischen Amtskollegen als eine historische Verpflichtung der Hochschulen: „These liberties are as old as the universities themselves".[171] Das historische Erbe der Autonomie, das gegen Kirche und Staat gleichermaßen verteidigt worden sei, solle von den Universitätsleitern auch künftig hochgehalten werden.

Ein zweites Selbstbild der Universität bestand in der Freiheit der Wissenschaft. Im Gegensatz zur Autonomie zielte dieses Selbstbild nicht auf die Universität als Gesamtgebilde, sondern vielmehr auf jeden Einzelnen, der innerhalb der Universität forsche und lehre. Die Freiheit der Wissenschaft wurde damit als ein Individualrecht verstanden, welches jedem einzelnen Forschenden und Lehrenden seine Entscheidungsfreiheit in der Universität sichere. Europas Universitätsleiter gaben sich immer wieder überzeugt, dass die Autonomie und die wissenschaftliche Freiheit in einem spannungsreichen Verhältnis zueinander ständen.[172] In einem Essay von Eric Ashby und Mary Anderson, welchen die beiden mit einer Widmung an den zweiten ERK-Präsidenten Jaques Courvoisier geschickt hatten, hoben sie hervor:

„Academic freedom and university autonomy are emotive expressions. […] They are sometimes regarded as synonyms, though it is a commonplace of history that an autonomous university can deny academic freedom to some of its members (as Oxford did in the early nineteenth century), and a university which is not autonomous can safeguard academic freedom (as Prussian universities did in Humboldt's time)."[173]

Solcherlei Stellungnahmen verdeutlichten den Universitätsleitern, dass Autonomie und Freiheit der Wissenschaft zwar zusammengehörten; beide konnten allerdings auch unabhängig voneinander in Gefahr geraten. Bei zahlreichen Gelegenheiten betonten Rektoren und Vizekanzler daher die Notwendigkeit von beidem. So sei die Autonomie der Universität die beste Voraussetzung, um jedem einzelnen Universitätsangehörigen individuelle akademische Freiheiten zu sichern.

---

[171] Marcel Bouchard: The Autonomy of the University, in: Courvoisier (Hrsg.): Acts of the 4th General Assembly Held in Geneva, S. 480.

[172] Eric Ashby war als Vizekanzler der University of Cambridge maßgeblich an der Ausrichtung der ersten großangelegten Rektorenversammlung 1955 beteiligt und blieb mit seiner Schrift bis weit in die 1960er Jahre eine wichtige Inspiration für die ERK. Vgl. The Case of Ivory Towers by Sir Eric Ashby. Prepared for delivery at the International Conference on „Higher Education in Tomorrow's World", April 26–29, 1967, in: HAEU – CRE-7 Geneva, 1969: Working Sessions.

[173] Ashby/Anderson: Autonomy and Academic Freedom in Britain and in English-speaking Countries of Tropical Africa, S. 317.

Ein drittes von den Hochschulleitern geteiltes Selbstbild war außerdem die Einheit von Forschung und Lehre. ERK-Mitglieder gaben sich überzeugt, dass die Aufgabe der Universität nicht in der Vermittlung fertigen Wissens liege, sondern vielmehr darin bestände, den Studierenden selbst das wissenschaftliche Denken beizubringen.[174] Studierende sollten an den Universitäten die Fähigkeit gewinnen, Wissen kritisch zu hinterfragen, und das methodische Rüstzeug erlernen, um selbst forschen zu können. Ludwig Raiser, Rektor der Universität Tübingen und fünfter ERK-Präsident, hob in einem Bericht für die Europäische Rektorenkonferenz hervor:

„Es herrscht heute allgemeines Einverständnis darüber, daß in der Bildung auf akademischer Ebene mit fortschreitendem Studium eine schöpferische Anteilnahme des Studenten an der Entwicklung der Wissenschaft seiner Wahl inbegriffen ist. Das heißt, daß akademische Ausbildung dann am stärksten zur Entfaltung kommt, wenn Unterricht und Forschung Hand in Hand gehen.“[175]

Dabei zeigten Universitätsleiter wiederholt Verständnis, dass die Forschung nicht ausschließlich in Verbindung mit der Lehre für den gesellschaftlichen Bedarf geleistet werden könne. Forschungen in außeruniversitären Einrichtungen und privatwirtschaftlichen Unternehmen seien Teil der Wissenschaftslandschaft und trügen neben den Universitäten ebenso zu der Prosperität in den Wissenschaften bei. Unter den Lehreinrichtungen habe allerdings die Universität eine herausragende Stellung. Diese manifestiere sich nicht zuletzt in der Verleihung der Doktorwürde oder vergleichbarer akademischer Grade für eigenständige wissenschaftliche Arbeiten. Universitätsleiter zeigten sich gewillt, die Einheit von Forschung und Lehre auch gegen Forderungen der Jugend nach Praxisorientierung zu verteidigen. Noel Annen, der von 1966 bis 1978 als Provost des University College in London tätig war, betonte diesbezüglich gegenüber Europas Rektoren:

„... ‚relevance‘ should not be made the prime duty of teaching: universities were there to teach how to discuss problems, so that students might learn to distinguish between those views which were useless and those which should be respected.“[176]

Neben der Einheit von Forschung und Lehre gehörte auch die Einheit der Fächer zu den kollektiven Selbstbildern. Eine Universität forsche und lehre also nicht nur in einer, sondern in zahlreichen Fachdisziplinen. Sie umfasse idealerweise Fächer verschiedener Bereiche einschließlich der Geistes-, Sozial- und Naturwissenschaften. Häufig rechtfertigten Universitätsleiter diese Einheit mit der wechselseitigen Befruchtung der wissenschaftlichen Diskurse; die Erkenntnisse eines Faches beeinflussten auch die Arbeit eines anderen Faches. Die Einheit der Fächer müsste daher zum Nutzen aller Disziplinen gewahrt bleiben. Die Hochschulleiter zeigten sich allerdings verständig, dass die Einheit der Fächer nicht in Absolutheit herzu-

---

[174] Vgl. Koch: Die Universität, S. 137.
[175] Raiser: Die Einheit der Universität, in: Zimmerli (Hrsg.): Die optimale und maximale Größe der Universität, S. 139.
[176] CRE: CRE from 1969 to 1974, in: Quinquennial Report of the Permanent Committee to the General Assembly on the Activities of the CRE 1969–1974, Genf 1974, S. 8.

stellen war.[177] Als kollektives Bild blieb die Einheit der Fächer allerdings bestehen. Das Selbstbild der Einheit diente alleine schon zur Abgrenzung der Universitäten von anderen Hochschultypen. Franz Blatt, der von 1934 bis 1972 als Professor für klassische Philologie und von 1949 bis 1951 als Rektor an der Universität Aarhus tätig war, erklärte in einer Studie, die er für die ERK erarbeitet hatte:

> „Es folgt aus dieser in allen Ländern vorherrschenden Auffassung des Begriffes Universität, daß eine hohe Schule, die den Namen Universität beansprucht, eine gewisse, nicht gar zu eng umschriebene Anzahl verschiedenartiger Fakultäten umfassen muß. […] Es dürfte also eine *contradictio in adiecto* sein, von einer medizinischen Universität, technischen Universität, agrarwissenschaftlichen Universität, wirtschaftswissenschaftlichen Universität etc. zu sprechen."[178]

Die Mitglieder der Europäischen Rektorenkonferenz wurden diesem Selbstbild in jeweils ganz unterschiedlicher Weise gerecht. Die ERK hatte Mitgliedsrektoren aus Voll- und aus Teiluniversitäten. Manchmal rechtfertigten sich Rektoren von Teiluniversitäten durch Verweise auf eine zumindest gewisse Fächervielfalt oder ein Studium Generale, welches die beschworene Einheit auch in ihren Einrichtungen gewährleiste.

Ein sechstes kollektives Selbstbild war der Europäismus, welchen die Universitätsleiter während ihrer Zusammenarbeit kontinuierlich betonten. Rektoren und Vizekanzler hoben in zahlreichen Reden hervor, dass die Universitäten aus der europäischen Geschichte erwachsen seien und damit ein gemeinschaftliches europäisches Kulturgut darstellten. Anspielungen auf die Universitätsgründungen von Bologna und Paris waren so selbstverständlich wie Verweise auf die päpstlich abgesegnete europaweite Lehrerlaubnis der Scholaren im Mittelalter.[179] Die globale Verbreitung der Universitätsidee und der beschworene europäische Charakter wurden allerdings nur selten als Widerspruch empfunden. Der Rechtswissenschaftler Hermann Jahrreiß, der von 1956 bis 1958 als Rektor der Universität Köln und von 1960 bis 1964 als Vizepräsident der Europäischen Rektorenkonferenz tätig war, erklärte etwa am 19. Mai 1965 einem Auditorium an der Universität Manchester: „The mission of [...] universities is world-wide, but it first took on its form here in Europe. There are the mother-universities of the whole world, and their very nature is European."[180] Das Selbstbild des Europäismus erlaubte es den Universitätsleitern, eine kulturelle Einheit zu beschwören. Viele Rektoren, deren Hochschulen noch jung waren, stellten auch ihre Hochschuleinrichtungen ohne Umschweife in eine mehrere Jahrhunderte alte Universitätstradition. Gemeinsame europäische Zeremonien in Talaren und Zeptern, die im Rahmen der Großversammlungen der ERK stattfanden, sollten dies in den 1950er und 1960er Jahren

---

[177] Vgl. Raiser: Die Einheit der Universität, in: Zimmerli (Hrsg.): Die optimale und maximale Größe der Universität, S. 127.
[178] Blatt: Die Verantwortung der Universität gegenüber der Gesellschaft und sich selbst, in: Zimmerli (Hrsg.): Die optimale und maximale Größe der Universität, S. 155.
[179] Vgl. Geuna: The Internationalisation of European Universities, S. 253–270.
[180] Address given by Professor Dr. Hermann Jahrreiss. Award of Honorary Doctorates to Mesrs. Bouchard and Jahrreiss, in: CRE Information, 1.2 (1966), S. 49.

verbildlichen. Als der Göttinger Rektor Walther Zimmerli seine Amtskollegen am Ende einer Konferenz in seiner Alma Mater verabschiedete, erklärte er:

„Es ist uns eine Freude, daß die Länder Europas fast vollständig vertreten gewesen sind. Das Wort ‚europäisch' meinte dabei aber mehr als nur ein geographisches Phänomen. Die Konferenz wußte sich einem geistigen Erbe verantwortlich, das wir etwa mit dem Stichwort der Freiheit von Forschung und Lehre meinten kennzeichnen zu können."[181]

Das Selbstbild des Europäismus ging mit dem Verständnis einher, dass sich Universitäten bereits auf dem gesamten Erdball etabliert hatten und Europas Universitäten auch von außereuropäischen Hochschulentwicklungen beeinflusst wurden. Der Europäismus kann in diesem Sinne als eine neue Spielart des Internationalismus verstanden werden, welcher sich im späten 19. und frühen 20. Jahrhundert ausgebreitet hatte. Zumal die Hochschulleiter auch den universellen Anspruch der Wissenschaft zu betonen wussten. Zugleich gaben sie kontinuierlich zu bedenken, dass das Europäische nicht als etwas Einfältiges oder Gleichmacherisches zu verstehen sei. Damit ging das Selbstbild des Europäismus mit zweierlei Komponenten einher: Einerseits verwies es auf eine irgendwie geartete Einheit der Universitäten. Andererseits diente es dazu, die besondere Vielfalt an Universitäten in Europa deutlich werden zu lassen.

Viele dieser kollektiven Selbstbilder mochten bereits vor dem Zeitalter der Weltkriege wirkmächtig gewesen sein.[182] Manch einer mag sie mehrheitlich mit dem Namen Wilhelm von Humboldt in das frühe 19. Jahrhundert und zu seinen Schriften im Zuge der Gründung der Berliner Universität zurückdatieren.[183] Mitchell G. Ash zeigt demgegenüber auf, dass die Verknüpfung dieser Ideale mit Humboldt als unzutreffend angesehen werden muss, da es eine Vielzahl an Persönlichkeiten gab, die diese Ideale vor und nach Humboldt formulierten und prägten.[184] Sylvia Paletschek sieht in der sogenannten humboldtschen Universität lediglich einen zu Beginn des 20. Jahrhunderts nachträglich entwickelten Mythos, der erst im Zuge

---

[181] Feierliche Schlußsitzung der III. Generalversammlung am 8. 9. 1964. Ansprache des Präsidenten der Generalversammlung, Professor Walther Zimmerli, in: Zimmerli (Hrsg.): Die optimale und maximale Größe der Universität, S. 415.

[182] Selbstbilder der Universitäten bestanden bereits vor 1945. Dies spiegelt sich beispielsweise in den Programmpunkten der im Mai 1938 in Luxemburg abgehaltenen Tagung „The International Conversation for Students". Die fünftägige Veranstaltung widmete sich u. a. der Forschung nach Wahrheit, der Spezialisierung und Einheit des menschlichen Wissens, der Autonomie der Universität und der Freiheit in Forschung und Lehre, der Verantwortung der Universität für die nationale und internationale Wissenschaft sowie der Einheit von Lehrenden und Lernenden. Alleine der Blick auf die Themenliste der Tagung veranschaulicht, dass universitäre Selbstbilder nach 1945 auch in der Zeit vor dem Zweiten Weltkrieg existierten.

[183] Namentlich sind vor allem Humboldts Schriften über die innere und äußere Organisation der höheren wissenschaftlichen Anstalten in Berlin sowie sein Antrag auf Errichtung der Universität Berlin zu nennen, die er in den Jahren 1809/1810 verfasste. Vgl. Gründungstexte.

[184] Neuere Forschungen weisen darauf hin, dass die universitären Selbstbilder nicht nur auf Wilhelm von Humboldt zurückzuführen sind. Vgl. Ash: Bachelor of What, Master of Whom, S. 245–267; Ash: From ‚Humboldt' to ‚Bologna', S. 41–62; Ash: Mythos Humboldt gestern und heute, S. 7–25.

innerdeutscher Konflikte an Gewicht gewann.[185] Auf eine eindeutige Zuschreibung von den genannten kollektiven Selbstbildern zu Humboldt oder zu einer spezifisch deutschen Universitätstradition, wie sie in manchen Allgemeindarstellungen zur Geschichte der europäischen Universitäten vorherrschen, wird daher in der vorliegenden Studie verzichtet.[186] Die kollektiven Selbstbilder werden dagegen als Werkzeuge aufgefasst, deren konkrete Funktion in den Verhandlungen nicht statisch sein musste; sie konnten beispielsweise für und gegen eine Supranationalisierung der Hochschulpolitik eingesetzt werden; ebenso konnte mit ihnen für und gegen eine Harmonisierung von Studienstrukturen argumentiert werden. Je nach Gesprächsgegenstand konnten kollektive Selbstbilder damit konfiguriert werden und eine sich wandelnde Funktion in den Verhandlungen einnehmen.

5. Zwischenfazit

Die Konferenzen der Rektoren, Präsidenten und Vizekanzler, welche seit der Mitte der 1950er Jahre in meist namhaften Universitätsstädten Europas ausgetragen wurden, waren weniger einzigartig, als es die Stellungnahmen der Organisatoren und Pressevertreter vermuten ließen. Als Europas Rektoren und Vizekanzler in den 1950er Jahren begannen, sich kontinuierlich für Konferenzen, Kommissionen und Ausschüsse zusammenzufinden, konnten sie bereits auf eine lange Geschichte staatenübergreifender Kooperationen von akademischen Akteuren zurückblicken. Bereits in den Dekaden vor dem Ersten Weltkrieg und in der Zwischenkriegszeit sind Studierende, Lehrende und Forschende in internationalen Vereinigungen, Instituten und auf Konferenzen für einen transnationalen Austausch zusammengekommen. Aus den losen Kontakten entstanden damit institutionalisierte Foren des grenzüberschreitenden Austausches. Bereits Zeitgenossen nahmen diese Entwicklung wahr und bezeichneten sie nicht selten als wissenschaftlichen Internationalismus. Selbst Rektoren und Vizekanzler von Universitäten waren vereinzelt schon zu staatenübergreifenden Versammlungen zusammengekommen. Diese Versammlungen sind meist in kolonialen Kontexten ausgerichtet worden. Europäische beziehungsweise internationale Auseinandersetzungen über Hochschul- und Wissenschaftsfragen waren damit bereits lange vor der Gründung der Europäischen Rektorenkonferenz ein Bestandteil der akademischen Lebenswirklichkeit.

---

[185] Neuere Forschungen konstatieren die Bildung eines Mythos um die Person Wilhelm von Humboldts und um die von ihm entwickelte Universitätsidee. Vgl. Paletschek: Die Erfindung der Humboldtschen Universität, S. 183–205; Tenorth: Wilhelm von Humboldt. Die Vergötterung, in: Die Zeit, 21. 6. 2017; Tenorth: Wilhelm von Humboldt, S. 80 f.

[186] John Connelly weist darauf hin, dass Humboldt und seine Universitätsideale nicht nur in der Bundesrepublik, sondern auch in der DDR Anklang fanden und von der SED als diejenigen Ideale angepriesen wurden, die sie an den ostdeutschen Hochschulen zu realisieren versucht hätten. Vgl. Connelly: Ostdeutsche Universitäten 1945–1989, S. 80 f.

Die Geschichte der internationalen Wissenschafts- und Hochschulzusammenarbeit des späten 19. und frühen 20. Jahrhunderts war von einer Zwiespältigkeit geprägt; denn die Internationalisierung des Wissenschafts- und Hochschulwesens ging mit einer Nationalisierung einher. Zwar organisierten sich akademische Akteure korporativ und spannten staatenübergreifende Netzwerke. Zugleich verstanden politische und akademische Akteure das Hochschulwesen als ein meist nationalstaatliches System; Forschung und Lehre sollten der eigenen Nation dienlich gemacht werden. Beide Entwicklungen standen sich teilweise unvereinbar gegenüber, konnten sich aber gegenseitig auch bedingen. Trotz dieser Ambivalenz blieb die Zeit um 1900 vielen mitwirkenden Rektoren und Vizekanzlern der 1950er und 1960er Jahre als eine Sehnsuchtsepoche in Erinnerung, in der das Europa der Universitäten in seiner Blüte gestanden habe.

Die Großversammlungen europäischer Hochschulleiter in den 1950er Jahren kamen im Nachhall der NS-Zeit und vor dem Hintergrund des Kalten Krieges zustande. Zugleich fanden sie in einer Zeit statt, in der Regierungen vielfältige internationale Organisationen gründeten, die sich in der einen oder anderen Weise dem Wissenschafts- und Hochschulwesen annahmen. Die Versammlungen der Universitätsleiter fanden damit in einer Zeit der internationalen bildungspolitischen Aufbruchsstimmung statt. Im Gegensatz zum späten 19. und frühen 20. Jahrhundert etablierte sich damit nicht nur ein Austausch unter Akademikern über fachspezifische Diskurse, sondern ebenso auch ein Diskurs über Bildungs- und Wissenschaftspolitik selbst. Erstmals schufen sich nationale Akteure eine globale Infrastruktur für staatenübergreifendes hochschulpolitisches Regieren.

Wenige dieser Organisationen waren allerdings speziell für Bildung- und Wissenschaftsfragen gegründet worden. Meist nahmen sie sich vordergründig einem anderen Politikfeld wie etwa der Wirtschaft, der Sicherheit oder der Verteidigung an. Dies weist darauf hin, dass Hochschulbildung auf Seiten der Politik nur selten als Selbstzweck gesehen und stattdessen als Unterstützung für andere Politikfelder angesehen wurde, was wiederum vor Augen führt, dass sich Europas Universitäten in einer Zeit zur ERK zusammenschlossen, in der sich eine vielfältige europäische und globale Politikebene herausbildete. Zur ERK gab es damit nicht nur historische Vorläufe, sondern auch zeitgenössische Seitenläufe, die das Hochschulwesen internationalisierten. Das organisierte Wirken der Rektoren und Vizekanzler ist damit gerade auch als eine Antwort auf die mannigfaltigen Betätigungen von Regierungen und ihren Vertretern in internationalen Organisationen zu verstehen.

Die Zusammengehörigkeit unter den Rektoren und Vizekanzlern war dabei weniger selbstverständlich, als es von außen angenommen werden konnte. Die Strukturen und Arbeitsweisen an den Universitäten wiesen erhebliche Unterschiede auf; Finanzierung, Fächervielfalt und Forschungsorientierung sind nur drei von unzähligen Beispielen, durch die die Universitäten differierten. Ihre strukturelle Verschiedenheit ging zugleich mit Unterschieden bei ihrer Leitungsstruktur einher. Die Aufgaben und Kompetenzen der Universitätsleiter sahen je nach Hochschuleinrichtung ebenfalls sehr ungleich aus. Unterschiedliche Amtsdauern und verschiedene Abhängigkeitsgrade zu ihrem jeweiligen Staat und zu universitären

Mitbestimmungsorganen sind Beispiele, welche die Vielfalt unter Europas Universitätsleitern verdeutlichen.

Ihre gemeinsame Handlungsbasis ergab sich daher weniger über strukturelle Gemeinsamkeiten, als vielmehr über kollektive Selbstbilder, die sie ihren Universitäten zuschrieben. Diese abstrakten und simplifizierten Vorstellungen dienten ihnen nicht nur als Ideale, sondern ebenso als Argumente und Instrumente, um in politischen Aushandlungsprozessen wirken zu können. Die kollektiven Selbstbilder waren dabei konfigurierbar und konnten je nach Verhandlungsgegenstand modifiziert werden. Sie dienten damit als flexible Werkzeuge zur Einflussnahme auf die europäischen hochschulpolitischen Aktivitäten.

III. Die WEU, Universitätsleiter und die Binarität des Kalten Krieges

In den 1950er Jahren reifte unter Rektoren und Vizekanzlern die Idee, eine europaweite Zusammenarbeit untereinander zu organisieren, in der die Autonomie ihrer Universitäten gewahrt und der politische Einfluss nationaler und europäischer Regierungsakteure marginal bleibe. Dieses Bestreben setzte in einer Zeit ein, in der sich zahlreiche internationale Regierungsorganisationen etablierten und Wissenschaft, Kultur und Bildung zu einem Gegenstand ihrer politischen Aushandlungsprozesse gemacht wurden. In diesem Kapitel werden die Hintergründe der ersten staatenübergreifenden Kooperationen der Universitätsleiter in den 1950er Jahren beleuchtet und die Einflüsse durch politische Akteure auf diese Kooperationen untersucht. Konkret wird zu zeigen sein, dass die hochschulpolitische Arbeit der Brüsseler-Pakt-Organisation und der aus ihr hervorgegangenen Westeuropäischen Union überhaupt erst zu Zusammenkünften von Rektoren und Vizekanzlern auf europäischer Ebene führte.

Drei Thesen werden in den nachfolgenden Ausführungen vertreten: Erstens wird argumentiert, dass die Brüsseler-Pakt-Organisation und die WEU bestrebt waren, sich über die Hinwendung zum Hochschulwesen abseits ihrer Kernfelder der Verteidigung und Sicherheitspolitik zu profilieren und gegenüber ihren Mitgliedsstaaten zu legitimieren. Zweitens wird die Auffassung vertreten, dass sich die Hochschulaktivitäten der WEU vor dem Hintergrund des Kalten Kriegs und den zahlreichen Dualismen zwischen Ost und West erklären lassen. Ihre Kultur- und Bildungsaktivitäten einschließlich ihrer Hochschulaktivitäten folgten der binären Ordnungslogik und zielten einerseits auf die Förderung eines westeuropäischen Integrationsprozesses und andererseits auf eine Westernisierung ihrer Mitglieder mit offenem Blick über den Atlantik.[1] Die Gedankenfigur der Westernisierung bezeichnet hierbei den „Transfer von spezifischen Ideen und Wertvorstellungen" im transatlantischen Raum, welchen Anselm Doering-Manteuffel insbesondere für die Jahre von 1945 bis 1970 diagnostiziert hat.[2] Es liegt also die Annahme zugrunde, dass es nicht zu einer bloßen Übernahme US-amerikanischer Vorstellungen in Europa kam, sondern ein „Kreislauf politischer, sozialökonomischer und kultureller Ordnungsvorstellungen" im transatlantischen Raum eingesetzt hatte, welcher unter anderem der „Immunisierung gegen kommunistische Einflüsse aus dem östlichen Block" dienen und zu einer „Homogenisierung" dieses Raumes führen sollte.[3] Drittens wird zu zeigen sein, dass sich die Rektoren und Vizekanzler gegen

---

[1] Doering-Manteuffel: Wie westlich sind die Deutschen.

[2] Doering-Manteuffel, Amerikanisierung und Westernisierung, Version: 1.0, in: Docupedia-Zeitgeschichte, 18. 1. 2011 [Online-Ressource].
Weiterführende Literatur zu den Themen der Amerikanisierung und Verwestlichung vgl. Donnerstag: German Education between Americanisation and Globalization, S. 69–81; Rosenberg: Spreading the American Dream; van Eltern: Americanism and Americanization.

[3] Ein besonders eindrückliches Anwendungsbeispiel des Westernisierungs-Konzepts liefert Julia Angster, die in ihrer Studie zur Sozialdemokratischen Partei Deutschlands und zum

eine Vereinnahmung durch die WEU und der von ihr vertretenen binären Ordnungslogik sträubten. Sie kritisierten gemeinsam die WEU, entwickelten eine Vorstellung von einem universitären Europa ohne Berücksichtigung der Binarität und legten erste Grundsteine für die Gründung der Europäischen Rektorenkonferenz als eine – ihrem Selbstverständnis nach – politisch unabhängige Vereinigung.

Um diese Thesen herauszuarbeiten, ist die Forschungsliteratur zur Geschichte der Brüsseler-Pakt-Organisation und der Westeuropäischen Union lediglich bedingt nutzbar zu machen, da sie in erster Linie von sicherheits- und verteidigungspolitischen Fragestellungen geprägt ist.[4] Die Kultur- und Bildungspolitik im Allgemeinen und die Hochschulpolitik im Besonderen spielt darin eine höchstens marginale Rolle. Eine Ausnahme ist die bereits 1974 erschienene Dissertation „Die Rolle der Westeuropäischen Union (WEU) im Europäischen Integrationsprozess"[5] von Gabriele Dransfeld, in der auch die bislang fast gänzlich vernachlässigten Politikfelder Wissenschaft und Bildung aufgegriffen und die Positionierungen der politischen Akteure der WEU aufgezeigt werden. Außerdem ist die im Jahr 1972 von dem Kulturdiplomaten Anthony Haigh publizierte Studie „Cultural Diplomacy in Europe"[6] zu nennen, die sich nicht zuletzt auf seine persönlichen Erinnerungen in den europäischen kulturpolitischen Entscheidungsfindungen stützt und auch auf die Hochschularbeit der hier entscheidenden internationalen Regierungsorganisationen eingeht. Die Schilderungen Haighs, der für zahlreiche europäische Regierungsorgane einschließlich der WEU tätig war, werden in der vorliegenden Studie aufgegriffen und zugleich quellenkritisch eingeordnet. Hierfür wird auf bislang nicht verwendetes Archivmaterial zu den Regierungsorganisationen und den Hochschulakteuren zurückgegriffen und darüber eine bisher völlig vernachlässigte Perspektive auf die Arbeit der Brüsseler-Pakt-Organisation und der WEU im Hochschulbereich gegeben.

Im Folgenden werden vier Schritte unternommen: In einem ersten Schritt werden die Brüsseler-Pakt-Organisation und die WEU charakterisiert und ihre Hinwendung zum Hochschulwesen bis zur Ausrichtung erster Rektorenkonferenzen

Deutschen Gewerkschaftsbund deutlich werden lässt, dass die Absage der Sozialdemokratie an den Klassenkampf und die Akzeptanz der bundesrepublikanischen Wirtschaftsordnung auch wegen des transnationalen Austauschs sowie der Aufnahme und der Weiterentwicklung US-amerikanischer Ideen geschah. Vgl. Angster: Konsenskapitalismus und Sozialdemokratie. Philipp Gassert stellte bereits im Jahr 1999 in seinem Bericht zur Erforschung der Amerikanisierung fest, dass jeder in Deutschland und Europa adaptierte Amerikanismus mit einem aktiven Entscheidungsprozess auf Seiten der Rezipienten einherging. Wie auch bei der Westernisierung findet die Aneignung oder Ablehnung amerikanischer Werte, Verfahren, Institutionen oder Gebräuche nicht im luftleeren Raum statt, sondern ist das Ergebnis einer Aushandlung von Akteuren, seien sie aus Politik, Wirtschaft oder Gesellschaft. Vgl. Gassert: Amerikanismus, Antiamerikanismus, Amerikanisierung, S. 532.
4 Vgl. Rohan: The Western European Union, London 2014; Varwick: Sicherheit und Integration in Europa.
5 Vgl. Dransfeld: Die Rolle der Westeuropäischen Union (WEU) im Europäischen Integrationsprozess.
6 Vgl. Haigh: Cultural Diplomacy in Europe.

herausgearbeitet. In einem zweiten und dritten Schritt werden die Hochschulleiter und ihre Zusammenarbeit mit der WEU in den Blick genommen. Während im zweiten Schritt dabei die Spannungen im Mittelpunkt stehen, die durch das institutionelle Gefüge der WEU entstanden, liegt der Schwerpunkt des dritten Schrittes auf den parallel aufgetretenen politischen Spannungen, die sich durch den Kalten Krieg – insbesondere durch den Sputnik-Schock – ergaben. In einem vierten Schritt wird die Loslösung der Hochschulleiter von der WEU in den Blick genommen und die Position der Beteiligten hinsichtlich der binären Ordnungslogik analysiert.

1. Die Brüsseler-Pakt-Organisation und ihre Dauerkrise

Die Grundlage für eine europäische Zusammenarbeit der Universitätsleiter wurde bereits im Brüsseler Pakt und damit in der Vorgängerorganisation der Westeuropäischen Union gelegt. Mit ihrem Gründungsabkommen vom 17. März 1948 hatten sich die Unterzeichnerstaaten des Brüsseler Paktes, namentlich Großbritannien, Frankreich und die Beneluxländer, in erster Linie zu militärischem Beistand verpflichtet. Dieser Beistand richtete sich offiziell gegen eine mögliche neue deutsche Aggression; mit den zunehmenden Spannungen im Ost-West-Konflikt diente diese Beistandsverpflichtung allerdings auch einem möglichen Konflikt mit der Sowjetunion und deren ost- und mitteleuropäischen Verbündeten.[7] Für die kontinuierliche Zusammenarbeit in der Sicherheits- und Verteidigungspolitik richteten die Unterzeichner des Brüsseler Paktes einen Konsultativrat in London ein, der sich aus hohen Diplomaten aller Vertragspartnerstaaten zusammensetzte. Als dauerhaftes Organ installierten sie ein Generalsekretariat, das die Zusammenarbeit koordinierte und die Treffen der hohen Diplomaten organisierte.[8] Die Gründung der Brüsseler-Pakt-Organisation war ein erster Versuch nach Ende des Zweiten Weltkriegs, die Sicherheit und Verteidigung westeuropäischer Staaten multilateral zu organisieren.

Im Gründungsjahr hatten die Unterzeichnerstaaten noch den Willen erkennen lassen, die Brüsseler-Pakt-Organisation zu einem entscheidenden Sicherheitsgaranten für Westeuropa weiterzuentwickeln. Der britische Außenminister Ernest Bevin äußerte 1948 etwa sein Bestreben, die USA als vollwertiges Mitglied gewinnen und den Brüsseler Pakt zu *der* entscheidenden Sicherheits- und Verteidigungsplattform des westlichen Staatenbündnisses ausbauen zu wollen.[9] In der Folgezeit verlor die Brüsseler-Pakt-Organisation allerdings in zunehmendem

---

[7] Vgl. Winkler: Geschichte des Westens, S. 79 f.

[8] Vgl. Treaty Between Belgium, France, Luxembourg, the Netherlands and the Kingdom of Great Britain and Northern Ireland, signed at Brussels, on march 17th, 1948 [Online-Ressource].

[9] Der Brüsseler Pakt schloss an den Beistandsvertrag von Dünkirchen an, der am 4. März 1947 zwischen London und Paris unterzeichnet worden war.

Maße an Bedeutung. Bereits ein Jahr nach ihrer Gründung schloss die westliche Staatengemeinschaft den Transatlantikpakt; die NATO sollte fortan die Rolle als Dreh- und Angelpunkt in Sicherheits- und Verteidigungsfragen des westlichen Staatenbündnisses übernehmen. Bevor sich die Brüsseler-Pakt-Organisation überhaupt entfalten konnte, war sie bereits in Fragen der Verteidigung und Sicherheit zweitrangig geworden.[10] Selbst ihre nachgeordnete Rolle als europäische Schwesterorganisation der NATO blieb nicht lange unangetastet. Im Jahr 1950 setzte die Debatte über die Schaffung einer Europa-Armee ein, die in langwierige Verhandlungen über eine Europäische Verteidigungsgemeinschaft (EVG) mündete. Grundgedanke hinter der EVG war die Etablierung einer gemeinsamen Armee der sechs EGKS-Staaten, in der das Oberkommando und die Versorgung der Truppen supranational geregelt sein sollten.[11] Die EVG-Pläne sahen damit vor, die traditionell nationalstaatliche Hoheit im Militärwesen aufzuheben. Der Plan einer Europa-Armee sollte gemeinsam mit dem Plan für eine Europäische Politische Gemeinschaft (EPG) den Weg für einen umfassenden Staatenverbund in Europa ebnen.[12] Die Debatte über die Gründung der Europäischen Verteidigungsgemeinschaft ging zugleich mit Überlegungen zu gemeinsamen bildungspolitischen Maßnahmen einher. Aus einem Dokument des Bundesinnenministeriums, welches als Kopie in den Unterlagen des Kölner Rektors Hermann Jahrreiß eingesehen wurde, ging hervor, dass die Beteiligten an den EVG-Verhandlungen den Aufbau von gemeinsamen Offiziersschulen diskutiert hatten, die der Verteidigungsgemeinschaft einen gemeinschaftlich ausgebildeten militärischen Nachwuchs hätten heranziehen sollen.[13] Die Realisierung der EVG-Pläne hätte die Brüsseler-Pakt-Organisation nicht nur weiter zurückgedrängt, sondern vollständig obsolet werden lassen. Auf die Gründungseuphorie folgte damit eine anhaltende Legitimationskrise der Organisation. In dieser Zeit, in welcher der Fortbestand der Brüsseler-Pakt-Organisation fraglich erschien, organisierte diese erste jährlich stattfindende Treffen von Hochschulexperten. Der spätere Leiter des europäischen Bildungsnetzwerkes Eurydice, Luce Pépin, stellte diesbezüglich treffend fest, dass die Hinwendung der Brüsseler-Pakt-Organisation zum Bildungsbereich nicht zuletzt dem Umstand geschuldet war, die fehlende Wirkmächtigkeit auf jenen Feldern, die eigentlich ihre „raison d'être"[14] darstellen sollten, durch Aktivitäten auf anderen politischen Feldern auszugleichen.

---

[10] Der schottische Journalist Donald McLachlan schrieb in der Mitte der 1950er Jahre, dass die WEU in zentralen Sicherheitsfragen bereits ihre Eigenständigkeit verloren und sich zu einer Unterabteilung der NATO entwickelt habe. Vgl. McLachlan: Preface, S. x.

[11] Vgl. Gehler: Bündnispolitik und Kalter Krieg 1949/55–1991, S. 57; Gehler: Europa, S. 156.

[12] Vgl. Clemens/Reinfeldt/Wille: Geschichte der europäischen Integration, S. 108.

[13] Vgl. Sitzungsniederschrift des Bundesministeriums des Innern über die europäische Universität im Rahmen von Euratom vom 26. November 1956 im Beisein von Vertretern des Auswärtigen Amtes, des Bundesministeriums der Finanzen und für Wirtschaft sowie Vertreter der Westdeutschen Rektorenkonferenz, in: UNIKOE, Europa-Universität 1956–1960, Zugang 272 Nr. 87.

[14] Pépin: The History of European Cooperation in Education and Training, S. 49.

1.1 Die Brüsseler-Pakt-Organisation und ihr Kulturausschuss

Die Bedingungen für eine über Verteidigungs- und Sicherheitsfragen hinausgehende Zusammenarbeit hatte bereits der Gründungsvertrag der Brüsseler-Pakt-Organisation geschaffen.[15] Die Regierungen hatten sich 1948 darauf geeinigt, innerhalb der Organisation die wirtschaftlichen, sozialen und kulturellen Bindungen stärken zu wollen.[16] Mit Blick auf ihre kulturellen Ziele legten sie vertraglich fest:

„The High Contracting Parties will make every effort in common to lead their peoples towards a better understanding of the principles which form the basis of their common civilization and to promote cultural exchanges by conventions between themselves or by other means."[17]

Damit sah der Brüsseler-Pakt-Vertrag bereits gemeinschaftliche Aktivitäten auf zahlreichen Politikfeldern vor, die weit über militärische Anliegen hinausgingen. Um ihre Zusammenarbeit auf dem Feld der Kultur zu gewährleisten, richteten die fünf Mitgliedsstaaten einen Kulturausschuss ein, der sich aus hohen Beamten der nationalen Außen-, Kultus- und Bildungsministerien zusammensetzte. Alleine die Konstellation der mitwirkenden Akteure deutet an, dass der Ausschuss außen- und sicherheitspolitische Interessen einerseits, und kultur- und bildungspolitische Interessen andererseits zusammendachte. Eine eigene Kulturagenda hatten die Regierungen für den Kulturausschuss allerdings nicht festgelegt; Zeit seines Bestehens hatte der Ausschuss daher lediglich einzelne, voneinander unabhängige Kulturinitiativen realisieren können. Da der Ausschuss auch kein eigenes Budget zugewiesen bekam, mussten die beteiligten Staaten für jede einzelne Kulturaktivität ihre Zustimmung geben und untereinander aushandeln, wie sie die Kosten aufzuteilen gedachten.[18] Damit war in der Gründungszeit der Brüsseler-Pakt-Organisation noch nicht abzusehen, ob überhaupt eine nennenswerte kulturelle Zusammenarbeit und konkrete Hochschulaktivitäten zustande kommen würden.

In den Jahren von 1948 bis 1954 realisierte der Kulturausschuss trotz dieser Widrigkeiten einige Kulturprojekte. Dazu gehörte die Einführung von Kulturpersonalausweisen, welche Schülern, Studierenden und Wissenschaftlern einen kostenlosen oder vergünstigten Zugang zu kulturellen Einrichtungen in Gastländern ermöglichte.[19] An dieser Initiative beteiligten sich meist staatliche Theater, Muse-

---

[15] Per Fischer kam in einem 1959 im „Europa-Archiv" veröffentlichten Bericht zu dem Schluss, dass die WEU als Urzelle der europäischen multilateralen Zusammenarbeit auf kulturellem Gebiet angesehen werden könne, da sie früher als andere europäische Organisationen zwischenstaatliche Kooperationen auf diesem Feld organisiert habe. Vgl. Fischer: Dreijährige Bilanz der Westeuropäischen Union, S. 55.

[16] Vgl. Treaty Between Belgium, France, Luxembourg, the Netherlands and the Kingdom of Great Britain and Northern Ireland, signed at Brussels, on march 17th, 1948 [Online-Ressource].

[17] Ebenda.

[18] Vgl. Dransfeld: Die Rolle der Westeuropäischen Union (WEU) im Europäischen Integrationsprozess, S. 73.

[19] Vgl. Passeport collectif pour les jeunes de l'Union Occidentale, in: CVCE [Online-Ressource].

en, Bibliotheken und Archive. Die Ausweise konnten in den Bildungsministerien und in anderen staatlichen Stellen angefordert werden.[20] Die Förderung eines staatenübergreifenden Verständnisses realisierte der Kulturausschuss ab 1949 außerdem durch einen jährlich organisierten Austausch zwischen Ministerialbeamten. Den hohen Beamten wurde es ermöglicht, für mehrere Wochen in den vergleichbaren Ministerien der Partnerländer zu arbeiten und deren ministerielle Strukturen und Arbeitsweisen kennenzulernen.[21] Des Weiteren organisierten die Kulturdelegierten Seminare und Kurse, die Lehrern etwa aufzeigen sollten, wie sie die Werte der westlichen Zivilisation in den Klassenzimmern an ihre Schüler weitergeben konnten.[22] Die Kultur- und Bildungsaktivitäten der Brüsseler-Pakt-Organisation lassen sich als ein Versuch begreifen, zu einem Gemeinschaftsgefühl in den Gesellschaften ihrer Mitgliedsstaaten beizutragen und damit die Geschlossenheit Westeuropas oder des transatlantischen Raumes zu vermitteln.

Die Organisation rechtfertigte ihre Kulturaktivitäten mit der Gleichartigkeit von Werten und Moral unter ihren Mitgliedern. In einem Prospekt an die Jugend erklärten die Minister der Brüsseler-Pakt-Staaten:

„The peoples of Belgium, France, Luxembourg, the Netherlands and the United Kingdom are united not only by political and economic solidarity but above all by strong cultural affinities. The word ‚civilisation‘ has the same meaning in all five countries. It describes identical moral values which are but slightly varied by local tradition.“[23]

Die kulturellen Bestrebungen des Paktes sollten damit nicht verschiedene Kulturen einander näherbringen; die Autoren betonten vielmehr eine bereits existierende westliche Gemeinschaftskultur, die lediglich über gemeinsame Initiativen für die Bürger ihrer Länder sichtbar gemacht werden müsse.

Die vom Brüsseler Pakt betonte kulturelle Einheit diente dabei auch der Profilierung gegenüber anderen internationalen Regierungsorganisationen. Dieser Umstand spiegelte sich beispielhaft in einer Auseinandersetzung der Generalsekretariate der Brüsseler-Pakt-Organisation und des Europarats aus dem Jahr 1951. Beide Regierungsorganisationen erhoben für sich einen Führungsanspruch auf den Feldern der Kultur und Bildung. Auf die Anschuldigung des Generalsekretärs des Europarats, Jacques Camille Paris, die Brüsseler-Pakt-Organisation umfasse zu wenige Staaten, um unter anderem eine angemessene Kulturpolitik zu gewährleisten, entgegnete der Generalsekretär der Brüsseler-Pakt-Organisation, Eduard Star Busmann, am 15. November desselben Jahres:

„The limited number of partners and the similarity of their geographical, economic and institutional structure enable the Brussels Treaty committees to arrive at common solutions, which

---

[20] Vgl. Note sur la carte d'identité culturelle de l'Union occidentale (Londres, 14 mai 1950), in: CVCE [Online-Ressource].

[21] Vgl. Bilan des activités culturelles de l'UEO de 1948 à 1956 (Londres, septembre 1956), in: CVCE, S. 5 [Online-Ressource].

[22] Vgl. ebenda, S. 8; Dransfeld: Die Rolle der Westeuropäischen Union (WEU) im Europäischen Integrationsprozess, S. 79.

[23] Organisation du traité de Bruxelles: En route, S. 8.

would take far longer and be more difficult to achieve if these problems were dealt with in a wider framework not presenting similar conditions."[24]

Busmann verteidigte damit die Aktivitäten seiner Organisation und warf dem Europarat indirekt vor, zu heterogen zu sein, um eine effektive Kulturarbeit initiieren zu können. Eine Westernisierung müsse also erst unter wenigen Staaten stattfinden, um später in einem größeren geographischen Raum erfolgreich durchgeführt werden zu können. Die Brüsseler-Pakt-Organisation konnte sich damit als dem gesamten Westen dienliche Organisation darstellen und sich zugleich rechtfertigen, weshalb sie und nicht eine andere, größere Regierungsorganisation des Westens auf den Feldern der Kultur, Wissenschaft und Bildung aktiv werden sollte.

1.2 Hendrik-Jan Reinink und Hochschulexpertentreffen

Der Kulturausschuss der Brüsseler-Pakt-Organisation wendete sich in der ersten Hälfte der 1950er Jahre auch dem Hochschulwesen zu. Eine zentrale Figur dahinter war der 1901 in Groningen geborene Hendrik-Jan Reinink, der als Generalsekretär des niederländischen Ministeriums für Bildung, Kunst und Wissenschaft tätig war und die Delegation seines niederländischen Staates im Kulturausschuss der Brüsseler-Pakt-Organisation leitete.[25] Reinink war ein hoher Beamter mit klaren weltpolitischen Ansichten, die sich in seinen kultur- und bildungspolitischen Aktivitäten widerspiegelten.[26] In seiner international ausgerichteten Tätigkeit positionierte sich Reinink eindeutig für ein transatlantisch ausgerichtetes Kultur- und Bildungswesen. Als Mitorganisator des Holland Festivals organisierte er Auftritte namhafter US-Musiker und brachte in den frühen 1950er Jahren unter anderem das Boston Symphony Orchestra und die Metropolitan Opera nach Den Haag.[27] Als Mitglied der niederländischen Fulbright-Kommission hatte er sich außerdem Kontakte zu US-Außen- und Hochschulpolitikern aufgebaut. Wie die US-

---

[24] Letter from E. Star Busmann to Jacques Camille Paris (London, 15 November 1951), in: CVCE [Online-Ressource].

[25] Hendrik-Jan Reinink war promovierter Wirtschaftswissenschaftler und hatte bereits vor seiner Tätigkeit im Kulturausschuss des Brüsseler Pakts zahlreiche universitäre und hochschulpolitische Erfahrungen gesammelt. In den 1930er Jahren hatte er in der Verwaltung der Universität Groningen gearbeitet, bevor er 1939 in der Abteilung für das Hochschulwesen des niederländischen Ministeriums für Bildung, Kunst und Wissenschaft tätig wurde. Im Jahr 1940 legte er sein Amt nieder und kehrte erst nach Kriegsende in das Ministerium zurück. Vgl. Dr. H.-J. Reinink – Biographie [Online-Ressource].

[26] In den ersten Jahren nach Ende des Zweiten Weltkriegs war Reinink unter dem niederländischen Bildungsminister Gerardus van der Leeuws maßgeblich an der Wiedererrichtung des niederländischen Universitätswesens beteiligt gewesen. Unter Reininks Leitung waren 1946 rund 100 Experten aus Politik, Wissenschaft und Gesellschaft zusammengekommen und hatten u. a. eine neue Governance-Struktur für die Universitäten des Landes erarbeitet. Vgl. de Boer: Change and continuity in Dutch internal university governance and management, S. 26 und 33; Knegtmans: De rector of een directeur, S. 33.

[27] Vgl. Scott-Smith: Networks of Empire, S. 209.

Botschaft in Den Haag 1951 an das US-State Department übermittelte, sei Reinink „the most important contact between the United States and the Netherlands in the matter of cultural exchanges, musical and artistic exhibits, and many problems of approach that arise in connection therewith."[28] Das US-State Department versuchte Reinink als zentralen Kontakt aufzubauen und organisierte ihm und seiner Frau 1951 einen dreimonatigen US-Aufenthalt über das Foreign Leader Program. Die Programmorganisatoren finanzierten ausländischen Führungsfiguren einen Aufenthalt in den USA und stellten ihnen Kontakte zu US-Eliten her. Reininks Ehefrau, die ebenfalls an dieser Reise teilgenommen hatte, berichtete einem niederländischen Ministerialbeamten nach ihrer Rückkehr: „We feel that the trip has been the turning point of our lives".[29] In den Folgejahren warb Hendrik-Jan Reinink offensiv für eine transatlantische Ausrichtung. In einem Interview für den „Haagschen Courant" ließ Reinink etwa im Januar 1952 verlautbaren, dass die USA auf den Feldern der Wissenschaft, Bildung und Kultur ein Vorbild darstellten und sich die Niederlande an US-amerikanischen Leitbildern orientieren sollten. Zwar dürften US-amerikanische Praktiken nicht vorbehaltlos adaptiert werden; es stehe allerdings außer Frage, dass man von den US-Amerikanern sehr viel lernen könne.[30] Sein Plädoyer für die internationale Zusammenarbeit in Kultur, Bildung und Wissenschaft war damit vorrangig ein Plädoyer für eine Westernisierung mit einer engen Verzahnung beider Seiten des Atlantiks.

Seine transatlantischen Auffassungen spiegelten sich auch in den 1950er Jahren in seinem Engagement für die NATO wider. Ab 1954 arbeitete Reinink als kulturpolitischer Berater für den Transatlantikpakt und setzte sich unter anderem dafür ein, die Bündnisaktivitäten auch auf nicht-militärische Felder auszudehnen.[31] So warb Reinink für den Aufbau eines Centre Atlantique de la Culture, das den Zusammenschluss der westlichen Staatengemeinschaft propagieren sollte.[32] Außerdem setzte er sich dafür ein, Lehrstühle zu den transatlantischen Beziehungen an Universitäten einzurichten. Als dies für das College of Europe in Brügge angedacht wurde, empfahl er dem NATO-Generalsekretär, direkten Kontakt mit dem dortigen Rektor aufzunehmen, „... [for] ensuring sufficient Nato influence upon the further developement of the plans."[33] Reinink war damit ein Transatlantiker, der eine Westernisierung auch durch die Arbeit westlicher Bündnisorganisationen im Kultur- und Bildungssektor unter Einflussnahme auf Hochschulen realisiert sehen wollte.

---

[28] Embassy The Hague to Department of State, 16. March 1951, zitiert nach ebenda.

[29] Ebenda, S. 210.

[30] Vgl. Wij kunnen van de Amerikanen veel leren, in: Haagsche Courant, 8. 1. 1952.

[31] Vgl. Mr. Reinink gaat culturele banden van NATO-landen versterken, in: Haagsche Courant, 29. 3. 1954; Dr. H. J. Reinink cultureel adviseur bij de NATO, in: Haagsche Courant, 31. 3. 1954.

[32] Vgl. Scott-Smith: Networks of Empire, S. 214 f.; Aubourg: Organizing Atlanticism, S. 92–105.

[33] Committee of Information and Cultural relations. Chair for Atlantic Civics at the College of Europe. Text of a letter dated 17th May, 1954, addressed to Secretary General by Dr. H. J. Reinink, Temporary Cultural Consultant, in: NATO Online Archives.

Als Leiter der niederländischen Kulturdelegation setzte sich Reinink in der Brüsseler-Pakt-Organisation dafür ein, westliche Staaten auch im Hochschulwesen zusammenzuführen und hierfür Hochschulexpertentreffen zu organisieren. Drei Treffen richtete der Kulturausschuss aus, die hohe Beamte und einige wenige Hochschulrepräsentanten 1952 und 1953 nach Den Haag und 1954 nach Clermont-Ferrand führten.[34] Auf dem zweiten Treffen von hohen Beamten und Hochschulexperten in Den Haag formulierten die Teilnehmer unter dem Vorsitz von Reinink erstmals den Wunsch, eine großangelegte Versammlung westeuropäischer Universitätsleiter organisieren zu wollen.[35] Ihren Wunsch richteten sie an den Kulturausschuss des Brüsseler Paktes, der diesem im November 1953 formell zustimmte. Auf dem dritten Expertentreffen in Clermont-Ferrand planten die rund 40 anwesenden hohen Beamten und Hochschulexperten eine multilaterale Rektorenkonferenz, die 1955 in Cambridge ausgetragen werden sollte.[36] Nicht aus dem Eigenantrieb von Hochschulangehörigen, sondern auf Initiative der Regierungsvertreter der Brüsseler-Pakt-Staaten rund um die Person Reinink wurden damit erste Weichen für die multilaterale Zusammenarbeit der Universitätsleiter in Europa gestellt.

Unter den Delegierten im Kulturausschuss war allerdings längere Zeit umstritten geblieben, welche Reichweite eine Einbindung von Rektoren und Vizekanzlern annehmen sollte. Eine Begrenzung auf die fünf Mitgliedsstaaten des Brüsseler Paktes hätte ihrem Bestreben einer Westernisierung im Hochschulwesen nur sehr bedingt Rechnung getragen. Zumal Luxemburg bis in die 1990er Jahre keine eigene Universität besaß und daher keinen nennenswerten Mehrwert für sich an solcherlei Zusammenkünften sehen konnte. Im Vorfeld der Cambridge-Versammlung einigten sich die Delegierten des Kulturausschusses daher auf eine Kompromisslösung: Auf Seiten der Regierungsvertreter sollten lediglich die Mitgliedsstaaten der Brüsseler-Pakt-Organisation stimmberechtigt an der Versammlung teilnehmen dürfen; auf Seiten der Universitäten sollten dagegen Leitungspersonen aller Einrichtungen geladen werden, deren Staaten die Kulturkonvention des Europarats unterzeichnet hatten.[37] Dies erlaubte es der Brüsseler-Pakt-Organisation, die Fäden weiter in der Hand zu halten und das eigene politische Profil gegenüber anderen internationalen Regierungsorganisationen zu schärfen. Gleichzeitig gab es der Organisation die Chance, Einfluss auf Universitäten von 15 Staaten und damit auf einen weit größeren Kreis von Hochschulakteuren gewinnen zu können.

---

[34] Vgl. Sidjanski: Rapport sur la Communauté Universitaire Européenne, S. 170; Fischer: Origine et la mission de la CRE, in: HAEU – CRE-14 Bologna, 1974: Administrative Tasks.

[35] Vgl. Activities of W.E.U. in the cultural field – Report, Doc. 21, in: The Assembly of Western European Union, Proceedings, Second Session III., Orders of the Day – Minutes of Proceedings, Straßburg 1956, S. 62.

[36] Vgl. Haigh: Cultural Diplomacy in Europe, S. 170 f.

[37] Vgl. List of Delegates, in: Leech (Hrsg.): Report of the Conference of European University Rectors and Vice-Chancellors held in Cambridge, S. 193–196.

Die Planungsphase der Versammlung europäischer Universitätsleiter wurde durch zwei besondere Umstände begleitet: Erstens ging die Brüsseler-Pakt-Organisation in der Westeuropäischen Union auf. Ab 1952 hatte sich abgezeichnet, dass die Pläne für eine Europäische Verteidigungsgemeinschaft in Frankreich keine Mehrheit finden würden.[38] Das Nein der französischen Nationalversammlung zur EVG besiegelte das Ende der kontinentaleuropäischen Pläne für eine Europa-Armee. Nach kurzer Verhandlungszeit beschlossen die Westmächte, den Brüsseler Pakt zu reaktivieren und die Bundesrepublik Deutschland als auch Italien als vollwertige Mitglieder in die Westeuropäische Union aufzunehmen.[39] Die Arbeitsweise und die Zielsetzung für kulturelle Zusammenarbeit blieben dabei unangetastet. Die Kulturparagraphen des Brüsseler-Pakt-Vertrages von 1948 fanden sich ohne Änderung in dem 1954 unterzeichneten Vertrag zur Gründung der Westeuropäischen Union wieder.[40] Die Fortsetzung der bereits angelaufenen und geplanten Hochschulaktivität war damit sichergestellt.

Zweitens ging die Gründung der Westeuropäischen Union mit einer kurzzeitigen Euphorie einher. Da die WEU die nationalstaatliche Hoheit unangetastet ließ, entsprach sie den britischen Europavorstellungen deutlich mehr, als es die supranational organisierten EVG und EPG je gekonnt hätten. In der Anfangszeit der WEU zeigte die britische Seite daher eine seltene Bereitschaft, sich für die Staatengemeinschaft der Westeuropäischen Union einzubringen.[41] Das Engagement des britischen Außenministers und späteren Regierungschefs Anthony Eden ging in der Gründungszeit der WEU sogar so weit, dass manche Kommentatoren einen grundsätzlichen europapolitischen Kurswechsel Großbritanniens vermuteten.[42] Britische Regierungsvertreter waren nach Einschätzung von Gabriele Dransfeld darum bemüht, Bedenken gegen die WEU als einer reinen „Verlegenheitslösung"[43] nach dem Scheitern der EVG und EPG abzuschwächen. In diesem Sinne schrieb Anthony Eden in seinen Memoiren:

---

[38] Vgl. Ruane: The Rise and Fall of the European Defence Community, S. 89.

[39] Zugleich trat die Bundesrepublik Deutschland dem bereits am 4. April 1949 gegründeten Nordatlantik-Pakt bei. Vgl. von Bredow: Sicherheit, Sicherheitspolitik und Militär, S. 221–235.

[40] Das Bestreben, die WEU zu einer über militärische Angelegenheiten hinausgehenden Größe in Europa zu machen, kam vertraglich insbesondere dadurch zum Ausdruck, dass die gegen Westdeutschland gerichteten Bündnisparagraphen des Brüsseler Paktes gestrichen und durch Absätze ersetzt wurden, die auf die Schaffung der Einheit Europas und der Integration des Kontinents abzielen. Vgl. Das WEU-Kommuniqué vom 4. Juli 1955, S. 8065.

[41] Häußler: Ein britischer Sonderweg, S. 267; Deighton: Britain an the Creation of Western European Union, S. 181.

[42] Trotz der Hoffnungen Edens konnte die WEU in den späten 1950er Jahren kein wirkliches sicherheitspolitisches Gewicht entwickeln. Höchstens über das Amt für Rüstungskontrolle erlangte sie etwas Bedeutung, dessen Inspektoren die Rüstungsfabrikation der WEU-Staaten kontrollierten und damit die französischen Bedenken vor einem Wiedererstarken Deutschlands lindern konnten. Fischer: Dreijährige Bilanz der Westeuropäischen Union, S. 52 f.

[43] Dransfeld: Die Rolle der Westeuropäischen Union (WEU) im Europäischen Integrationsprozess, S. 164.

„... I hoped that Western European Union would take its place as a leading authority in the new Europe. The responsibility for standardizing armaments, with which it is entrusted, is important though difficult to discharge. But I intended it to have also a wider scope."[44]

Der britische Außenminister brachte damit rückblickend zum Ausdruck, dass er in der Anfangszeit der Organisation gehofft habe, die WEU als eine über sicherheitspolitische Fragen hinausgehende Größe für Europa etablieren zu können.[45] Dieser Umstand mag erklären, weshalb sich britische Kulturdelegierte bemühten, die erste europäische Versammlung von Rektoren und Vizekanzlern auf eigenem Boden zu organisieren, die Universität Cambridge als Austragungsort anzuwerben, Anfahrts- und Unterbringungskosten der Teilnehmer über das British Council abzurechnen und hochkarätige Vertreter des britischen Königshauses als Schirmherren der Veranstaltung zu gewinnen.[46] Britische Kulturdelegierte mit ihrem Bestreben, Legitimation für die Westeuropäische Union zu erreichen, ebneten damit den Weg zur Ausrichtung der in Clermont-Ferrand geplanten Versammlung europäischer Hochschulleiter.

2. Die Versammlung europäischer Rektoren und Vizekanzler in Cambridge

Im Sommer 1955 brachte die neugegründete WEU eine renommierte Gruppe akademischer und politischer Würdenträger in Cambridge zusammen, um für eine Woche über die Zukunft der Universitäten in Europa zu diskutieren. Die Konferenz, die vom 20. bis 27. Juni stattfand, markierte die erste der fortan regelmäßig stattfindenden europäischen Großversammlungen der Universitätsleiter. Die Zusammenkunft wurde an einem geschichtsträchtigen Ort ausgetragen. Die im Jahr 1209 gegründete Cambridge-Universität stellte ihre Infrastruktur zur Verfügung, welche zahlreiche Colleges und Halls mit jeweils eigenen Parkanlagen umfasste.[47] Sie gehörte längst zu den namhaftesten Universitäten der Welt und galt in der akademischen und politischen Welt als Aushängeschild exzellenter Forschung und Lehre.[48]

---

[44] An gleicher Stelle gesteht Eden allerdings auch seine enttäuschten Erwartungen ein. Er betont, dass sich die WEU nicht wie erhofft entwickelt hätte. Von den Möglichkeiten der WEU sei in der Folgezeit nur wenig Gebrauch gemacht worden. Vgl. Eden: Full Circle, S. 171.

[45] Das britische Interesse an einem Gelingen der WEU bestätigte auch Bundeskanzler Konrad Adenauer. In einer außenpolitisch ausgerichteten Rede hob er hervor, dass die WEU vor allem aus einer kraftvollen Initiative der Briten entstanden sei und ohne das Engagement Edens wohl nicht realisiert worden wäre. Vgl. Adenauer: Die außenpolitischen Ziele der Bundesregierung, Rede in Lüneburg vom 14. April 1955, in: Bulletin des Presse- und Informationsamtes der Bundesregierung, 72 (1955), S. 597.

[46] Vgl. Note du secrétaire général de l'Union occidentale sur la réorganisation de l'enseignement supérieur (Londres, 27 novembre 1953), in: CVCE [Online-Ressource].

[47] Vgl. Koch: Die Universität, S. 51 f.

[48] Vgl. Jaques Courvoisier: De Dijon à Genève, in: CRE Information 3.47 (1979), S. 39–42, hier S. 39.

An der Versammlung nahmen rund 90 Rektoren und Vizekanzler sowie rund 30 hohe Beamte und Politiker westeuropäischer Regierungsorganisationen teil.

Die Bewertung der Cambridge-Versammlung fiel allerdings unter den Teilnehmern sehr unterschiedlich aus. Die WEU selbst verbuchte sie als einen großen Erfolg. Der WEU-Generalsekretär schrieb in einer hauseigenen Publikation nach der Versammlung von einem wichtigen Meilenstein für die Geschichte der Universitätsbeziehungen in Europa.[49] Die in Cambridge abgehaltene Versammlung europäischer Rektoren und Vizekanzler erlaubte es der Westeuropäischen Union in der Tat, sich als breit aufgestellte Organisation zu profilieren. Medienschaffende verschiedener Fernsehsender und Zeitungen aus dem In- und Ausland berichteten über die Zusammenkunft, filmten die Eröffnungszeremonie und führten abseits des offiziellen Programms Interviews mit Rektoren und Regierungsvertretern. Gegenüber Journalisten betonte die WEU-Führungsriege wiederholt die politische Bedeutung ihrer Veranstaltung. Der „Manchester Guardian" berichtete etwa von der Versammlung und wertete sie als eine erste öffentliche Demonstration der Westeuropäischen Union in ihrem Werben für die Einheit Europas.[50] In ähnlicher Weise berichtete die „New York Times" und zitierte WEU-Repräsentanten, die in der Versammlung einen Startschuss der WEU für ihr weit über Sicherheitsfragen hinausgehendes Bemühen sahen. Das Zusammenbringen der Rektoren und Vizekanzler zeuge von dem Bestreben der WEU, sich aktiv für eine fortschrittliche Integration auf dem europäischen Kontinent einzubringen.[51] Mit ihrer Cambridge-Versammlung verbuchte die gerade erst ins Leben gerufene WEU also einen medialen Erfolg, um sich als eine breit aufgestellte Plattform darstellen und als Motor einer westeuropäischen Zusammenarbeit abseits der EGKS und des Europarats legitimieren zu können.

Der mediale Erfolg gelang den Organisatoren der Westeuropäischen Union nicht zuletzt aufgrund einer inszenierten akademischen Einträchtigkeit. Zur Eröffnung der Zusammenkunft hatten die Konferenzplaner ein öffentliches Schaulaufen der Universitätsleiter abhalten lassen: Rektoren und Vizekanzler schritten in ihren Talaren und mit ihren Amtszeptern in einem festlichen Zug an dem neoklassizistisch-repräsentativen Senatsgebäude der Universität entlang. Zahlreiche Schaulustige wurden gefilmt, die am Zaun der Anlage standen, um einen Blick auf die akademischen Prozessionen zu erlangen. Studierende wurden fotografiert, die auf Stehlen geklettert waren, um die dargebotene westeuropäische akademische Einheitsfeier zu verfolgen.[52] Die akademischen Roben und Insignien veranschaulichten gemeinsame europäische akademische Traditionen, welche die Universitätsleiter unabhängig von ihrem Herkunftsland miteinander zu verbinden schienen.

---

[49] Goffin: Preface, S. IX.

[50] Vgl. Meeting of Heads of Universities, in: The Manchester Guardian, 20. 7. 1955, S. 4.

[51] Vgl. European Launch University Parley, in: The New York Times, 21. 7. 1955, S. 8.

[52] Vgl. Duke of Edinburgh at Rectors' Conference 1955. Material dates from around 20/07/1955 [Online-Ressource].

Der Medienrummel erklärt sich außerdem aus dem staatstragenden Charakter der Versammlung. Als Schirmherr der einwöchigen Zusammenkunft fungierte Prinz Philip, der das englische Königshaus auf der Veranstaltung repräsentierte. Der Prinzgemahl der britischen Königin Elisabeth II. war nicht nur Herzog von Edinburgh, sondern hatte außerdem die repräsentativen Ämter des Kanzlers an der Universität von Wales 1949 sowie an der Universität Edinburgh 1953 übernommen. Prinz Philip eröffnete die Versammlung – in akademischer Robe gekleidet – und las den Anwesenden eine Grußbotschaft der Queen vor, die in diplomatischer Gefälligkeit ihre Hoffnung zum Ausdruck brachte, die Versammlung möge Bleibendes hervorbringen: „… I hope that [the conference] […] will make a valuable contribution to the unity of Europe and to the heritage so dear to us all."[53] Die Anwesenheit eines Mitgliedes des britischen Königshauses, das ebenfalls in akademischer Robe erschien, war für die Veranstalter der WEU ein Garant für überregionale mediale Aufmerksamkeit. Die Bilder aus Cambridge unterstrichen nicht nur die zur Schau gestellte Einheit der Universitäten, sondern auch eine Einheit ihrer Leitungspersonen mit westeuropäischen Staatsrepräsentanten.

Im Kontrast zu dieser – von offizieller Seite der WEU – inszenierten Erfolgsgeschichte und der Einmütigkeit der Anwesenden standen hinter verschlossener Tür getätigte Äußerungen von Hochschulrepräsentanten. Rektoren und Vizekanzler hatten bereits vor der Abfahrt nach Cambridge durchblicken lassen, dass sie die Versammlung lediglich als eine politische Pflicht ansahen, die eigentlich keine akademische Bedeutung mit sich bringe. Nachdem sich etwa westdeutsche Rektoren unwillig gezeigt hatten, überhaupt an der Versammlung in Cambridge teilzunehmen, versuchte sie Gerhard Hess, ehemaliger Präsident der Westdeutschen Rektorenkonferenz und damaliger Präsident der Deutschen Forschungsgemeinschaft, auf Linie zu bringen. Hierfür warb Hess damit, die Sinnhaftigkeit der Teilnahme nicht so sehr im praktischen Nutzen für die Universitäten als vielmehr in der darüberhinausgehenden Symbolträchtigkeit der Zusammenkunft zu sehen. Die Teilnahme in Cambridge, so Hess, sei für alle „repräsentativ und sachlich hochpolitisch".[54] Die Anwesenheit in Cambridge war damit für manchen Hochschulvertreter eher ein Dienst für seine Regierung als ein Dienst für seine Universität.

Die inhaltliche Arbeit in Cambridge sollte daher auch zweitrangig bleiben. Zwar tauschten sich die Teilnehmer in Cambridge über allgemeine Fragen an Hochschulen aus. Hierzu gehörte es, die Chancen und Grenzen universitärer Autonomie auszuloten. Sie diskutierten außerdem, inwieweit die Hochschulen nicht nur gegenüber sich selbst, sondern auch gegenüber der Gesellschaft eine Verantwortung zeigen müssten.[55] Des Weiteren besprachen die Anwesenden mögliche Kon-

---

[53] Opening Address by the Patron, H. R. H. the Duke of Edinburgh, in: Leech (Hrsg.): Report of the Conference of European University Rectors and Vice-Chancellors held in Cambridge, S. 3.

[54] Protokoll der 32. Plenarversammlung der WRK in Freiburg vom 29.–30. 1. 1955, in: WRK Plenum – Protokolle, 30–37 [15. 4. 1954–23. 5. 1957].

[55] Vgl. Olaf M. Trovik: The Foundation and Organization of CRE, in: CRE Information 47 (1979), S. 14–19, hier S. 14.

Abb. 1 Gruppenfoto der Konferenzteilnehmer vor dem Senatsgebäude der University of Cambridge

sequenzen, die sich aus der zunehmenden Spezialisierung fachlicher Disziplinen ergäben. Ihre Diskussionen blieben allerdings allgemein und abstrakt; ihre Ergebnisse, die meist durch gemeinsame Stellungnahmen festgehalten wurden, lieferten höchstens Denkanstöße und waren in keinerlei Weise bindend. Rund 30 dieser Erklärungen sollten in der Versammlungswoche entstehen. Rückblickend monierten französische Rektoren, die gesamten Erklärungen seien von geringer Qualität; es wäre wohl besser gewesen, sich auf einige wenige Punkte zu konzentrieren, um überhaupt brauchbare Schlussfolgerungen zu ziehen.

Mansfield Cooper, Vizekanzler der Universität Manchester, sah die Sinnhaftigkeit der Cambridge-Versammlung für die Hochschulleiter zuvörderst in einer ersten unverbindlichen Annäherung, an die er sich anekdotisch in einem Erfahrungsbericht für die ERK aus dem Jahr 1979 zurückerinnerte. Als er sich auf die Treppe des Senatsgebäudes stellte und sich für ein Gruppenfoto aller Teilnehmenden platzierte, hörte er, wie ein Rektor seinen ausländischen Kollegen bis ins letzte technische Detail erläuterte, wie das Flugzeug, mit dem er zu der Versammlung geflogen sei, überhaupt funktioniere. Mit der erwarteten Höflichkeit und in einem Klima, in dem jeder bereit war, Interesse für den anderen aufzubringen, hätten die Umstehenden den Ausführungen zugehört. Cooper schlussfolgerte, dass eine solche Offenheit charakteristisch auf der Versammlung in Cambridge gewesen sei.[56] Auch wenn die meisten Universitätsleiter ohne konkrete Erwartung angereist waren und ihre Anwesenheit als eine politische Pflicht ansahen, begegneten sie ihren europäischen Amtskollegen aufgeschlossen.

3. Der WEU-Universitätsausschuss

Auf Vorschlag der Regierungen der Mitgliedsstaaten der Westeuropäischen Union stimmten die in Cambridge anwesenden Rektoren und Vizekanzler einer weiteren Zusammenarbeit mit Regierungsvertretern zu. Dabei willigten sie ein, Repräsentanten zu bestimmen, die gemeinsam mit hohen Beamten der Außen- und Bildungsministerien in einem von der WEU eingerichteten Universitätsausschuss kooperieren sollten. Zudem stimmten sie zu, über den Ausschuss eine zweite, für 1959 angesetzte Großversammlung in Dijon zu organisieren.[57] Die Zustimmung der Universitätsleiter zu dem Vorschlag einer dauerhaften Kooperation sollte ihnen dadurch erleichtert werden, dass dem Universitätsausschuss ein autonomer Sonderstatus zuerkannt wurde. Im Gegensatz zu dem Kulturausschuss unterstand der Universitätsausschuss nicht den Regierungen und sollte demnach auch nicht

---

[56] Vgl. Cooper: From Cambridge Onwards. A Personal Survey, in: UNIMA: Mansfield Cooper Papers Box 17.

[57] Vgl. General Resolution, in: Leech (Hrsg.): Report of the Conference of European University Rectors and Vice-Chancellors held in Cambridge, S. 189; Western European Union. Documentary for 1955, S. 185 f.

an die politische Agenda der WEU gebunden sein.[58] Der Sonderstatus schien damit sicherzustellen, dass Hochschulrepräsentanten nicht zu einem Spielball politischer Entscheidungen würden.

Ein Lockmittel waren die Ressourcen der Westeuropäischen Union. Die WEU stellte für die Ausschussarbeit ihre Brüsseler Infrastruktur, Geldmittel und einen kleinen Mitarbeiterstab zur Verfügung.[59] Die Bereitstellung dieser Ressourcen gewährleistete in den Jahren von 1956 bis 1959 eine rege Kooperation. Zentrales Organ wurde ein Hauptausschuss, der jährlich für drei bis vier Tage zusammenkam. Zudem wählte sich der Hauptausschuss ein Präsidium, das offiziell zehn Mal zwischen 1956 und 1959 tagte. Zu bestimmten Themen richtete der Universitätsausschuss außerdem Unterausschüsse ein, die sich für einen begrenzten Zeitraum einem besonderen Anliegen widmeten. Beispielhaft sind Unterausschüsse für WEU-Publikationen oder zur Vorbereitung einer Großversammlung in Dijon zu nennen.[60] Der Hauptausschuss und seine Unterausschüsse waren häufig mit den gleichen Personen besetzt, wodurch eine personelle Kontinuität hergestellt wurde.

Gegenüber den politischen Vertretern bestand auf Seiten der Universitätsleiter von Anfang an Skepsis. Als sich die Teilnehmer am letzten Versammlungstag in Cambridge zusammenfanden, bemerkten Universitätsleiter vor der versammelten Runde, dass zumindest die Möglichkeit erwogen werden sollte, sich längerfristig ohne Regierungsvertreter abseits der WEU zu arrangieren.[61] Auch wenn Rektoren und Vizekanzler in die von Regierungen initiierte Zusammenarbeit einwilligten, bestand damit von Anbeginn ihrer Kooperation eine kritische Distanz zu den Bemühungen der Westeuropäischen Union. So blieb den Universitätsleitern weiterhin unklar, welche Interessen die WEU mit ihrem universitären Engagement überhaupt verfolgte. Das britische Vice-Chancellors Committee fragte den Vizekanzler der Manchester University, Mansfield Cooper, an, die britischen Universitäten fortan in der WEU zu repräsentieren und die Arbeit des Universitätsausschusses kritisch zu begleiten. Cooper wurde 1903 in der Kleinstadt Sale nahe Manchester geboren. Ab 1949 hatte er eine Professur für Industrierecht übernommen und bekleidete von 1954 bis 1970 das Amt des Vizekanzlers der Universität Manchester. Cooper galt in der britischen Öffentlichkeit als Emporkömmling, da er es aus einer Arbeiterfamilie an die Spitze der Universität geschafft hatte.[62] Der „Guardian"

---

[58] Vgl. Report of the First Meeting of the European Universities Committee, held in Brussels on November 17th, 18th, 19th, 1955, in: COE, D 15/DECS – UEO/WEU – 1955/1956.

[59] Vgl. Bouchard: Vorwort, in: Steger (Hrsg.): Das Europa der Universitäten, S. 35.

[60] Außerdem etablierten sie einen Publikationsausschuss, der die Redebeiträge und Protokolle von der Cambridge-Versammlung in neun Sitzungen für eine Publikation edierte, sowie ein Vorbereitungskomitee, das zwischen 1957 und 1959 sieben Mal zusammentrat und die zweite Großversammlung in Dijon plante. Vgl. Sitzungskalender des Ausschusses und seiner Organe, in: Steger (Hrsg.): Das Europa der Universitäten, S. 264 f.

[61] Vgl. Concluding Session, in: General Resolution, in: Leech (Hrsg.): Report of the Conference of European University Rectors and Vice-Chancellors held in Cambridge, S. 172.

[62] Sir William Mansfield Cooper in ‚Who's Who' for the 5th General Assembly Bologna, Palazzo Re Enzo, 1–7 September 1974, in: HAEU – CRE-12 Bologna, 1974: Arrangements.

schrieb 1955 zu seinem Amtsantritt, Cooper „has risen from the status of an office boy [...] to fill the most important position in the university."[63] Sein Aufstieg fand einen Höhepunkt, als er zum Ritter geschlagen und damit in den britischen Adelsstand erhoben wurde. Cooper tat sich in den späten 1950er Jahren als *die* Stimme der britischen Universitäten in europäischen Hochschulgremien hervor.[64] Ein britischer Amtskollege bat ihn im September 1955, die Arbeit des WEU Universitätsausschusses für das Vice-Chancellors Committee mit kritischem Blick zu begleiten. Seine Aufgabe müsse es sein, „to keep an eye on this particular matter for the next few years so that the Committee might at all times be kept in touch with what is happening."[65] Die noch undifferenzierten Vorbehalte auf Seiten der Universitätsleiter sollten sich bereits während der ersten Ausschusssitzungen verstärken und zu einer fundierten Kritik an den institutionellen Bedingungen der Zusammenarbeit anwachsen.

Die distanzierte Haltung der Rektoren und Vizekanzler blieb der Führungsriege der WEU nicht verborgen, weshalb sie sich bemühte, vertrauensbildende Maßnahmen zu ergreifen. Eine solche Maßnahme ergriff etwa Louis Goffin, der als Generalsekretär der WEU tätig war und damit an der administrativen Spitze der Organisation stand. Der 1904 im wallonischen Châtelet geborene Goffin hatte 1928 seinen Karriereweg im belgischen auswärtigen Dienst begonnen. Konsulatsstellen hatten ihn nach Bombay und Lissabon geführt. In New York und Washington arbeitete er als Handelsattaché. Von 1947 bis 1951 war er Gesandter in Moskau, bevor er von 1951 bis 1955 in Teheran eingesetzt wurde.[66] Als Goffin 1955 das Generalsekretariat der Westeuropäischen Union übernahm, war er damit bereits an zentralen Schauplätzen der Weltpolitik tätig gewesen. Nach einer Sitzung des WEU-Universitätsausschusses im November 1956 erklärte sich Goffin bereit, die anwesenden Rektoren und Vizekanzler zu einer privaten Cocktailparty zu sich nach Hause einzuladen. Laut einem Mitarbeiter des British Council war damit das Ziel verbunden, den Kooperationen eine persönliche Note zu verleihen und zwischen WEU und Universitätsleitern Vertrauen zu schaffen. Er betonte gegenüber einem britischen Vizekanzler die Einzigartigkeit dieses Unterfangens: „This has not been done before by Western European Union as such".[67] Um die Universitäten an sich zu binden, war das Generalsekretariat bereit, neue Wege abseits der üblichen organisatorischen Pfade zu gehen. Solcherlei Bemühungen änderten allerdings nichts an der kritischen Grundhaltung der Rektoren und Vizekanzler, die sich bereits mit der ersten Ausschusssitzung zu festigen begann.

---

[63] Sale professor is new head of university, in: The Guardian, 15. 7. 1955.

[64] Vgl. Rectors elect President, in: The Guardian, 8. 9. 1964, S. 10.

[65] Vice-Chancellor der Bristol University, Phillip Morris, an Mansfield Cooper, 24. 9. 1955, in: UNIMA: Mansfield Cooper Papers Box 53.

[66] Vgl. Goffin, in: Le Livre bleu, S. 247.

[67] T. H. Searls, Direktor des Universities Department des British Councils an Mansfield Cooper, 7. November 1956, in: UNIMA: Mansfield Cooper Papers Box 53.

3.1 Die institutionellen Spannungen

Ein Auslöser der wachsenden Kritik waren die von Regierungsvertretern erarbeiteten und dem Ausschuss 1956 zugrunde gelegten Statuten. Sie bestätigten zwar formell den im Vorfeld angepriesenen autonomen Sonderstatus, ordneten allerdings die Hochschulvertreter ihren jeweiligen nationalen Regierungsvertretern zu. Damit sollten universitäre Akteure nicht als eine geschlossene Gruppe agieren, sondern gemeinsam mit hohen Beamten die Interessen des eigenen Herkunftslandes vertreten. Die Statuten setzten damit voraus, dass die Konfliktlinien entlang nationaler Grenzen verlaufen und nicht zwischen universitären und politischen Akteuren entstehen würden. Dabei war die Einflussmöglichkeit der nationalen Delegationen unterschiedlich gewichtet. Neben Delegationen aus WEU-Staaten wurden auch diejenigen aus Europarat-Staaten in die Zusammenarbeit eingebunden. Die Verfasser der Statuten trugen damit dem Umstand Rechnung, dass bereits in Cambridge nicht nur universitäre Vertreter der sieben WEU-Staaten, sondern auch aus weiteren acht Staaten außerhalb des Staatenbündnisses stimmberechtigt teilgenommen hatten. Diese Einbindung von Nicht-WEU-Staaten sollte im Universitätsausschuss allerdings mit einer fundamentalen Ungleichbehandlung dieser Akteure einhergehen. In den Statuten sicherten sich die Regierungsvertreter der WEU-Staaten weitgehenden Einfluss auf die Vertreter der Nicht-WEU-Staaten. Während hohe Beamte und Hochschulrepräsentanten eines WEU-Landes jeweils drei Stimmen zugesprochen bekamen, durften Vertreter von Nicht-WEU-Staaten lediglich mit einer Stimme an den Sitzungen des Hauptausschusses teilnehmen.[68] Mitglieder der Westeuropäischen Union hatten damit das dreifache Stimmengewicht eines Nichtmitgliedslandes. Noch deutlicher zeigte sich dieses Übergewicht zugunsten der Westeuropäischen Union in der Zusammensetzung des Präsidiums. Während die Statuten jedem der sieben WEU-Staaten einen festen Sitz im Präsidium zusicherten, mussten alle Nicht-WEU-Staaten ihre Interessen durch ein einziges Präsidiumsmitglied vertreten lassen.[69] Das Verhältnis von Sieben zu Eins gab den WEU-Delegationen unweigerlich ein Übergewicht und marginalisierte den Einfluss derjenigen hohen Beamten und Universitätsleiter, deren Staaten nicht der Westeuropäischen Union angehörten.

Bereits die Verabschiedung der Statuten ging mit hitzigen Diskussionen einher.[70] Das Bewusstsein, in einer unangemessenen Akteurskonstellation zusammenzuarbeiten, festigte sich allerdings erst im Laufe der Zeit. Es befeuerte das Misstrauen unter den Universitätsleitern gegenüber der Westeuropäischen Union und mündete in eine grundsätzliche Ablehnung der institutionellen Kooperationsbedingungen. Rund 30 Hochschulleiter aller beteiligten Delegationen stellten 1959

---

[68] Vgl. Bericht des Ausschusses der europäischen Universitäten der Westeuropäischen Union gegenüber der zweiten Konferenz der europäischen Rektoren und Vize-Kanzler, vorgelegt in Dijon, am 10. September 1959, in: Steger (Hrsg.): Das Europa der Universitäten, S. 244.

[69] Vgl. Report of the First Meeting of the European Universities Committee, held in Brussels on November 17th, 18th, 19th, 1955, in: COE, D 15/DECS – UEO/WEU – 1955/1956, S. 9.

[70] Ebenda.

in einer gemeinsamen Erklärung fest, dass eine künftige Zusammenarbeit der Universitätsleiter keine Aufteilung mehr in Mitglieder erster und zweiter Klasse mit sich bringen dürfe; jede weitere Kooperation müsse vielmehr auf „Basis der Gleichheit"[71] erfolgen.

Die Kritik der Universitätsleiter formierte sich nicht nur aufgrund der formellen Regelungen in den Statuten, sondern auch aufgrund deren praktischer Umsetzung. Zwar wurde dem Ausschuss eine politische Unabhängigkeit zugebilligt und seine Handlungsfreiheit festgeschrieben. In der Praxis wurde sein Agieren allerdings durch andere WEU-Gremien und das Generalsekretariat vorbestimmt und sein Handeln durch Sachzwänge eingeschränkt. Dieser Umstand spiegelte sich alleine darin, wie das Arbeitsprogramm des Ausschusses zustande kam. Anstatt eine eigene Agenda entwickeln zu können, musste sich der Ausschuss an den Vorgaben des Kulturausschusses orientieren. Anthony Haigh, leitender WEU-Angestellter in der Kulturabteilung, schrieb in seinem 1972 publizierten Erfahrungsbericht:

„Though this was never indicated in its title, the European Universities Committee became in effect another sub-committee of the Cultural Committee, which reviewed its proposals and submitted them with its own comments to the Council of Western European Union."[72]

Damit standen nicht die eigenständigen Bemühungen der Hochschulleiter, sondern die Initiativen des ausschließlich aus Regierungsvertretern zusammengesetzten Kulturausschusses im Mittelpunkt der Arbeit.

Die praktische Rolle des Universitätsausschusses führte unter dessen Mitgliedern zu fundamental unterschiedlichen Bewertungen der Ausschussarbeit: Auf der einen Seite zeigte sich das Generalsekretariat der WEU außerordentlich zufrieden. Anthony Haigh hob hervor, dass es der WEU dank des Universitätsausschusses gelungen sei, das Hochschulwesen als eine feste Größe in der kulturpolitischen Agenda der Organisation zu verankern.[73] Die Mitwirkung der Rektoren und Vizekanzler habe damit zu einem Tiefenverständnis über die Universitäten geführt, von dem auch die anderen Organe der Westeuropäischen Union profitierten. Für die Regierungsakteure im Kulturausschuss bringe die Einbindung der Universitätsleiter praxisnahe Expertise, was die gesamten Kultur- und Bildungsaktivitäten der WEU stützen würde. Eine institutionelle Gängelung konnten oder wollten WEU-Repräsentanten darin nicht sehen. Die Beratende Versammlung der WEU legte in einem Bericht vom 22. Oktober 1955 dar, ihre Aktivitäten in Kultur und Bildung fänden in freiheitlichem Geiste statt und seien dabei ohne Zwänge von rein experimenteller Natur – „similar to that of a laboratory".[74]

---

[71] Vgl. Bericht des Ausschusses der europäischen Universitäten der Westeuropäischen Union gegenüber der zweiten Konferenz der europäischen Rektoren und Vize-Kanzler, vorgelegt in Dijon, am 10. September 1959, in: Steger (Hrsg.): Das Europa der Universitäten, S. 244.

[72] Haigh: Cultural Diplomacy in Europe, S. 178.

[73] Vgl. ebenda.

[74] Report to the Assembly of Western European Union on the activity of the Council of W.E.U, 22nd October, 1955, in: The Assembly of Western European Union, Proceedings, First Session, S. 197.

Auf der anderen Seite fiel das Urteil der Universitätsleiter deutlich anders aus. Als Hochschulrektoren auf der zweiten großangelegten Versammlung in Dijon von ihren Erfahrungen im WEU-Universitätsausschuss berichteten, kritisierten sie in aller Schärfe die praktischen Folgen, die sich aus dem institutionellen Regelwerk ergeben hätten. Sie resümierten, dass eine eigenständige Rolle des Universitätsausschusses nicht gewährleistet worden sei. Ihr Ausschuss habe sich unterordnen müssen und hätte lediglich die Funktion eines „Unterausschusses eines Ausschusses von Kultur-Experten"[75] in der WEU übernehmen können. Nicht nur eine eigenständige Agenda, sondern auch eine unmittelbare Beratung der Regierungen in internationalen Bildungs- und Hochschulangelegenheiten seien daher nicht zustande gekommen. Die Regierungen selbst hätten wenig Interesse an den Bestrebungen der Rektoren und Vizekanzler gezeigt und den Ausschuss „buchstäblich ignoriert".[76] Zudem monierten sie, dass sie praktisch keine Mitbestimmungsrechte in der Ausschussarbeit gehabt hätten; weder sei es ihnen möglich gewesen, eigene Themen auf die Agenda zu setzen, noch hätten sie Geldmittel für selbstgewählte Ziele erfolgreich beantragen können. Es sei ihnen nicht einmal möglich gewesen, Gäste ohne Zustimmung von Regierungsakteuren zu den Ausschusssitzungen einzuladen. Es habe sich daher der Eindruck einer „Regierungsüberwachung" verfestigt.[77] Diese Überwachung wurde nicht zuletzt zentral über das Generalsekretariat der WEU vorgenommen. Der Vizekanzler der Universität Manchester, Mansfield Cooper, kritisierte diesen Umstand scharf:

„I have not much experience in these international matters it is true, but it seems to me that constantly our Secretariat interferes in things which are entirely the business of the University Committee and as to which they should take instructions from us, not us from them."[78]

Der Brüsseler Rektor und Ausschussvorsitzende Edouard Bigwood schrieb 1958 an Mansfield Cooper: „… our statute was conceived of by others than ourselves. […] But now that we have experienced the regime under which we have lived during four years it is not only our right but also our duty to make quite clear what we think of it".[79] Bigwood richtete sich in einem als persönlich und vertraulich überschriebenen Brief auch direkt an den WEU-Generalsekretär Goffin. Darin bemängelte er den tiefen Graben zwischen den Mitgliedern des Universitätsausschusses und des WEU-Generalsekretariats. Er kritisierte gegenüber Goffin, dass die WEU-Führung die Eigenständigkeit des Ausschusses infrage stelle und selbst die Verantwortlichkeiten von ihm als Präsident des Ausschusses ignoriere.[80] In

---

[75] Bericht des Ausschusses der europäischen Universitäten der Westeuropäischen Union gegenüber der zweiten Konferenz der europäischen Rektoren und Vize-Kanzler, vorgelegt in Dijon, am 10. September 1959, in: Steger (Hrsg.): Das Europa der Universitäten, S. 246.
[76] Ebenda.
[77] Ebenda, S. 249.
[78] Schreiben von Mansfield Cooper an Edouard J. Bigwood, 30. Oktober 1958, in: UNIMA: Mansfield Cooper Papers Box 53.
[79] Edouard J. Bigwood an Mansfield Cooper, Brüssel, 20. 10. 1958, in: UNIMA: Mansfield Cooper Papers Box 53.
[80] Vgl. Brief von Edouard J. Bigwood an Louis Goffin, Brüssel, 8. November 1958, in: UNIMA: Mansfield Cooper Papers Box 35.

expliziter Weise betonte er, dass es künftig wohl besser sei, überhaupt keinen Universitätsausschuss zu haben, als in der bestehenden Form weiterzumachen. Aus der anfänglichen Skepsis gegenüber der WEU war damit in der zweiten Hälfte der 1950er Jahre eine fundierte Kritik an den institutionellen Regelungen erwachsen, die eine Fortsetzung der Zusammenarbeit infrage stellte.

3.2 Die politischen Spannungen im Zuge des Sputnik-Schocks

Neben den institutionellen Spannungen traten im WEU-Universitätsausschuss auch politische Spannungen auf, die von weltpolitischen Geschehnissen auf die WEU-Ausschussarbeit abfärbten. Am 4. Oktober 1957 beförderte die Sowjetunion ihren Erdsatelliten Sputnik 1 erfolgreich in die Erdumlaufbahn. Von ihrem Raumflughafen im kasachischen Baikonur war der rund 83 Kilogramm schwere Satellit mit einer Trägerrakete in den Weltraum gebracht worden. Für 92 Tage umflog er die Erde in einer Umlaufzeit von ungefähr 96 Minuten. Der Satellit war mit Funksender und Antennen ausgestattet worden und sendete während seines Fluges Kurzwellensignale, die weltweit von Forschungsstationen und Amateurfunkgeräten gleichermaßen empfangen werden konnten. Sputnik galt als eine Weltsensation und eine wissenschaftlich-technische Meisterleistung.[81] Nicht aber unbedingt die wissenschaftlichen Implikationen der Ereignisse, sondern die möglichen Konsequenzen für das Kräftemessen zwischen Ost und West sollten die öffentliche Debatte nach Sputnik prägen.[82]

Westliche Kommentatoren zeigten sich erschüttert und prägten den noch heute geläufigen Terminus des sogenannten Sputnik-Schocks.[83] Dieser Schock brachte militärische und nicht-militärische Folgen im westlichen Bündnis mit sich. Zum einen führte der erfolgreiche Satellitenstart vor Augen, dass die Sowjetunion nun in der Lage zu sein schien, jeden Punkt auf der Erde direkt aus der Luft anzugreifen. Zum anderen machte Sputnik deutlich, dass es der Sowjetunion über Wissenschaft und Technik gelang, auch Menschen aus nichtsozialistischen Ländern von sich einzunehmen und damit über Erfolge abseits des Militärischen ihre Weltgeltung zu steigern. Westliche Politikberater werteten Sputnik aus beiderlei Gründen als einen „enormous success", welcher dem Kreml erlaube, fortan aus einer Position der Stärke mit den Westmächten zu verhandeln.[84] Sputnik führte der westlichen Staatengemeinschaft vor Augen, dass der Dualismus mit dem Osten breit zu denken war und nicht nur militärische und ökonomische, sondern auch wissenschaftlich-technische Leistungen bedeutsam sein konnten, um die Anziehungs-

---

[81] Vgl. U.S Views Satellite as Russian Victory, in: Herald Tribune, European Edition, 7. 10. 1957, S. 1.

[82] Vgl. Die Welt im Banne des Sputnik, in: Neues Deutschland, Berlin, 9. 10. 1957, S. 1.

[83] Vgl. Stöver: Der Kalte Krieg 1947–1991, S. 178.

[84] Vgl. Hatzivassiliou: NATO and Western Perceptions of the Soviet Bloc, S. 81.

kraft der eigenen Lebensweise für die Menschen auf der anderen Seite des Eisernen Vorhangs zu steigern.[85] Diesbezüglich betonte US-Präsident Dwight D. Eisenhower rund einen Monat nach dem erfolgreichen Flug des sowjetischen Satelliten in einer Ansprache an die Nation:

> „According to my scientific friends, one of our greatest and most glaring deficiencies is the failure of us in this country to give high enough priority to scientific education and the place of science in our national life. [...] The Soviet Union now has – in the combined category of scientists and engineers – a greater number than the United States. And it is producing graduates in these fields at a much faster rate."[86]

Eisenhower nutzte Sputnik als ein Symbol des Aufbruchs, um mehr in Wissenschaft und Bildung zu investieren und damit gegenüber der UdSSR nicht nur in militärischen, sondern auch in nicht-militärischen Angelegenheiten konkurrenzfähig zu bleiben. Die politischen Lehren der USA aus dem Sputnik-Schock sahen dabei vielfältig aus.[87] In der US-Führung hatte sich unter anderem die Überzeugung durchgesetzt, dass es der Dualismus mit der Sowjetunion nötig mache, bislang bildungsferne Schichten zu fördern und ihnen Zugang zu höherer Bildung zu ermöglichen. Damit sollten Bildungsreserven aktiviert werden, um die wissenschaftlich-technologische Führungsrolle wieder uneingeschränkt beanspruchen zu können. Dabei forcierte die Eisenhower-Regierung die Lehrerausbildung und den Bau neuer Schulen.[88] Fortan sollten die Fächer Mathematik, Physik und Chemie in den Lehrplänen stärker gewichtet und damit das Grundlagenwissen weitergehend vermittelt werden. Zugleich sollten die Hochschulen eine höhere Anzahl an Studierenden in diesen Fächern bilden und damit die steigende Nachfrage nach Naturwissenschaftlern und Technikern stillen.[89] Der Schwerpunkt der hochschul-

---

[85] In der Sputnik-Krise zeigte sich symptomatisch, was der Historiker Tony Shaw im Allgemeinen für den Kalten Krieg feststellt: Jeder Lebensbereich konnte Bestandteil des Ost-West-Konfliktes werden, sei es die Malerei, das Ballett oder das Schachspielen. Vgl. Shaw: The Politics of Cold War Culture, S. 59.

[86] Eisenhower: Radio and Television Address to the American People on Science in National Security, 7. November 1957 [Online-Ressource].

[87] Es schien der US-Regierung auch opportun zu sein, die Kultur- und Sprachwissenschaften zu fördern, um die Kenntnisse über weltpolitische ‚Freunde' und ‚Feinde' zu verbessern und damit künftig auf Ereignisse wie den Start der Sputnik 1 besser vorbereitet zu sein. Die Förderung machte sich insbesondere bei den Area-Studies bemerkbar. Bereits im Zuge des Zweiten Weltkriegs waren erste Area-Studies-Programme an US-Universitäten etabliert worden. In den späten 1940er Jahren und frühen 1950er Jahren wurden sie über private Geldgeber wie die Rockefeller-Stiftung oder die Ford-Stiftung initiiert, die die benötigten Finanzmittel für eine gezielte multidisziplinäre Auseinandersetzung mit Kulturräumen bereitstellten. Nach dem Sputnik-Schock förderte vermehrt auch die US-amerikanische Bundesebene solcherlei Programme und Institute, die die Kenntnisse unter Fachleuten über die Sowjetunion und andere Weltregionen steigern sollten. Vgl. Szanton (Hrsg.): The Politics of Knowledge; Wallerstein: The Unintended Conseuqences of Cold War Area Studies, S. 195–232.

[88] Vgl. Geiger: What Happened after Sputnik, S. 354 f.

[89] Um die bildungspolitischen Ziele zu erreichen, setzte die US-Regierung milliardenschwere Stipendien- und Fördergelder ein. Alleine in den ersten vier Jahren nach Sputnik gab sie über 1,6 Milliarden US-Dollar aus, um für junge Menschen die Bildungskosten zu übernehmen oder sie über Studienkredite vorzufinanzieren. Zugleich steigerte die US-Regierung ihre Ausgaben für naturwissenschaftliche Forschungsprojekte. Sie vervierfachte etwa das Jahresbudget

politischen Maßnahmen lag damit auf der quantitativen und qualitativen Verbesserung in den sogenannten MINT-Fächern, die gleichermaßen für die militärische, ökonomische und wissenschaftliche Stellung der USA bedeutend erschienen.

Nicht nur in den USA gaben sich führende Regierungsakteure überzeugt, auf
den Sputnik-Schock wissenschafts- und hochschulpolitisch reagieren zu müssen.
Bereits vor dem Sputnik-Schock war den transatlantischen Bündnispartnern vor
Augen geführt worden, dass Westeuropa einen noch deutlich größeren Mangel an
natur- und technikwissenschaftlichen Fachkräften als die USA hatte.[90] Eine auf
Zahlen der OECD basierende Studie ließ dies auch den WEU-Mitgliedern im November 1956 deutlich werden. Während in den USA rund 45.455 Studierende im
Jahr 1955 einen Bachelor oder einen vergleichbaren Abschluss in einem natur-
oder technikwissenschaftlichen Fach gemacht hatten, waren es laut dieser Studie
in allen westeuropäischen Staaten zusammengerechnet lediglich 27.200 Studierende.[91] Dieser Rückstand wurde noch deutlicher sichtbar durch die Umrechnung in
prozentuale Anteile nach Bevölkerung. Während in den USA von einer Million
Staatsbürger durchschnittlich 282 Personen einen natur- oder technikwissenschaftlichen Abschluss erreichten, waren es in den europäischen Partnerstaaten
gerade einmal 106 Personen.[92] Der Eindruck, einen Rückstand zur Weltspitze zu
haben, war damit auch in Westeuropa durch zahlenbasierte Expertise untermauert
worden. Die Autoren der Studie empfahlen daher gegenzusteuern:

„There should thus be every reason for nations to study how science and technology can best be
stimulated and how results achieved can be used in the life of the nation to increase production
and improve economic, and thereby also political, as well as military strength."[93]

In der zweiten Hälfte der 1950er Jahre entwickelte sich damit nicht nur in den
USA, sondern auch in Westeuropa ein Problembewusstsein über den Mangel an
Natur- und Technikwissenschaftlern.

Bereits vor Sputnik hatte es innerhalb der Westeuropäischen Union Überlegungen gegeben, natur- und technikwissenschaftliche Forschung und Entwicklung
über die Organe der WEU in Europa zu fördern. Dies betraf einerseits militärrelevante Forschungen, die von WEU-Mitgliedern geplant und in den Mitgliedsstaaten des Bündnisses entwickelt werden sollten.[94] Nach Sputnik erlangte dieses Be-

---

ihrer National Science Foundation auf 134 Millionen US-Dollar und vergab jährlich 20.000
Stipendien zur Förderung nachwuchswissenschaftlicher Exzellenz. Vgl. Rieß/Kremer: Physikunterricht und Kalter Krieg, S. 274 f.; Krige: NATO and the Strengthening of Western Science
in the Post-Sputnik Era, S. 82.

[90] Den Mangel an Fachkräften verdeutlichte auch eine Studie des Harvard-Professors Nicholas
De Witt, der bereits zu Beginn der 1950er Jahre feststellte, dass die Sowjetunion so viele Natur-
und Technikwissenschaftler wie alle NATO-Staaten gemeinsam hervorbringe. Vgl. De Witt:
Soviet Professional Manpower.

[91] Vgl. Recruitment and Training of Scientists, Engineers and Technicians in NATO Countries
and the Soviet Union, 26 November 1956, in: NATO Online Archives.

[92] Vgl. ebenda.

[93] Ebenda.

[94] Vgl. Council of the Western European Union. Extract from minutes of the 78 meeting of WEU
Council held on 6 March 1958. II. Council of Ministers, in: CVCE [Online-Ressource].

streben Priorität. Dabei zeigten sich führende Vertreter der Westeuropäischen Union gewillt, eine enge Absprache mit der NATO zu suchen. Das WEU-General-sekretariat erklärte etwa am 24. März 1958, dass die NATO auf die Erfahrung und Dienste ihres Standing Armament Committee zurückgreifen dürfe, um Forschung und Entwicklung moderner Waffentechniken transatlantisch zu koordinieren.[95]

„We have been considering how best to give effect to the principle of interdependence in the field of defence research, developement and production [...]. We believe that the promotion of this co-ordination can be greatly advanced by co-operative measures within the framework of Western European Union."[96]

Unter Führung der britischen Delegation erstellte die WEU eine Liste mit 19 verschiedenen Waffen, die durch gemeinsame Militärforschungen westeuropäischer Staaten entwickelt werden sollten.[97] Die WEU war damit bereit, auch unmittelbar militärtechnische Antworten in Anbindung an die NATO zu suchen.

Zugleich zeigte sich die WEU im Zuge des Sputnik-Schocks gewillt, sich nach Vorbild der USA auch abseits militärrelevanter Forschung für die Bildung in den Natur- und Technikwissenschaften einzusetzen. Davon war der WEU-Universitätsausschuss unmittelbar betroffen. Regierungsvertreter drängten Rektoren und Vizekanzler dazu, gemeinsam Lösungen zu erarbeiten, wie der kommunistische Osten naturwissenschaftlich und technisch in Schach gehalten werden könne.[98] Die Beratende Versammlung der Westeuropäischen Union legte dem Universitätsausschuss nahe, für diese Aufgabe nicht eigenständig zu reflektieren, sondern die Zusammenarbeit mit der NATO zu suchen. Eine Kooperation der NATO mit dem WEU-Universitätsausschuss sei erfolgversprechend, da der Nordatlantikpakt bereits natur- und technikwissenschaftliche Expertise habe und in der NATO auf die Hilfe der Vereinigten Staaten zurückgegriffen werden könne.[99] Die politischen Akteure der WEU waren damit insbesondere ab dem Sputnik-Schock bemüht, die Universitätsleiter für eine natur- und technikwissenschaftliche Agenda des Universitätsausschusses zu gewinnen, die sich in gesamtwestliche Bemühungen um eine Position der militärischen, ökonomischen, kulturellen und wissenschaftlich-technischen Stärke im Ost-West-Konflikt einfügte.

---

[95] Council of the Western European Union. Secretrary-General's note. Cooperation in the research, development and the production of armaments. London: 24. 3. 1958, in: CVCE [Online-Ressource].

[96] Draft Statement of Policy by W. E. U. Council Standing Armaments Committee, Paris 11. 4. 1958, in: CVCE [Online-Ressource].

[97] List for Cooperation in Research, Developement and Production, Paris 11. 4. 1958, in: CVCE [Online-Ressource].

[98] Vgl. Schreiben des British Council an Mansfield Cooper vom 26. November 1957 über die Einbeziehung polnischer Universitätsleiter im Europäischen Universitätsausschuss, in: UNIMA: Mansfield Cooper Papers Box 53.

[99] Vgl. Report – Activities of Western European Union in the cultural field, 5th July 1958, Doc. 96, in: Assembly of Western European Union, Proceedings, Fourth Ordinary Session, Second Part III, Assembly Documents, Straßburg, Dezember 1968, S. 12.

3.3 Eine Absage der Universitätsleiter an die binäre Ordnungslogik

Die Forderungen nach natur- und technikwissenschaftlichen Bemühungen in Abstimmung mit der NATO führten neben der Kritik an den institutionellen Regeln zu einer Abkehr der Universitätsleiter von der WEU. Jürgen Fischer, ehemaliger Generalsekretär der Westdeutschen Rektorenkonferenz, warf der WEU aufgrund ihrer geopolitisch geprägten Interventionen in die Ausschussarbeit eine Anmaßung gegenüber den Universitäten vor.[100] Gegenüber der WEU-Führungsriege kritisierten Mitglieder des Universitätsausschusses außerdem den „politico-military character of WEU".[101] Die Hochschulvertreter lehnten ab, was der westdeutsche Rektor Hans Leussink als „Krieg der Schulen [...] über den naturwissenschaftlichen und technischen Nachwuchs" beschrieb.[102]

Rektoren und Vizekanzler des Universitätsausschusses machten in ihrer Studie „The Universities and the Shortage of Scientists and Technologists"[103], die sie auf der zweiten, 1959 in Dijon ausgetragenen Großversammlung vorstellten, deutlich, dass eine Stärkung der sogenannten MINT-Fächer nicht durch eine Einflussnahme der WEU, der NATO oder anderer westlicher Regierungsplattformen zu erreichen sei. Der Anstieg der industriellen Produktion sei zwar ein berechtigtes politisches und gesellschaftliches Ziel, für das auch Universitäten ihren Beitrag leisten müssten. Daher sei etwa über die Gründung neuer Universitäten und eine mit Augenmaß vorgenommene Erweiterung der bestehenden Hochschulen in den relevanten Bereichen nachzudenken.[104] Bei jeglicher Maßnahme müssten allerdings die kulturellen Eigenheiten der Universität gewahrt und ihre Identität vor andersartigen Interessen geschützt werden.

„The development of science may mean different things to a university professor or a politician, an industrialist or a government official. It is necessary, in order to avoid misunderstanding, that the universities should be ready to define, and if necessary, to defend their special responsibilities and loyalties in the matter."[105]

---

[100] Vgl. Fischer: Origine et la mission de la CRE, in: HAEU – CRE-14 Bologna, 1974: Administrative Tasks.

[101] Transfer of the European Universities Committee from WEU to the Council of Europe: Memorandum by the Secretariat General, Strasbourg, 26th November 1959, in: COE – D 262 – WEU 1957–1959.

[102] Westdeutsche Rektorenkonferenz. Kurzprotokoll des Präsidialausschusses am 23. 6. 1961 zu Karlsruhe, in: WRK: Präsidium – Protokolle 34–57.

[103] The Universities and the Shortage of Scientists and Technologists, in: Western European Union (Hrsg.): Second Conference of European University Rectors and Vice-chancellors held at Dijon, S. 26–47.

[104] In der Studie betonten die Hochschulleiter, dass eine breitere Ausbildung nur realisiert werden könne, wenn auch die staatlichen Geldmittel für die Universitäten ansteigen würden. Vgl. The Universities and the Shortage of Scientists and Technologists. Final Recommendations of the Commission at the Second Conference of European Rectors and Vice-Chancellors at Dijon, from September 9 to 15, 1959, in: Steger (Hrsg.): Das Europa der Universitäten, S. 210.

[105] The Universities and the Shortage of Scientists and Technologists, in: Western European Union (Hrsg.): Second Conference of European University Rectors and Vice-chancellors held at Dijon, S. 26.

Die Hochschulleiter machten damit deutlich, dass die Interessen bezüglich der Natur- und Technikwissenschaften zwischen den verschiedenen Akteuren stark variieren würden, weshalb Universitäten Gefahr liefen, ihre eigentliche Aufgabe *für* die Gesellschaft und ihre Rolle *in* der Gesellschaft zu verlieren. Die Universitätsleiter hoben daher hervor, dass der Beitrag der Universitäten nur bei Wahrung ihrer kulturellen Eigenheiten geleistet werden könne. Politisch vorgegebene Maßnahmen könnten allerdings niemals das Anliegen der Universitäten sein. Universitäten verfolgten ganz andere Zwecke, sei es etwa der Zweck einer intellektuellen Stimulation, das Ziel der geistigen Entfaltung oder das Streben nach Erkenntnis; dabei messe die Universität der Wissenschaft in jedem Falle einen eigenen intrinsischen Wert bei.[106] Die Universitätsleiter unterstrichen damit, dass ihre Universitäten zwar einen Beitrag für die Verbesserung der Naturwissenschaften leisten könnten; die Art und Weise, in der diese Verbesserung erfolge, dürfe sich dabei allerdings nicht an politischen Zielen und Methoden orientieren.

In der Studie betonten die verantwortlichen Hochschulleiter, dass jedwede Maßnahme im Einklang mit dem Selbstverständnis der Universitäten geschehen müsse. Dazu gehöre es, nicht zuvörderst anwendungsorientiert zu forschen, sondern stattdessen freie Grundlagenforschung zu gewährleisten. Dabei sei sicherzustellen, dass der betroffene Wissenschaftler seinen Untersuchungsgegenstand frei wählen könne. Eine gezielte Forschungsvorgabe aus Politik oder Wirtschaft würde die akademischen Standards untergraben und den langfristigen Nutzen der Universitäten für die Gesellschaft aushebeln. Zumal die Universitäten das Ziel verfolgen sollten, junge Menschen im Geiste der Einheit der Fächer auszubilden. In ihrem Bericht hoben sie als Ziel einer Universität hervor: „Its aim is to produce not merely a scientist or an engineer, but an educated man."[107] Die Universitäten würden also zuvörderst eine allgemeine Bildung vermitteln und ihre Ziele in Forschung und Lehre nicht auf kurzfristige politische Überlegungen ausrichten. Auch wenn sie die außen- und verteidigungspolitischen Überlegungen der WEU-Akteure namentlich mit keinem Wort in ihrer Studie erwähnten, erteilten sie ihnen auf implizite Weise eine eindeutige Absage.

Neben der Ablehnung einer natur- und technikwissenschaftlichen Kooperation mit der WEU und der NATO wendeten sich die im WEU-Universitätsausschuss zusammenarbeitenden Rektoren und Vizekanzler auch gegen eine Fortsetzung der WEU-Kooperation auf Grundlage der binären Ordnungslogik im Kalten Krieg. So unternahmen sie Versuche, Gastrektoren aus nicht-westlichen Staaten wie etwa Jugoslawien und Polen zu den Sitzungen des Universitätsausschusses einzuladen und sie für eine kontinuierliche Mitarbeit im Universitätsausschuss zu gewinnen. Damit brachten die Universitätsleiter zum Ausdruck, dass sie zwar für eine europäische Zusammenarbeit bereit waren, sich diese allerdings nicht an den vorherrschenden politisch-ideologischen Grenzen orientiere. Die Ausschussmitglieder

---

[106] Vgl. ebenda, S. 27.
[107] Ebenda, S. 27.

stellten fest, dass die WEU-Führung gegen solcherlei Versuche interveniert und damit die Einbeziehung nicht-westlicher Staaten unterbunden habe.[108] Über die Versuche, die Zusammenarbeit im WEU-Universitätsausschuss von der binären Ordnungslogik loszukoppeln und dafür gesamteuropäisch zu denken, berichtete Robert Crivon, Leiter der Kulturabteilung des Europarats, in einem Brief an seinen Generalsekretär Dunstan Curtis vom 4. Oktober 1957 und damit am Tag des Sputnik-Startes. Darin erklärte er die Bemühungen des WEU-Universitätssauschusses für endgültig gescheitert, Rektoren aus nicht-westlichen Staaten wie Polen und Jugoslawien in die Ausschussarbeit einzubinden. Crivon unterstrich in seinem Schreiben, die fehlgeschlagenen Anstrengungen würden verdeutlichen, dass die Arbeit des WEU-Universitätsausschusses den politischen Überlegungen der Westeuropäischen Union unterworfen sei.[109] Trotz der gescheiterten Bemühungen, die Ausschussarbeit nach Osten zu öffnen, wurde alleine aus den Versuchen deutlich, dass das Europa der Hochschulleiter nicht den geographischen Grenzziehungen der WEU-Führungsriege entsprechen wollte.

In dieser immer lauter werdenden Kritik der Rektoren und Vizekanzler wurden Stimmen hörbar, die eine Beendigung der Zusammenarbeit unter dem Dach der WEU forderten. Der französische Rektor Marcel Felix Bouchard erklärte etwa, dass den Hochschulleitern die Loslösung notwendig erschien, um einer weiteren Kontrolle und dem Leitungsapparat der WEU entgehen zu können. Bouchard brachte zum Ausdruck, dass es ihm angebracht erschien, „dieser Abhängigkeit [von der WEU] ein Ende zu setzen und zugleich auch auf die mit dieser Abhängigkeit erkauften finanziellen Mittel zu verzichten".[110] Auf die politische Forderung nach einer rein westlichen Hochschulkooperation in der Logik des Kalten Kriegs folgte damit eine universitäre Rhetorik der Säkularisierung zwischen Politik und Universitätswesen. Diese Kontroverse unter dem Dach der Westeuropäischen Union sollte allerdings nicht die einzige bleiben, die im Vorfeld der Gründung der Europäischen Rektorenkonferenz ausgetragen wurde.

4. Zwischenfazit

Die Anfänge der multilateralen Zusammenarbeit der Hochschulleiter ging auf eine politische Initiative zurück: Die administrative Spitze des Brüsseler Paktes und der Westeuropäischen Union versuchte ihre Regierungsorganisation über Kultur- und

---

108 Vgl. Bericht des Ausschusses der europäischen Universitäten der Westeuropäischen Union gegenüber der zweiten Konferenz der europäischen Rektoren und Vize-Kanzler, vorgelegt in Dijon, am 10. September 1959, in: Steger (Hrsg.): Das Europa der Universitäten, S. 249.

109 Vgl. Letter from Robert Crivon to Mr. Curtis: European Universities Committee, 4th October 1957, in: COE – D17/DECS (Direction de l'Enseignement Culturel et Scientifique) 1955/ 1960.

110 Rechenschaftsbericht des Präsidenten der Ständigen Konferenz, M. le Recteur Bouchard/ Dijon, in: Zimmerli (Hrsg.): Die optimale und maximale Größe der Universität, S. 264 f.

Bildungsaktivitäten zu legitimieren und ihre Plattform neben anderen westlichen Regierungsorganisationen zu rechtfertigen. Ihre Führungsriege zeigte sich dabei gewillt, die Felder Kultur und Bildung zu nutzen, um identitätsstiftende Maßnahmen zu fördern. Dies sollte es erlauben, verteidigungs- und sicherheitspolitische Bestrebungen als eine wertebasierte Unternehmung darzustellen. Dabei schien es bereits in den frühen 1950er Jahren opportun, Akteure des Bildungswesens an die Organisation heranzuführen und sie über gesponserte Aktivitäten für sich zu gewinnen. In diesem Zuge legten Diplomaten und Ministerialbeamte im Namen ihrer jeweiligen Regierung den Grundstein für erste europäische Rektorenkonferenzen. Sie bereiteten eine erste Großversammlung in Cambridge vor und setzten dort mit Zustimmung der Rektoren und Vizekanzler eine Kooperationsplattform in Form des WEU-Universitätsausschusses ein. Damit gelang es ihnen zumindest zwischenzeitlich, die WEU als eine breit aufgestellte internationale Organisation des europäischen Integrationsprozesses darzustellen und sie als hochschulpolitische Alternative zum Europarat zu profilieren.

Bereits die Anfänge der Zusammenarbeit von Universitätsleitern und Regierungsvertretern unter dem Dach der WEU waren von Spannungen geprägt. Die politischen Anliegen standen dabei dem Selbstverständnis der Hochschulakteure nicht selten diametral entgegen: Zum einen traten Spannungen in Bezug auf die innere Verfasstheit der WEU und deren Universitätsausschuss auf. Das institutionelle Gefüge gab den Rektoren und Vizekanzlern lediglich wenige Handlungsspielräume, um selbstbestimmt unter dem Dach der WEU agieren zu können. Die sich aus den Statuten des WEU-Universitätsausschuss ergebenden Zwänge kollidierten dabei mit dem universitären Ideal der Autonomie und mit dem Bestreben der Hochschulleiter, selbstverantwortlich über Form und Inhalt ihrer europäischen Zusammenarbeit entscheiden zu können. Zum anderen entstanden Spannungen durch weltpolitische Geschehnisse, die sich auf die Arbeit des WEU-Universitätsausschusses auswirkten. Im Zuge der Sputnik-Krise wurden Forderungen von Seiten der Regierungsvertreter lauter, den Ost-West-Konflikt auch auf den Feldern der Wissenschaft und Bildung auszutragen und hierfür den WEU-Universitätsausschuss einzuspannen. Auf Drängen der Führung und der parlamentarischen Versammlung der WEU sollte der Universitätsausschuss die für den Dualismus als entscheidend geltenden Natur- und Technikwissenschaften prioritär behandeln und eine enge Absprache ihrer Tätigkeit mit der NATO und dessen Wissenschaftsorganen suchen. Die Westeuropäische Union strebte damit eine Kooperation mit den Hochschulleitern an, die der binären Systemlogik Rechnung tragen und zu einer Festigung des westlichen Bündnisses in klarer Abgrenzung zum Osten beitragen sollte.

Die institutionellen Regelungen und politisch-ideologischen Anliegen von Seiten der politischen Akteure der WEU standen allerdings in einem zunehmenden Widerspruch zu den sich festigenden Ansichten der Hochschulleiter. Bereits bei ihren ersten Zusammenkünften wurde ersichtlich, dass die Rektoren und Vizekanzler nicht gewillt waren, sich den Bestrebungen der Regierungsakteure unterzuordnen. Einerseits strebten sie eine Autonomisierung der Zusammenarbeit an, die es erlauben sollte, ohne maßgeblichen Einfluss von Regierungen und hohen Beamten selbstbestimmt zusammenzuarbeiten. Andererseits erwarteten sie eine Öffnung des institutionellen Gefüges der Westeuropäischen Union zugunsten derjenigen Universitätsangehörigen, die nicht aus den sieben WEU-Staaten kamen. Damit richteten sie sich an diejenigen westlichen Hochschulakteure, deren Länder nicht Mitglied in der Westeuropäischen Union, dafür aber im Europarat waren und sich mit lediglich eingeschränkten Rechten im WEU-Universitätsausschuss vertreten lassen durften. Das Bestreben der Öffnung ging aber auch darüber hinaus und mündete in vorerst noch gescheiterte Versuche, Rektoren aus sozialistischen Staaten zu Zusammenkünften der WEU einzuladen. Die von politischen Akteuren geforderte Westernisierung oder gar Amerikanisierung lehnten sie damit ebenso ab wie die Unterordnung ihrer Zusammenarbeit unter das Diktum der binären Ordnungslogik mitsamt der Trennung zwischen Ost und West. Dabei ist jedoch ersichtlich geworden, dass die Ordnungslogik des Kalten Kriegs selbst von Hochschulakteuren mit einem ausgeprägten Autonomie- und einem eigenen, sich allmählich entwickelnden Europa-Narrativ nicht ohne weiteres ausgeblendet werden konnte.

IV. Die Kontroverse um europäische Gemeinschaftsuniversitäten

In den 1950er Jahren blieben die WEU-Hochschulaktivitäten nicht der einzige Gegenstand kontroverser europäischer Hochschuldebatten. Unter Politikern der Europäischen Atomgemeinschaft einerseits und Universitätsleitern und Hochschulverbänden andererseits entbrannte außerdem eine Kontroverse über den Aufbau einer supranationalen Universität. Es war ein hochschulpolitisches Vorhaben, welches das Potential mit sich brachte, dem europäischen Integrationsprozess eine neue Stoßrichtung zu geben und neben dem vornehmlich wirtschafts- und handelspolitischen Zusammenschluss auch eine hochschulpolitische Integration in die Wege zu leiten. Dieses Kapitel analysiert die darüber geführte Kontroverse, die in der zweiten Hälfte der 1950er Jahre ausgetragen wurde. Es wird zu zeigen sein, dass die treibenden Motive hinter der Idee einer europäischen Gemeinschaftsuniversität vielfältig waren. Die kulturelle Verständigung war dabei nur ein Faktor neben handfesteren ökonomischen und geopolitischen Interessen. Es wird weiter argumentiert, dass die Gründung der supranationalen Universität in erster Linie aufgrund des akademischen Widerstands scheiterte, den insbesondere Universitätsleiter aus kontinentaleuropäischen Ländern organisierten. Aufgrund ihres Widerstands ist die Hochschulbildung in der Europäischen Atomgemeinschaft und in den anderen Organen der späteren EG bis in die 1970er Jahre ein wenig ausgeprägtes Politikfeld geblieben. Dieser geringe Stellenwert erklärt sich also nicht aus einem Desinteresse europäischer Politiker an tertiärer Bildung, sondern aus einer fehlenden Verständigung zwischen diesen Politikern und den Vertretern der bereits existierenden nationalstaatlich orientierten Universitäten.

Die Hintergründe der Kontroverse um eine supranationale Universität werden in drei Schritten herausgearbeitet: Zunächst werden die Überlegungen europäischer Politiker zur Gründung dieser Universität analysiert und in den politischen Kontext der späten 1940er und 1950er Jahre eingeordnet. Zweitens werden die Reaktionen von Universitätsleitern und anderen Wissenschaftsvertretern auf die Idee einer supranationalen Universität untersucht und mit den Positionen europäischer Politiker verglichen, die sich für diese Idee einsetzten. Drittens werden die Folgen der Kontroverse für die Zusammenarbeit der Universitätsleiter als auch für die weitere Entwicklung der Europäischen Gemeinschaften diskutiert.

Für dieses Kapitel kann auf Erträge aus der Forschungsliteratur zurückgegriffen werden. So sind die formalen Verhandlungen über die Gründung einer supranationalen Hochschule bereits in zwei Studien analysiert worden. Einerseits geht Jean-Marie Palayret den Verhandlungen in seiner Studie „A University for Europe"[1] nach. Der ehemalige Direktor des historischen Archivs der Europäischen Union behandelt darin die Gründungsdebatte als Bestandteil der Vorgeschichte des 1976

---

[1] Palayret: A University for Europe; Palayret: Une grande école pour une grande idée, S. 477–501.

eröffneten Europäischen Hochschulinstituts (EHI). Palayret konzentriert sich auf die Interaktionen zwischen der Europäischen Kommission, nationalen Regierungen und der Parlamentarischen Versammlung. Anne Corbett untersucht in ihrer Publikation „Universities and the Europe of Knowledge"[2] ebenfalls die Verhandlungen über die Universitätsgründung und konzentriert sich dabei auf wenige, aber entscheidende politische „Entrepreneure". Beide Autoren erklären die Absage an die supranationale Hochschulidee als Folge zwischenstaatlicher Verhandlungen und stellen dabei die Vorbehalte der französischen Regierung gegenüber einer Supranationalität im bildungspolitischen Sektor in den Mittelpunkt ihrer Erklärung. In diesem Kapitel wird eine neue und – in gewisser Weise – erweiterte Perspektive eingenommen, in der die Hochschulvertreter als entscheidende informelle Akteure einbezogen werden, die sowohl die formellen Verhandlungen im Allgemeinen als auch das negative Verhandlungsergebnis im Besonderen beeinflussten.

Um den informellen Einfluss der Hochschulleiter auf die formellen Verhandlungen zu untersuchen, wurden bislang in der Forschung unberücksichtigte Quellen aus verschiedenen Archiven und Bibliotheken herangezogen. Erstens stützt sich das Kapitel auf Dokumente des WEU-Universitätsausschusses, in dem hohe Beamte und Leiter europäischer Universitäten in der zweiten Hälfte der 1950er Jahre zusammenarbeiteten und dabei auch über die supranationale Universitätsidee verhandelten. Die Analyse stützt sich darüber hinaus auf Archivmaterial der Bibliothek der Hochschulrektorenkonferenz in Bonn. Ihre Vorgängerin, die Westdeutsche Rektorenkonferenz, war die aktivste an der Kontroverse beteiligte nationale Hochschulvereinigung. Das Kapitel baut zudem auf Nachlässen leitender ERK-Mitglieder auf, die in der Kontroverse Stellung bezogen.

1. EURATOM und die Idee der supranationalen Universität

Nach Ende des Zweiten Weltkriegs hatten verschiedene politische Akteure aus Regierungen und Parlamenten einen intensiven interuniversitären Austausch in Europa gefordert. So hatten die Delegierten des Europa-Kongresses, der vom 7. bis 11. Mai 1948 in Den Haag stattgefunden hatte, in einer gemeinsamen Kulturresolution ihren Willen bekundet, den Aufbau einer Föderation der europäischen Universitäten zu unterstützen, die die Freiheiten der Universitäten sichern und Forschung und Lehre vor staatlichen Eingriffen schützen sollte.[3] Kulturzentren, europäische Forschungseinrichtungen sowie postgraduale Schulen sollten darüber

---

[2] Corbett: Universities and the Europe of Knowledge; Corbett: Ideas, Institutions and Policy Entrepreneurs, S. 315–330.

[3] Vgl. Cultural Resolution of the Hague Congress (7–10 May 1948). CVCE [Online-Ressource]. Ausführungen zum Haager Europa-Kongress im Allgemeinen und zur Arbeit des Kulturellen Ausschusses vgl. Loth: Vor 60 Jahren, S. 179–190, insbesondere S. 189.

hinaus zu einem „europäischen Bewusstsein führen".[4] Mitte der 1950er Jahre waren das College of Europe in Brügge und die Europäische Kulturstiftung in Genf erste institutionalisierte Ergebnisse dieses Bestrebens.

Mitte der 1950er Jahre setzten sich europäische Politiker ein noch ehrgeizigeres Ziel.[5] Der hohe Beamte Walter Hallstein, der von 1950 bis 1958 als Staatssekretär im Auswärtigen Amt tätig war, richtete Anfang Juni 1955 ein Memorandum an die fünf Staaten, die gemeinsam mit der Bundesrepublik Deutschland in der Europäischen Gemeinschaft für Kohle und Stahl zusammenarbeiteten. Darin forderte Hallstein im Namen der westdeutschen Staatsführung ein bildungspolitisches Novum:

„Die Bundesregierung gibt dem Wunsche Ausdruck, gegenüber der Jugend durch die Gründung einer Europäischen Universität, welche von den sechs Mitgliedsstaaten der Montangemeinschaft geschaffen werden sollte, sichtbar den Willen zur Europäischen Einigung zu bekunden."[6]

Mit seinem Memorandum war Walter Hallstein der erste hohe Staatsrepräsentant, der sich für die Gründung einer europäischen Gemeinschaftsuniversität aussprach und im Namen seiner Regierung das Bestreben äußerte, die bis dahin meist nationalstaatlich – im Falle der Bundesrepublik Deutschland auf Länderebene – organisierten Hochschulwesen durch eine supranationale Einrichtung zu ergänzen. Hallstein appellierte damit an seine europäischen Politikerkollegen, die bis dahin zuvörderst auf dem Feld der Wirtschaftspolitik gelungene europäische Integration um Bildungsmaßnahmen zu erweitern.

Für den studierten Rechtswissenschaftler war das Hochschulwesen kein neues Terrain. Der 1901 in Mainz geborene Hallstein hatte vor seinem politischen Aufstieg bereits in der Wissenschaft Karriere gemacht. Auf seine Studienjahre von 1920 bis 1923 in Bonn, München und Berlin folgten 1925 seine Promotion zum Doktor der Rechte und 1929 seine Habilitation mit einer Studie über das italienische Aktienrecht. Mit gerade einmal 29 Jahren übernahm Hallstein an der Universität Rostock zum Wintersemester 1929/30 eine ordentliche Professur für Privat- und Gesellschaftsrecht und galt als der „jüngste juristische Ordinarius Deutschlands."[7] Während seiner Rostocker Jahre fungierte er zugleich als Dekan der juristischen Fakultät und fand darüber einen ersten Zugang zu Fragen der Wissenschafts- und Hochschulorganisation. Zum Sommersemester 1941 folgte Hallstein einem Ruf an die Universität Frankfurt, wo er einen Lehrstuhl für bürgerliches Recht übernahm. Seine neue Beschäftigung war allerdings nur von kurzer Dauer.

---

[4] Ebenda.
[5] Erste Überlegungen bezüglich einer supranationalen Universität kursierten bereits seit den späten 1940er Jahren vgl. Dr. Hans Walter Menje: Die Europäische Universität, o. A., S. 2, in: HAEU – EUI 884.
[6] Memorandum der Regierung der Bundesrepublik Deutschland über die Fortführung der Integration, überreicht am 1. Juni 1955, in: Bulletin des Presse- und Informationsdienstes der Bundesregierung 1955, S. 880.
[7] Narjes: Walter Hallstein – ein großer Europäer der Berliner Schule. Beitrag zum Wissenschaftlichen Symposium aus Anlaß der Eröffnung des Walter-Hallstein-Instituts für europäisches Verfassungsrecht der Humboldt Universität zu Berlin [Online-Ressource].

Im August 1942 wurde Hallstein zum Kriegsdienst eingezogen und als Ordon-
nanzoffizier in die Normandie entsandt. Im Juni 1944 geriet er in dem am Ärmel-
kanal gelegenen Küstenort Cherbourg in amerikanische Kriegsgefangenschaft.[8]
Die Zeit bis zum Ende des Krieges blieb Hallstein in einem Gefangenenlager im
US-Bundesstaat Mississippi interniert. Dort war es ihm möglich, seine Lehrtätigkeit fortzusetzen und juristische Kurse für seine Mithäftlinge anzubieten. Seine oft
als „Lageruniversität"[9] umschriebene Lehrtätigkeit in Gefangenschaft soll es rund
1000 Mithäftlingen möglich gemacht haben, in ihrer Gefangenschaft Seminare zu
besuchen, die ihnen nach Ende des Kriegs als erbrachte Studienleistungen ange-
rechnet werden konnten.[10] Unter den Alliierten galt Hallstein nach Kriegsende als
politisch unbescholten, was seinen schnellen akademischen Wiederaufstieg nach
1945 begünstigte. An der Johann-Wolfgang-Goethe-Universität Frankfurt wurde
er in den ersten freien Wahlen nach der NS-Zeit zum Rektor gewählt.[11] Neben
dem Amt des Rektors, das er von 1946 bis 1948 ausübte, übernahm Hallstein 1947
außerdem den Vorsitz des süddeutschen Hochschultages.[12] Hallstein hatte damit
in Zeiten des schwierigen Wiederaufbaus nicht nur die Leitungsfunktion einer
Universität ausgeübt, sondern ebenso an der Spitze eines Universitätsverbandes
gestanden. Mit seiner 1948 angetretenen Gastprofessur an der Georgetown-Uni-
versity in Washington D.C. hatte er außerdem internationale Reputation erlangt.[13]
Nicht zuletzt auf Betreiben der US-Alliierten hatte ihn Konrad Adenauer zum Verhandlungsführer der BRD über den Schuman-Plan ernannt und damit seinen Weg
zu einem *Spiritus rector* der europäischen Einigung geebnet.[14] Aufgrund seines
Ansehens in Wissenschaft und Politik schien Hallstein damit 1955 ein idealer Repräsentant zu sein, um die Gründung einer europäischen Gemeinschaftsuniversität zu fordern.

Nicht nur die Persönlichkeit Hallsteins, sondern auch der Zeitpunkt, an dem er
den Vorschlag einbrachte, gab den Befürwortern Grund zur Hoffnung, dass aus
ihrer Forderung nach einer Gemeinschaftsuniversität bald Realität werden würde.
Das Memorandum legte Hallstein am 1. Juni 1955 und damit am ersten von insgesamt drei Verhandlungstagen der sogenannten Messina-Konferenz vor. In der sizi-
lianischen Stadt tagten die Außenminister der EGKS-Staaten und diskutierten
weitreichende Schritte der europäischen Integration, die sie in den Folgejahren
zu einem umfangreichen Vertragswerk ausarbeiteten.[15] Die Konferenz gilt in der

---

[8] Vgl. Piela: Walter Hallstein – Jurist und gestaltender Europapolitiker der ersten Stunde, S. 32.
[9] Hallstein: Wege nach Europa, S. 35; Schönwald: Hallstein, S. 39 f.
[10] Vgl. Walter Hallstein. Der Prophet Europas, in: Die Zeit, 18. 11. 1966.
[11] Hallsteins Karriere wird in der Forschung häufig in drei Abschnitte eingeteilt. In den 1930er
und 1940er Jahren habe er in der Wissenschaft Karriere gemacht. In den 1950er und 1960er
Jahren sei daraufhin seine politische Karriere gefolgt. In den späten 1960er und den 1970er
Jahren habe er sich dann zuvörderst der Europa-Bewegung gewidmet.
[12] Vgl. Hallstein. Immer Musterschüler, in: Der Spiegel, 27. 3. 1951.
[13] Vgl. Schönwald: Hallstein, S. 53.
[14] Vgl. Hallstein. Wälterlis Auszug, in: Der Spiegel, 15. 1. 1958, S. 11–12.
[15] Da die BRD aufgrund des Besatzungsstatuts noch eingeschränkte außenpolitische Vollmachten hatte, vertrat Bundeskanzler Konrad Adenauer die Bundesrepublik zu dieser Zeit außen-

Forschung als einer der schicksalsreichsten Momente des gesamten europäischen Einigungsprozesses. Ihre Ergebnisse mündeten in die am 25. März 1957 unterzeichneten Römischen Verträge, welche die Gründungsverträge über die Europäische Atomgemeinschaft und die Europäische Wirtschaftsgemeinschaft umfassten.[16] Die sechs Mitgliedsstaaten gründeten damit eine gemeinsame Behörde für Kernenergie und schufen den organisatorischen Rahmen für einen gemeinsamen europäischen Binnenmarkt. Die Forderung nach einer Gemeinschaftsuniversität wurde damit in einer Hochphase des europäischen Supranationalismus laut, in der europäische Politiker ihre Bereitschaft signalisierten, nationale Kompetenzen an eine überstaatliche Instanz abzugeben. Gerade die Rahmenbedingungen, die durch die parallel laufenden Verhandlungen über weitere Integrationsschritte gegeben waren, schienen der Forderung nach einer europäischen Gemeinschaftsuniversität eine besondere Chance auf Erfolg zu geben.

Der deutsche Ministerialbeamte Heinz Hädrich konkretisierte Hallsteins Forderung wenige Monate nach der Messina-Konferenz und äußerte den Wunsch der westdeutschen Regierung, eine Volluniversität zu gründen, die sich Forschung und Lehre gleichermaßen annehme. Die Universität solle mindestens vier Fakultäten für Naturwissenschaften, Geisteswissenschaften, Medizin und Recht umfassen und lediglich ein erster Schritt von vielen sein.[17] Der deutsche Ökonom und Politiker Alfred Müller-Armack, der zu den Unterstützern des Projekts gehörte, schrieb in seinen Memoiren, dass die geplante Hochschule eine „erste Modell-Universität"[18] werden und weiteren ähnlichen Gründungen als Vorbild dienen solle. Die geplante Hochschule hätte damit die erste einer ganzen Reihe europäischer Universitäten werden können.

Deutsche Regierungsvertreter fanden unter ihren europäischen Kollegen Unterstützung für ihre supranationale Universitätsidee. Die Regierungen der Benelux-Staaten und Italiens signalisierten ihre Zustimmung. Die Frage war nicht, ob, sondern wie das Universitätsprojekt realisiert werden konnte: Niederländische Staatsvertreter bestanden in erster Linie darauf, die Kosten niedrig zu halten, während italienische Staatsrepräsentanten den Wunsch äußerten, die Universität in Italien anzusiedeln.[19] Die französische Regierung war nicht abgeneigt und stimm-

---

politisch in Personalunion. Als Staatssekretär des Auswärtigen Amts und wichtiger außenpolitischer Berater Adenauers leitete Hallstein die deutsche Delegation in Messina.

[16] Die Forderung Hallsteins nach einer europäischen Universität blieb in den Verhandlungen über die Römischen Verträge eher ein Randthema und wurde höchstens beiläufig neben anderen wirtschafts- und energiepolitischen Themen besprochen.

[17] Vgl. Palayret: A University for Europe, S. 52.

[18] Müller-Armack: Auf dem Weg nach Europa, S. 177.

[19] Die italienische Unterstützung des Universitätsprojekts erklärt sich nicht zuletzt aus dem Bestreben, die erste europäische Volluniversität auf italienischem Boden beheimaten zu können. Mit der Gründung von EURATOM und der EWG hatte sich endgültig abgezeichnet, dass Brüssel, Luxemburg und Straßburg die Zentren der Gemeinschaft werden und diese anderen Metropolen den Rang ablaufen würden. Da sich die Stadt Florenz selbst ins Spiel um den Universitätssitz gebracht hatte, verfolgte der italienische Ministerpräsident Amintore Fanfani mit Nachdruck das Anliegen, die „Europäische Universität" in die italienische Metropole zu holen und seiner Nation den Sitz dieser kleinen Gemeinschaftsinstitution zu sichern. Die Un-

te den Verhandlungen über das Projekt zu. Die allgemeine Zustimmung der Regierungen führte zu einer vertraglichen Verankerung. Die Forderung nach einer Europäischen Gemeinschaftsuniversität wurde im Vertrag zur Gründung der Europäischen Atomgemeinschaft, der am 25. März 1957 in Rom unterzeichnet wurde, festgelegt. In Artikel 9 Absatz 2 vereinbarten die sechs Unterzeichnerstaaten, eine „Institution im Range einer Universität"[20] zu gründen. Die Funktionsweise der Hochschuleinrichtung sollte von der EURATOM-Kommission ausgearbeitet und den Außenministern vorgelegt werden, die schließlich mit einer „qualifizierten Mehrheit" über den Vorschlag der Kommission entscheiden sollten.[21] Zu diesem Zweck richtete die Kommission 1958 einen Interimsausschuss ein, der hochrangige Beamte und nationale Delegierte zusammenführte, um die spezifische Funktion und Arbeitsweise der Universität erarbeiten zu lassen. Dies zeigt, dass Akteure aus allen Mitgliedsstaaten zu Verhandlungen bereit waren. Gleichzeitig wird deutlich, dass das Verfahren ohne Einbeziehung von Repräsentanten der Universitäten und anderer wissenschaftlicher und gesellschaftlicher Gruppen durchgeführt wurde.

Warum unterstützten die Mitgliedsstaaten von EURATOM das Hochschulprojekt zur damaligen Zeit? Was versprachen sie sich von einer europäischen Universität? Mehrere Antworten können auf diese Fragen gegeben werden: Erstens hatte sich das Universitätsprojekt den Idealen der kulturellen Annäherung verschrieben; Befürworter des Gründungsvorhabens strebten an, durch eine Universität die Stärkung des Gemeinschaftsgeistes unter jungen Menschen zu fördern und damit zur Entwicklung eines europäischen Bewusstseins beizutragen. Ein Bewusstsein, das viele Befürworter des Vorhabens an den bestehenden Universitäten nicht ausreichend gegeben sahen. So kritisierten europäische politische Aktivisten seit den frühen 1950er Jahren die bestehenden Universitäten und ihr zögerliches Verhalten gegenüber der europäischen Integration. Der schweizerische Philosoph Denis de Rougemont warf den Universitäten gar eine nationalistische Orientierung vor. Er

---

terstützung des Projekts durch Amintore Fanfani spiegelt sich etwa in seiner Stellungnahme vom Dezember 1958, in der er betonte, dass die italienische Regierung von der Zweckmäßigkeit des Vorhabens überzeugt sei und die Bewerbung der Stadt Florenz um den Sitz der Universität unterstütze. Vgl. Kandidatur der Stadt Florenz für den Sitz der Europäischen Universität, in: Generaldirektion Parlamentarische Dokumentation und Information (Hrsg.): Die Europäische Universität: Dokumentensammlung, S. 9.

[20] Vgl. Vertrag zur Gründung der Europäischen Atomgemeinschaft, Paragraph 9 Absatz 2 und Artikel 216.

[21] Mit der gewählten Formulierung im Vertragstext hielten sich die Regierungen alle weiteren Schritte offen. Weder definierten sie, ab wann eine Anstalt den Rang einer Universität habe, noch bestimmten sie, welche Studiengänge angeboten werden sollten. Sie ließen offen, welchen Umfang die Curricula haben sollten und hatten nicht geregelt, welche Abschlüsse von den Studierenden an dieser Anstalt überhaupt erlangt werden konnten. Zudem hatten sie sich weder auf eine gemeinsame Finanzierung geeinigt, noch hatten sie einen Standort für die Anstalt bestimmt. Der Vertragstext bot damit reichlich Interpretationsspielraum und sollte in den Folgejahren zu schwerwiegenden Interessenkonflikten unter den EGKS-Staaten führen und zugleich von einer Dauerkritik aus bestehenden Universitäten der EURATOM-Staaten begleitet werden.

argumentierte, dass sich Europas Hochschulen immer noch ausschließlich ihrem nationalen Bildungssystem verbunden fühlten und nur Professoren aus dem eigenen Nationalstaat ernennen würden. Er forderte daher Offenheit für neue europäische Maßnahmen in der Hochschulbildung, um das nationalistische Erbe des 19. Jahrhunderts zu überwinden.[22] De Rougemont gehörte zu denjenigen, die ehrgeizige hochschulpolitische Ziele auf europäischer Ebene forderten. Er unterstützte die Idee der supranationalen Universität, um junge Menschen in einem gemeinsamen europäischen Geist auszubilden. Viele Befürworter des Projekts argumentierten ähnlich. Mitglieder der Parlamentarischen Versammlung der drei Europäischen Gemeinschaften legten beispielsweise in einer gemeinsamen Erklärung dar, dass sie die Gründungsabsicht unterstützten, da es sich um ein „greifbares Zeichen des Willens zur Förderung der europäischen Idee" und um ein Symbol für die „Solidarität der Jugend" Europas handle.[23] Befürworter des Universitätsprojekts sahen damit die Chance, über die Gemeinschaftshochschule einen Beitrag zur kulturellen Verständigung zu setzen.[24]

Zweitens müssen die Debatten über eine supranationale Universität in die damalige Euphorie um die wirtschaftlichen Chancen der Kernenergie eingebettet werden. Während der Verhandlungen der Römischen Verträge war diese Euphorie unter den beteiligten staatlichen Akteuren allgegenwärtig. Dies spiegelte sich beispielsweise in der Erklärung von Messina wider, in der die Außenminister argumentierten: „Die Entwicklung der Atomenergie zu friedlichen Zwecken wird in naher Zukunft die Aussicht auf eine neue industrielle Revolution von unvergleichlich größerem Ausmaß als diejenige der letzten hundert Jahre eröffnen."[25] Das Ziel, einen gemeinsamen europäischen Markt durch den schrittweisen Abbau von Handelshemmnissen zu schaffen, war eng mit den Hoffnungen verknüpft, dass die Kernenergie den Wirtschaftszweigen der Gemeinschaft große Chancen eröffnen und den wirtschaftlichen Wohlstand fördern würde.[26] Die Bündelung des

---

[22] Vgl. Rapport général sur la conférence européenne de la culture (Lausanne, 8–12 décembre 1949). CVCE [Online-Ressource].

[23] Europäisches Parlament: Vom Europäischen Parlament auf seiner Sitzung am 14. Mai 1959 gefasste Entschließung betreffend die Gründung einer Europäischen Universität, in: HAEC – BAC 25 1982 N 235.

[24] Befürworter des Projekts setzten zudem darauf, über eine Gemeinschaftsuniversität den steigenden Bedarf nach Beamten für die europäischen und internationalen Organisationen zu decken. Denn mit der Ausdifferenzierung des europäischen Handlungsfeldes schien es immer wichtiger zu werden, ein mehrsprachig ausgebildetes Personal akquirieren zu können, das mit den Eigenheiten der europäischen politischen Ebene im Allgemeinen und den organisatorischen Besonderheiten der EGKS, EURATOM und der EWG vertraut war. In einer eigenen Gemeinschaftsuniversität wäre es möglich geworden, die Lehrpläne auf die europapolitischen Entwicklungen zuzuschneiden und damit die jeweils als notwendig erachteten Bedürfnisse durch gezielt ausgebildetes Personal zu befriedigen.

[25] Entschließung der Außenminister der Mitgliedsstaaten der Montangemeinschaft anläßlich ihrer Tagung in Messina am 1. und 2. Juni 1955, in: Bulletin des Presse- und Informationsamtes der Bundesregierung, 1955, S. 1690.

[26] Die Repräsentanten der Bundesrepublik hatten ein besonderes Interesse an kernphysikalischer Forschung und Bildung. In den Jahren nach dem Zweiten Weltkrieg war es Westdeutschland untersagt geblieben, sich auf dem Feld der Kernphysik zu betätigen. Dies galt für militärische

Wissens über die Kernphysik und andere verwandte Forschungsbereiche an einer gemeinsamen europäischen Universität schien daher ein geeignetes Werkzeug zu sein, um solche Hoffnungen zu erfüllen. Die Regierungen der sechs Mitgliedsstaaten äußerten daher ihre Unterstützung für das Hochschulprojekt und verankerten es im EURATOM-Vertrag neben Vereinbarungen über die künftige Energiezusammenarbeit. Im Jahr 1958 brachte Enrico Medi, erster Vizepräsident der EURATOM-Kommission, seine Überzeugung zum Ausdruck, dass die geplante Universität Zweige der Sozial- und Geisteswissenschaften haben sollte; der Dreh- und Angelpunkt müsse jedoch in der Kernphysik und in angrenzenden Feldern liegen.[27] Ähnlich äußerten sich italienische Unterhändler, die „keinerlei Zweifel" daran ließen, dass die Grundlage der Universität „auf jeden Fall auf Studien in Verbindung mit der Kernwissenschaft beruhen" müsse. Zugleich betonten sie, dass es für sie ein „sehr großer Fehler [sei], wenn man sie nicht durch ein europäisches Studium Generale vervollständigen würde."[28] Laut der EURATOM-Kommission und ihren ersten Leitlinien für die Errichtung der Universität sollten diese Prioritäten für alle Studierenden gelten. Das vorgeschlagene Lehrprogramm, das während des ersten akademischen Jahres obligatorisch sein sollte, beinhaltete Kernphysik, Geophysik, Chemie, Mathematik und Biologie. Fächer der Geistes- und Sozialwissenschaften hätten kein integraler Bestandteil werden, sondern erst in den späteren Studienjahren als Spezialisierungsmodule angeboten werden sollen. In Bezug auf die Lehrpläne erklärte die EURATOM-Kommission, dass sich die Universität nicht nur mit theoretischer und experimenteller wissenschaftlicher Forschung befassen sollte.[29] Vor allem im Bereich der Kernphysik sollte sie auf industrielle Anwendbarkeit ausgerichtet sein, was zeigt, dass Forschung und Lehre an der supranationalen Universität eine Doppelaufgabe erfüllen sollten: Zum einen sollte die Forschung die theoretische Expertise in Europa erhöhen und damit

---

als auch zivile Betätigungen gleichermaßen und schloss akademische Forschungstätigkeiten ein. Erst ab 1955 – nach Unterzeichnung der Pariser Verträge und des Deutschlandvertrages – stand es Wissenschaftlern und Industriellen der Bundesrepublik wieder frei, sich an Projekten für eine zivile Nutzung der Atomenergie zu beteiligen und hierfür auch eigene Forschungsinfrastruktur aufzubauen. Westdeutsche Rektoren waren sich diesem Umstand durchaus bewusst. Auf einer Sitzung der Westdeutschen Rektorenkonferenz hob der Kieler Rektor Albrecht Unsöld vor seinen Amtskollegen hervor: „In einem Schriftstück des Auswärtigen Amtes stand zu lesen, daß Deutschland an der EURATOM-Universität mitwirken wolle, da es durch die bestehenden Verträge gehindert sei, sich an der europäischen Atomentwicklung zu beteiligen. In Kiel hat diese Mitteilung überrascht. Man wird auf diesen Punkt sehr achten müssen." Vgl. Protokoll der 39. Westdeutschen Rektorenkonferenz am 26./27. Juni 1958 in Freiburg im Breisgau, in: HRK-Bib – WRK Plenum – Protokolle 38–50 [6.1.1958–10.7.1963]. Ausführungen zu den Beschränkungen in Deutschland vgl. Fischer: Atomenergie und staatliches Interesse, S. 25.

[27] Vgl. Enrico Medi: Leitsätze für die zu gründende Universität, Brüssel, 30. Mai 1958, in: HAEC – BAC 118 86 N 2192/2.

[28] Denkschrift der italienischen Regierung über die geplante Gründung einer europäischen Universität, S. 3, in: HAEC – BAC 25 1982 N 235.

[29] Vgl. Europäische Kommission: Leitsätze für die zu gründende Universität, Brüssel, 30. Mai 1958, in: HAEC – BAC 118 86 N 2192/2.

einen Beitrag zum grundlegenden (Energie-)Wissen leisten. Auf der anderen Seite sollte die Universität Akademiker hervorbringen, die anwendbare Produkte und Werkzeuge für den gemeinsamen Markt entwickeln und damit den wirtschaftlichen Wohlstand in den Mitgliedsstaaten erhöhen würden.

Drittens muss der europäische Hochschulplan vor dem Hintergrund des damals gegenwärtigen Ost-West-Dualismus gesehen werden. Seit Beginn des Kalten Kriegs gab es in einer Vielzahl an Bereichen ein Konkurrenzdenken zwischen den beiden Supermächten USA und Russland und ihren jeweiligen Verbündeten. Der Wettlauf um Atomwaffen und das „Space Race" sind nur zwei prominente Beispiele für zahllose forschungsbasierte Dualismen. Im Hochschulbereich entstanden weitere. Die Bereitschaft, die Hochschulbildung im Kampf gegen die „kommunistische Bedrohung" zu nutzen, beschränkte sich nicht auf die USA. Am 25. Oktober 1957 gaben US-Präsident Eisenhower und der britische Premierminister Harold Macmillan in Anwesenheit von Paul-Henri Spaak in seiner Rolle als NATO-Generalsekretär eine Erklärung ab, in der sie gemeinsame wissenschaftliche Anstrengungen der gesamten Atlantikgemeinschaft forderten: „Our representatives to the North Atlantic Council will urge an enlarged Atlantic effort in scientific research and development in support of greater collective security".[30] Es war daher nicht nur die US-Regierung, die bereit war, wissenschaftliche Forschung und Lehre im Kontext des Kalten Kriegs zu fördern, sondern auch zentrale Figuren der westeuropäischen Verbündeten wie Spaak.

Paul-Henri Spaak war einer jener europäischer Politiker, die Hallstein und sein Universitätsprojekt unterstützten. In einer Rede auf einer NATO-Konferenz im Jahr 1958 hob er hervor, dass Forschung und Innovation sowie die Geopolitik zwei Seiten derselben Medaille seien. Er sagte: „In the Western world, we cannot choose between the Sputnik, and the washing machine, we must provide both."[31] Aus dieser Sichtweise hatte jede westeuropäische bildungs- und wissenschaftspolitische Maßnahme, die die wirtschaftliche Integration unterstützte, zugleich auch Relevanz für die Position des Westens im Kalten Krieg. Spaak hob hervor: „We must make them both and we can only make them both if, in the free world as a whole, we co-ordinate our efforts to the fullest possible extent and so avoid immense losses".[32] Obwohl Spaak nicht unmittelbar auf den Plan der Europäischen Atomgemeinschaft zur Gründung einer supranationalen Universität einging, waren seine Ausführungen von demselben Geist geprägt. Ein Vertreter der Parlamentarischen Versammlung der drei Europäischen Gemeinschaften kam in seinem Bericht von 1959 zu dem Schluss, dass der europäische Hochschulplan nicht nur im Einklang mit westlichen wirtschaftlichen Bestrebungen der OECD-

---

[30] Declaration of Common Purpose by the US President and the Prime Minister of the United Kingdom, October 25, 1957 [Online-Ressource].

[31] Text of the Address Given at the Opening Session by M. Paul-Henri Spaak, 21 October, 1958, in: NATO Online Archive.

[32] Speech by Paul-Henri Spaak, Secretary General of NATO, before a Joint Meeting of Members of Parliament in the House of Commons, 6 November 1957 [Online-Ressource].

Länder, sondern auch mit den Zielen der NATO sei.[33] Damit wurde in den Organen der Europäischen Gemeinschaften reflektiert, dass der Plan zur Schaffung einer Europäischen Universität nicht nur die wirtschaftlichen Ziele Europas stärken, sondern auch die Position des Westens in vielfältigen wissenschafts- und bildungsbasierten Auseinandersetzungen mit der Sowjetunion verbessern konnte.

Die Analyse der Debatten europäischer Politiker zeigt, dass neben der Motivation zur Förderung eines europäischen Bewusstseins auch andere pragmatische Interessen mit der Forderung nach einer europäischen Universität verbunden waren. Die supranationale Universität sollte den Energiesektor des gemeinsamen europäischen Marktes fördern, das Wissen über Kernenergie in Europa erhöhen und zur Schaffung entsprechender marktrelevanter Produkte beitragen. Im Hinblick auf den Kalten Krieg sollte die Universität darüber hinaus auch die Position des Westens im vielgestaltigen wissenschaftsbasierten Wettbewerb mit der Sowjetunion stärken, indem sie Forschung und Ausbildung in relevanten Schlüsselbereichen fördern würde.

2. Die „Grande Résistance" von Europas Universitäten

Von Anbeginn ihrer Zusammenarbeit unter dem Dach der WEU waren Rektoren und Vizekanzler misstrauisch gegenüber allzu weitreichenden europäischen hochschulpolitischen Forderungen aus Regierungskreisen. Aus diesem Misstrauen erwuchs in kurzer Zeit eine handfeste Kritik. Bereits auf der ersten Sitzung des WEU-Universitätsausschusses im November 1955 wurde diese auch mit Bezug zur gesamten europäischen Integration deutlich gemacht. Italienische Delegierte warfen die Frage auf, welche Rolle die Idee der europäischen Einigung in der gemeinsamen Arbeit des Ausschusses spielen sollte. Der Ausschussvorsitzende Edouard Bigwood bemerkte, dass das vorrangige Ziel der Kooperation in der gemeinsamen Arbeit an praktischen Herausforderungen der Universitäten liegen müsse. Dies könne zwar gegebenenfalls, müsse aber keineswegs in einem „sense of European unity"[34] münden. Andere Ausschussmitglieder gingen mit ihrer Kritik weiter und merkten an, dass die Zusammenarbeit nicht der Propagierung der europäischen Idee dienen dürfe; zumal sich einer solchen Propagierung bereits andere Organisationen verschrieben hätten. Einstimmig einigten sich die Anwesenden darauf, nicht die Idee eines europäischen Zusammenschlusses, sondern rein universitäre Themen in den Mittelpunkt ihrer Ausschussarbeit stellen zu wollen.[35]

---

[33] Vgl. Assemblée Parlementaire Européenne. L'idée d'Université européenne avant l'action des Communautés européennes. Documentation préparée à l'occasion de la discussion du rapport de M. Geiger, Mai 1959, in: Historical Archives of the European Union, Florence. EUI 1085 – Creation of an European University.

[34] Report of the First Meeting of the European Universities Committee, held in Brussels on November 17th, 18th, 19th, 1955, in: COE, D 15/DECS – UEO/WEU – 1955/1956, S. 8.

[35] Ebenda.

Auch wenn der Gedanke der europäischen Verständigung durchaus auch von den Hochschulleitern in Reden bemüht wurde, zeigte sich damit bereits zu Beginn ihrer institutionellen Zusammenarbeit, dass sie mehrheitlich auf Distanz zum europäischen Einigungsprozess gingen.

Diese Distanz wurde bereits in den ersten Monaten ihrer Mitwirkung unter dem Dach der Westeuropäischen Union größer. Der Europarat hatte 1955 Rektoren und Vizekanzler des WEU-Universitätsausschusses zu einem Symposium über „The University and the European Idea"[36] eingeladen. Unter den Rektoren war die Meinung einhellig, dass die Veranstaltung als reine „Propaganda" für einen europäischen Zusammenschluss durchgeführt wurde. Zumal Repräsentanten des Europarats die Ernennung eines Kommissars für Hochschulfragen forderten, der fortan als Bindeglied zwischen der in Straßburg ansässigen Regierungsorganisation und den Universitäten fungieren sollte. Universitätsleiter erklärten nach der Veranstaltung, dass es in erster Linie ihr Verdienst war, einen solchen Kommissar verhindert zu haben. Sie erklärten rückblickend über ihr europäisches Engagement in den späten 1950er Jahren: „Our universities have always endeavoured to steer clear of politics."[37] Die Verhinderung allzu weitreichender europäischer hochschulpolitischer Vorhaben entwickelte sich im Laufe der 1950er Jahre zu einem handlungsleitenden Ziel unter Europas Hochschulleitern.

Die ablehnende Haltung gegenüber einer europäischen Hochschulpolitik wuchs weiter an, als der Plan zur Schaffung einer Europäischen Universität durch die Europäische Atomgemeinschaft publik wurde. Der Rektor der Göttinger Alma Mater, Werner Weber, betonte auf einer Konferenz westdeutscher Rektoren, die Universitäten müssten alle Hebel in Bewegung setzen, um die Pläne zu verhindern:

„Die Entwicklung geht über uns hinweg. Größte Vollmachten für den Präsidenten sind jetzt notwendig; jede sich bietende Informationsmöglichkeit muß ausgeschöpft werden, damit den Initiatoren ein ‚Halt' im Namen der Rektorenkonferenz zugerufen werden kann."[38]

Repräsentanten der Westdeutschen Rektorenkonferenz versuchten jeden Kontakt zu nutzen, um Einfluss auf die politischen Entscheidungsträger zu nehmen. Im Juni 1958 erklärte ein Rektor seinen westdeutschen Kollegen, dass das europäische Vorhaben jede existierende Universität in die Rolle einer nationalen Universität zurückdränge:

„In dieser Zeit, da die deutschen, französischen, holländischen Universitäten sich ehrlich in Erfüllung ihres alten Auftrages, europäische Universitäten zu sein, bemühen, sollen sie durch eine integrierte oder supranationale Universität wieder in die Rolle von Nationaluniversitäten zu-

---

[36] European Universities Committee of Western European Union: Past and Future. Report of the Committee to the 2nd Conference of University Rectors and Vice-Chancellors (Draft), Dijon, September 1959, in: UNIMA: Mansfield Cooper Papers Box 35. Folder: W. E. U. Correspondence, 1955–60.

[37] Ebenda.

[38] Protokoll der 39. Westdeutschen Rektorenkonferenz am 26./27. Juni 1958 in Freiburg im Breisgau, in: HRK-Bib – WRK Plenum – Protokolle 38–50 [6. 1. 1958–10. 7. 1963].

rückgedrängt werden. In diesen Dingen von unerhörter Bedeutung sollten wir an die Kultusminister, an ihre Verantwortung und ihre Solidarität mit uns appellieren."[39]

Westdeutsche Rektoren zeigten sich damit gewillt, eigeninitiativ zu werden und einflussreiche politische Kreise von der Abkehr des Plans zu überzeugen. Hierfür setzten sie sich mit verschiedenen Regierungsstellen einschließlich des Auswärtigen Amtes in Verbindung, um vor den Konsequenzen europäischer Gemeinschaftsuniversitäten zu warnen. Dabei unterstrichen sie die Gefahr, dass es nicht bei *einer* europäischen Universität bleiben würde. Sollte die Einrichtung einer ersten Hochschule Erfolg haben, dann würde diese Vorbildcharakter für viele weitere supranationale Universitätsgründungen haben. Damit werde eine Entwicklung in Gang gesetzt, die europäische Eliteuniversitäten begründe und die übrigen Universitäten zu zweitrangigen Provinzanstalten herabstufe. Vor dieser Gefahr warnten die großen westdeutschen Wissenschafts- und Hochschulverbände in einem gemeinsamen Memorandum. Die Präsidenten der WRK, der Deutschen Forschungsgemeinschaft, des DAAD und des Deutschen Hochschulverbands erklärten darin, dass jede Universität des Kontinents europäisch und international sei. Dieser Umstand gelte für traditionsreiche Einrichtungen ebenso wie für Neugründungen in Europa. Sie stellten fest:

„Einer oder mehreren Universitäten darin eine Prärogative einzuräumen, droht diese Verpflichtung zu mindern oder undeutlich zu machen. [...] Der Rang der wissenschaftlichen Forschungsstätten sollte durch den freien Leistungswettbewerb, nicht durch eine äußerlich statuierte Stufung oder Einordnung begründet werden."[40]

Eine Universität, die nicht durch ihre Leistung, sondern alleine durch ihre scheinbar europäische Stellung einen Rang und Namen zugesprochen bekomme, höhle also die Grundprinzipien der Wissenschaft aus und spreche den supranationalen Gemeinschaftseinrichtungen eine hervorgehobene Position zu, die sie sich nicht durch ihr Forschung und Lehre erarbeitet hätten. Die vorgebrachte Kritik lässt sich als eine Form universitärer Ressourcenverteidigung verstehen, bei der die Hochschulakteure um ihr symbolisches und ökonomisches Kapital fürchteten.

Westdeutsche Rektoren hatten in der Mitte der 1950er Jahre noch zu verstehen gegeben, dass sie der Zusammenarbeit mit anderen europäischen Hochschulleitern und hohen Beamten unter dem Dach der WEU keine praktische Bedeutung beimaßen.[41] Nachdem publik geworden war, dass die Europäische Atomgemeinschaft eine Europäische Universität aufbauen wolle, änderte sich diese Haltung. Denn ein koordiniertes Auftreten mit europäischen Rektorenkollegen, welches

---

[39] Ebenda.
[40] Vgl. Anstalt mit Universitätsniveau im Rahmen oder außerhalb des EURATOM-Vertrages. Gemeinsames Memorandum der Westdeutschen Rektorenkonferenz, der Deutschen Forschungsgemeinschaft, des Deutschen Akademischen Austauschdienstes und des Hochschulverbandes vom 1. Februar 1960, gebilligt von der 42. Westdeutschen Rektorenkonferenz, Stuttgart, 11./12. Februar 1960, in: WRK: Stellungnahmen, Empfehlungen, Beschlüsse 1960–1989, Band VI. Beziehungen zum Ausland, Bonn 1991, S. 3.
[41] Vgl. Protokoll der 32. Plenarversammlung der WRK in Freiburg vom 29.–30. 1. 1955, in: HRK-Bib – WRK Plenum – Protokolle, 30–37 [15. 4. 1954–23. 5. 1957].

über den WEU-Universitätsausschuss leicht zu realisieren war, erschien ihnen als ein opportunes Mittel, um gegen das Hochschulprojekt von EURATOM vorzugehen. Ein westdeutscher Rektor äußerte gegenüber Kollegen, dass bei jedweder Kritik sichergestellt werden müsse, dass die deutschen Universitäten nicht als Fundamentaloppositionelle einer europäischen Zusammenarbeit per se dastünden: „Die Gefahr, bei einer Stellungnahme gegen den Plan als nationalistisch eng betrachtet zu werden, besteht."[42] Solche Bedenken trugen westdeutsche Rektoren mehrfach vor. In einem Protokoll einer WRK-Sitzung vom Februar 1959 wurde festgehalten, man dürfe „weder hier noch nach außen den Eindruck entstehen lassen, daß die deutschen Hochschulen ein nationales Ressentiment haben."[43] Ihre Furcht, als nationalistisch gebrandmarkt zu werden, erklärt, weshalb westdeutsche Rektoren eine gemeinsame Front mit europäischen Kollegen suchten; diese bot ihnen die Möglichkeit, ihre auf Länderebene organisierten Hochschulen gegen staatenübergreifend organisierte Einrichtungen verteidigen und bei aufflammender Kritik auf ihre transnationale Kooperation und den damit einhergehenden europäischen Geist verweisen zu können. Sie betrachteten es daher als sinnvoll, ein Bündnis mit europäischen Amtskollegen zu suchen. Zumal ein europäisches Vorgehen verdecken konnte, dass führende Rektoren in der WRK stark NS-belastete Lebensläufe hatten.

Die zentrale Figur auf westdeutscher Seite war der 1894 geborene und zum Rechtswissenschaftler ausgebildete Hermann Jahrreiß. Die Universität Greifswald hatte ihn 1932 zum Ordinarius für Öffentliches Recht, Völkerrecht und Rechts- und Staatsphilosophie berufen. 1937 wechselte er an die Universität Köln. Während der Jahre des Zweiten Weltkriegs lehrte er als Gastprofessor in Göttingen (1939–1940) und in Innsbruck (1944–1945). An der Universität Köln blieb er bis 1962 ordentlicher Professor und bekleidete dort das Amt des Universitätsrektors von 1956 bis 1958. Jahrreiß hatte eine überaus umstrittene Vita. Während der Kriegsjahre hatte er in der Arbeitsgemeinschaft für den Kriegseinsatz der Geisteswissenschaften mitgewirkt. Unter der Leitung des Kieler Rektors und Völkerrechtlers Paul Ritterbusch[44], der zudem ab 1940 als Ministerialdirigent des Reichswissenschaftsministeriums fungierte, erarbeitete Jahrreiß mit rund 500 Wissenschaftlern Schriften für eine „neue geistige Ordnung Europas"[45]. Ziel des NS-Großprojekts war es, die Überlegenheit des „deutschen Geistes"[46] gegenüber den Denkern der Westmächte herauszuarbeiten. Die im Zuge der „Aktion Ritterbusch" erschienenen Schriften waren nicht zuletzt eine scheinwissenschaftliche Stütze für die nationalsozialistische Lebensraumpolitik. Bereits vor diesem Enga-

---

[42] Protokoll der 39. Westdeutschen Rektorenkonferenz am 26./27. Juni 1958 in Freiburg im Breisgau, in: HRK-Bib – WRK Plenum – Protokolle 38–50 [6. 1. 1958–10. 7. 1963].

[43] Protokoll der XL. Westdeutschen Rektorenkonferenz in Köln, 12.–13. Februar 1959, in: HRK-Bib – WRK Plenum – Protokolle 38–50 [6. 1. 1958–10. 7. 1963].

[44] Vgl. Paul Ritterbusch, in: Grüttner (Hrsg.): Biographisches Lexikon zur nationalsozialistischen Wissenschaftspolitik, S. 140.

[45] Hausmann: ‚Deutsche Geisteswissenschaft' im Zweiten Weltkrieg, S. 61.

[46] Hausmann: Die Geisteswissenschaften im „Dritten Reich", S. 84.

gement profilierte sich Jahrreiß mit zahlreichen NS-konformen Publikationen. Dazu gehörte die aus einem 1933 gehaltenen Vortrag hervorgegangene Publikation „Europa – Germanische Gründung aus dem Ostseeraum", in der er betonte, dass das „„Europa', wie wir es heute meinen, eine germanische Gründung" mit dem ehemaligen Frankenreich als „Angelpunkt" sei.[47] In seiner 1939 veröffentlichten Schrift „Deutschland und Europa" hob er hervor, dass Europa seit dem Mittelalter nicht mehr „von seiner deutschen Mitte geführt worden" sei. Daher sei „die Schicksalsfrage unserer Tage, ob das wieder anders werden soll".[48] Für eine Vortragsreihe des Reichskommissars für die besetzten niederländischen Gebiete hielt er am 4. November 1942 einen Vortrag in Den Haag. Darin unterstrich er:

> „… nun liegen die Dinge so, dass nur durch Verbindung des deutschen Volkes mit anderen Völkern eine Macht geschaffen werden kann, die jene aussereuropäischen Riesenmächte zur Achtung zwingt, weil sie die von ihnen etwa beabsichtigte Intervention zum Lebensrisiko werden lässt."[49]

Jahrreiß ließ sich in die NS-Propaganda einspannen und warb während des Kriegs für ein vereintes Europa unter Führerschaft des deutschen Volks. Zahlreiche Publikationen von Jahrreiß aus den Jahren der NS-Diktatur kamen in der sowjetischen Besatzungszone auf die Liste der auszusortierenden Literatur und blieben aufgrund ihres NS-konformen Charakters in der DDR verboten. Nach Ende des Zweiten Weltkriegs verschrieb sich Jahrreiß dem Nationalstaatsgedanken als Basis der internationalen Beziehungen. Das Grundgesetz des westdeutschen Staates war für ihn „ein provisorisches Organisationsstatut", da der Wille des deutschen Volkes, wieder „zu seinem *einen* Staat" zu gelangen, ungebrochen sei.[50] Im Nürnberger Prozess gegen die Hauptkriegsverbrecher arbeitete Jahrreiß als Assistent von Franz Exner bei der Verteidigung des Chefs des Wehrmachtführungsstabes im Oberkommando der Wehrmacht, Alfred Jodl. Seine NS-Vergangenheit und seine Positionen in der Nachkriegszeit wurden Jahrreiß nicht zum Verhängnis. Ganz im Gegenteil: Seine mit der NS-Ideologie kompatiblen Schriften wirkten sich nicht sonderlich negativ auf seine Stellung innerhalb der europäischen Rektorengemeinschaft aus. Er war eine anerkannte und geschätzte Figur in den Reihen europäischer Universitätsleiter und wurde 1959 zum Vizepräsidenten der Europäischen Rektorenkonferenz gewählt. Die Universität Dijon und die Universität Manchester verliehen ihm die Ehrendoktorwürde.[51] Als Repräsentant westdeutscher Universitäten war er eine feste Größe im WEU-Universitätsausschuss. In den Auseinandersetzungen über die supranationale Universitätsidee stellte er sich an die Spitze der Kritiker im Namen der europäischen Hochschulen. In einem Bericht, den er an

---

[47] Jahrreiß: Europa – Germanische Gründung aus dem Ostseeraum, S. 15.
[48] Jahrreiß, Deutschland und Europa, S. 48.
[49] Jahrreiß: England und Deutschland, S. 10.
[50] Jahrreiß: Ist der deutsche Staat im Frühjahr 1945 untergegangen, S. 204.
[51] Hermann Jahrreiß, Dijon, Ehrendoktorat 1962, in: UNIKOE. Zugang 725/II Nr. 60.
Die gute internationale Reputation von Jahrreiß wurde nicht zuletzt durch die Aufnahme in die französische Ehrenlegion unterstrichen.

europäische Amtskollegen des WEU-Universitätsausschusses sandte, zeichnete er ein düsteres Bild von der Zukunft der Universitäten Westeuropas. Die Rektoren dürften

„nicht zusehen, wie unter Verkennung des Wesens der in Europa bestehenden Universitäten sozusagen eine Universität für spätere ‚Europäer 1. Klasse' gegründet und so eine Deklassierung der in strengster Selbstzucht der Wahrheitssuche dienenden Universitäten in Europa vorgenommen würde, jener Universitäten, die sich mühen, vielen Hunderttausenden von jungen Menschen den Weg zum wissenschaftlichen Denken zu weisen."[52]

Ein wichtiger Unterstützer von Jahrreiß im Kampf gegen die supranationale Universität war der Franzose Marcel Bouchard. Der aus Burgund stammende Rektor der Universität Dijon, der 1898 in Vosne-Romanée geboren worden war, hatte Literatur an der Pariser École normale supérieure studiert.[53] Der Erste Weltkrieg hatte ihn zur Unterbrechung seines Studiums gezwungen. Er wurde im Jahr 1917 in die französische Armee eingezogen und diente bis Kriegsende als Offizier. Nach Ende des Ersten Weltkriegs setzte er sein Studium der Literatur fort und machte 1920 seinen Studienabschluss, der ihm den Einstieg in Forschung und Lehre im französischen Bildungswesen erlaubte. In der Folgezeit sollte er sich zwei Standbeine aufbauen. Zum einen publizierte er wissenschaftliche Schriften über die französische Geistesgeschichte. Hierzu gehörten Arbeiten über den Schriftsteller und Politiker Alphonse de Lamartine und die Aufklärer Bernard le Bovier de Fontenelle und Jean-Jacques Rousseau.[54] Zum anderen begann er seine Lehrtätigkeit und übernahm erste Aufgaben im Hochschulmanagement. So lehrte er in den 1930er Jahren an der Universität Nancy und bekleidete dort auch das Amt eines Dekans. Damit begann in den 1930er Jahren seine Karriere in der Hochschulverwaltung. Der Zweite Weltkrieg riss ihn erneut aus seiner akademischen Lebenswelt. Nach Ausbruch des Kriegs diente er als Offizier in der französischen Armee. Nach Ende des Kriegs kehrte er nach Burgund und damit in die Gegend seiner Jugend zurück. Dort übernahm er 1946 das Rektorat der Universität von Dijon und leitete den Hochschulbetrieb in den Jahren des Wiederaufbaus.[55] Sein Amt blieb zeitlich unbegrenzt; daher war es ihm als einer der wenigen Rektoren möglich, über eine Dekade an europäischen Zusammenkünften teilzunehmen und die europäischen Universitätsgeschicke aktiv mitzugestalten. Bouchard war nach Ende des Zweiten Weltkriegs regional, national und international in gleichem Maße engagiert. Seine Region versuchte er etwa durch seine Mitwirkung im Centre

---

[52] Hermann Jahrreiß: Gründung einer sogenannten ‚Europäischen Universität'. Bericht über den Stand der Verhandlungen, insbesondere über die Tagung der Sachverständigen-Gruppe in Rom am 8.–9. Januar 1964, in: UNIMA: Mansfield Cooper Papers Box 33: Proposals for a European University in Florence.

[53] Vgl. Informationsblatt über Marcel Bouchard (zugeschickt an die ERK im August 1974), in: HAEU – CRE-402 Correspondence B-C.

[54] Vgl. Bouchard: L'Académie de Dijon et le premier discours de Rousseau.

[55] Vgl. Ernennung von Marcel Bouchard zum Ehrenbürger der Georg-August-Universität durch Walther Zimmerli, Göttingen, 8. September 1964, in: HAEU – CRE-2 Gottingen, 1964: Allocutions.

d'études bourguignonnes und als Mitherausgeber der „Annales de Bourgogne" in Forschung und Lehre zu fördern.[56] Zugleich übernahm er führende Funktionen in der Französischen Rektorenkonferenz und diente dieser als ihr Präsident. Auf der zweiten großangelegten Rektorenversammlung, die 1959 in Dijon stattfand, wählten ihn die anwesenden Hochschulleiter zum ersten Präsidenten der Europäischen Rektorenkonferenz. Neben Jahrreiß warb er wie kaum ein anderer für ein geschlossenes Auftreten der Universitäten gegenüber den Akteuren der Europäischen Atomgemeinschaft.

Jahrreiß und Bouchard waren am Übergang von den 1950er zu den 1960er Jahren die einflussreichsten Vertreter der Universitäten auf europäischer Ebene.[57] Die Verhinderung der supranationalen Hochschulidee ging nicht zuletzt auf ihr gemeinsames Engagement zurück.[58] Andris Barblan, späterer Generalsekretär der Europäischen Rektorenkonferenz, erklärte rückblickend, dass die meisten Rektoren und Vizekanzler des westlichen Kontinents die Ansicht von Jahrreiß und Bouchard teilten, da ihnen die von EURATOM geplante Universität als ein „unnützes bürokratisches und gefährliches Monster" erschienen sei.[59] Nicht zuletzt durch die Bemühungen von Jahrreiß und Bouchard schlossen sich Rektoren und Vizekanzler vieler europäischer Universitäten den Verhinderungsbemühungen des Vorhabens an und setzten das Thema in ihrer Universität und in den Hochschulverbänden auf die Tagesordnung.

Um den Druck auf die EURATOM-Kommission und die involvierten Regierungsvertreter zu erhöhen, richteten sich die Hochschulleiter des WEU-Universitätsausschusses mit einem Memorandum an die Außenminister und die mit ihnen kooperierenden Beamten in der WEU, um diese von einer Ablehnung des supranationalen Hochschulvorhabens zu überzeugen.[60] In ihrem Memorandum

---

[56] Vgl. Bouchard: Pour la Bourgogne, son Université, S. 105.

[57] Erleichternd kam hinzu, dass der WEU-Universitätsausschuss von offizieller Seite um eine Stellungnahme zu dem Thema einer Europa-Universität gebeten wurde. Dies erlaubte es den Kritikern, die Debatte offiziell auf die Agenda des Ausschusses zu setzen und mit europäischen Kollegen zu besprechen. Ausschussmitglieder berichteten rückblickend, dass dies sogar das einzige Thema war, zu dem es zwischen 1955 und 1959 überhaupt eine direkte Anfrage der Regierungen an den Universitätsausschuss gegeben hatte. Vgl. Bericht des Ausschusses der europäischen Universitäten der Westeuropäischen Union gegenüber der zweiten Konferenz der europäischen Rektoren und Vize-Kanzler, vorgelegt in Dijon, am 10. September 1959, in: Steger (Hrsg.): Das Europa der Universitäten, S. 246.

[58] Selbst aus Universitäten, deren Staaten nicht Mitglied der Europäischen Atomgemeinschaft waren, kamen Solidaritätsbekundungen, auch wenn sich diese in der Öffentlichkeit stärker zurückhielten. Dies brachte etwa der Vize-Kanzler der Universität Manchester, Mansfield Cooper, in einem Schreiben an den WRK-Generalsekretär Jürgen Fischer zum Ausdruck. Cooper versicherte zwar sein Verständnis für die Gegenwehr, bat allerdings wiederholt um Verständnis für seine Zurückhaltung: „As you know, from earlier discussions on the subject of a European University [...], [members of] the British delegation have always been reluctant to express views on a project fostered in certain countries to which we were not an original party." Vgl. Schreiben von Sir William Mansfield Cooper an Jürgen Fischer vom 14. Januar 1964, in: UNIMA: Mansfield Cooper Papers Box 33: Proposals for a European University in Florence.

[59] Vgl. Andris Barblan: La CRE et l'Europe, in: CRE Information 38.2 (1977), S. 22–33, hier S. 31.

[60] Vgl. WEU: Secretary General's Note for the Cultural Committee CCL (58 51 – 13th June 1958). Abgedruckt im Protokoll der 39. Westdeutschen Rektorenkonferenz am 26./27. Juni

kritisierten sie insbesondere auch den institutionellen Rahmen, in dem über die supranationale Universität verhandelt wurde. Sie warfen der Europäischen Atomgemeinschaft vor, ausschließlich eigene Beamte und Vertreter der nationalen Regierungen und Behörden einzubinden und damit den existierenden Hochschul- und Wissenschaftseinrichtungen in Europa kein Gehör zu schenken. Die Rektoren und Vizekanzler führten diesbezüglich aus:

„It would seem inconceivable that a project which directly and closely concerns all the universities of Europe should be put into effect, or even so much as adopted and given a definite form, without their being previously consulted on the desirability and provisions of the plan".[61]

Die Gründung einer Hochschule ohne eine breit hinzugezogene universitäre Expertise lehnten sie also entschieden ab. Neben ihrer Kritik an dem Vorhaben nutzten sie das Memorandum, um Europas Regierungsakteuren alternative Ideen für eine europäische Förderung von Wissenschaft und Bildung aufzuzeigen. Anstelle des Aufbaus supranationaler Hochschulen empfahlen sie die Förderung der bereits bestehenden Universitäten durch die Finanzierung zusätzlicher Infrastrukturen für Forschung und Lehre.[62] Zudem schlugen sie die Einrichtung spezialisierter europäischer Forschungszentren vor, an denen thematisch eng gefasste postgraduale Studiengänge angeboten werden könnten.[63] Diese Zentren sollten sich damit nur an jene Studierenden richten, die bereits einen Abschluss an einer nationalstaatlich orientierten Hochschule gemacht hatten. Der Aufbau europäischer Einrichtungen war für die Hochschulleiter also nur akzeptabel, solange ihre eigene Universität davon profitieren konnte und diese nicht Gefahr laufen musste, durch überstaatliche Einrichtungen marginalisiert zu werden. Das von der WRK initiierte und von Hochschulleitern des WEU-Universitätsausschusses getragene Vorgehen gegen die Gründung einer supranationalen Universität bezeichneten Kommentatoren rückblickend als „grande résistance"[64] der Universitäten Europas.

3. Das Ende der Kontroverse und die Folgen

Die ablehnende Haltung der Hochschulleiter zur Gründung einer überstaatlichen Universität ging an hohen Beamten der Europäischen Atomgemeinschaft und involvierten nationalen Regierungsvertretern nicht spurlos vorüber. Bereits die an-

1958 in Freiburg im Breisgau, in: HRK-Bib – WRK Plenum – Protokolle 38–50 [6. 1. 1958–10. 7. 1963].
[61] Ebenda.
[62] Vgl. European Universities Committee of Western European Union: Past and Future. Report of the Committee to the 2nd Conference of University Rectors and Vice-Chancellors (Draft), Dijon, September 1959, in: UNIMA: Mansfield Cooper Papers Box 35. Folder: W. E. U. Correspondence, 1955–60.
[63] Vgl. Report of the European Universities Committee of Western European Union to the Second Conference of European Rectors and Vice-Chancellors, in: Steger (Hrsg.): Das Europa der Universitäten, S. 255.
[64] Andris Barblan: La CRE et l'Europe, in: CRE Information 38 (1977) 2, S. 31.

fängliche Kritik aus deutschen Universitäten hatte die europapolitischen Adressaten erreicht. Müller-Armack schrieb in seinen Memoiren:

„Wir hatten geglaubt, die Dinge ohne viel Federlesens durch einen Ministerratsbeschluß über die Bühne ziehen zu können. Aber nun begann das Verhängnis. Die deutschen Rektoren lehnten empört das Projekt einer europäischen Universität ab."[65]

Nach Schilderung Müller-Armacks hatten europapolitische Akteure versucht, die Hochschulgründung ohne Einbeziehung von Hochschul- und Wissenschaftsvertretern durchzusetzen. In einer späteren Passage wies Müller-Armack darauf hin, dass nicht nur die deutschen Rektoren, sondern vor allem auch die französischen Hochschulleiter für den Niedergang der supranationalen Hochschulidee verantwortlich waren.[66] Der US-Diplomat und Journalist Shepard Stone stellte nach einem Gespräch mit Max Kohnstamm, Étienne Hirsch und Walter Hallstein fest: „They recognize, of course, that there is a powerful opposition to the establishment of such an institution in many European universities."[67] Étienne Hirsch, der von 1959 bis 1962 als Präsident der Europäischen Atomgemeinschaft fungierte, erklärte in einem Vortrag, den er im College of Europe hielt, dass der Plan einer europäischen Universität tief verwurzelte Gewohnheiten infrage gestellt habe und daher auf Widerstand treffe.[68] Die verantwortlichen politischen Akteure mussten erkennen, dass die Hochschulgründung in ihrer anvisierten Form nicht ohne weiteres realisierbar war und gegen den Willen der Hochschulrepräsentanten nicht einfach durchgesetzt werden konnte.

In einem ersten Schritt bemühte sich die Europäische Atomgemeinschaft darum, die bislang bewusst außen vor gelassenen Repräsentanten der Hochschulen in die Verhandlungen einzubinden. Der französische Außenminister Maurice Couve de Murville und seine französische Delegation suchten dafür Gespräche mit französischen Rektoren und luden sie gegen Jahresende 1959 nach Brüssel zu einer Sitzung des Interimsausschusses ein.[69] Marcel Bouchard, der 1959 zum ersten Präsidenten der Europäischen Rektorenkonferenz gewählt worden war, reiste mit Amtskollegen aus Paris und Lille nach Brüssel, um der EURATOM-Kommission und den Regierungsdelegierten die ablehnende Haltung der Universitäten zu verdeutlichen.[70] Während des Treffens in Brüssel forderten die französischen Hochschulleiter, dass EURATOM seine hochschulpolitischen Ambitionen beenden und die nationalstaatliche Ausrichtung der Hochschulsysteme anerkennen solle.[71]

---

[65] Müller-Armack: Auf dem Weg nach Europa, S. 178 f.
[66] Vgl. ebenda, S. 180.
[67] Shepard Stones „Talk with Etienne Hirsch", 13. Oktober 1959, hier zitiert nach Gemelli: Western Alliance and Scientific Community in the early 1960s, S. 179.
[68] Vgl. Étienne Hirsch: Le projet de l'Euratom, in: Collège d'Europe (Hrsg.): Université Européenne. Documents et conclusions du Colloque international organisé par le Collège d'Europe et le Bureau Universitaire du Mouvement Européen à Bruges du 4 au 7 avril 1960, Leiden 1962, S. 20–29, hier S. 20.
[69] Vgl. Palayret: A University for Europe, S. 83.
[70] Vgl. ebenda.
[71] Westdeutsche Wissenschafts- und Hochschulvertreter verweigerten sich einer Teilnahme am Brüsseler Treffen; sie verfassten dafür ein weiteres Memorandum, in dem sie ihre Kritik an

Nach dem Aufflammen des universitären Widerstands gegen das Hochschulvorhaben änderten zahlreiche politische Akteure ihre Position. Neben den französischen wendeten sich auch niederländische und belgische Regierungen gegen die einst vereinbarten Ziele und versagten ihre künftige Unterstützung.[72] Im Juni 1960 setzte Couve de Murville bei einer Tagung des Europäischen Rates den Schlusspunkt unter die Kontroverse: Er lehnte die Verwendung des Begriffs Universität ab, argumentierte gegen ein Gemeinschaftsbudget der Hochschule und erteilte jedwedem weiteren Versuch, eine Hochschule in supranationalem Rahmen aufzubauen, eine Absage.[73] Seine Intervention bildete den vorläufigen Schlusspunkt nach jahrelangen Debatten.

Es dauerte über eine Dekade, bis die Idee einer europäischen Hochschule mit neuem Elan aufgegriffen und umgesetzt werden sollte – dies allerdings unter gänzlich anderen Vorzeichen als in den späten 1950er Jahren.[74] Neuerliche Verhandlungen mündeten in die Gründung des noch heute bestehenden Europäischen Hochschulinstituts, das 1972 beschlossen und 1976 in Florenz eröffnet wurde. Seine Realisierung war letztlich weit entfernt von Hallsteins ursprünglicher Forderung nach einer supranationalen Universität. Die EG-Staaten gründeten das EHI außerhalb des rechtlichen Rahmens der Europäischen Gemeinschaften. Auf Grundlage einer zwischenstaatlichen Vereinbarung speist sich das EHI bis heute aus regelmäßig von den Nationalstaaten zu leistenden Beitragszahlungen. Aus den supranationalen Plänen ist damit letztlich eine intergouvernemental organisierte Einrichtung hervorgegangen.[75] Die radikale Abschwächung der ursprünglichen Pläne zeigt sich auch an den Studienangeboten der Florentiner Einrichtung. In der zweiten Hälfte der 1970er Jahre öffnete ein Graduiertenkolleg, an dem lediglich Studierende aufgenommen wurden, die bereits einen Abschluss an einer anerkannten Universität gemacht hatten. Außerdem spezialisierte sich das EHI auf wenige Forschungsfelder – insbesondere der Rechts-, Kultur-, Wirtschafts- und Sozialwissenschaft.[76] Aus der geplanten Universität mit einem Schwerpunkt auf naturwissenschaftliche Fächer rund um die Kernenergie wurde damit ein Institut

---

dem Vorhaben erneuerten. Vgl. Anstalt mit Universitätsniveau im Rahmen oder außerhalb des EURATOM-Vertrages. Gemeinsames Memorandum der Westdeutschen Rektorenkonferenz, der Deutschen Forschungsgemeinschaft, des Deutschen Akademischen Austauschdienstes und des Hochschulverbandes vom 1. Februar 1960, gebilligt von der 42. Westdeutschen Rektorenkonferenz, Stuttgart, 11./12. Februar 1960, in: WRK: Stellungnahmen, Empfehlungen, Beschlüsse 1960–1989, Band VI. Beziehungen zum Ausland, Bonn 1991, S. 3.

[72] Vgl. Corbett: Ideas, Institutions and Policy Entrepreneurs, S. 319.

[73] Vgl. Palayret: A University for Europe, S. 93–98.

[74] Vgl. Jos van Kemenade: Rede des Ministers für Erziehung und Wissenschaft der Niederlande und amtierenden Präsidenten des Rates der Europäischen Gemeinschaften, Brüssel, 26. November 1976, in: Archiv des Rates der Europäischen Union (Brüssel) – Ouverture de l'Institut universitaire européen, le 15 novembre 1976 – 185141.

[75] Thomas Grunert/Christian H. Huber: Die Universität, die ein Institut wurde, in: EG-Magazin, 4 (1981), S. 10–12.

[76] Vgl. Übereinkommen über die Gründung eines Europäischen Hochschulinstituts von 1972 [Online-Ressource].

für weiterführende Studien in vornehmlich kostengünstigeren Buchwissenschaften. Die Revision der ursprünglichen Pläne war bereits zu Beginn der 1960er Jahre der einzig realistisch erscheinende Lösungsweg geworden. Westdeutsche Wissenschafts- und Hochschulvertreter stellten in einer gemeinsamen Erklärung fest, dass sich die Pläne zu Gunsten ihrer Forderungen verschoben hätten.[77] Die Universitätsleiter hatten ihre Ziele nicht zuletzt aufgrund ihrer intensiven Lobbyarbeit erreicht. Hermann Jahrreiß gab sich hochzufrieden; gegenüber europäischen Amtskollegen betonte er 1964, dass der gemeinsam „vertretene Standpunkt voll zur Geltung gebracht werden" konnte.[78]

Der Konflikt um supranationale Universitäten trug maßgeblich dazu bei, dass sich Hochschulleiter 1959 entschlossen, die Europäische Rektorenkonferenz als eine – ihrem Selbstverständnis nach – politisch unabhängige Vereinigung zu gründen. Gründungsmitglieder der ERK nannten den Plan einer supranationalen Universität 1959 die „wichtigste Manifestation"[79] für die Notwendigkeit einer unabhängigen Vereinigung. Nicht nur die Erfahrungen aus dem WEU-Universitätsausschuss, sondern auch die aus den Auseinandersetzungen mit der Europäischen Atomgemeinschaft gaben damit entscheidende Impulse für die Institutionalisierung der Hochschulzusammenarbeit auf europäischer Ebene. Mansfield Cooper schrieb über die Gemeinschaft von Europas Rektoren und Vizekanzlern: „In their collectivity they were a complete and convincing answer to those who feared that a strengthened European learning might be at the expense of that of the constituent nations."[80] Das universitäre Europa der Hochschulleiter konstituierte sich damit in klarer Abgrenzung zu dem supranationalen Europa der Europäischen Gemeinschaften.

4. Europa als Gegenstand in Forschung und Lehre

Bereits die Auseinandersetzungen mit der Westeuropäischen Union hatten die im WEU-Universitätsausschuss mitwirkenden Rektoren und Vizekanzler dazu verleitet, über ihre Vorstellungen von Europa nachzudenken und sich gegenüber den

---

[77] Vgl. Zur Frage der Errichtung einer Europäischen Anstalt mit Universitätsniveau. Zweites gemeinsames Memorandum der Westdeutschen Rektorenkonferenz, der Deutschen Forschungsgemeinschaft, des Deutschen Akademischen Austauschdienstes und des Hochschulverbandes, gebilligt von der 46. Westdeutschen Rektorenkonferenz, Kiel, 13./14. Juli 1961, in: WRK: Stellungnahmen, Empfehlungen, Beschlüsse 1960–1989, Band VI. Beziehungen zum Ausland, Bonn 1991, S. 31 f.

[78] Protokoll der Sitzung des Ständigen Ausschusses der Ständigen Konferenz der Rektoren und Vizekanzler der europäischen Universitäten in Straßburg, am 13. Februar 1964, in: HAEU – CRE-116 Meetings 1964.

[79] Report of the European Universities Committee of Western European Union to the Second Conference of European Rectors and Vice-Chancellors, in: Steger (Hrsg.): Das Europa der Universitäten, S. 252–258, hier S. 254.

[80] Mansfield Cooper: From Cambridge Onwards. A Personal Survey, in: UNIMA: Mansfield Cooper Papers Box 17.

Regierungsvertretern in der WEU zu positionieren. Dabei plädierten sie für eine europäische Zusammenarbeit der Universitäten, die sich nicht an der binären Ordnungsvorstellung des Kalten Kriegs orientiere. Mit der Kontroverse über den Aufbau einer supranationalen Universität setzte zudem eine Diskussion ein, in der die beteiligten Hochschulleiter auch die Frage zu beantworten hatten, inwieweit Europa im Allgemeinen und die europäische Integration im Besonderen ein Gegenstand in Forschung und Lehre an ihren Universitäten sein solle. Um dieser Frage nachzugehen, hatte sich der WEU-Universitätsausschuss 1957 entschlossen, eine Studie anzufertigen, die sich im Detail mit den Möglichkeiten und Grenzen von „Europa" als Thema in der universitären Forschung und Lehre auseinandersetzte. Die Studie diente als Arbeitsgrundlage für zwei aus Hochschulleitern zusammengesetzte Kommissionen, welche das Thema fachgruppenspezifisch auf der zweiten großangelegten Rektorenversammlung, die 1959 in Dijon stattfand, weiterdiskutierten. Die beiden Kommissionen richteten ihren Blick zum einen auf die Geisteswissenschaften und zum anderen auf die Sozial- und Wirtschaftswissenschaften. Die Naturwissenschaften blieben hingegen ausgespart. Dies dürfte daran gelegen haben, dass es für die Hochschulleiter keine spezifisch europäische Physik oder Chemie gab, da diese Fächer universell funktionierten und daher auch nicht europäisiert werden konnten.

Die Kommission für Geisteswissenschaften kam zu ähnlichen Ergebnissen wie die für Sozial- und Wirtschaftswissenschaften: Einerseits hoben sie hervor, dass es an den Universitäten durchaus Potentiale gäbe, Europa stärker in den Blick zu nehmen; andererseits stellten sie heraus, dass sich diese Potentiale in erheblichem Maße von den Bestrebungen europapolitischer Akteure unterschieden. Mit Blick auf die Sozial- und Wirtschaftswissenschaften stellte die Kommission unter Leitung des Vizekanzlers der Universität Durham, Charles Bosanquet, fest, dass es einerseits durchaus angemessen wäre, die politischen, ökonomischen und legislativen Entwicklungen zwischen den Nationalstaaten stärker wissenschaftlich zu vergleichen. So könne Studierenden vermittelt werden, dass Europa eine feste Bezugsgröße in der akademischen Arbeit darstelle. Ebenso sei es erstrebenswert, über die rechtlichen Grundlagen der europäischen politischen und wirtschaftlichen Zusammenarbeit und deren Folgen für Europas Gesellschaften zu forschen und zu lehren.[81] Eine grundsätzliche Europäisierung der Studieninhalte rechtfertige dies allerdings keineswegs. Zumal es nicht darum gehen könne, sich europapolitischen Zielen unterzuordnen:

„As scientists, we are not concerned here with the politics of European unification, and it is no part of our purpose to approve or disapprove the aims of any of the organisations which are engaged in various ways with the integration of Europe."[82]

---

[81] Vgl. Studies Relating to Europe in the Universities: Social and Economic Sciences: Report of the Commission C of the Conference by Dr. C. I. C. Bosanquet, Vice-Chancellor of the University of Durham, in: Western European Union (Hrsg.): Second Conference of Rectors and Vice-Chancellors of European Universities, Dijon, 9–15 September 1959. Report of Proceedings, London 1960, S. 108.

[82] Studies relating to Europe in the Universities. Social and Economic Sciences. Report of the Preparatory Working Party C, in: Western European Union (Hrsg.): Second Conference of Rectors and Vice-Chancellors of European Universities, Dijon, S. 69.

Die sozial- und wirtschaftswissenschaftlichen Fakultäten könnten also Europa zu einem wissenschaftlichen Untersuchungsgegenstand machen; eine akademische Schützenhilfe für integrationistische Politikziele solle dagegen nicht geleistet werden. Die Kommission machte damit deutlich, dass das Selbstbild der Universitäten als autonome und politisch unabhängige Einrichtungen nicht für Bestrebungen der europäischen Integration geopfert werden dürfe.

Mit Blick auf die Geisteswissenschaften stellte die Kommission unter Leitung des Straßburger Rektors Joseph-François Angelloz fest, dass Europa auf verschiedenem Weg in den Blick genommen werden könne. Dazu gehöre es, den Fokus auf die griechische, lateinische und christlich-jüdische Traditionen zu legen, welche ein gemeinsames europäisches Erbe darstellten.[83] Außerdem könnten vergleichende Studien über die Nationalkulturen helfen, ein besseres Verständnis von Europa hervorzubringen. Solche Vorhaben wären etwa in Bezug auf die bildende Kunst, Geschichte, Sprache und Literatur möglich. Darüber hinaus sei denkbar, die gegenseitige Beeinflussung und Wechselwirkung nationaler Kulturen in den Blick zu nehmen, wofür es allerdings notwendig sei, neue wissenschaftliche Methoden zu entwickeln. Die Kommission hob hervor, dass es bei alledem hilfreich wäre, wenn es Forschungsgruppen gäbe, die sich aus Personen verschiedener europäischer Nationalitäten zusammensetzten. Gastaufenthalte, Auslandsstipendien und internationale Seminare sollten hierfür von staatlicher Seite gefördert werden. Zugleich machten Mitglieder der Kommission für die Geisteswissenschaften allerdings auch deutlich, dass solche Maßnahmen nicht dazu dienen dürften, eine vereinheitlichte europäische Zivilisation hervorzubringen.

„… let us be clear that by unity of European civilisation we do not mean standardisation. […] At the level of popular music, cinema, sports and entertainments, the culture of Europe is already alarmingly unified, and usually not by features that are specifically European."[84]

Die Popkultur der 1950er Jahre schien den Mitgliedern der Kommission ein abschreckendes Beispiel zu sein, was passiere, wenn die Einheit eines Staatenbündnisses über eine Vereinheitlichung erreicht werden würde. Für diese Harmonisierungstendenzen machten die Rektoren nicht zuletzt die politischen und wirtschaftlichen Integrationsbestrebungen verantwortlich:

„We are not concerned here with the economic consequences of integration in Europe, of a mass economy on the pattern of the United States, and a vast standardised market. But we may ask what, in the long term, will be their cultural consequences; and we may conclude that except to those interested in the standardisation of culture they are not likely to be very favourable."[85]

---

[83] Vgl. Studies Relating to Europe in the Universities. The Humanities. Report of Commission B of the Conference by Monsieur J.-F. Angelloz, Rector of the University Strasbourg, in: Western European Union (Hrsg.): Second Conference of Rectors and Vice-Chancellors of European Universities, S. 105.

[84] Studies Relating to Europe in the Universities. The Humanities. Report of the Preparatory Working Party B, in: Western European Union (Hrsg.): Second Conference of Rectors and Vice-Chancellors of European Universities, S. 50.

[85] Ebenda.

Die beteiligten Hochschulleiter äußerten damit grundsätzliche Kritik an den Folgen der europäischen wirtschaftlichen und politischen Integration, die an ihren Universitäten nicht durch eine zusätzliche kulturelle Integration unterstützt werden dürfe. „Europa" als Thema in der geisteswissenschaftlichen Forschung und Lehre sollte dazu beitragen, dass der kulturelle Reichtum des Kontinents nicht durch Vergemeinschaftung und Harmonisierung verloren gehe.

In den Diskussionen der beteiligten Rektoren und Vizekanzler blieb die Etablierung von Instituten für Europastudien umstritten. Für die einen schien es eine akzeptable Kompromisslösung zu sein. Die Forderungen aus Politik und Gesellschaft nach Europaexpertise konnte über spezielle Institute leicht gewährleistet werden, ohne dass prinzipiell der Forschungs- und Lehrbetrieb an den Universitäten Gefahr lief, sich auf Druck von außen ein europäisches Profil geben zu müssen. Die Kommission um den Rektor Bosanquet stellte etwa fest, dass der Aufbau von Instituten begrüßenswert sei, da es der ökonomisch günstigste Weg sei, der steigenden Nachfrage nach Europa-Expertise gerecht zu werden.[86] Der Vorteil einer Gründung von Spezialinstituten schien zu sein, dass solche Institute gleich zahlreiche Akademiker verschiedener Fächer vereinten. Anstelle in jedem Fachbereich neue Lehrstühle schaffen oder gar alte Lehrstühle mit verändertem Profil neu ausschreiben zu müssen, waren Institute dazu geeignet, ohne solche Veränderungen einen fächerübergreifenden Bedarf abzudecken. Zumal Studierende in diesen Instituten erleben könnten, was die Einheit der Fächer praktisch bedeute. Die Kommission des Rektors Angelloz hob diesbezüglich hervor:

„A student's studies might not extend to European civilisation as a whole, but they would at least cover systematically an important part of it; and by illuminating from many angles the structure of one nation and the history of its culture, throw incidentally a good deal of light on the others."[87]

Die Einführung interdisziplinärer Europastudien schien den Befürwortern damit eine hinnehmbare Lösung für die wachsende Nachfrage nach Wissen über „Europa" zu sein, ohne dass die bestehenden Strukturen dafür hätten verändert und existierende Forschungs- und Lehrkonzepte umgestaltet werden müssen. Manche Universitätsleiter stellten allerdings infrage, ob diese Institute mit dem Ideal der Autonomie der Hochschulen vereinbar seien. So kritisierte der Frankfurter Universitätsrektor Helmut Viebrock eine mögliche politische Vereinnahmung dieser Institute. Er hob hervor, dass die Forderungen nach Europastudien den Diskussionen aller Regionalstudien ähnelten, die ganz unterschiedliche Forschungsfelder bündelten und dabei von einer geographisch nachweisbaren spezifischen Lebensweise in Weltregionen ausgingen. Viebrock stellte fest: „Regional or area studies of

---

[86] Vgl. Studies Relating to Europe in the Universities: Social and Economic Sciences: Report of the Commission C of the Conference by Dr. C. I. C. Bosanquet, Vice-Chancellor of the University of Durham, in: Western European Union (Hrsg.): Second Conference of Rectors and Vice-Chancellors of European Universities, S. 108.

[87] Studies Relating to Europe in the Universities. The Humanities. Report of the Preparatory Working Party B, in: Western European Union (Hrsg.): Second Conference of Rectors and Vice-Chancellors of European Universities, S. 64.

this kind are, in fact, very often studies of a particular civilisation with a noticeable political, ideological, or propagandist undertone."[88] Zumal der Frankfurter Rektor selbst bei einer formellen Autonomie solcher Institute davon ausging, dass diese nur eine zeitgebundene politische Aufgabe erfüllten. Viebrock betonte:

„If we would introduce ‚European studies' with the view of furthering European integration by focusing attention on the political necessities of the moment, I would feel bound to say that, desirable as this may certainly be, it should not be a principle that our European universities should adopt *too liberally* as the basis of their organisation of studies, because, after all, the principle of research at our universities has always been *universality*."[89]

Tatsächlich deutet sich mit Blick auf die Etablierung von Europastudien an, dass diese nur teilweise über neue Lehrstühle in die bestehenden Universitätsstrukturen integriert wurden. Meist wurden in den Universitäten vielmehr neue Institute aufgebaut, in denen in einer Art Container über Europa geforscht und gelehrt wurde.[90] An der Freien Universität Brüssel und damit in unmittelbarer Nähe zu den 1957 gegründeten Gemeinschaftsinstitutionen, namentlich der EWG und EURATOM, wurden beispielsweise europäische Studien nicht in die bestehenden Fakultäten integriert oder gar als Bestandteil aller Universitätsfächer verstanden, sondern in einem an die Universität angeschlossenen Spezialinstitut eingerichtet.[91] Die Zahl dieser Institute wuchs an: Hatte es 1951 gerade einmal sechs Institute gegeben, stieg ihre Anzahl bis 1968 auf 31 an.[92] Die Debatten der Rektoren und Vizekanzler legen nahe, dass die Einrichtung dieser Institute weniger ein Ausdruck eines mit der europäischen Integration kompatiblen Geistes war. Sie sollten nicht dazu dienen, die europäische Integration an die Universitäten zu bringen. Stattdessen können die Institute als eine Kompromisslösung verstanden werden, um die bestehenden Strukturen an den Universitäten nicht auf Druck von außen europäisieren zu müssen und trotzdem eine „europäische" Forschung und Lehre an den Universitäten vorweisen zu können.

5. Zwischenfazit

Die Analyse der Debatten über eine europäische Universität zeigt auf, dass in den späten 1950er Jahren eine supranational angelegte Hochschulpolitik diskutiert wurde und eine realistische Chance auf Erfolg hatte. Ein Gefühl der Unvollständigkeit der europäischen politischen Agenda, die Hoffnung auf ein stärkeres europäisches Bewusstsein, ein Mangel an Kernenergieexpertise sowie der zunehmende Bedarf an Naturwissenschaftlern in Westeuropa waren die Hauptinteressen hinter

[88] Comment by Professor H. Viebrock, Rector of the University of Frankfurt am Main, in: Steger (Hrsg.): Das Europa der Universitäten, S. 217.
[89] Ebenda.
[90] Vgl. Andris Barblan: La CRE et l'Europe, in: CRE Information 38 (1977) 2, S. 31.
[91] Vgl. Nieuwenhuys: The Institute for European Studies.
[92] Diese Zahlen umfassen die Institute, die Mitglied der Association des Instituts européennes waren. Vgl. Sidjanski: Rapport sur la Communauté Universitaire Européenne, S. 130.

der Idee einer Gemeinschaftsuniversität. Dabei spielten humanistische Bildungsideale eine höchstens marginale Rolle. Stattdessen sollte die Universität die Schaffung des gemeinsamen Markts flankieren und die westliche Position im wissenschaftlichen Dualismus mit dem Osten verbessern. Solche handfesten Interessen
ließen das supranationale Universitätsvorhaben für die Mehrheit der jeweiligen
Regierungen notwendig oder zumindest unterstützungswürdig erscheinen.

Die supranationale Universitätsidee hatte jedoch von Anfang an starke Gegner
unter den Hochschulleitern. Rektoren und Vizekanzler traten als Verteidiger
ihres jeweiligen Hochschulsystems auf. Sie sahen den supranationalen Hochschulplan als Gefahr und befürchteten, dass neue europäische Universitäten die
finanziellen, infrastrukturellen und personellen Ressourcen ihrer eigenen nationalstaatlich orientierten Universitäten überschatten und sie letztlich marginali-
sieren könnten. Diese Sorge spiegelte sich in dem im Plural formulierten Slogan
vom „Europa der Universitäten"[93], der in dieser Zeit auf den europäischen Zusammenkünften der Hochschulleiter angewendet wurde und in einem bewussten Gegensatz zu dem Ziel von Regierungsakteuren stand, eine im Singular formulierte „europäische Universität" zu gründen. Aufgrund der Sorge vor einer
Marginalisierung begannen die Universitätsleiter ihre internationalen Kontakte
auszubauen. Sie institutionalisierten ihre Zusammenarbeit, um eine europäische
Hochschulpolitik zu verhindern. Die Kontroverse um die supranationale Universität verweist daher auf ein Paradoxon in der Gründungsgeschichte der Europäischen Rektorenkonferenz: Die Hochschulleiter europäisierten ihre Zusammenarbeit, um eine Europäisierung des Hochschulwesens zu verhindern. Damit
handelte es sich in gewisser Weise – in Anlehnung an Kiran Klaus Patel – um eine
„Europäisierung wider Willen".[94]

Die Debatte über die Gründung einer supranationalen Universität ging mit einem Nachdenken unter Hochschulleitern einher, was Europa an den Universitäten
eigentlich bedeutete. Ihre Überlegungen standen dabei in einem Gegensatz zu
kompetenzverlagernden Integrationsbemühungen. Die Nation sollte nach Vorstellung der Hochschulleiter ebenso prägend bleiben wie die Vielfalt an sprachlichen
und kulturellen Traditionen, die sie in einem harmonisierten Europa bedroht sahen. Das Europa der Universitäten sollte sich stattdessen auf die Zeit vor den Weltkriegen zurückbesinnen und etwa das römisch-griechische Erbe bewahren. Alleine die lange Geschichte der Universitäten in Europa bestärkte Rektoren und
Vizekanzler in ihrer Position, dass sie sich nicht von einer europäischen Behörde
sagen lassen müssten, was Europa eigentlich ausmache und wie es an ihren Hochschulen mit Leben erfüllt werden könne.

Die Kontroverse um supranationale Universitäten lässt deutlich werden, dass
einfache Integrations- und Europäisierungsnarrative nicht allzu weit tragen. Denn
gerade die Kritik an EURATOM führte Hochschulleitern überhaupt erst vor Au-

---

[93] Steger (Hrsg.): Das Europa der Universitäten.
[94] Patel: Europäisierung wider Willen.

gen, dass eine Institutionalisierung ihrer Zusammenarbeit sinnvoll und eine gemeinsame Sprechfähigkeit der Universitäten gegenüber internationalen Regierungsorganisationen notwendig sein konnte. Dies macht deutlich, dass Europäisierung als ein komplexer, multiperspektivischer und strategischer Aushandlungsprozess zu begreifen ist, der auch jene Akteure betraf, deren Ansichten konträr zu denen der Europäischen Gemeinschaften waren.

V. Die ERK als Verteidigungszentrale kollektiver Selbstbilder

In der zweiten Hälfte der 1950er Jahre war die Kritik unter Europas Hochschulleitern an internationalen Regierungsorganisationen und deren hochschulpolitischen Bestrebungen angewachsen. Die Erfahrungen der Rektoren und Vizekanzler mit der Westeuropäischen Union und deren Universitätsausschuss sowie die Auseinandersetzungen über den Plan zur Gründung einer supranationalen EURATOM-Universität waren erste entscheidende Momente, welche beteiligten Universitätsleitern vor Augen führten, dass es hochschulische Interessen fortan auf europäischer Ebene zu verteidigen galt. Es blieb allerdings unter den Rektoren und Vizekanzlern umstritten, in welcher Form dies geschehen sollte. Auf der zweiten großangelegten Versammlung europäischer Universitätsleiter, die 1959 in Dijon stattfand, entschlossen sich mehr als 100 anwesende Hochschulleiter für die Gründung der Europäischen Rektorenkonferenz. Bis 1964 bauten sie Organisationsstrukturen auf, die sie in Statuten festhielten und auf der dritten abgehaltenen Großversammlung, die 1964 in Göttingen stattfand, verabschiedeten. Die Jahre von 1959 bis 1964 können als Aufbaujahre der ERK verstanden werden. Diese Jahre waren zugleich auch eine Zeit anhaltender Auseinandersetzungen, in denen die Universitätsleiter über die Frage stritten, was konkret zu tun sei, um eigenen Ansprüchen auf europäischer Ebene zu genügen. Die Gründung der ERK und der Aufbau von Organisationsstrukturen war damit kein Selbstläufer, sondern vielmehr das Ergebnis weiterer kontrovers geführter Diskussionen.

Die Diskussionen aus der Zeit des Aufbaus der ERK stehen im Mittelpunkt dieses Kapitels. Es wird im Folgenden die These vertreten, dass sich die Europäische Rektorenkonferenz als eine Verteidigungszentrale gründete, aus der die Interessen der Hochschulen gegenüber der europäischen Politik vertreten und zugleich eigene, in Abgrenzung zu internationalen Regierungsorganisationen stehende Kooperationsprojekte initiiert werden sollten. Zudem wird argumentiert, dass sich die Gründung der ERK vor allem vor dem Hintergrund weiterer hochschulpolitischer Bestrebungen zweier Regierungsorganisationen erklärt. Zum einen strebte der Nordatlantikpakt in den frühen 1960er Jahren an, eine eigene transatlantische Bündnisuniversität nach Vorbild des Massachusetts Institute of Technology aufzubauen, was Europas Hochschulleiter ablehnten. Zum anderen warb der Europarat 1959/60 erfolgreich um eine Zusammenarbeit von hohen Beamten mit Hochschulleitern unter seinem Dach. Nach kurzer Zeit setzte er jedoch eine Struktureform durch, die mit den Vorstellungen der Rektoren und Vizekanzler kollidierte. Beide Auseinandersetzungen standen in keinem unmittelbaren Zusammenhang; allerdings bekräftigten sie beide das Gefühl unter europäischen Universitätsleitern, dass Hochschulen und die darin stattfindende Forschung und Lehre durch eine weiter anwachsende überstaatliche Ebene bedroht werde und daher durch eine politisch unabhängige Hochschulvereinigung auf selbiger Ebene verteidigt werden müsse.

Um die Aufbaujahre der ERK und die dabei ausgetragenen Kontroversen darzustellen, werden im Folgenden drei Schritte unternommen: In einem ersten Schritt werden die Auseinandersetzungen dieser Jahre zwischen Vertretern verschiedener internationaler Regierungsorganisationen über die Themenfelder der Bildung und Kultur im Allgemeinen und über die Kooperation mit Hochschulleitern im Besonderen nachgezeichnet. In einem zweiten Schritt werden die politischen Kontroversen analysiert, welche die Gründungsjahre der ERK begleiteten: Zum einen wird die Bestrebung der NATO behandelt, eine transatlantische Bündnisuniversität zu gründen. Zum anderen wird die Neugestaltung der Hochschulaktivitäten des Europarats analysiert, welche eine institutionell wirkmächtige Interessenvertretung der Hochschulen in den europäischen hochschulpolitischen Entscheidungsfindungen grundsätzlich infrage stellte. In einem dritten Schritt werden die Folgen dieser Kontroversen diskutiert und das organisatorische sowie das ideelle Fundament der ERK herausgearbeitet. Hierbei gilt es, die Funktion der kollektiven Selbstbilder für die Universitätsleiter in den Blick zu nehmen und deren Verankerung in den 1964 verabschiedeten Statuten der ERK deutlich werden zu lassen.

1. Die Gründung der ERK und alternative Optionen

1.1 WEU versus Europarat: Ein Rennen um Kultur und Bildung

Die Entscheidung zur Gründung einer fest institutionalisierten Europäischen Rektorenkonferenz fand in einer Zeit statt, in der sich bereits eine Vielzahl an internationalen Regierungsorganisationen dem Hochschulwesen angenommen hatte. Diese kooperierten zeitweise miteinander und standen zugleich in einer unmittelbaren Konkurrenz zueinander.[1] In eindrücklicher Weise verdeutlichen dies die Auseinandersetzungen über die Hochschulbildung zwischen der Westeuropäischen Union auf der einen Seite und dem Europarat auf der anderen Seite. Beide Organisationen hatten ein westeuropäisches Profil; sie unterschieden sich jedoch in ihrer Größe und Reichweite deutlich voneinander. Während der Europarat in der Mitte der 1950er Jahre 15 Mitgliedsstaaten hatte und damit bereits weite Teile Westeuropas abdeckte, hatte die Westeuropäische Union lediglich sieben Mitgliedsstaaten und beschränkte sich damit auf einen kleineren Teil des Kontinents. Beide Organisationen hatten Kultur und Bildung in ihren Statuten verankert und kämpften in der zweiten Hälfte der 1950er Jahre entschieden um ihre Vormachtstellung auf diesen Politikfeldern.[2]

---

[1] Wolfram Kaiser und Kiran Klaus Patel konnten diese Konkurrenz in jüngerer Vergangenheit für verschiedene internationale Organisationen wie etwa den Europarat und die EG/EU sowie für unterschiedliche Politikfelder einschließlich der Kultur-, Umwelt- und Agrarpolitik nachweisen. Vgl. Kaiser/Patel: Multiple connections in European co-operation, S. 337–357.

[2] Vgl. Satzung des Europarates, in: Hans Reif (Hrsg.): Europäische Integration, Wiesbaden 1962, S. 76–88; WEU-Kommuniqué vom 4. Juli 1955, in: Europa-Archiv, 10.13 (1955), S. 8065.

Der Generalsekretär des Europarats, Dunstan Curtis,[3] äußerte 1956 Kritik daran, dass sich die Kulturarbeit der WEU und des Europarats überschnitten und daher unnötige Ressourcen verschwendet würden.[4] Die Finanzmittel für eine europäische Kulturarbeit sollten seiner Auffassung nach vollständig dem Europarat zugutekommen, da dieser aufgrund der höheren Anzahl an Mitgliedsstaaten den Kontinent besser repräsentiere als die WEU. Ranghohe Vertreter des Europarats plädierten damit offensiv für ein größer angelegtes Europa, in dem ihre Straßburger Organisation Anspruch auf die Politikfelder der Kultur und Bildung erheben und die WEU ersetzen sollte.

Solcherlei Forderungen blieben von Seiten der WEU nicht ohne Gegenreaktion. Das Generalsekretariat und Abgeordnete der Beratenden Versammlung verteidigten die Kulturarbeit ihrer Organisation vehement. Der französische WEU-Abgeordnete Léopold Senghor warb etwa im Herbst 1956 für eine Fortsetzung der Bildungs- und Kulturarbeit in der Westeuropäischen Union und hob während einer Sitzung der Beratenden Versammlung die Ähnlichkeit der WEU-Mitgliedsstaaten hervor. Die Kulturarbeit der WEU sei als „preliminary stage to the Council of Europe" zu verstehen: „… it is clear that if those great countries cannot unite amongst themselves within the framework of the Seven, the Europe of the Fifteen cannot be achieved."[5] Gerade die übersichtliche Anzahl an Mitgliedern sei also ein Vorteil gegenüber dem Europarat, weshalb die Kultur- und Bildungsarbeit der WEU fortgesetzt werden sollte. Forderungen aus der einen Regierungsorganisation führten damit zu Gegenreaktionen aus der anderen.

Noch zu Zeiten der Brüsseler-Pakt-Organisation und damit vor deren Weiterentwicklung zur WEU hatten sich Spannungen mit dem Europarat angekündigt. Dieser Umstand spiegelt sich in einem Schriftverkehr, den die Generalsekretäre beider Organisationen 1951 miteinander führten. Der Generalsekretär der Brüsseler-Pakt-Organisation, Eduard Star Busmann, erklärte dem Generalsekretär des Europarats, dass dessen Organisation zu unterschiedliche Mitgliedsstaaten habe, um wirkmächtige Aktivitäten auf dem Feld der Kultur zu entfalten. Busmann betonte, dass es stattdessen eine Organisation mit wenigen und zugleich ökonomisch, sozial und wirtschaftlich homogenen Mitgliedsstaaten brauche, ganz wie es der Brüsseler Pakt sei, um diese Aktivitäten erfolgreich durchzuführen. Bereits die WEU-Vorgängerorganisation war damit in Auseinandersetzungen mit dem Europarat verwickelt, die über eine europäische Kultur- und Bildungszusammenarbeit geführt wurden. Solcherlei Konfrontationen setzten sich nach der Weiterentwicklung der Brüsseler-Pakt-Organisation zur Westeuropäischen Union fort. Beide Organisationen strebten weiterhin an, eine Vorrangstellung vor der anderen Organisation auf den Feldern der Kultur und der Bildung zu erreichen. Das bereits vom Brüsseler Pakt ins Feld geführte Argument der angemesseneren Größe blieb auch fortan ein zentraler Argumentationsstrang. Vgl. Letter from E. Star Busmann to Jacques Camille Paris, London, 15 November 1951, in: CVCE [Online-Ressource].

3 Dunstan Curtis war eigentlich stellvertretender Generalsekretär des Europarats. Er übernahm jedoch vom 24. September 1956 bis zum 14. September 1957 die Leitung des Generalsekretariats, nachdem der eigentliche Generalsekretär Léon Marchal verstorben war.
4 Vgl. Dunstan Curtis: Relations with W.E.U., 2nd October 1956, in: COE – D 17/DECS – Direction de l'Enseignement Culturel et Scientifique – 1955/1960.
5 Seventh Sitting, Thursday, 11th October 1966, in: The Assembly of Western European Union, Proceedings, Second Session IV., Official Report of Debates, Straßburg, Oktober 1956, S. 44.

Die Verhärtungen zwischen den beiden Organisationen manifestierten sich auch im Hinblick auf die europäische Zusammenarbeit von Regierungsvertretern mit Hochschulleitern. Offiziell hatte die Beratende Versammlung des Europarats die Schaffung des WEU-Universitätsausschusses im Jahr 1955 begrüßt.[6] Bereits 1956 brachte sie jedoch zum Ausdruck, dass der Europarat bereit sei, die WEU als hochschulpolitische Kooperationsplattform abzulösen und den WEU-Universitätsausschuss künftig unter dem eigenen Dach in Straßburg zu beheimaten.[7] Robert Crivon, der in der Straßburger Organisation die Kulturabteilung leitete, bekräftigte diese Position in einem Schreiben vom 4. Oktober 1957 an den Generalsekretär des Europarats, Dunstan Curtis. Darin hob er hervor, dass die Hochschularbeit des WEU-Universitätsausschusses besser vom Europarat übernommen werden sollte, da die Rektoren und Vizekanzler wünschten, in einem größeren Europa, als es die WEU ermöglichen könne, zu kooperieren. Die Annäherungsbemühungen der Hochschulleiter an Länder wie Polen oder Jugoslawien seien im Rahmen des WEU-Universitätsausschusses völlig aussichtslos, was verdeutliche – „this committee is subject to political considerations."[8] Die Lösung lag für Crivon auf der Hand. So betonte er in seinem Schreiben: „… it has always been my opinion that the W. E. U. Universities Committee should come over to the Council of Europe as soon as possible".[9] Die Universitätsleiter könnten mit Regierungsvertretern auch ohne weiteres unter der Schirmherrschaft des Europarats in einem „university advisory body"[10] kooperieren.

Kulturdelegierte des Europarats unterstützten den Plan, dass ihre Organisation die Kultur- und Bildungsgremien der Westeuropäischen Union übernehme. Sie stellten fest: „WEU activities could be absorbed by the Council of Europe without difficulties".[11] Der Europarat arbeitete also in den späten 1950er Jahren mit Hochdruck daran, seine Position auf dem Feld der Hochschulbildung durch eine Übernahme von WEU-Aktivitäten zu stärken und so zur einzig festen Größe in Westeuropa auf den Feldern der Kultur, Wissenschaft und Bildung zu werden.

Verteidiger der Kultur- und Bildungsarbeit der Westeuropäischen Union gerieten in den späten 1950er Jahren immer weiter in die Defensive. Zwar verteidigten sie weiterhin die Tätigkeit der WEU auf diesen Feldern. Noch am 20. Mai 1959

---

[6] Vgl. Recommendation 110 (1956) concerning relations of the Council of Europe with international organisations working in the university sphere, in: COE – D 17/DECS – Direction de l'Enseignement Culturel et Scientifique 1955/1960.

[7] Vgl. Report on the role of the Council of Europe in assisting the European universities to play their part in developing a sense of community among the European peoples, 17th October 1956, in: Consultative Assembly of the Council of Europe, Eighth Ordinary Session, Doc. 561, S. 6.

[8] R. Crivon to Mr. Curtis: European Universities Committee, 4th October 1957, in: COE – D 17/DECS – Direction de l'Enseignement Culturel et Scientifique – 1955/1960.

[9] Ebenda.

[10] Ebenda.

[11] Summary of the discussion, which took place at the 15th Session of the Committee of Cultural Experts on the question of the transfer to the Council of Europe of the W.E.U. activities, in: COE – D 17/DECS – Direction de l'Enseignement Culturel et Scientifique – 1955/1960.

rechtfertigte etwa ein WEU-Abgeordneter die Hochschulaktivitäten der Westeuropäischen Union im belgischen Abgeordnetenhaus: „It is far easier to achieve
equivalence between universities in Belgium and in neighbouring countries than
between Oxford and Ankara."[12] Die kulturelle, soziale und wirtschaftliche Homo-
genität der WEU-Mitgliedsstaaten sei entscheidend, um überhaupt Erfolge bei der
Zusammenarbeit erzielen zu können. Doch solcherlei Verteidigungen hatten immer weniger Aussicht auf Erfolg. Ernest Pezet, der zwischenzeitlich als Präsident
der WEU-Versammlung fungierte, offenbarte 1956 dem Sachverständigen des
WEU-Kulturausschusses, Nigel Nicolson: „I feel like a kind of goalkeeper for Western European Union in a match with the Council of Europe."[13] Die Bemühungen
von WEU-Repräsentanten sowie einzelner Abgeordneter, die Kultur- und Bildungsarbeit in der WEU zu halten, wurden zunehmend aussichtsloser. Die Außenminister der sieben WEU-Staaten waren 1957 gewillt, die Kultur- und Bildungsaktivitäten der Westeuropäischen Union in den Europarat zu überführen.
Der Mitarbeiter der WEU-Pressestelle, Paul Borcier, schrieb von einer „Great De-
pression" in der WEU, da die Organisation zwar weiterhin den Willen gezeigt
habe, eine eigene Bildungs- und Kulturpolitik zu betreiben, aber in zunehmendem
Maße auf aussichtslosem Posten stand. Borcier stellte fest: „... from all sides it was
being encouraged to commit suicide."[14] Die Überführung der Aktivitäten in den
Europarat war in Regierungskreisen eine ausgemachte Sache. Da der WEU-Universitätsausschuss allerdings einen formell autonomen Status hatte, war seine Zukunft nicht nur vom politischen Willen der Regierungen und den beteiligten internationalen Organisationen abhängig, sondern auch von dem Willen involvierter
Universitätsleiter, die für sich entscheiden mussten, ob sie bereit waren, mit dem
Europarat zusammenzuarbeiten.

1.2 Die Diskussionen der Hochschulleiter
über die Gründung der ERK

Als Rektoren und Vizekanzler ihre zweite großangelegte europäische Versammlung in Dijon vorbereiteten, herrschte in ihren Reihen Konsens, dass dies ihre letzte Zusammenkunft unter der Schirmherrschaft der Westeuropäischen Union werden solle. Ihre Kritik an der WEU und den Kooperationsbedingungen wogen
schwer. Die Ungleichbehandlung der verschiedenen Hochschulleiter je nach Herkunftsland und die zunehmenden politischen Einmischungsversuche im Zuge des
Sputnik-Schocks waren lediglich zwei der Kritikpunkte, die deutlich gemacht hat-

---

12 Action taken in National Parliaments on Recommendations adopted by the Assembly during
the Second Part of the Fourth Ordinary Session, Doc. 131, in: Assembly of Western European
Union, Proceedings, Fifth Ordinary Session, First Part I, Assembly Documents, Straßburg,
6.1959, S. 151.
13 Pezet: WEU – Its Assembly and Greater Europe, S. 51.
14 Borcier: The Political Role of the Assembly of WEU, S. 18 f.

ten, dass eine weitere institutionalisierte Zusammenarbeit mit der Westeuropäischen Union untragbar geworden war. Bereits im Vorfeld der Versammlung in Dijon waren sich Hochschulleiter über die Loslösung von der WEU einig.[15] Das Einvernehmen der Universitätsleiter über ihre Loslösung ging allerdings mit starken Meinungsverschiedenheiten über die Zeit danach einher. Drei Optionen standen vornehmlich zur Debatte: Erstens diskutierten sie eine völlige Loslösung jedweder Zusammenarbeit mit internationalen Regierungsorganisationen; zweitens debattierten sie die bereits von außen an sie herangetragene Möglichkeit, von der WEU zum Europarat zu wechseln; drittens setzten sie sich mit der Idee einer Doppellösung auseinander, die ihnen einerseits eine Zusammenarbeit mit Regierungsakteuren und andererseits eine politisch unabhängige Zusammenarbeit erlauben würde.

Befürworter einer unabhängigen Vereinigung führten ins Feld, dass sich jedwede Kooperation mit Regierungsakteuren gegen die Interessen der Universitäten richte. Die Erfahrungen aus der Zeit der Kooperation mit der WEU könnten sich in allen anderen internationalen Regierungsorganisationen auf die eine oder andere Art wiederholen. Diesbezüglich äußerte der britische Vizekanzler Mansfield Cooper über seine kontinentaleuropäischen Kollegen rückblickend:

„Many colleagues were sharply uneasy at the discussion of university problems in the presence of government representatives and took the view that ministries and their attendant bureaucracies were in fact the most immediate dangers."[16]

Selbst Befürworter einer von Regierungsakteuren unabhängigen Europäischen Rektorenkonferenz gaben allerdings meist zu, dass eine autonom agierende Hochschulvereinigung zumindest punktuell mit Regierungsakteuren interagieren müsse. In diesem Sinne forderten Rektoren und Vizekanzler, die im WEU-Universitätsausschuss mitgewirkt hatten, die Gründung eines autonom organisierten Rates der europäischen Universitäten.[17] Dieser Rat müsse zum einen die Unabhängigkeit von der Politik sicherstellen und zum anderen Kontakte zu Regierungsorganisationen pflegen, um politische Akteure in allen hochschulrelevanten Sachfragen zu beraten. Es sei dabei entscheidend, dass diese Beratung unmittelbar stattfände und „ohne die Einschaltung von Mittler-Organen"[18] erfolge.

Befürworter einer unabhängigen Instanz kamen zuvörderst aus den sechs kontinentaleuropäischen Staaten, die der EWG und EURATOM angehörten. Nicht zuletzt die Kontroverse über europäische Gemeinschaftsuniversitäten hatte ihnen vor Augen geführt, dass Regierungsorganisationen gewillt waren, bislang auf nati-

---

[15] Vgl. Schreiben von Edouard J. Bigwood an Mansfield Cooper, Brüssel, 6. November 1958, in: UNIMA: Mansfield Cooper Papers Box 53.

[16] Mansfield Cooper: From Cambridge Onwards. A Personal Survey, in: UNIMA: Mansfield Cooper Papers Box 17.

[17] Vgl. Bericht des Ausschusses der europäischen Universitäten der Westeuropäischen Union gegenüber der zweiten Konferenz der europäischen Rektoren und Vize-Kanzler, vorgelegt in Dijon, am 10. September 1959, in: Steger (Hrsg.): Das Europa der Universitäten, S. 246.

[18] Ebenda.

onaler oder regionaler Ebene angesiedelte Kompetenzen zu umgehen, um eine überstaatliche Hochschulpolitik zu etablieren. Insbesondere die Westdeutsche und die Französische Rektorenkonferenz waren daher bemüht, eine wirkmächtige europäische Universitätsvereinigung ins Leben zu rufen, die gegen künftige supranationale Bestrebungen von internationalen Regierungsorganisationen vorgehen und die universitären Interessen erfolgreich verteidigen könne. Der Generalsekretär der Westdeutschen Rektorenkonferenz, Jürgen Fischer, hob hervor, dass es künftig gelte, „überall dabei zu sein, damit nicht von anderer, universitätsfremder Seite über die akademischen Freiheiten disponiert werde."[19] Um die universitären Interessen adäquat zu vertreten, schien es also angemessen, sich nicht an eine Regierungsorganisation zu binden, sondern zu allen relevanten Einrichtungen Kontakte zu halten.

Viele Hochschulleiter aus Großbritannien und skandinavischen Ländern standen der Gründung einer eigenen europäischen Hochschulvereinigung allerdings sehr kritisch gegenüber und plädierten stattdessen dafür, ausschließlich mit Regierungsvertretern im Europarat zusammenzuarbeiten.[20] Sie befürchteten, dass eine neue europäische Organisation die national organisierten Universitätsverbände schwächen und durch eine europäische Gemeinschaftsrepräsentanz zu ersetzen versuchen könne.[21] Sie äußerten außerdem die Sorge, dass eine gemeinsame europäische Instanz dazu verleiten könne, gegenüber der Politik geschlossen auftreten zu müssen, obwohl es auch unter den Hochschulleitern starke Meinungsunterschiede gäbe.[22] Sie hielten es für weder realistisch noch wünschenswert, dass die Universitäten europaweit mit einer Stimme sprächen.

Insbesondere die Vizekanzler der britischen Universitäten waren vorerst weniger kritisch gegenüber Regierungsakteuren eingestellt als ihre kontinentaleuropäi-

---

[19] Kurzprotokoll der zweiten Sitzung der Generalsekretäre nationaler Rektorenkonferenzen in Europa am 17. November 1962 in Bad Godesberg, in: HAEU – CRE-1 Gottingen, 1964: Preparation.

[20] Vgl. Brief von Marcel Bouchard an Ludwig Raiser, o. A. (schätzungsweise aus dem Sommer 1975), in: UNIGE – CRE – Archives Courvoisier – Box 1 [Documents 1969–75]; R. Crivon: Report of the Second Conference of European University Rectors and Vice-Chancellors, Dijon 8th–15th September 1959, 17th September 1959, in: COE – D 262 – UEO au CE, transfert des activités culturelles 1957–1959; Schreiben von Mansfield Cooper an Anthony Haigh, Cultural Relations Department, Foreign Office London, 11. März 1960, in: UNIMA: Mansfield Cooper Papers Box 35 [W. E. U. Correspondance 1955–60].

[21] Vgl. Mansfield Cooper: From Cambridge Onwards. A Personal Survey, in: UNIMA: Mansfield Cooper Papers Box 17; Brief von Robert Aitken, Vizekanzler der Universität Birmingham, an Marcel Bouchard, erster gewählter ERK-Präsident, 21. Dezember 1959, in: UNIMA: Mansfield Cooper Papers Box 35; Brief von T. H. Searls an Mansfield Cooper, 20. Dezember 1959, in: UNIMA: Mansfield Cooper Papers Box 35.

[22] Eine solche Einschätzung gab Marcel Bouchard in einer Interpretation der Dijon-Beschlüsse zur Gründung der Europäischen Rektorenkonferenz ab. Vgl. Zur Interpretation der Empfehlungen, die am 12. September 1959 in Dijon von der zweiten Konferenz der europäischen Rektoren und Vize-Kanzler beschlossen worden ist, um die Gründung einer „Ständigen Konferenz der Rektoren und Vize-Kanzler der europäischen Universitäten" und eines Beratungs-Ausschusses universitärer und gouvernementaler Sachverständiger zu ermöglichen, in: Steger (Hrsg.): Das Europa der Universitäten, S. 337.

schen Kollegen. Dieser Umstand dürfte sich nicht zuletzt wegen der Besonderheit der britischen Hochschulfinanzierung erklären. Das nach dem Ende des Ersten Weltkriegs eingerichtete University Grants Committe hatte entscheidenden Einfluss darauf, dass die Fördermittel für Universitäten in Großbritannien über akademisch besetzte Gremien vergeben wurden. Nicht staatliche Stellen, sondern Wissenschaftler waren damit für die Mittelvergabe an und in den britischen Universitäten verantwortlich. Der britische Staat kam damit einerseits der Aufgabe der finanziellen Förderung von Wissenschaft und Lehre nach, wahrte aber zugleich das Selbstbestimmungsrecht der Universitäten. Im Gegensatz zu den meisten kontinentaleuropäischen Finanzierungspraktiken galt das britische Model als vorbildhaft. Selbst kontinentaleuropäische Hochschulleiter hielten es für nachahmenswert. Der spätere ERK-Generalsekretär Andris Barblan schrieb etwa, dass das britische Finanzierungsmodell für die ganze europäische Universitätsgemeinschaft eine Vorbildfunktion eingenommen hätte.[23] Nirgendwo in Europa schien damit die Autonomie und Wissenschaftsfreiheit so gefestigt zu sein wie in den britischen Universitäten. Eine Verteidigung der universitären Autonomie gegenüber der europäischen Politik schien daher nicht notwendig zu sein. Zumal die britischen Hochschulleiter bereits über die Association of Universities of the British Commonwealth international organisiert waren.

Außerdem mussten die Kosten für einen europäischen Hochschulverband von den Universitäten selbst getragen werden, weshalb die Hochschulleiter Kosten und Nutzen der ERK-Gründung gegeneinander aufgerechnet haben dürften.[24] Der dänische Germanist Heinrich Bach, der das Amt des Rektors an der Universität Aarhus bekleidete, offenbarte dem Schweizer Rektor und späteren ERK-Präsidenten Jaques Courvoisier:

„Ich habe bei der ganzen europäischen Zusammenarbeit einen Zwiespalt empfunden: ich bin mit ganzem Herzen dafür, dass eine Zusammenarbeit zwischen den Universitäten über die Landesgrenzen hinaus gefördert wird, ein ökonomisches und ein kulturelles Europa entstehen möge, ohne dass die nationalen Werte aufgegeben werden. Aber ich habe oft ein Gefühl der Ohnmacht gehabt, dass so vieles bloss Papier oder Worte sind."[25]

Den Vorbehalten der häufig nordeuropäischen Hochschulleiter entgegneten die westdeutschen und französischen Rektoren mit einem Kompromissvorschlag, der eine doppelte Neugestaltung der Zusammenarbeit vorsah. Der Kölner Rektor Hermann Jahrreiß legte in Dijon ein Memorandum vor, welches den weiteren Weg der Entscheidungsfindung vorzeichnete. Darin forderte er die Gründung einer eu-

---

[23] Andris Barblan: La CRE et l'Europe, in: CRE Information 38 (1977) 2, S. 28.

[24] Vgl. Schreiben von Mansfield Cooper an Maurice Bayen vom Office National des Universités in Paris vom 4. Juli 1960 sowie Schreiben von Mansfield Cooper an Robert Aitken vom 10. Oktober 1960, in: UNIMA: Mansfield Cooper Papers Box 35 [W. E. U. Correspondance 1955–60].

[25] Brief von Professor H. Bach, Institut for Germansk Filologi der Aarhus Universitet, an ERK-Präsident Jaques Courvoisier, 30. 12. 1964, in: UNIGE – CRE – Archives Courvoisier – Box 4.

ropäischen Vereinigung als „dauernde Einrichtung".[26] Diese Einrichtung würde sicherstellen, dass die Universitäten weitgehend unabhängig von der Politik interagieren könnten, und einen Erfahrungsaustausch zwischen den Hochschulleitern gewährleisten. Zugleich müssten die Universitätsleiter allerdings auch künftig mit der Politik kooperieren, um die Regierungen und die „nationalen, internationalen und übernationalen Organisationen und Institutionen in Universitätsangelegenheiten zu beraten."[27] Jahrreß ließ anklingen, dass die Universitätsvertreter daher bereit sein sollten, zusätzlich in einem von den Regierungen eingerichteten Ausschuss zu kooperieren. Würde die Straßburger Regierungsorganisation eine Zusammenarbeit unter angemessenen Konditionen gewährleisten, dann sollte die Mitarbeit in einem Ausschuss des Europarats als zweites Standbein etabliert werden. Der Kompromissvorschlag von Jahrreiß fand Unterstützung. Französische Rektoren brachten in einem – ebenfalls auf der Versammlung in Dijon vorgelegten – Antrag zum Ausdruck, dass sie den Vorstoß „vollständig und ohne Einschränkungen"[28] unterstützten. Am 12. September 1959 stand diese doppelte Neugestaltung in einer Plenarsitzung zur Abstimmung. Von den 97 Universitätsleitern, die ihr Stimmrecht gebrauchten, stimmten 77 für die Annahme; zwölf Universitätsleiter stimmten dagegen und acht Teilnehmer enthielten sich. Dieses Ergebnis mochte auf den ersten Blick eindeutig erscheinen. Die Unstimmigkeiten blieben jedoch bestehen. Nicht zuletzt britische Vizekanzler brachten weiterhin ihr Misstrauen zum Ausdruck und entschieden sich dafür, sich am Aufbau der ERK vorerst nicht zu beteiligen. Weitere kontinentaleuropäische Delegierte signalisierten, dass sie es den Briten gleichtun würden.[29] Der Physiker Maurice Bayen, der als Direktor des französischen Hochschulverbandes tätig war, bedauerte das mangelnde Vertrauen in die gefundene Lösung.[30] Es sollte einige Zeit verstreichen, in der weitere hochschulpolitische Kontroversen zwischen der Politik und den Universitäten aus-

---

[26] Vgl. Antrag der Westdeutschen Rektorenkonferenz betreffend die Organisation der künftigen Konferenzen und die Zukunft des Ausschusses der europäischen Universitäten, vorgelegt in Dijon, am 10. September 1959, in: Steger (Hrsg.): Das Europa der Universitäten, S. 270.

[27] Vgl. ebenda.

[28] Im Protokoll wurde vermerkt, dass die französischen Rektoren den deutschen Vorschlag unterstützten. Vgl. Procès-verbal de la séance plénière du 10 septembre 1959, consacrée aux futures Conférences et à l'avenir du Comité des universités européennes, in: Steger (Hrsg.): Das Europa der Universitäten, S. 281.

[29] Im April 1960 gab sich Mansfield Cooper etwa gewiss, dass belgische und niederländische Universitäten ebenfalls der gefundenen Lösung nicht zustimmen und der ERK unter den gegebenen Umständen nicht beitreten würden. Vgl. Brief von Mansfield Cooper an Sir Robert Aitken vom 20. April 1960, in: UNIMA: Mansfield Cooper Papers Box 35.

[30] Die in Dijon Versammelten setzten in ihrem Beschluss mit Nachdruck darauf, dass die Hochschulleiter in einer eigenständigen Organisation und zugleich mit dem Europarat zusammenarbeiteten. In den Schlussempfehlungen von Djon betonten sie, dass die Mitwirkung in einem beratenden Organ des Europarats wünschenswert sei. Vgl. Protokoll der Plenarsitzung vom 12. September 1959. Annahme der Empfehlungen betreffend die Gründung einer „Ständigen Konferenz" und der Einladung der deutschen Rektoren zur nächsten Konferenz im Jahre 1964, in: Steger (Hrsg.): Das Europa der Universitäten, S. 304.

getragen wurden, bis die Europäische Rektorenkonferenz als fest institutionalisierte Größe unter Hochschulleitern aus allen westeuropäischen Ländern anerkannt war.

2. Die NATO und die Kontroverse um ein europäisches MIT

Den Konflikt zwischen der WEU und dem Europarat über die Aktivitäten auf den Feldern der Kultur und des Bildungswesens hatte letzterer eindeutig für sich entschieden. In den späten 1950er Jahren bereitete der Europarat die Eingliederung entsprechender WEU-Ausschüsse vor.[31] In diesem Moment des Erfolgs strebte der Europarat danach, seine Position weiter auszubauen und sogar über den europäischen Kontinent hinaus an Einfluss zu gewinnen. In einem Memorandum richteten sich Kulturdelegierte des Europarats an die NATO und forderten das transatlantische Bündnis auf, sich der Straßburger Regierungsorganisation auf dem Feld der Kultur unterzuordnen:

„The idea which emerges from the memorandum by the Cultural Committee is that NATO, like the WEU, should abandon its own cultural activities, and should, instead, allow the Council of Europe to extend its cultural functions across the Atlantic […], with the object of strengthening the solidarity of the free world."[32]

Im Gegensatz zur WEU befand sich die NATO allerdings nach dem Sputnik-Schock auf den kultur- und bildungspolitischen Feldern deutlich im Aufwind. Zu ihren erfolgreich implementierten Aktivitäten gehörten Fördermaßnahmen für Gastprofessoren, die Durchführung von Akademien für Studierende und Seminare für Lehrer.[33] Als das kultur- und bildungspolitische Ende für die Westeuropäische Union gekommen war, befand sich die NATO damit in einer Phase, in der sie gewillt war, weitere Maßnahmen auf diesen Feldern in die Wege zu leiten.

So hatte die NATO mit finanzieller Unterstützung der Ford-Stiftung einen Arbeitsausschuss unter Leitung des Franzosen Louis Armand eingerichtet, welcher Empfehlungen ausarbeiten sollte, wie die Wissenschaft in der westlichen Welt insgesamt effektiver gestaltet werden könne.[34] Louis Armand war gelernter Bergbau-

---

[31] Neben den Feldern Kultur und Bildung wurden außerdem die WEU-Aktivitäten für Soziales in den Europarat verlagert. Dieser Vorgang wurde über ein Teilabkommen (= Partial Agreement) geregelt.

[32] Committee on Information and Cultural Relations: Recommendations by the Consultative Assembly of the Council of Europe on the Cultural Activities of NATO. Note by the Chairman, 2. 10. 1959, in: NATO Archives [Online]: AC/52-D(59)24.

[33] Vgl. Committee on Information and Cultural Relations: Proposed 1960 NATO Cultural Activities, October 14, 1959, in: NATO Archives [Online] AC/52-D(59)27; Committee on Information and Cultural Relations: Proposed Youth Activities, March 9, 1959, in: NATO Archives [Online]: 1959AC/52-D(59)10.

[34] Während die NATO zur Durchführung der Studie 75 000 US-Dollar bereitstellte, steuerte die Ford-Stiftung 50 000 US Dollar bei. Vgl. F. Seitz: Improvement of Effectiveness of Western Science. Note by the Science Adviser, 9. Juli 1959, in: NATO Online Archives. Science Committee: Report on the Progress of the Study Group on increasing the effectiveness of Western Science. Note by the Secretary, 9. Dezember 1959, in: NATO Archives [Online] – AC/137-D/

ingenieur, der nach Ende des Zweiten Weltkriegs an die Spitze der französischen Eisenbahngesellschaft aufgestiegen war. Armand wurde erster Kommissar der Europäischen Atomgemeinschaft und war damit maßgeblich in die Debatte über den wirtschaftlichen, gesellschaftlichen und militärischen Nutzen der Atomkraft involviert gewesen. Der von ihm geleitete Arbeitsausschuss zeichnete ein düsteres Bild von den Folgen des technologischen Rückstandes des Westens gegenüber der Sowjetunion. Der Ausschuss schlussfolgerte, dass die UdSSR aufgrund ihrer zentralistischen Strukturen schneller und effektiver forsche, als dies in dezentral organisierten westlichen Demokratien der Fall sei. Um diesen Nachteil auszugleichen, seien gemeinsame transatlantische Forschungs- und Lehreinrichtungen eine geeignete Gegenmaßnahme. Der Ausschuss empfahl den Aufbau überstaatlicher Forschungs- und Lehrzentren, die sich jeweils einem aktuell wichtigen Themenfeld der Natur- und Technikwissenschaften wie etwa der Ozeanographie, Meteorologie oder der Raumfahrt annehmen und exzellenten Nachwuchs fördern sollten.[35] Dabei solle angedacht werden, diese Zentren nicht getrennt voneinander zu organisieren, sondern zu *einer* Universität zusammenzufassen.[36] Armand und seine Ausschusskollegen schlugen damit der NATO vor, was bereits die Europäische Atomgemeinschaft versucht hatte: Sie solle die Regierungen ihrer Mitgliedsstaaten überzeugen, die nationalstaatliche Hoheit im Hochschulwesen teilweise aufzugeben und sich bereitzuerklären, eine überstaatliche Universität mit zuvörderst natur- und technikwissenschaftlichem Profil einzurichten.

Die Überlegungen Armands und seines Arbeitsausschusses wurden innerhalb des Nordatlantikrats mit Wohlwollen aufgenommen. Am 2. November 1960 stimmten die Ratsmitglieder der Einrichtung einer Kommission zu, welche die Möglichkeiten einer solchen Hochschulgründung näher untersuchen und konkrete Vorschläge für eine mögliche Umsetzung erarbeiten sollte. Für den Vorsitz der Kommission gewann der Rat James R. Killian, der von 1948 bis 1959 als Präsident des Massachusetts Institute of Technology fungiert hatte.[37] Killian war in den politischen Kreisen kein Unbekannter. Er hatte US-Präsident Eisenhower von 1957 bis 1959 als wissenschaftlicher Berater gedient und das President's Science Advisory Committee geleitet, welches von Oktober bis November 1957 im Zuge des Sputnik-Schocks die US-amerikanischen Wissenschafts- und Bildungsreformen ausarbeitete. Mit Killian kam damit ein Vertrauensmann der US-Administration an die Spitze der Kommission, der für eine enge Verzahnung von Wissenschaft und Politik stand.

Nach den Vorschlägen der Killian-Kommission sollte das Institut einen klaren Lehr- und Forschungsauftrag erhalten und Platz für 1.000 Studierende, 400 For-

---

53; Science Committee: Effectiveness of Western Science. Report by the Working Party, 24. März 1959, in: NATO Archives [Online] – AC/137-D/38.
[35] Vgl. Nierenberg: The NATO Science Programme, S. 47.
[36] Vgl. International Co-operation in Research, S. 880.
[37] Weiterführende Literatur zur Rolle des MIT im Kalten Krieg vgl. Geiger: Research and Relevant Knowledge; Krige: „Carrying American Ideas to the Unconverted", S. 120–142.

scher und 1.000 Assistenzwissenschaftler bieten. Der Plan sah einmalige Kosten von 57 Millionen US-Dollar und jährliche Ausgaben von 17 Millionen US-Dollar vor. Das Institut sollte sich aus fünf Forschungsclustern zusammensetzen und Zentren für angewandte Mathematik, Theoretische Physik, Werkstoffkunde, Technologische Verfahrensweisen, Geowissenschaften und Biowissenschaften errichten. Als Sitz schlug die Kommission die französische Hauptstadt Paris vor. Killian gab sich von der Notwendigkeit eines solchen Instituts überzeugt. Der Nachwuchs könne an dem Institut einerseits fachliche Exzellenz erfahren und andererseits im Geiste der wirtschaftlichen und politischen Einheit der westlichen Welt heranwachsen.[38] Auch wenn das Projekt als Institut bezeichnet wurde, sollte es sich – ganz wie das Vorbild des MIT – als eine Hochschule verstehen. Für die Bildungsangebote sollte es Studienabschlüsse vergeben und für die Forschungsleistungen Promotionen verleihen dürfen. Die Killian-Kommission gab das Fernziel aus, neben Natur- und Technikwissenschaftlern auch Geistes- und Sozialwissenschaftler auszubilden.[39] Das Institut sollte also mit der Zeit zu einer Volluniversität ausgebaut werden. In einer Presseerklärung gab die NATO bekannt:

„Such an international institution could, through its freedom from traditional habits and its ability to innovate and to exploit the opportunities unique to its international status, provide a new stimulus to existing institutions and add to the scope and diversity of Western education at the highest academic level."[40]

Nicht im Geiste der europäischen Universitätstraditionen, sondern im Lichte aktueller politischer, gesellschaftlicher und wirtschaftlicher Bedürfnisse sollte die Universität dem transatlantischen Bündnis dienen. Killian forderte ein Ende des Elfenbeinturms und dafür eine enge Verzahnung zwischen Industrie und Universität. Er erklärte in seinem Artikel in dem Magazin „NATO-Brief", dass sich Europa hierbei ein Vorbild an den USA nehmen müsse. Die amerikanischen Universitäten seien erst während der industriellen Revolution entstanden und hätten daher von Anfang an eine Bindung an die Industrie gehabt.[41] In der viel älteren europäischen Universitätstradition mangele es dagegen an solchen Kooperationen, weshalb gerade das geplante Hochschulinstitut eine „enge Beziehung mit der Industrie herstellen" müsse.[42] Der US-amerikanische Wissenschaftshistoriker John Krige stellt diesbezüglich fest, dass es das Ziel der involvierten wissenschaftlichen und politischen Eliten gewesen sei, amerikanische Hochschulvorstellungen über den Atlantik zu exportieren und dabei die als obsolet und krank angesehenen Hoch-

---

[38] Vgl. NATO Public Diplomacy Divison: Report on the Establishment of an International Institute of Science and Technology, Press Release, 16. November 1962, in: NATO Archives [Online] – Press Release (62)21.

[39] Vgl. Killian Jr.: Ein Internationales Institut für Wissenschaft und Technik, S. 8.

[40] NATO Public Diplomacy Divison: Report on the Establishment of an International Institute of Science and Technology, Press Release, 16. November 1962, in: NATO Archives [Online] – Press Release (62)21.

[41] Vgl. Killian Jr.: Ein Internationales Institut für Wissenschaft und Technik, S. 8.

[42] Ebenda, S. 11.

schulsysteme Westeuropas an die Bedürfnisse des „postwar military-industrial state"[43] anzupassen. Der Plan Killians sah damit nicht nur einen Bruch mit dem nationalstaatlich orientierten Hochschulwesen vor, da er das Institut überstaatlich zu organisieren gedachte; es war zugleich ein Frontalangriff auf das verbreitete Ideal der universitären Autonomie mit einer von der Politik und der Wirtschaft weitgehend unabhängigen Forschung und Lehre.

Aus den Hochschul- und Forschungsverbänden Westeuropas kam scharfe Kritik an den Plänen der NATO. Mit dem rhetorischen Instrumentarium, welches bereits während der Kontroverse über die europäische Gemeinschaftsuniversität erprobt worden war, wehrten sich akademische Kreise gegen das Vorhaben. Die großen westdeutschen Wissenschafts- und Hochschuleinrichtungen legten gemeinsam ein Memorandum vor, in dem sie die politischen Entscheidungsträger aufforderten, den Plan zu beerdigen. Die Präsidenten der Deutschen Forschungsgemeinschaft, der Max-Planck-Gesellschaft und der Westdeutschen Rektorenkonferenz erklärten in ihrer Stellungnahme, dass die „Ziele der freien Wissenschaft und Forschung nicht politischer Art sein" könnten.[44] Die eigentlichen Ziele müssten dagegen vielmehr in der Vermehrung wissenschaftlicher Erkenntnisse gesucht werden. Ein transatlantisches Vorhaben, wie es Killian vorsehe, dürfe daher ausschließlich von der Wissenschaft selbst ausgehen. Die Autoren ließen damit deutlich werden, dass das Gründungsvorhaben der NATO das akademische Selbstverständnis erschüttern würde und unterstrichen, dass es „eine ernsthafte Gefährdung der internationalen wissenschaftlichen Zusammenarbeit" mit sich brächte.[45] Am Ende ihrer Stellungnahme appellierten sie an die politischen Entscheidungsträger, den Hochschul- und Wissenschaftsrepräsentanten Gehör zu verschaffen, und unterstrichen: „Die Schaffung eines internationalen Forschungsinstitutes ist nicht zu befürworten, wenn sie nur durch einen Verwaltungsakt internationaler Behörden vollzogen werden soll."[46]

Auf französischer Seite regte sich ebenfalls entschiedener Protest. Der Pariser Rechtsprofessor und wissenschaftliche Politikberater, Robert Goetz, plädierte für eine klare Absage an das Projekt. Es sei lediglich der Versuch der USA, über ein solches Institut ihre imperialistisch ausgerichtete Vorherrschaft auf Europa auszudehnen.[47] Seine Ansichten spiegelten nicht zuletzt eine gerade in Frankreich verbreitete antiamerikanische Grundhaltung wider.[48] Nach seiner Auffassung ginge

---

[43] John Krige: American Hegemony and the Postwar Reconstruction of Science in Europe, Cambridge 2008, S. 209.
[44] Vgl. Zum Plan der Errichtung eines internationalen Instituts für Natur- und Ingenieurwissenschaften. Gemeinsame Stellungnahme der Deutschen Forschungsgemeinschaft, der Max-Planck-Gesellschaft und der Westdeutschen Rektorenkonferenz, Bad Godesberg, 10. Mai 1962, in: Hochschulrektorenkonferenz (Hrsg.): WRK. Stellungnahmen, Empfehlungen, Beschlüsse 1960–1989, Band VI, S. 43.
[45] Ebenda.
[46] Ebenda.
[47] Vgl. Gemelli: Western Alliance and Scientific Diplomacy, S. 185.
[48] Vgl. Rupnik u. a. (Hrsg.): The Rise and Fall of Anti-Americanism.

es dabei also weniger um den Nutzen für das gesamte westliche Bündnis als vielmehr um die Festigung des US-amerikanischen Führungsanspruchs innerhalb der Staatengemeinschaft. Nicht nur unter Hochschulrepräsentanten, sondern zugleich auch unter französischen Regierungsangehörigen herrschte große Skepsis gegenüber den USA und ihren vermeintlichen Interessen.[49] In einer vertraulichen Schrift aus dem französischen Verteidigungsministerium erklärte die französische Generalität im Oktober 1961 ihre scharfe Ablehnung des Vorhabens. Der enorme technologische Fortschritt der USA dürfe nicht überdecken, dass fast alle großen Durchbrüche in der Grundlagenforschung von europäischen Wissenschaftlern erzielt worden seien. Es ginge den USA mit ihrem Institut deshalb darum, einen Außenposten in Europa zu etablieren, um leichten Zugang zu den Forschungserkenntnissen europäischer Wissenschaftler zu haben.[50] Solcherlei Kritik blieb keine Seltenheit. Selbst der französische Präsident Charles de Gaulle äußerte frühzeitig Skepsis gegenüber dem Hochschulvorhaben unter US-amerikanischer Führung.[51] Die Ablehnung eines NATO-Institutes auf europäischem Boden stieß damit in Frankreich auf vielfältigen Gegenwind aus Politik und Hochschulen und ließ frühzeitig deutlich werden, dass das Institut nur wenig Aussicht auf Erfolg hatte. Wie bereits im Zuge der europäischen Gemeinschaftsuniversität waren es damit Akteure aus Deutschland und Frankreich, die an der Verhinderung des Hochschulvorhabens arbeiteten.

Im Vergleich zu den Debatten über eine europäische Gemeinschaftsuniversität durch EURATOM war nun neu, dass sich britische Akteure aus der Politik und dem Bildungswesen aktiv darum bemühten, das Hochschulvorhaben in der von Killian vorgeschlagenen Form zu verhindern. Die britische Regierung pflegte einerseits eine Special Relationship zu den USA; eine gemeinsame Hochschule hätte ein weiterer Ausdruck eines besonderen politischen und gesellschaftlichen Bündnisses werden können. Andererseits hatte Großbritannien eigene Hochschultraditionen, die durch ein solch überstaatliches Vorhaben nicht beiseitegeschoben werden sollten. Britische NATO-Delegierte plädierten daher im Juli 1962 mit westeuropäischen Gleichgesinnten für einen Kompromissvorschlag, der die Einrichtung eines deutlich abgespeckten Instituts vorsah. Dessen Fakultäten und Fachbereiche sollten dezentral auf verschiedene Staaten verteilt und an bestehende Hochschuleinrichtungen angeschlossen werden.[52] Diese Kompromisslösung mochte einen britisch-amerikanischen Ausgleich suchen; er ging den britischen Vizekanzlern aber noch zu weit. Als die Europäische Atomgemeinschaft in den späten 1950er Jahren bestrebt gewesen war, eine supranationale Universität

---

[49] Christophe Charle betont, dass trotz des in Frankreich verbreiteten Antiamerikanismus dieser Jahre auch immer wieder Bildungsreformer für eine Öffnung des französischen Hochschulsystems für amerikanische Bildungsideen eintraten. Unter den französischen Hochschulrepräsentanten auf europäischer Ebene spiegelt sich dies jedoch kaum wider. Vgl. Charle: Les références étrangères des universitaires, S. 16.

[50] Vgl. ebenda, S. 185.

[51] Vgl. Krige: American Hegemony and the Postwar Reconstruction of Science in Europe, S. 222.

[52] Vgl. Gemelli: Western Alliance and Scientific Diplomacy, S. 184.

zu gründen, hatten diese sich noch mit öffentlicher Kritik an einem solchen Plan zurückgehalten.[53] Im Gegensatz dazu waren sie jedoch in den frühen 1960er Jahren von dem Hochschulvorhaben der NATO unmittelbar betroffen und beteiligten sich daher an den Bemühungen, die Gründung der transatlantischen Gemeinschaftshochschule zu verhindern. Zusammen mit ihren französischen und deutschen Rektorenkollegen setzten sie sich gegen das Vorhaben ein und brachten es – wie Peter Tindemans schreibt – gemeinsam mit kritischen Regierungsvertretern in den Jahren 1963/64 zu Fall.[54] Es sollte allerdings Charles de Gaulle im Jahr 1964 vorbehalten bleiben, offiziell Veto gegen Killians Plan einzulegen und diesen damit zu begraben.

Obwohl die Überlegungen für ein europäisches MIT weit weniger ausgereift waren als die Pläne für eine Gemeinschaftsuniversität durch die Europäische Atomgemeinschaft, nahm die Debatte auf die weitere Zusammenarbeit europäischer Rektoren und Vizekanzler Einfluss. Der Ständige Ausschuss der Europäischen Rektorenkonferenz brachte im November und Dezember 1961 seine „Sorge […] zu dem geplanten großen Forschungsinstitut der NATO" zum Ausdruck, „das den europäischen Universitäten ihre besten Lehrkräfte auf dem Gebiet der Naturwissenschaften zu entziehen droht".[55] Das NATO-Vorhaben führte den britischen und skandinavischen Hochschulleitern, die der Gründung der Europäischen Rektorenkonferenz ablehnend gegenübergestanden hatten, vor Augen, dass nicht nur die Universitäten aus den sechs kontinentaleuropäischen Staaten der EWG und EURATOM von möglichen staatenübergreifenden Hochschulinitiativen betroffen sein konnten, sondern auch ihre eigenen Universitäten. Das gescheiterte Vorhaben der NATO, eine transatlantische Universität zu gründen, bestätigte damit diejenigen Hochschulleiter, die 1959 davor gewarnt hatten, bei der europäischen hochschulischen Zusammenarbeit auf Regierungsakteure zu vertrauen.[56]

---

[53] Brief von Thomas Parry, Vizekanzler der Universität von Wales, an Mansfield Coooper, Vizekanzler der Universität Manchester, 4. Dezember 1961, in: UNIMA: Mansfield Cooper Papers Box 62. Folder C. H. E. R. Correspondance.

[54] Vgl. Tindemans: Post-War Research, Education and Innovation Policy-Making in Europe, S. 13.

[55] Kurzer Bericht über die Sitzung des Ständigen Ausschusses der Europäischen Rektorenkonferenz und des Comité de l'enseignement supérieur et de la recherche des Europarates von Schweizerischen Delegierten, Saragossa, 27. November–1. Dezember 1961, in: HAEU – CRE-113 Meetings 1961.

[56] Vgl. Brief von Dr. L. Kotzsch, Beauftragter für die 3. Konferenz in Göttingen, an Raymond Warnier, Generalsekretär der fr. Rektorenkonferenz, 17. Mai 1963, in: HAEU – CRE-1 Gottingen, 1964: Preparation.
Die NATO sollte auch nach der Institutionalisierung der ERK von europäischen Rektoren und Vizekanzlern auf kritische Distanz gehalten werden. Hans Helms, Leiter des Pure Science Bureau der NATO, fragte 1963 die ERK nach relevanten Informationen über die geplante Zusammenkunft der Universitätsleiter in Göttingen an. Das erst kurze Zeit zuvor eingerichtete Präsidium der ERK stellte auf einer Sitzung im Mai 1963 einmütig fest, dass der NATO im Vorfeld der Versammlung „nichts an Unterlagen" übersandt werden solle. Die NATO zählte damit fortan zu denjenigen Regierungsorganisationen, deren hochschulpolitisches Schaffen durch europäische Universitätsleiter kritisch beäugt werden würde. Vgl. Brief von Hans

Der Versuch der Gründung eines europäischen MIT verdeutlichte, dass die Internationalisierung der Hochschulpolitik bereits in vielen internationalen Organisationen auf der Agenda angekommen war. Dies hatte Hendrik-Jan Reinink bereits im Frühjahr 1959 festgestellt:

„… many university and scientific problems are no longer viewed on a purely national basis […] primarily in the fields of economics and defence. O.E.E.C, the Coal and Steel Community, Euratom, Common Market and N.A.T.O. have pointed out, each one in its turn, the danger of the West falling behind Soviet Union and her satellites, and all of them, individually, have taken measures which could ease their most urgent problems."[57]

Selbst den britischen und skandinavischen Kritikern der Entscheidung zur Gründung der Europäischen Rektorenkonferenz wurde vor Augen geführt, dass die Notwendigkeit bestand, sich zur Verteidigung universitärer Interessen auf europäischer Ebene zu organisieren, damit die verschiedenen internationalen Regierungsorganisationen kritisch im Blick behalten werden konnten.

3. Die Neugestaltung der Hochschulzusammenarbeit im Europarat

Die Bestrebung der NATO, eine überstaatliche Universität für das transatlantische Bündnis zu errichten, blieb nicht die einzige Kontroverse, die in den Aufbaujahren der Europäischen Rektorenkonferenz zwischen Hochschulleitern und Regierungsakteuren ausgetragen wurde. Im Europarat kam es zu einer weiteren Auseinandersetzung, die das Verhältnis zwischen den Universitäten und der europäischen Politik auf die Probe stellte.

Auf der 1959 ausgetragenen Versammlung von Dijon hatte die Mehrheit der anwesenden Rektoren und Vizekanzler einer doppelten Neugestaltung ihrer Zusammenarbeit zugestimmt. Sie hatten festgelegt, sich einerseits mit der Gründung der ERK institutionell unabhängig von der Politik zu machen und andererseits für Regierungsakteure in beratender Funktion zur Verfügung zu stehen. In Dijon hatte die Meinung vorgeherrscht, dass die künftige Zusammenarbeit mit den Regierungsakteuren am ehesten unter dem Dach des Europarats angesiedelt werden sollte.[58] Der Europarat hatte seit Mitte der 1950er Jahre Signale an die Universi-

---

Helms, Leiter des Pure Science Bureau der Nato, an Mr. R. Warnier, 7. Mai 1963, in: HAEU – CRE-1 Gottingen, 1964: Preparation; Protokoll der Sitzung des Präsidiums am 28. Juni 1963 des Ständigen Ausschusses der Ständigen Konferenz der Rektoren und Vizekanzler der Europäischen Universitäten, Bad Godesberg, 28. Juni 1963, in: HAEU – CRE-74 Meetings 1963.

57 Hendrik-Jan Reinink: Memorandum an die WEU vom 7. Februar 1959, in: UNIMA: Mansfield Cooper Papers Box 35. Folder: W. E. U. Correspondence, 1955–60.

58 Auch wenn die ERK vor allem auf eine Mitwirkung im Europarat setzte, bat die ERK-Führung, dass das Generalsekretariat der WEU vorerst eingebunden bleibe. Auf diesem Weg konnte sie sicherstellen, dass die ERK im Falle eines Scheiterns der Europarat-Verhandlungen noch eine Notfalloption hatte und gegebenenfalls mit der WEU über einen Verbleib hätte verhandeln können. Vgl. Die Empfehlungen der Konferenz von Dijon: Gründung einer „Ständigen Konferenz der Rektoren und Vize-Kanzler der europäischen Universitäten" und eines „Beratungs-

tätsleiter gesendet, dass er bereit sei, einen Ausschuss für Hochschulangelegenheiten zu besseren Konditionen als die WEU einzurichten. Der Europarat wurde daher für die Universitätsleiter vorerst erster und wichtigster Kooperationspartner.[59]

Zwischen November 1959 und März 1960 fanden die Verhandlungen darüber statt, zu welchen Bedingungen die Hochschulleiter mit den Ministerialbeamten im Europarat zusammenarbeiten würden. Die Verhandlungsergebnisse schienen annehmbar zu sein: Erstens wurde den Hochschulleitern zugesagt, dass der Ausschuss den Ministerrat „unmittelbar"[60] beraten dürfe. Die universitäre Interessenvertretung gegenüber den wichtigsten Entscheidungsträgern in der Hochschulpolitik schien damit gesichert zu sein. Zweitens wurde den Universitätsleitern zugestanden, dass der Ausschuss dauerhaft vom Europarat finanziert werde und damit Aktivitäten auf sicherer Finanzgrundlage durchführen könne.[61] Drittens wurde den Hochschulleitern mitgeteilt, dass ihr Ausschuss das „einzige Beratungsgremium für Fragen der Hochschulbildung und der wissenschaftlichen Forschung sein"[62] und dieses damit ein Alleinstellungsmerkmal auf europäischer Ebene haben werde.[63] Europas Minister für Wissenschaft und Bildung gestanden damit dem Gremium, das sich im März 1960 als Ausschuss für akademische Lehre und Forschung (CHER) konstituierte, eine formal einzigartige Position zu.

Ein erster Streitpunkt entstand allerdings im Hinblick auf die Arbeitsweise des Ausschusses. Denn dessen Statuten sahen vor, dass jedes Mitgliedsland des Euro-

---

Ausschusses für Universitätsangelegenheiten"; der Konferenz von Dijon durch den Arbeitsausschuß am 12. September 1959 vorgelegt, in: Steger (Hrsg.): Das Europa der Universitäten, S. 293.

[59] Vgl. Mansfield Cooper: From Cambridge Onwards. A Personal Survey, in: UNIMA: Mansfield Cooper Papers Box 17.

[60] Vgl. Die im Anschluß an die Entschließungen der Konferenz von Dijon von der ersten Konferenz der Erziehungs- und Wissenschaftsminister gegebene Empfehlung zugunsten der Schaffung eines europäischen Beratungs-Ausschusses für Universitätsprobleme im Europarat, und die von den Ministern geäußerte Befriedung über die Errichtung einer autonomen und ständigen Konferenz der Rektoren und Vize-Kanzler, in: Steger (Hrsg.): Das Europa der Universitäten, S. 366; Protokollvermerk über die Verhandlungen des Präsidiums des Ausschusses der europäischen Universitäten mit Vertretern des Sekretariats des Europarates in Paris, am 17. und 18. Dezember 1959, in: ebenda, S. 316; Die Zustimmung der Minister-Stellvertreter zu der unter dem 1. Januar 1960 erfolgten Übertragung der Verantwortung für die Zusammenarbeit der Universitäten und der Regierungen von der Westeuropäischen Union zum Europarat, ausgesprochen auf der 82. Sitzung der Minister-Stellvertreter in Straßburg, vom 16. bis 23. Februar 1960, in: ebenda, S. 374.

[61] Vgl. Errichtung des Europäischen Beratungs-Ausschusses für akademische Lehre und Forschung durch Europarat durch die Entschließung (60) 7 des Minister-Ausschusses vom 23. März 1960, in: ebenda, S. 384.

[62] Die im Anschluß an die Entschließungen der Konferenz von Dijon von der ersten Konferenz der Erziehungs- und Wissenschaftsminister gegebene Empfehlung zugunsten der Schaffung eines europäischen Beratungs-Ausschusses für Universitätsprobleme im Europarat, und die von den Ministern geäußerte Befriedung über die Errichtung einer autonomen und ständigen Konferenz der Rektoren und Vize-Kanzler, in: ebenda, S. 366.

[63] Vgl. Procès-verbal de la séance du bureau du Comité permanent de la Conférence permanente des Recteurs et Vice-Chanceliers des Universités européennes à Zurich (Université) le 12 mars 1962, in: HAEU – CRE-73 Meetings 1962.

parats im CHER durch eine zweiköpfige Delegation vertreten sein sollte. Ein erstes Delegationsmitglied sollte ein Ministerialbeamter sein, welcher von seiner Regierung entsandt werden würde, und ein zweites Mitglied sollte ein Vertreter der Hochschulen sein, welcher auf Empfehlung der Universitäten seines Landes bestellt werden würde.[64] Der Vorschlag sah damit zwar ein ausgeglichenes Verhältnis zwischen Universitäts- und Regierungsvertretern vor; jede Delegation sollte allerdings lediglich eine Stimme haben, was dazu führen musste, dass sich die Universitätsleiter nicht untereinander, sondern stets mit dem Regierungsvertreter ihres jeweiligen Landes abstimmen mussten. Die im Aufbau befindliche Europäische Rektorenkonferenz forderte daher den Europarat auf, jeder Delegation zwei Stimmen zuzugestehen, damit die Universitäten bei Streitpunkten auch gemeinsam gegen die Ministerialbeamten Position ergreifen könnten.[65] Auch wenn die im Ausschuss mitwirkenden Hochschulleiter die Statuten des CHER ohne Verbesserungen akzeptierten, bestand dieser Streitpunkt fort.

Bereits wenige Monate nach der Konstituierung des CHER zeichnete sich ein weiterer, noch deutlich größerer Konflikt unter den beteiligten Akteuren ab. Im Herbst 1960 kündigte das Generalsekretariat des Europarats an, seine Aktivitäten in den Bereichen der Kultur und des Bildungswesens neu strukturieren zu wollen.[66] Diese vage gehaltene Ankündigung konkretisierte sich 1961, nachdem hohe Beamte auf Veranlassung der Bildungsminister Reformvorschläge erarbeitet hatten.[67] Die Vorschläge fanden im Dezember 1961 die Zustimmung der Minister. Die Neustrukturierung sah vor, dass fortan alle Aktivitäten des Europarats auf den Feldern der Bildung und der Kultur von einem zentralen Organ aus gesteuert würden – namentlich von dem sogenannten Rat für kulturelle Zusammenarbeit (CCC).[68] Der Ausschuss für akademische Lehre und Forschung, in dem die Universitätsleiter erst kurze Zeit mitarbeiteten, geriet damit, wie Kurt-Jürgen Maaß feststellt, „unter die Oberhoheit des CCC".[69]

Die Auswirkungen dieser beschlossenen Umstrukturierung hätten für den CHER weitreichende Folgen gehabt. Der erste Vorsitzende des Rats für kulturelle Zusammenarbeit, Julien Kuypers, legte dar, dass alle Ausschüsse für Kultur und Bildung fortan zu einem „zusammenhängenden Komplex" gehörten und jeder Ausschuss „mit einem großen Gesamtprogramm eines europäischen Rates" ver-

---

[64] Ebenda.

[65] Vgl. Procès-verbal de la séance du bureau du Comité permanent de la Conférence permanente des Recteurs et Vice-Chanceliers des Universités européennes à Zurich (Université) le 12 mars 1962, in: HAEU – CRE-73 Meetings 1962; Jürgen Fischer: Origine et la mission de la CRE, in: HAEU – CRE-14 Bologna, 1974: Administrative Tasks.

[66] Vgl. Addendum to the Draft Opinion on the first Report of the Administrative Board of the Cultural Fund, 22nd September 1960, Doc. 1182, in: Council of Europe: Consultative Assembly, Twelfth Ordinary Session: Documents, Working Papers Vol. IV.

[67] Vgl. Maaß: Europäische Hochschulpolitik, S. 17.

[68] Vgl. Blanke: Europa auf dem Weg zu einer Bildungs- und Kulturgemeinschaft, S. 8.

[69] Maaß: Europäische Hochschulpolitik, S. 19.

bunden werde.[70] Damit war abzusehen, dass eigene Initiativen der Universitätsleiter im CHER, die nicht zu den politischen Zielen des ihm nun übergeordneten Rates für kulturelle Zusammenarbeit passten, wenig Chancen auf eine Realisierung haben würden. Zudem wurde vorgesehen, dass die Hochschulverbände keinen Einfluss mehr darauf haben sollten, wer die Universitäten in dem Ausschuss vertreten würde. Damit wäre es den Regierungsakteuren möglich geworden, die Delegationen ausschließlich mit ihnen genehmen Universitätsrepräsentanten zu besetzen. Außerdem sollte es dem Ausschuss für akademische Lehre und Forschung nicht weiter erlaubt werden, Stellungnahmen unmittelbar an den Ministerrat zu richten. Fortan mussten diese erst an den Rat für kulturelle Zusammenarbeit weitergeleitet werden, der dann darüber entschied, ob sie den Ministern vorgelegt werden würden. Die beteiligten Universitätsleiter drohten damit an Einfluss auf die hochschulpolitisch bedeutsamsten Entscheidungsträger zu verlieren.

Unter den Rektoren und Vizekanzlern sowie unter den Hochschulverbänden kam es daher – wie Hanns-Albert Steger feststellte – zu einem „anhebenden Feldgeschrei".[71] Der Präsident der Westdeutschen Rektorenkonferenz, Hans Leussink, äußerte etwa, dass sich an den Universitäten „Widerstand gegen die Straßburger Manipulationen breitmacht."[72] Die Westdeutsche Rektorenkonferenz veröffentlichte eine Stellungnahme, in der sie die Umstrukturierungen im Europarat scharf kritisierte und Zugeständnisse verlangte.[73] So forderte sie, dem Ausschuss müsse weiterhin zugesichert werden, dass er eigene Initiativen ergreifen könne. Außerdem müssten die Universitäten eine „nicht durch Weisung der Staaten gebundene Stimme" im Ausschuss haben. Des Weiteren müssten die Hochschulrepräsentanten im CHER ihre Ansichten „unmittelbar den übernationalen Entscheidungs-Instanzen" zum Ausdruck bringen dürfen.[74] Der Forderungskatalog der Bonner Rektorenvereinigung stellte damit den Erhalt der Autonomie des Ausschusses in den Mittelpunkt. Die Führungsriege der WRK schickte die Stellungnahme an europäische Partnerverbände, die diese teilweise aufgriffen.[75] So beschloss die Belgische Rektorenkonferenz auf ihrer Versammlung vom 13. November 1962, die Stellungnahme der WRK nachdrücklich zu unterstützen. Auch die britischen Vizekanzler teilten die Kritik des westdeutschen Rektorenverbandes. Der Vorsitzen-

---

[70] Konstituierende Sitzung des neuen Ausschusses für akademische Lehre und Forschung des Europarates in Straßburg vom 3. bis 6. April 1962; Eröffnungsansprache des Präsidenten des Rates für kulturelle Zusammenarbeit, in: Steger (Hrsg.): Das Europa der Universitäten, S. 622.

[71] Einführung in die Dokumentation durch den Herausgeber, in: Steger (Hrsg.): Das Europa der Universitäten, S. 74.

[72] Leussink über die Statutenänderungen des Committe for Higher Education and Research, Frühjahr 1962, in: UNIMA: Mansfield Cooper Papers Box 52.

[73] Westdeutsche Rektorenkonferenz: Zur Verfassung und Funktion kulturpolitischer Organe des Europarates, Mainz, 9. Februar 1962, in: HAEU – CRE-73 Meetings 1962.

[74] Ebenda.

[75] Vgl. Lettre de la Conférence des Recteurs d'Allemagne occidentale à la Conférence des Recteurs français, du 15 février, 1962, in: HAEU – CRE-73 Meetings 1962. Brief von Marcel Bouchard an Prof. Dr. Leussink, Präsident der Westdeutschen Rektorenkonferenz, Dijon, 31. Januar 1962, in: HAEU – CRE-73 Meetings 1962.

de des Committee of Vice-Chancellors and Principals, Robert Aitken, hob in einem Schreiben an den Europarat hervor:

„As I feared, there is developing the feeling that the universities have obviously no influence on events in the Council of Europe affecting their own status, and are reduced to a position of considerable, if not, complete dependence."[76]

Aitken war nicht der einzige britische Hochschulvertreter, der sich in eindeutiger Weise gegen die Neustrukturierung aussprach. Sein britischer Kollege, John Foster, stellte bezüglich der Auseinandersetzung im Europarat fest:

„The new Council for Cultural Co-operation [...] will become the effective directing body. Our protest is therefore far deeper than one against the manner in which the change was made [...]; it ought in my opinion to be made against the substance of the change, unless we can be assured that the status of the committee is safeguarded."[77]

Die Europäische Rektorenkonferenz setzte sich ebenfalls für die universitären Belange ein. Der Präsident der Europäischen Rektorenkonferenz, Marcel Felix Bouchard, warnte in einer Sitzung des CHER davor, dass dem Ausschuss das gleiche Schicksal wie dem WEU-Universitätsausschuss drohe.[78] In seinem Rechenschaftsbericht hob er hervor, dass Hochschulvertreter im CHER viel zu sehr von den Entscheidungen des Europarats abhängig seien. Der Ausschuss könne von Regierungsseite nach Belieben einberufen, in seiner Zusammensetzung geändert, neuen Auswahlvorschriften unterworfen oder sogar aufgelöst werden.[79] Auf einer Tagung der ERK in Zürich brachten Teilnehmer zum Ausdruck, dass die Neustrukturierung des Europarats mit den Zielen der Rektoren und Vizekanzler kaum vereinbar sei.[80] Daher müssten über die enge Bindung der Europäischen Rektorenkonferenz an den Europarat im Allgemeinen und an dessen Ausschuss für akademische Lehre und Forschung im Besonderen nachgedacht und gegebenenfalls Konsequenzen gezogen werden.[81]

[76] Copy of letter, dated 19. December 1961 from the Chairman of the Committee of Vice-Chancellors and Principals to Mr. A. F. Haigh of the Foreign Office, in: UNIMA: Mansfield Cooper Papers Box 52 [C. H. E. R. Correspondence 1960–62].
[77] Vertrauliches Schreiben von John Foster an einen britischen Universitätskollegen und in Kopie an Mansfield Cooper vom 9. Dezember 1961, in: UNIMA: Mansfield Cooper Papers Box 52 [C. H. E. R. Correspondence].
[78] Vgl. WRK an den Präsidenten der Ständigen Konferenz der Kultusminister der Länder, Herr Minister Voigt, 22. Januar 1962, betreffend die Zusammenarbeit der Mitgliedsstaaten der Europäischen Gemeinschaften in den nicht von den Gemeinschaftsverträgen erfaßten Bereichen, hier: Zusammenarbeit auf kulturellem Gebiet, in Kopie an Mansfield Cooper. Vgl. Leussink über die Statutenänderungen des Committee for Higher Education and Research, Frühjahr 1962, in: UNIMA: Mansfield Cooper Papers Box 52 [C. H. E. R. Correspondence 1960–62].
[79] Vgl. Rechenschaftsbericht des Präsidenten der Ständigen Konferenz, M. le Recteur Bouchard/ Dijon, in: Walther Zimmerli (Hrsg.): Die optimale und maximale Größe der Universität, S. 262.
[80] Vgl. Procès-verbal de la séance du bureau du Comité permanent de la Conférence permanente des Recteurs et Vice-Chanceliers des Universités européennes à Zurich (Université) le 12 mars 1962, in: HAEU – CRE-73 Meetings 1962.
[81] Die ERK sah vor, dass ihr Ständiger Ausschuss jeweils am Tag vor oder nach den CHER-Sitzungen tagte und damit keine zusätzlichen Kosten für die Rektoren und Vizekanzler anfielen. Vgl. Marcel Bouchard in einem Brief an R. Warnier vom 15. März 1962, in: HAEU –

Die Kritik der Universitätsverbände blieb nicht folgenlos. Der promovierte Jurist und spätere Generalsekretär des Instituts für Auslandsbeziehungen, Kurt-Jürgen Maaß, stellte 1970 retrospektiv fest: „Diese mehr oder minder massiven Einsprüche von Seiten der europäischen Hochschulen hatten Erfolg."[82] Im April 1962 stimmten die universitären und ministeriellen Delegierten des Ausschusses für akademische Lehre und Forschung einer neuen Geschäftsordnung zu.[83] Diese sicherte den Universitäten zu, dass sie ihre Delegierten selbst bestimmen und lediglich formal durch die jeweiligen Regierungsstellen bestätigen lassen müssten. Zwar blieb der Ausschuss dem CCC formal untergeordnet; so mussten sich die Hochschulleiter damit abfinden, dass sie den Ministern die Empfehlungen nicht unmittelbar vorlegen dürften; zugleich wurde ihnen jedoch eine Sonderstellung zuerkannt, die es ihnen weiterhin erlaube, unabhängig von den Zielen des CCC eigene Initiativen zu ergreifen.[84] Einen besonderen Erfolg verzeichneten die Rektoren und Vizekanzler in Bezug auf das Stimmrecht der Delegationen. Die revidierte Geschäftsordnung legte fest, dass jede Delegation zwei Stimmen bekam. Damit war sichergestellt, dass die Universitätsleiter nicht gezwungen waren, ihre Stimme mit dem Vertreter der Regierungen in Übereinstimmung zu bringen. Die universitären Vertreter feierten das Ergebnis als einen Erfolg. Hanns-Albert Steger stellte die gefundene Lösung in eine jahrhundertealte universitäre Tradition:

„Die Zusammenarbeit zwischen staatsfreien akademischen und staatlichen ministeriellen Vertretern wurde somit auf eine Weise gelöst, die sich Erfahrungen zunutze macht, welche uns aus der Geschichte der nachmittelalterlichen föderalen Kooperation im Regensburger Reichstag überliefert sind, wobei an die Konstituierung von zwei ‚Bänken' mit der Möglichkeit einer ‚itio in partes' zu denken ist."[85]

Den größten Nutzen aus der Kontroverse dürfte die Europäische Rektorenkonferenz gezogen haben. Denn die Auseinandersetzungen im Europarat stellten erneut unter Beweis, dass die universitären Interessen auf europäischer Ebene gegen die Politik verteidigt werden mussten.[86] An der Europäischen Rektorenkonferenz wirkten fortan auch wieder die britischen und skandinavischen Universitätsleiter mit. Mansfield Cooper schrieb rückblickend über die Hauptaufgabe der ERK:

„It was to bring to bear on governments and their agencies the collective voice of the European universities and though, that voice might, from time to time, be difficult to define, we did not

---

CRE-73 Meetings 1962; Résolutions à l'intention des membres du comité de la conférence permanente des recteurs et vice-chanceliers des université européennes, in: HAEU – CRE-73 Meetings 1962.
[82] Maaß: Europäische Hochschulpolitik, S. 26.
[83] Vgl. Die Geschäftsordnung des neuen Ausschusses für akademische Lehre und Forschung des Europarates. Bestätigung der akademischen Unabhängigkeit gegenüber den Regierungen. Ergebnis der Sitzung vom 3. bis 6. April 1962 in Straßburg, in: Steger (Hrsg.): Das Europa der Universitäten, S. 648 f.
[84] Vgl. ebenda, S. 27.
[85] Ebenda, S. 74.
[86] Vertrauliches Schreiben von John Foster an einen britischen Universitätskollegen und in Kopie an Mansfield Cooper vom 9. Dezember 1961, in: UNIMA: Mansfield Cooper Papers Box 52 [C. H. E. R. Correspondence].

permit ourselves to doubt that there was, beyond all superficial differences, objectives on which a genuine identity of policy could emerge."[87]

Selbst denjenigen Universitätsleitern, die die Gründung der Europäischen Rektorenkonferenz kritisiert hatten, war damit vor Augen geführt worden, dass eine gemeinsame europäische Interessenvertretung der Universitäten gegen internationale politische Bestrebungen dauerhaft von Bedeutung werden würde.

4. Die Strukturen und das ideelle Fundament der ERK

Die Auseinandersetzung zwischen Hochschulakteuren und Regierungsvertretern über die transatlantische Bündnisuniversität der NATO und den Modus der Zusammenarbeit im Europarat hatten dazu geführt, dass die anfänglichen Meinungsunterschiede unter den Rektoren und Vizekanzlern über ihre Zusammenarbeit auf europäischer Ebene minimiert wurden. Auf ihrer dritten Großversammlung, die 1964 in Göttingen stattfand, verabschiedeten die Universitätsleiter im Konsens aller großen westeuropäischen Hochschulverbände die Statuten der Europäischen Rektorenkonferenz. Hermann Jahrreiß, der von Anfang an in die Gespräche involviert gewesen und 1959 zu einem der Vizepräsidenten der ERK gewählt worden war, schrieb nach der Verabschiedung der Statuten: „Daß ich in Göttingen die Stabilisierung der Verhältnisse dieser Konferenz erleben durfte, wenige Tage nach Vollendung des 70. Lebensjahres, war für mich der schönste Abschluss meiner Bestrebungen."[88] Ein genauer Blick auf die Statuten zeigt, dass sich die ERK mit einer ausdifferenzierten Organisationsstruktur etablierte, die eine dauerhafte Repräsentation der Hochschulen auf europäischer Ebene ermöglichte.

4.1 Die institutionelle Verfasstheit der ERK

Die bereits seit 1955 stattfindenden Großversammlungen wurden fortan als Generalversammlungen bezeichnet, zu denen alle Mitglieder der Vereinigung eingeladen wurden. Die Generalversammlung war das formal höchste Organ der ERK. Die Statuten gestanden der Generalversammlung grundlegende Rechte zu. Sie hatte über allgemeine Richtlinien zu entscheiden und legte die Geschäftsordnung sowie den langfristigen Haushaltsplan fest. Zudem wählte sie den Präsidenten und die Mitglieder des Ständigen Ausschusses.[89] Die Versammlungen fanden in regelmäßigen Abständen von meist vier bis fünf Jahren an einer der Mitgliedsuniversitäten statt und dauerten meist mehrere Tage.[90]

---

[87] Mansfield Cooper: From Cambridge Onwards. A Personal Survey, in: UNIMA: Mansfield Cooper Papers Box 17.

[88] Ebenda.

[89] Verfassung, in: Zimmerli (Hrsg.): Die optimale und maximale Größe der Universität, S. 378 f.

[90] Die Generalversammlungen der Europäischen Rektorenkonferenz tagten häufig an namhaften Universitäten mit historischer Größe. Bereits die erste der Versammlungen fand 1955 in

Seit 1959 wählte sich die ERK zudem einen Präsidenten. Ihm kam die Leitung der Gesamtorganisation zu. Formal sahen die Statuten keine Beschränkungen der Amtsdauer vor.[91] Praktisch übte allerdings jeder ERK-Präsident sein Amt nur für eine Amtsperiode aus. Der Präsident führte den Vorsitz in allen Sitzungen des Ständigen Ausschusses. Zudem war er oberster Repräsentant der ERK und vertrat die Organisation nach innen und außen.[92] Damit kam ihm auch unmittelbar die Aufgabe zu, Kontakte in Politik und Gesellschaft zu pflegen. Mit dem 1962 an der Genfer Universität eingerichteten Sekretariat bekam der Präsident hauptberufliche Unterstützer für die Bewältigung der administrativen und organisatorischen Aufgaben. Die Entscheidung für Genf brachte gleich mehrere Vorteile. Der zweite ERK-Präsident Jaques Courvoisier, der von der Genfer Universität kam, betonte im Mai 1965, dass die Entscheidung für Genf insbesondere damit zu tun gehabt habe, dass die Schweiz im Allgemeinen und Genf im Besonderen eine international geprägte Stadt sei.[93] Genf bot mit der Niederlassung der Vereinten Nationen tatsächlich internationales Prestige und die Schweiz galt außenpolitisch als vergleichsweise neutral. Gerade im Hinblick auf eine mögliche Annäherung der ERK an die Universitätsleiter Osteuropas schien Genf damit ein geeigneter Niederlassungsort zu sein. Außerdem stellte die Universität Genf die Räumlichkeiten für ein Sekretariat der ERK kostenfrei zur Verfügung. Der Sekretär – mit dem Anwachsen der Organisation als Generalsekretär bezeichnet – entwickelte sich zu einer tragenden Säule der Organisationsarbeit. Die Präsidenten der ERK waren meist zugleich Rektoren ihrer jeweiligen Heimuniversität. Es lässt sich daher erahnen, dass die eigentliche Hauptlast der Arbeit nicht bei den Präsidenten, sondern von dem Sekretär und – ab den 1980er Jahren – von einem anwachsenden Stab an Mitarbeitern erfüllt wurde. Dieser Umstand blieb den aktiv eingebundenen Hochschulleitern nicht verborgen, weshalb sie sich 1968 die Frage stellten: „Is the essential person [...] the President or the Secretary?"[94] Die Antwort blieb vage: „Opinions differ"[95], vermerkten ERK-Mitglieder in einem Bericht.

Cambridge und damit in einer der prestigeträchtigsten Universitäten der Welt statt. Mit Bologna (1974) und Wien (1975) waren weitere der ältesten Universitäten Europas unter den Gastgebern. Mit den Generalversammlungen in Genf (1969) und Göttingen (1964) fanden zudem zwei Versammlungen an Universitäten statt, die in der Frühen Neuzeit überregionale Bedeutung erlangt hatten. Allein die Namhaftigkeit der Austragungsorte weist auf eine Ausstrahlungskraft der ERK innerhalb des akademischen Milieus hin.

[91] Es ist darauf hinzuweisen, dass alle Präsidenten bereits vor ihrer Amtszeit in irgendeiner Form aktiv in der Europäischen Rektorenkonferenz mitwirkten und etwa im Ständigen Ausschuss oder in Sonderkommissionen eingebunden waren. Damit waren Kenntnisse über die bestehenden inneren Strukturen der Organisation und über deren Kontakte zu europäischen politischen Partnern bei Amtsantritt vorhanden.

[92] Ebenda, S. 380.

[93] Vgl. Allocution prononcée à la réception du 26 mai 1965 à l'Université de Genève par le prof. J. Courvoisier, président de la Conférence des recteurs et vice-chanceliers des Universités européennes, in: HAEU – CRE-422 Secrétaire général de la Conférence des Recteurs français: Internal relations.

[94] Report of the Permanent Committee, in: Courvoisier (Hrsg.): Assemblée générale – Genève, S. 397.

[95] Ebenda, S. 397.

Zudem etablierte die ERK einen Ständigen Ausschuss, dem formal die Ausführung der auf der Generalversammlung gefällten Grundsatzentscheidungen zukam. Dem Ständigen Ausschuss kam außerdem die Aufgabe zu, Mitgliedsanträge zu prüfen und den jährlichen Haushalts- und Arbeitsplan zu billigen. Der Ständige Ausschuss musste laut der 1964 verabschiedeten Verfassung mindestens einmal im Jahr zu einer ordentlichen Sitzung zusammentreten, konnte sich aber bei Bedarf auch mehrmals jährlich zu außerordentlichen Sitzungen treffen. Seine Entscheidungen fällte er mit einfacher Stimmenmehrheit, auch wenn in der Praxis versuchte wurde, klare Mehrheiten zustande zu bringen. Jedem Land, aus dem mehr als zwei Universitätsleiter Mitglied der ERK waren, stand es zu, einen Repräsentanten in den Ständigen Ausschuss zu entsenden.[96] Neben der Entsendung von Mitgliedern, die meist durch die nationalen Hochschulverbände bestimmt wurden, wählte sich die Generalversammlung sieben weitere Universitätsleiter in den Ständigen Ausschuss.[97] Dieser setzte sich damit aus Universitätsleitern zusammen, die entweder durch nationale oder europäische Entscheidungsprozesse gefunden wurden.

Neben dem Ständigen Ausschuss hatte die ERK ein Präsidium, das sich neben dem Präsidenten und den Vizepräsidenten aus drei Personen zusammensetzte, die der Ständige Ausschuss aus seinen Reihen wählte.[98] Das Präsidium hatte laut Verfassung die Aufgabe, Entscheidungen des Ständigen Ausschusses auszuarbeiten und umzusetzen. Zudem konnte es Sachverständige für besondere Fragen berufen. Das Präsidium traf sich mehrmals jährlich. Die Zusammenkünfte des Präsidiums konnten von dessen Mitgliedern frei bestimmt werden, auch wenn dem Präsidenten formal die Entscheidung über Ort und Zeitpunkt der Treffen oblag.

Der Blick auf die verfassungsmäßigen Strukturen macht deutlich, dass die Europäische Rektorenkonferenz mehr als nur lose Zusammenkünfte von Universitätsleitern realisierte. Mit der Generalversammlung, dem Präsidenten, dem Ständigen Ausschuss und dem Präsidium hatte die ERK vier Organe bekommen, die durch die 1964 verabschiedeten Statuten jeweils vordefinierte Aufgaben zugewiesen bekommen hatten. Die ERK etablierte sich also mit einem komplexen Organisationsgefüge, das eine kontinuierliche europäische Zusammenarbeit der Universitätsleiter sicherstellte.

4.2 Die Selbstverortung der ERK-Mitglieder

Die beteiligten Universitätsleiter wiesen in den 1964 in Göttingen verabschiedeten Organisationsstatuten auf zentrale Selbstbilder von sich und ihren Universitäten

---

[96] Im Ständigen Ausschuss durften jedoch gleichzeitig nicht mehr als zwei Mitglieder eines Landes mitwirken.

[97] Vgl. Verfassung, in: Zimmerli (Hrsg.): Die optimale und maximale Größe der Universität, S. 380.

[98] Wenn ein Präsidiumsmitglied ausschied, kam dem Ständigen Ausschuss die Aufgabe zu, einen Ersatz aus seinen Reihen zu wählen.

hin. In der Präambel hoben sie etwa hervor, dass sie und ihre Universitäten die „Erben einer jahrhundertealten Tradition" seien. Diese Tradition diene dem „Fortschritt der Kultur, der Wissenschaft und ihrer Verbreitung" und sei entscheidend für den geistigen, sozialen und wirtschaftlichen „Aufstieg Europas".[99] Damit die Universitäten ihre Aufgaben erfüllen könnten, müssten „grundsätzliche Voraussetzungen" gewahrt werden. Dazu gehöre die „Freiheit des Forschens und Lehrens und des Verbreitens von Dokumenten und Ideen".[100] Die europäische Zusammenarbeit in der ERK müsse davon geprägt sein, „gegenüber jeder Meinung duldsam zu sein" und zugleich „jegliche Einwirkung fernzuhalten, die die Durchführung ihrer geistigen Mission gefährden könnte".[101] Die Rektoren und Vizekanzler maßen ihrer Zusammenarbeit dabei eine weit über die Wissenschaft hinausreichende Bedeutung zu; so gaben sie sich in den Statuten überzeugt, dass die „Beziehungen, die sie zwischen Lehrern und Studenten über alle staatlichen Grenzen hinweg herstellen, den Frieden bewahren helfen" könne.[102] Sie äußerten sich entschlossen, „ihre geschichtlich begründete Zusammengehörigkeit im Geiste und im Dienste Europas zu wahren und zu stärken."[103] Die wissenschaftliche Freiheit und die Autonomie, die Einheit von Forschenden und Lehrenden sowie der europäischen Traditionen verpflichtete Charakter der Universitäten sollte also die Basis ihrer Zusammenarbeit bilden.

Aus den Statuten geht nicht hervor, welcher geistige Vordenker die Autoren der Statuten zu diesen Formulierungen inspiriert hatte. Der Verzicht auf eine eindeutige geistesgeschichtliche Verortung brachte allerdings einen wichtigen Vorteil mit sich: So wurde ein Interpretationsspielraum geschaffen, der es jedem einzelnen Mitglied der ERK erlaubte, sein jeweils eigenes Verständnis von dem, was eine Universität ausmache, in den Statuten widerzufinden. Zumal sich das Bestreben, einen Beitrag zur Bewahrung des Friedens leisten zu wollen, vor allem durch den Kontext des Kalten Kriegs erklären lässt. So waren die Statuten bereits darauf ausgerichtet, eines Tages nicht nur westeuropäische, sondern auch osteuropäische Universitätsleiter als vollwertige Mitglieder in die ERK aufzunehmen. Die Definition von dem, was eine Universität sei und welche Aufgaben sie habe, musste daher vage bleiben, damit diese für Hochschulrepräsentanten des Westens und des Ostens gleichermaßen akzeptabel war.

In den Stellungnahmen auf der Göttinger Generalversammlung verwiesen Teilnehmer auf ganz unterschiedliche Universitätstheoretiker. Der Rektor der gastgebenden Universität Göttingen, Walther Zimmerli, berief sich in seinen Ausführungen etwa auf eine Formulierung des deutschen Philosophen und Psychiaters Karl Theodor Jaspers, der in seiner 1923 erstmals veröffentlichten Schrift „Die Idee der Universität" eine Hochschule beschrieb, die ihrem Wesen nach einen

---

[99] Verfassung, in: Zimmerli (Hrsg.): Die optimale und maximale Größe der Universität, S. 376.
[100] Ebenda.
[101] Ebenda.
[102] Ebenda.
[103] Ebenda.

„staatsfreien Raum" darstellte.[104] Zimmerli griff auf diese Idee des staatsfreien Raums zurück und betonte, dass die ERK „an keiner Stelle mehr [...] an eine bestimmte staatliche Gruppierung" angelehnt sein solle.[105] Zimmerli hob also unter Rückgriff auf Jaspers hervor, dass es das Ziel der ERK sei, losgelöst von jeglicher politischer Regierungsorganisation zu agieren.[106] Diese Anspielung auf Jaspers passte zu Zimmerlis Anliegen, die ERK als eine gesamteuropäische Organisation ohne Rücksichtnahme auf die binäre Ordnungsvorstellung des Kalten Kriegs zu etablieren. So stellte Zimmerli fest, dass die Universitäten eine eigenständige Verantwortung „über die Staats- und politischen Gruppierungsgrenzen ihrer Länder hinaus wahrzunehmen haben."[107] Sein Verweis auf den staatsfreien Raum sollte also gerade die Annäherung zwischen Hochschulleitern aus Ost und West rechtfertigen.

Bereits unter der Schirmherrschaft der Westeuropäischen Union hatten Rektoren und Vizekanzler darauf gedrängt, sich nicht nur für andere westliche Staaten außerhalb der WEU zu öffnen, sondern auch gegenüber den sozialistischen Staaten aufgeschlossen zu sein. Zu ihrer großangelegten Versammlung in Göttingen hatte die ERK diese Ausrichtung weiterverfolgt und zahlreiche Rektoren östlicher Universitäten eingeladen. Tatsächlich erschienen hohe Universitätsvertreter aus zahlreichen renommierten Einrichtungen Mittel- und Osteuropas, die als Beobachter an der Zusammenkunft teilnahmen. Der erste ERK-Präsident Marcel Bouchard äußerte daher vor versammelter Runde seine Hoffnung, dass sich die östlichen Gastteilnehmer dazu entschließen würden, vollwertige Mitglieder der ERK zu werden.[108] Diese Hoffnung erfüllte sich allerdings vorerst nicht.

Wie Bouchard warb auch Zimmerli in Göttingen für ein sehr offenes, breit angelegtes Verständnis von dem, was eine Universität ausmache. Er hob hervor:

„*Die* europäische Universität gibt es nicht. [...] Von der mittelalterlichen Struktur, der universitas professorum et scholarium, von der sich in den Colleges von Oxford und Cambridge noch etwas erhalten hat, über die Neuprägungen durch Humanismus, Reformation und Gegenreformation, die nüchterne Sachlichkeit der Aufklärung, die unserem Göttingen den Stempel gegeben hat, über die idealistisch-neuhumanistische Neuformung der Humboldtschen Gründung oder parallel dazu laufenden polytechnischen Prägung in Frankreich bis hin zu den durch den Aufbau der

---

[104] Ansprache des Tagungspräsidenten der III. Generalversammlung der Ständigen Konferenz der Rektoren und Vizekanzler der Europäischen Universitäten, Professor Zimmerli, Rektor der Universität Göttingen, 2. 9. 1964, in: HAEU – CRE-2 Gottingen, 1964: Allocutions.
[105] Ebenda.
[106] Der 1883 in Oldenburg geborene Jaspers hatte die Jahre des Nationalsozialismus als „Geächteter und Verfolgter" in der inneren Emigration verbracht. Seine Lebenserfahrungen flossen in seine Universitätsschrift ein, die 1923 erstmals erschien und im Zuge des Wiederaufbaus der Heidelberger Karl-Ruprecht-Universität neu aufgelegt wurde. Jaspers, der Zeit seines Lebens als Gelehrter gearbeitet hatte, plädierte darin für eine „Wiedererneuerung ihres ursprünglichen Geistes". Vgl. Jaspers: Vom lebendigen Geiste der Universität, in: Bauer (Hrsg.): Vom Neuen Geist der Universität, S. 125.
[107] Ansprache des Tagungspräsidenten der III. Generalversammlung der Ständigen Konferenz der Rektoren und Vizekanzler der Europäischen Universitäten, Professor Zimmerli, Rektor der Universität Göttingen, 2. 9. 1964, in: HAEU – CRE-2 Gottingen, 1964: Allocutions.
[108] Vgl. Bouchard: Erklärung des Präsidenten der Generalversammlung, in: Zimmerli (Hrsg.): Die optimale und maximale Größe der Universität, S. 384.

Naturwissenschaften bestimmten, durch die Spezialisierung gekennzeichneten neuesten Formen der Universität ist ein weiter Weg, der eine Vielzahl individueller Spielarten geschaffen hat."[109]

Mit seinen Ausführungen machte Zimmerli deutlich, dass es für ihn verschiedene Varianten von dem gab, was in Europa als eine Universität bezeichnet wurde. Europas Universitäten seien dementsprechend auch nur über ein pluralistisches Verständnis zu erfassen.

Für ein ähnlich variables Verständnis von dem, was eine Universität ausmache, plädierte auch der aus London angereiste Ökonomieprofessor Lionel Robbins aus, der als Gastredner in Göttingen auftrat. Mit Blick auf die Vermittlung der wissenschaftlichen Freiheiten an Studierende unterstrich er:

„… we shall not sufficiently train the young in the habits of freedom by requiring the reading of Humboldt, or J. S. Mill on Liberty – valuable though that experience may be. The performance of this function must be chiefly indirect through the example of attitudes and behaviour".[110]

Robbins, der zu dieser Zeit das Department für Volkswirtschaftslehre der London School of Economics leitete, brachte damit die Haltung zum Ausdruck, dass an den Universitäten weniger ein bestimmtes theoretisches Modell aus der Geistesgeschichte mit einer klar definierten allgemeingültigen Vorstellung eines Wissenschaftlers oder einer Universität vermittelt, sondern vielmehr eine Geisteshaltung weitergegeben werden solle, die in Zeiten eines unaufhörlich erscheinenden Wachstums der Universitäten und einer steigenden Spezialisierung in den Disziplinen unabdingbar sei. Die in Göttingen anwesenden Universitätsvertreter schienen auf die eine oder andere Art damit einverstanden zu sein, dass sich die ERK auf abstrakte Bilder der Autonomie und der Freiheit sowie der Einheit der Universitäten Europas beriefen.

Trotz dieses offen gehaltenen Selbstverständnisses legte die ERK in der Praxis – gerade bei der Aufnahme neuer Mitglieder – eine deutlich rigidere Definition von einer Universität zugrunde, als es die Ausführungen in den Statuten sowie die Redebeiträge in Göttingen vermuten lassen. Als die Mitglieder des Ständigen Ausschusses ab 1961 darüber verhandelten, welche Einrichtungen eigentlich Mitglied der ERK werden dürften, mahnten französische Universitätsrektoren an, dass die französischen Grandes Écoles nicht das Recht auf eine Mitgliedschaft bekommen dürften. Da die hohen Schulen unter starkem staatlichem Einfluss stünden und auf einige wenige Fächer spezialisiert seien, entsprächen sie nicht dem Bild einer Universität.[111] Da sie also die Einheit der Fächer nicht adäquat abbildeten und der Autonomie nicht gerecht würden, sollte ihnen die Mitgliedschaft verweigert werden. Hochschulleiter anderer Länder kamen diesem französischen Wunsch nach. In den Statuten wurde daher ein Vorbehaltsrecht eingefügt. Nationale Rekto-

[109] Ebenda, S. 275.
[110] Lord Robbins: The University in the Modern World, in: HAEU – CRE-2 Gottingen, 1964: Allocutions.
[111] Vgl. Bref Procès-verbal de la 3e séance du comité permanent de la conférence permanente des recteurs et vice-chanceliers des universités européennes. Séance de Strasbourg, 2 mai 1961, in: HAEU – CRE-113 Meetings 1961.

renkonferenzen durften demnach ein Veto gegen Neumitglieder einlegen.[112] Dieses Beispiel zeigt, dass trotz der überstaatlichen Bekundungen in der Präambel der Statuten weiterhin auch meist nationale universitätsspezifische Interessen in der ERK durchgesetzt werden konnten. Außerdem zeigt das gegebene Beispiel auf, dass die Bilder von dem, was eine Universität ausmache, nicht statisch waren, sondern je nach Verhandlungsgegenstand und Interessenlage angepasst werden konnten. Diese blieben also individuell interpretierbar: Während sie in der einen Situation dazu dienten, einen gesamteuropäischen Geltungsanspruch für die ERK ohne Berücksichtigung der binären Ordnungsvorstellung des Ost-West-Konflikts zu formulieren, halfen sie in einer anderen Situation dazu, sich in einem nationalen Kräftemessen mit anderen Hochschultypen zu profilieren.

5. Zwischenfazit

Die Europäische Rektorenkonferenz institutionalisierte sich zwischen 1959 und 1964 und baute in diesen Jahren Strukturen für eine dauerhafte interuniversitäre Zusammenarbeit auf. Der Weg von einst losen Zusammenkünften zu einem festen Organisationsgefüge war allerdings unter den beteiligten Hochschulleitern umstritten. Während eine politisch unabhängige Hochschulvereinigung von Rektoren aus Westdeutschland und Frankreich als notwendig erachtet wurde, um die Interessen der Universitäten gegen internationale Regierungsorganisationen zu wahren, lehnten sie andere Hochschulleiter – insbesondere Vizekanzler britischer Universitäten – ab, da sie bislang nicht unmittelbar von europäischen Hochschulpolitiken der Europäischen Gemeinschaften betroffen gewesen waren und daher die Sinnhaftigkeit einer solchen Vereinigung infrage stellten. Zudem schwang die Befürchtung mit, dass die Vereinigung irgendwann ihre abwehrende Haltung gegenüber europäischen Hochschulpolitiken aufgeben würde und in der Folge zu einer Supranationalisierung im Hochschulwesen beitragen könne. Außerdem hatte das Generalsekretariat des Europarats seit den späten 1950er Jahren offensiv um die Hochschulleiter des WEU-Universitätsausschusses geworben und sie für einen eigenen Ausschuss in Straßburg gewinnen wollen, was britischen Vizekanzlern als eine deutlich zweckmäßigere Kooperationsform auf europäischer Ebene erschien. Es bestanden damit erhebliche Meinungsunterschiede unter den Universitätsleitern über Sinn und Unsinn der Repräsentanz der Hochschulen auf europäischer Ebene.

Diese Meinungsunterschiede konnten die Hochschulleiter in den frühen 1960er Jahren beilegen. Fortan arbeiteten sie gemeinsam in der ERK zusammen und ko-

---

[112] Dieses Veto führte dazu, dass die Aufnahmebereitschaft von universitätsähnlichen hohen Schulen und technischen Hochschulen je nach Land variieren konnte. Vgl. Liste des Universités et Grandes Écoles qui ont répondu à la lettre d'invitation de M. le Recteur Bouchard en date du 15 juin 1962 et qui ont accepté de se rendre à Göttingen, in: HAEU – CRE-2 Gottingen, 1964: Allocutions. Über das formale Aufnahmeverfahren vgl. Internal Procedure for the Admission of New Members, 20. 1. 1966, in: HAEU – CRE-77 Meetings 1966: Verfassung, in: Zimmerli (Hrsg.): Die optimale und maximale Größe der Universität, S. 377.

operierten zusätzlich im Europarat. Neben der politisch unabhängigen Meinungs-
bildung in einer hochschuleigenen Vereinigung sollte somit auch eine Einflussnahme auf hochschulpolitische Entscheidungsträger im Rahmen des Europarats
sichergestellt werden. Dieser Kompromiss konnte im Zuge von zwei Auseinandersetzungen gefunden werden: Erstens strebte die NATO unter Federführung des
Eisenhower-Beraters und MIT-Präsidenten James R. Killian an, in Europa eine
transatlantische Universität nach Vorbild des Massachusetts Institute of Technology zu errichten. Von diesen Plänen waren nicht nur die kontinentaleuropäischen
Hochschulleiter aus den EURATOM-Staaten, sondern auch die bislang gegenüber
der Gründung einer europäischen Hochschulvereinigung kritisch gegenüberste-
henden Briten betroffen. Europas Universitätsverbände intervenierten auf informellem Weg und brachten ihre ablehnende Haltung gegenüber den NATO-Plänen
zum Ausdruck. Die von den NATO-Staaten in Paris geplante Hochschule sei fernab der in Europa bewährten Traditionen und werde weder der Autonomie noch
der an Universitäten üblichen fachlichen Vielfalt noch dem Anspruch der wissenschaftlichen Freiheit gerecht. Die NATO ließ ihre Pläne nach rund zweijähriger
Auseinandersetzung fallen. Allein ihr Versuch hatte allerdings den gegenüber der
ERK-Gründung kritisch eingestellten Universitätsleitern vor Augen geführt, dass
eine gemeinsame europäische Repräsentation zur Verteidigung der eigenen Einrichtungen wiederholt notwendig werden könne.

Zweitens mussten anfängliche Gegner des Aufbaus der Europäischen Rektorenkonferenz erkennen, dass ihr favorisierter Lösungsweg, ausschließlich eine Zusammenarbeit im Europarat anzustreben, mit erheblichen Unsicherheiten einherging. Denn der Europarat-Ausschuss für akademische Lehre und Forschung, der
für die Zusammenarbeit von hohen Beamten mit Hochschulleitern eingerichtet
worden war, wurde rund anderthalb Jahre nach seiner Gründung einem Rat für
kulturelle Zusammenarbeit unterstellt und entwickelte sich damit zu einem Unterausschuss eines Ausschusses der Ministerrunde. Die Rektoren und Vizekanzler
wurden dabei vor vollendete Tatsachen gestellt und fürchteten, dass ihr Ausschuss
für akademische Lehre und Forschung seinen unabhängigen Status sowie die ihm
eigentlich zugesagte unmittelbare Beratungsfunktion für die Minister verliere. Erst
nach eindringlichen Interventionen wurden zugesagte Rechte gewahrt.

Vor dem Hintergrund dieser beiden Kontroversen lässt sich die Gründung der Europäischen Rektorenkonferenz als ein Versuch einordnen, die Verteidigung universitärer Interessen überstaatlich sicherzustellen. Auch wenn die existierenden nationalen Hochschulsysteme für die beteiligten Universitätsvertreter das Maß der Dinge
blieben, hatten die neuerlichen Kontroversen mit internationalen Akteuren deutlich
werden lassen, dass ein gemeinsames Vorgehen notwendig war, um die universitären
Kräfte bündeln und gegen hochschulpolitische Vergemeinschaftungsversuche in
Stellung bringen zu können. Der Gründungsgedanke hinter der Europäischen Rektorenkonferenz war damit defensiver Natur: Sie sollte als Verteidigungszentrale der
Universitäten dienen. Universitäre Selbstbilder wie etwa die Autonomie und die wissenschaftliche Freiheit fungierten dabei als wichtige Werkzeuge, um eigene Interessen zu begründen und die Selbstbehauptung ihrer Hochschulen zu gewährleisten.

VI. Reformen und Proteste – die ERK in der Krise

Von der Mitte der 1960er Jahre bis in die Mitte der 1970er Jahre waren die Universitäten in besonderem Maße gesellschaftlichen und politischen Transformationsprozessen ausgesetzt. Begriffe wie Demokratisierung, Professionalisierung und Expansion prägten die Hochschuldebatten in weiten Teilen Westeuropas. In diese Zeit der Transformationen fielen die Studierendenproteste, die häufig unter dem Begriff „68" subsumiert werden. Die eingangs genannten Phänomene erfuhren im Zuge der studentischen Unruhen in fast allen Teilen Westeuropas eine besondere Dynamik und führten zu Reformversuchen an einer Vielzahl europäischer Universitäten.[1] Weder Regierungen noch Universitäten fanden einheitliche europäische Lösungen für diese Transformationen.[2] Obwohl es sich also um europäische beziehungsweise globale Phänomene handelte, blieben die hochschulpolitischen Antworten darauf in erster Linie Akteuren der nationalen, regionalen und lokalen Ebene vorbehalten.

Im Folgenden wird der Blick auf eine bislang vernachlässigte Folge der studentischen Unruhen für die europäische Ebene geworfen. Denn es gilt zu zeigen, dass sich diese massiv auf die Interaktionen der Hochschulleiter und Regierungsvertreter auf europäischer Ebene auswirkten. Während die Europäischen Gemeinschaften versuchten, die Proteste für supranationale Politikambitionen zu instrumentalisieren, zeigten sich Mitglieder der Europäischen Rektorenkonferenz erstmals bereit, auf nationale Herausforderungen auch weitreichende staatenübergreifende Lösungen zu erwägen. Damit kündigte sich im Zuge von „68" ein grundlegender Wandel des Selbstverständnisses unter den Hochschulleitern an: Während in der Gründungszeit der ERK die Verhinderung überstaatlicher Hochschulpolitiken das verbindende Interesse unter den Universitätsleitern war, wurde die Gestaltung europäischer Politiken einschließlich des Aufbaus europäischer Hochschulinstitutionen fortan von Teilen der ERK-Mitglieder unterstützt.

Diese Entwicklungen werden in drei Schritten herausgearbeitet. In einem ersten Schritt werden unterschiedliche Krisen und Dissonanzen innerhalb der ERK nach ihrer Gründung behandelt. Hierbei gilt es deutlich zu machen, dass die Hochschulleiter zwar nach außen Geschlossenheit demonstrierten, in der Ausgestaltung ihrer Zusammenarbeit aber ebenso gespalten waren wie über Fragen der studentischen Partizipation. In einem zweiten Schritt werden die Studierendenproteste und ihre Reflexion innerhalb der Europäischen Rektorenkonferenz aufgezeigt. Auch wenn die ERK-Mitglieder keine gemeinsame Strategie für den Um-

---

[1] Vgl. Rüegg: Themen, Probleme, Erkenntnisse, S. 30 f.; Rohstock: ‚Boom' oder ‚Krise', S. 45–58.

[2] Zu der transnationalen Dimension der Studierendenproteste liegen bereits zahlreiche Studien vor. Vgl. u. a. Frei: 1968; Horn: The spirit of '68, Rebellion in Western Europe and North America; Kimmel: Studentenbewegungen der 60er Jahre; Kraushaar: Die 68er Bewegung international.

gang mit den Studierenden entwickelten, bemühten sie sich um einen detaillierten Informationsaustausch. In einem dritten Schritt gilt es die Folgen der Proteste für die europäische hochschulpolitische Debatte herauszuarbeiten. Dabei wird zu diskutieren sein, wieso die späten 1960er Jahre als Ausgangspunkt einer neuen europäischen Politikoffensive im Hochschulbereich und als Ausgangspunkt eines gewandelten Europaverständnisses der Hochschulleiter angesehen werden können.

1. Der Schein der universitären Geschlossenheit

Bereits in den Gründungsjahren der ERK hatten sich Europas Rektoren und Vizekanzler bemüht, zumindest nach außen Geschlossenheit zu demonstrieren. In zahlreichen Festreden verwiesen sie etwa auf eine gemeinsame, bis ins Mittelalter zurückreichende Geschichte. So erinnerten sie an die Universitätsgründungen von Bologna und Paris sowie an einen Jahrhunderte währenden gemeinsamen Kampf um akademische Rechte gegenüber Kirche und Staat.[3] Der zweite ERK-Präsident, Jaques Courvoisier, betonte 1965 in einem Rundschreiben, dass es als ein Verdienst der noch jungen ERK angesehen werden müsse, den Universitätsangehörigen in Europa wieder ein Bewusstsein für ihre historische Solidarität untereinander vermittelt zu haben.[4] Nach seiner Vorstellung war die Solidarität unter den europäischen Universitäten geschichtlich längst ein Normalzustand gewesen, der lediglich durch die Wirren der Weltkriege unterbrochen worden war und nun – nicht zuletzt dank der ERK – fortgesetzt werde.

Ihre historische Einheit brachten Europas Rektoren und Vizekanzler nicht nur über schriftliche oder mündliche Solidaritätsbekundungen zum Ausdruck. Sie demonstrierten diese zugleich nonverbal. Auf festlichen Anlässen am Rande der Großversammlungen trugen die Universitätsleiter ihre traditionelle akademische Kleidung und stellten sie in Festumzügen einer interessierten Öffentlichkeit zur Schau. In farbigen Talaren und mit ihren Amtsketten zogen sie etwa 1959 durch die Innenstadt Dijons. Marcel Bouchard schrieb in seinen Memoiren, dass der Umzug der Rektoren aus allen europäischen Ländern in feierlicher Kleidung durch die Straßen der Stadt eine prächtige und imposante Darbietung war, die es so noch nie zuvor in Frankreich gegeben habe.[5] Selbst für Hochschulleiter schien die Zurschaustellung alter universitärer Traditionen eine Besonderheit zu sein, welche das Prestige der gastgebenden Universität und Nation steigerte. Zumal auf allen Generalversammlungen hohe Repräsentanten der nationalen und internationalen Politik gastierten.

---

[3] Vgl. Address given by Professor Dr. Hermann Jahrreiss. Award of Honorary Doctorates to Mesrs. Bouchard and Jahrreiss, in: HAEU – CRE-14 Bologna, 1974: Administrative Tasks; Feierliche Schlußsitzung der III. Generalversammlung am 8. 9. 1964, in: Zimmerli (Hrsg.): Die optimale und maximale Größe der Universität, S. 415.

[4] Vgl. Allocution prononcée à la réception du 26 mai 1965 à l'université de Genève par le prof. J. Courvoisier, président de la Conférence des recteurs et vice-chanceliers des universités européennes, in: UNIGE – CRE – Archives Courvoisier – Box 3.

[5] Vgl. Bouchard: Pour la Bourgogne, son Université, S. 105.

Abb. 2: Auf der Generalversammlung in Göttingen war Bundeskanzler Ludwig Erhard zu Gast, der von dem Fotografen Fritz Paul Zigarre rauchend zusammen mit dem Tagungspräsidenten Walther Zimmerli und dem vormaligen Göttinger Rektor Arnold Scheibe abgelichtet wurde

Die Umzüge machten daher auch gegenüber politischen Beobachtern Eindruck. Ein Vertreter des Europarats schrieb in seinem Bericht über die 1955 ausgetragene Versammlung in Cambridge: „... the many Rectors in their multi-coloured robes made up a veritable European tapestry of the Middle Ages."[6] Rektoren und Vizekanzler verkörperten nach außen also eine besondere altehrwürdige Form eines europäischen Gemeinschaftsgeistes.

Auch auf der Göttinger Versammlung von 1964 zeigten sich die Universitätsleiter im Rahmen eines Festumzugs in ihren Talaren und mit ihrem Amtszepter, -stab oder -kette. Alleine die Garderobe veranschaulichte eine vielbeschworene gemeinsame Tradition.[7] Das „Göttinger Tageblatt" schrieb über den Straßenumzug durch das Zentrum der Universitätsstadt: „Eine fremdartig anmutende Vielfalt von Formen und Dekors zeigten die Talare der ausländischen Rektoren."[8]

[6] Report by the Observer of the Secretariat-General of the Council of Europe, Straßburg, 19. September 1955, in: COE – AS/CS (7) 12.
[7] Zur Interpretation der verschiedenen Insignien europäischer Universitätsrektoren vgl. Vorbrodt/Vorbrodt: Die akademischen Zepter und Stäbe in Europa.
[8] Im Zeichen der Tradition, in: Göttinger Tageblatt, Nr. 205, 3. 9. 1964.

Abb. 3 und 4: Europas Rektoren und Vizekanzler laufen in ihrem Ornat durch das Göttinger Stadtzentrum

Abb. 5: Rektor und Prorektor der gastgebenden Göttinger Georg-August-Universität auf dem Festumzug

Die Laufordnung des Umzuges wurde in Göttingen nicht dem Zufall überlassen. Sie stellte nach Bekunden des Göttinger Organisationsbüros vielmehr ein „besonderes Problem"[9] dar, das erst nach Vorarbeit eines studentischen Mitarbeiters in Gesprächen zwischen dem Göttinger Rektor und dem Präsidenten der WRK festgelegt wurde. Die vorderste Position im Umzug nahmen die Göttinger Universitätspedelle ein. In rote Umhänge gehüllt, schritten sie an der Spitze des Umzuges mit eigens für die ERK angefertigten Insignien durch die Innenstadt. Daraufhin liefen der Rektor, der Prorektor, die Dekane und weitere Vertreter der gastgebenden Alma Mater.

[9] Erfahrungsbericht des Organisationsbüros der III. Generalverammlung der Ständigen Konferenz der Rektoren und Vizekanzler der europäischen Universitäten, Dezember 1964, in: HAEU – CRE-3 Gottingen, 1964: Working Sessions, S. 26.

Die Position der darauffolgenden Rektoren und Vizekanzler richtete sich nach dem Alter und damit der ihnen beigemessenen historischen Würde der Hochschule.[10] Zu den Vertretern der ältesten und damit vorne platzierten Universitäten gehörten die Repräsentanten aus Bologna, Parma und Oxford.[11] Die Reihenfolge nach Alter wurde bis zu Marcel Bouchard, dem Präsidenten der ERK, durchgeführt. Anschließend folgten die Festredner der Tagung, das Präsidium und der Ständige Ausschuss der ERK einschließlich darin mitwirkender Experten. Danach setzte sich die Reihenfolge nach Alter der Universität fort. Am Ende des Zuges liefen die Präsidenten der internationalen Universitätsverbände und der Göttinger Lehrkörper.[12] Die öffentlich inszenierte Einheit der Universitäten Europas war damit sehr komplex austariert und stand überwiegend – wie das „Göttinger Tageblatt" 1964 schrieb – ganz im „Zeichen der Tradition".[13]

Für Mansfield Cooper, Vizekanzler der Universität Manchester, erschien die Göttinger Rektorenzusammenkunft von 1964 im Rückblick als einer der letzten Momente einer noch heilen Universitätswelt. Cooper schrieb 1979 über die eineinhalb Dekaden zuvor abgehaltene Rektorenparade durch die Göttinger Innenstadt: „Who took part in it will never forget the opening ceremony with the delegates parading through the town – the crowds augmented by the children given holiday from school."[14] Tausende Schaulustige hatten die akademische Prozession durch die niedersächsische Universitätsstadt mitverfolgt. Für Cooper hatte dieser – den alten universitären Traditionen verpflichte – Moment eine Würde ausgestrahlt, die er auf den nachfolgenden ERK-Versammlungen nicht wieder zu finden glaubte. Er schrieb hierzu:

„For me Gottingen represents the apogee of the historic European university, alas, so soon to be assailed from within and without, by mistrust and rebellion, no new thing in the histories of universities but, on this occasion, enflamed by modern communications and so grievously mistimed that its chief importance was the retreat of university and intellectual interest and the advancement of governmental and political ones. From these it will take the universities decades to recover."[15]

Für Mansfield Cooper, der der Gründergeneration der ERK angehörte, hatten die späten 1960er Jahre also eine Krisenerfahrung mit sich gebracht, die sein Verständnis des universitären Europas nachhaltig verändern sollte. Wie Cooper machten viele Universitätsleiter die Ereignisse des Jahres 1968 für diese Krisenerfahrung verantwortlich. Dieses Jahr konnte allerdings höchstens als ein Kulminationspunkt ganz unterschiedlicher Krisen verstanden werden, die sich auch auf europäischer Ebene zeigten und sich auf die Zusammenarbeit der Hochschulleiter untereinander und auf ihr Verhältnis zu Regierungsvertretern auswirkten.

---

[10] Vgl. ebenda.
[11] Vgl. Europa-Universität ohne Chance, in: Süddeutsche Zeitung, 3. 9. 1964, S. 4.
[12] Erfahrungsbericht des Organisationsbüros der III. Generalverammlung der Ständigen Konferenz der Rektoren und Vizekanzler der europäischen Universitäten, Dezember 1964, in: HAEU – CRE-3 Gottingen, 1964: Working Sessions, S. 26.
[13] Im Zeichen der Tradition, in: Göttinger Tageblatt, Nr. 205, 3. 9. 1964.
[14] Mansfield Cooper: From Cambridge Onward. A Personal Survey, in: UNIMA: Mansfield Cooper Papers Box 17: Letters 1972 + Article – Early years of CRE.
[15] Ebenda.

Abb. 6: ERK-Präsident Marcel Bouchard (vorne), die Festredner und das Präsidium der ERK schreiten an der Aula der Georg-August-Universität entlang

1.1 Die ERK auf der Suche nach ihrer Mission

Bereits mit ihrer Gründung zeichnete sich ab, dass der Europäischen Rektoren-konferenz zahlreiche interne Konflikte bevorständen. Ein erster Konflikt ent-brannte über die fehlende Sichtbarkeit der ERK unter ihrer weiterhin anwachsen-den Zahl an Mitgliedern. Bereits in den Aufbaujahren der Organisation war deutlich zutage getreten, dass die Geschicke der Vereinigung von nur wenigen Mitgliedern geleistet werden würden. Für einen Großteil der Rektoren und Vize-kanzler, der nicht aktiv in die Ausschuss- und Gremienarbeit eingebunden war, blieb die Tätigkeit der ERK kaum nachvollziehbar. Mit der fehlenden Sichtbarkeit ihrer Arbeit ging das Risiko einher, als Organisation überhaupt nicht wahrgenom-men und damit als unnütz eingestuft zu werden. Der zweite ERK-Präsident Jaques Courvoisier stellte in den späten 1960er Jahren fest, dass viele Rektoren aus ihrem Amt ausscheiden würden, bevor sie überhaupt wüssten, wozu die ERK gut gewe-sen sei.[16] Zu einem ähnlichen Schluss kam auch ein Schweizer Universitätskollege, Henri Zwahlen, der bei einer Zusammenkunft des Ständigen Ausschusses feststell-te: „... if CRE had some difficulty in becoming a living reality, that was because the majority of its members were not aware of its existence and its usefulness."[17] Mit ihrer fehlenden Sichtbarkeit war zugleich die Gefahr verbunden, selbst in uni-versitären Kreisen unbeachtet zu bleiben und die Ernsthaftigkeit des europäischen Unterfanges abgesprochen zu bekommen.

Bereits kurze Zeit nach der Gründung der ERK zeigte sich ihre Führungsriege daher bestrebt, die Organisation vor ihren Mitgliedern besser zu legitimieren und die Sacharbeit der ERK ausführlicher zu kommunizieren. Für zahlreiche Mitglie-der des Ständigen Ausschusses schien es daher opportun zu sein, nationale Mittler in die Arbeit der ERK einzuschalten, welche relevante Informationen an die ein-zelnen Universitäten weiterleiten würden. Solcherlei Überlegungen wurden nicht selten mit Nachdruck vorgetragen. Ein Wiener Rektor forderte etwa 1962 gegen-über einem französischen Kollegen, dass sämtliche Mitteilungen nicht direkt an die österreichischen Universitäten gesendet werden sollten, sondern „ausschließ-lich" an ihn als Mittler zu richten seien. Eine solche Mittlerfunktion stände ihm zu, da er als Vorsitzender der Österreichischen Rektorenkonferenz fungiere und daher im Namen aller österreichischen Universitäten das Wort ergreifen könne.[18]

---

[16] Vgl. Jaques Courvoisier: Some thoughts on the future of the European Standing Conference with a view to the Board meeting in Paris on January, 1968, in: HAEU – CRE-120 Meetings 1968.

[17] Vgl. Minutes of the Meeting of the Bureau held in Geneva on June 30, 1968, in: HAEU – CRE-79 Meetings 1968.

[18] Der Wiener Rektor argumentierte, dass die österreichischen Rektoren lediglich für ein Jahr gewählt würden, und eine Kontinuität ohne seine Mittlerrolle nicht sichergestellt werden kön-ne. Vgl. Wiener Rektor an R. Warnier, Generalsekretär der Conférence des Recteurs français, Wien, 6. November 1962, in: HAEU – CRE-423 Secrétaire général de la Conférence des Rec-teurs français: external relations; Wiederholter Hinweis in einem Brief von Walther Krauss, Vorsitzender der Österreichischen Rektorenkonferenz, an Jaques Courvoisier, 18. 11. 1968, in: HAEU – CRE-446 President Courvoisier: internal correspondence.

Auch wenn die Einbeziehung von Mittlern nicht formell festgeschrieben wurde, fand ein solches Vorgehen in der Praxis häufig statt. Es erlaubte gerade auch den nationalen Hochschulverbänden, unmittelbaren Einfluss auf die ERK auszuüben.[19] Zugleich schien eine Antwort auf die fehlende Sichtbarkeit der Organisation zu sein, regelmäßig Seminare für Rektoratsmitglieder zu organisieren und einen europäischen Diskurs über staatenübergreifend relevante Hochschulthemen auszurichten. Dies sollte es der ERK erlauben, Mitglieder zu aktivieren und auch für diejenigen Hochschulleiter, die keinen Gremienposten innehatten, nützlich zu erscheinen.[20] Wegen des Legitimationsdrucks etablierte die Führungsriege damit einen kontinuierlichen europäischen Austausch über hochschulpolitische Themen. Zugleich versuchte die ERK über eine hauseigene Zeitschrift für ihre Mitglieder sichtbar zu werden. Jaques Courvoisier stellte über die 1969 erstmals erschienene und fortan drei Mal jährlich herausgegebene Zeitschrift „CRE Information" fest, dass sie einerseits über die Arbeit der ERK informieren und andererseits einen freien und europaweiten Meinungsaustausch über das Hochschulwesen initiieren solle.[21] Auch wenn die ERK nicht zuletzt angetreten war, um eine Europäisierung im Hochschulwesen zu verhindern, etablierte sie damit alleine aufgrund des wachsenden Legitimationsdrucks neue Foren, in denen Ideen interuniversitär auf europäischer Ebene diskutiert werden konnten.

1.2 Die Finanzierung in Zeiten knapper Kassen

Die Legitimation der ERK wurde alleine aus finanziellen Gesichtspunkten notwendig. Mit der Loskopplung von der Westeuropäischen Union und einer nur losen Bindung an den Europarat war eine Grundfinanzierung der Zusammenarbeit über Mitgliedsbeiträge nötig geworden. Die Göttinger Generalversammlung hatte sich 1964 darauf geeinigt, den jährlich zu entrichtenden Beitrag auf 400 Schweizer Franken für die Mitgliedschaft eines Universitätsleiters festzusetzen. Durch die Mitgliedsbeiträge nahm die ERK im Jahr 1968/69 knapp 83.000 Schweizer Franken ein. Dem Spielraum für gemeinsame Projekte waren damit enge Grenzen gesetzt. [22] Alleine die Kosten für die 1969 erst in Bologna angedachte und letztlich in Genf ausgetragene Generalversammlung sollten sich auf 70.000

---

[19] Die Diskussionen über nationale Mittler sollte in manchen Ländern überhaupt erst den Anstoß zum Aufbau nationaler Universitätsverbände geben. Vgl. European Universities Committee of Western European Union: Past and Future. Report of the Committee to the 2nd Conference of University Rectors and Vice-Chancellors, Dijon, September 1959 (Draft Version), in: UNIMA: Mansfield Cooper Papers Box 35 [C.R.E. 2nd General Assembly, Dijon 1959].

[20] Vgl. Zur künftigen Hochschulpolitik der CRE, Bad Godesberg 1979, in: HAEU – CRE – 399.

[21] Vgl. CRE Standing Conference of Rectors and Vice-Chancellors of the European Universities: Report of the Committee to the General Assembly, in: UNIGE – CRE – A.G. 1969 – Genève.

[22] Vgl. Report of the Permanent Committee, in: Courvoisier (Hrsg.): Acts of the 4th General Assembly held in Geneva, S. 406.

Schweizer Franken belaufen.[23] Die Ausrichtung einer Versammlung hätte damit ohne zusätzliche finanzielle Ressourcen von staatlicher oder wirtschaftlicher Seite fast einen gesamten Jahresetat der ERK nötig gemacht.

Aufgrund der finanziellen Engpässe war die ERK auf die freiwilligen Dienste und Beiträge einzelner Mitglieder angewiesen.[24] Dies galt etwa für die Arbeit des ERK-Sekretariats. Auf Betreiben Jaques Courvoisiers hatte sich die Universität Genf bereiterklärt, kostenlos Räume für das Sekretariat zur Verfügung zu stellen und den Großteil der dabei anfallenden Kosten zu übernehmen.[25] Die Funktionstüchtigkeit des alltäglichen Organisationsbetriebs war damit an die Großzügigkeit einer einzigen Universität geknüpft. Ohne eine aktive Einbringung einzelner Mitglieder war die Aufrechterhaltung der Organisation kaum zu bewerkstelligen. Für größere Unternehmungen war die ERK daher auf externe Unterstützung angewiesen. Die vierte Generalversammlung, die 1969 in Genf ausgetragen wurde, unterstützte etwa der Schweizer Staat mit rund 37.000 Franken. Zudem stellten die in Genf ansässige Weltgesundheitsorganisation und das World Council of Churches ihre Räume und Simultanübersetzer zur Verfügung.[26] Ohne die Gunst Dritter war an eine erfolgreiche Arbeit der ERK in den 1960er Jahren kaum zu denken.

Die knappen Kassen konnten sich auch auf Entscheidungsfindungen innerhalb der Europäischen Rektorenkonferenz auswirken. Paul Ladame, der als Sekretär das ERK-Büro in Genf leitete, empfahl etwa in einer vertraulichen Notiz an den ERK-Präsidenten Jaques Courvoisier, die zahlungskräftigen Universitäten – insbesondere in Deutschland und Großbritannien – verstärkt zu konsultieren und ihren Meinungen stärkeres Gewicht zukommen zu lassen.[27] Ladame rechnete vor, dass die deutschen und britischen Universitäten einen Löwenanteil der Finanzmittel der ERK bereitstellten. Beide Länder würden die meisten Mitglieder aufbieten. Aus der Bundesrepublik kämen 32 und aus Großbritannien 25 Mitglieder, was bedeute, dass aus Deutschland 12.800 Francs und aus Großbritannien 10.000 Francs überwiesen würden. Dies sei weit mehr als aus Frankreich, das lediglich

---

[23] Address by Professor Albert E. Sloman, new President of the CRE, during the Assembly in Geneva, in: HAEU – CRE-6 Geneva, 1969: Allocution.

[24] In einer Stellungnahme über die Arbeit der ERK stellten Präsident Jaques Courvoisier, Sekretär Rolf Deppler und das Vorstandsmitglied Donald J. Kuenen gemeinsam fest, dass die Organisation aufgrund ihrer finanziellen Engpässe lediglich über ihre wohlmeinenden Mitglieder und deren freiwillige Dienste funktioniere. Vgl. The Future of the Standing Conference of the Rectors and Vice-Chancellors of the European Universities: Report prepared by Mr. Deppler and reviewed by Professors Courvoisier and Kuenen, in: HAEU – CRE-120 Meetings 1968.

[25] Der Ständige Ausschuss der ERK zeigte sich besorgt, dass solcherlei Hilfe Einzelner irgendwann ausbleiben könnten, was die ERK in den Ruin führen würde. Vgl. Report of the Permanent Committee, in: Courvoisier (Hrsg.): Acts of the 4th General Assembly held in Geneva, September 3–6, 1969, S. 401.

[26] Vgl. Address by Professor Denis van Berchem, former Rector of the University of Geneva and representative of the Rector, Professor Martin Peter, in: HAEU – CRE-6 Geneva, 1969: Allocution.

[27] Vgl. Conférence permanente des Recteurs. Installation d'un secrétariat à Genève. Note de Paul Ladame pour le président Courvoisier, in: HAEU – CRE-445 President Courvoisier: external correspondence.

6.000 Francs zur Finanzierung der ERK beitrage.[28] Ladame schlussfolgerte, dass sich diese Unterschiede auch in der Entscheidungsfindung widerspiegeln müssten. Die noch gegenüber der WEU bemängelte formelle Ungleichbehandlung der Universitäten sollte damit nach Gründung einer eigenen, politisch unabhängigen Organisation auf informellem Wege von Hochschulakteuren selbst gerechtfertigt werden.

Ähnliche strategische Überlegungen nahm Ladame auch bezüglich der nationalen Zugehörigkeit der Universitätsleiter vor. Er empfahl Courvoisier, sich um neue Mitglieder aus den EFTA-Staaten zu bemühen, da er befürchte, dass die ERK von Rektoren aus der Europäischen Wirtschaftsgemeinschaft überflutet werde. Er rechnete dem ERK-Präsidenten vor, dass bislang 73 Mitglieder aus dem gemeinsamen europäischen Markt kämen und insgesamt 29.200 Francs an Mitgliedsbeiträgen entrichteten. Aus den EFTA-Staaten kämen hingegen lediglich 58 Mitglieder, welche zusammen gerade einmal 23.600 Francs an Beiträgen bezahlten. Die ERK müsse sich daher bemühen, weitere Hochschulleiter aus den EFTA-Staaten zu gewinnen, damit die Mitgliedsuniversitäten der EWG-Staaten – mit Frankreich an ihrer Spitze – nicht die Oberhoheit über die Geschicke der Europäischen Rektorenkonferenz bekämen und dies als Waffe gegen Mitglieder aus den übrigen Staaten einsetzten.[29] Die vielbeschworene Einheit der Universitäten drohte damit in die Mühlen interner strategischer Überlegungen zu geraten.

1.3 Die Sprachenfrage

Ein interner Konflikt entbrannte außerdem über die Frage, welche Sprachen auf den Zusammenkünften gesprochen werden sollten. Die ERK-Statuten legten fest, dass die offiziellen Arbeitssprachen Englisch und Französisch seien. Diese Festlegung schien durchaus gerechtfertigt, da beide Sprachen in den internationalen Regierungsorganisationen, mit denen die ERK-Mitglieder bis dahin kooperiert hatten, dominierten. Außerdem hatten die ersten beiden Großversammlungen der Rektoren und Vizekanzler in Cambridge und Dijon stattgefunden. Britische und französischsprachige Hochschulleiter konnten damit auf die gängige Praxis ihrer früheren Zusammenarbeit verweisen, wo es üblich war, auf Englisch oder Französisch zu sprechen, solange keine Simultandolmetscher anwesend waren. Die knappen Kassen der ERK hatten es ferner unmöglich gemacht, Arbeitssitzungen und Dokumente in allen Sprachen zugänglich zu machen, dies zumal die Anzahl der Sprachen mit dem Anwachsen der Mitgliedsuniversitäten in den 1960er und frühen 1970er Jahren kontinuierlich anstieg. Trotzdem intervenierten Universitätsleiter und nationale Hochschulverbände, die ihre Nationalsprache berücksichtigt sehen wollten. Dies galt insbesondere für westdeutsche Rektoren, die gemeinsam mit österreichischen und deutschschweizerischen Hochschulleitern die Anerken-

---

[28] Vgl. ebenda.
[29] Vgl. ebenda.

nung des Deutschen als Arbeitssprache forderten. Der Göttinger Rektor Zimmerli argumentierte etwa 1965, dass Mitglieder mit Deutsch als Muttersprache die größte Mitgliedergruppe stellten. Daher forderte er, „die bisherige Lösung erneut zu prüfen".[30] Eine Mehrheit konnte Zimmerli mit seiner Position allerdings nicht gewinnen. Im Sitzungsprotokoll des Ständigen Ausschusses wurde vermerkt, dass zu wenige Rektoren europäischer Länder der deutschen Sprache mächtig seien, um sie als Arbeitssprache einzuführen. Zumindest teilweise kam der Ständige Ausschuss aber Zimmerli und seinen Unterstützern entgegen. Der Ausschuss entschied, dass es jedem erlaubt sei, seine eigene Sprache zu sprechen, solange er eine angemessene Übersetzung für die anderen Teilnehmer sicherstelle.[31]

Ähnliche Auseinandersetzungen fanden sich auch im Hinblick auf die Publikationssprachen der ERK. Aufgrund von Vorbehalten gegen das Englische und Französische entschied der Ständige Ausschuss, dass die Beiträge im hauseigenen Bulletin in allen Sprachen eingereicht werden durften, auch wenn darum gebeten wurde, zumindest ein kurzes Resümee in englischer oder französischer Sprache beizufügen.[32] Nach einer kurzen Phase der Mehrsprachigkeit wurden allerdings fast ausschließlich Artikel in Englisch und Französisch abgedruckt. Selbst deutsche Hochschulvertreter publizierten nach wenigen Jahren nicht mehr in ihrer Muttersprache, sondern entschieden sich zumeist, ihre Beiträge auf Französisch zu publizieren. Anders sah es bei den veröffentlichten Protokollbänden der Generalversammlungen aus. Die meisten gastgebenden Universitäten legten Wert darauf, dass die Protokollbände auch in ihrer Landessprache erschienen. So erschienen die Bände zur Göttinger Versammlung auch in deutscher und der Band zur Versammlung in Bologna in italienischer Sprache.

Die Vorbehalte gegen lediglich zwei Arbeitssprachen dürften einerseits nationalen Egoismen geschuldet gewesen sein. Die Universitätsleiter, die bis 1964 als Verteidiger ihrer nationalen Hochschulsysteme aufgetreten waren, schienen konsequenterweise nur widerwillig bereit zu sein, für eine europäische Vereinigung auf ihre Nationalsprache zu verzichten. Andererseits dürften die Vorbehalte auch praktischer Natur gewesen sein. Ein nicht unbeträchtlicher Teil der Universitätsleiter hatte Probleme, sich in einer fremden Sprache adäquat auszudrücken. Wer den beiden Arbeitssprachen nicht mächtig war, hatte es von Vornherein schwer, sich aktiv in die Aushandlungsprozesse einzubringen. Dies galt für die internen Entscheidungsfindungen der ERK genauso wie für die Kooperation mit hohen Beamten unter dem Dach des Europarats. Nach einer Sitzung von Universitätsleitern und hohen Beamten im CHER stellte etwa Thomas Parry, Vizekanzler der University of Wales, fest:

[30] Protokoll der 11. Sitzung des Ständigen Ausschusses der Ständigen Konferenz der Rektoren und Vizekanzler der europäischen Universitäten in Neuchâtel am 13. März 1965, in: HAEU – CRE-117 Meetings 1965.
[31] Vgl. Minutes of the meeting of the Bureau of the Standing Conference of Rectors and Vice-Chancellors of European Universities held in the University of Geneva on 24 June 1965, in: HAEU – CRE-76 Meetings 1965.
[32] Vgl. ebenda.

„There was a little Greek civil servant with receding hair and a charcoal-line moustache, whose name (Papapapos) was as funny as he himself was irritating. He spoke often and long in English and in French (both bad) like a chattering Lambretta, and took a particular delight in abstaining. As a contrast, Jahrreiss addressed us in French in an immensely dignified and deliberate way, like Big Ben striking midnight."[33]

Die Entscheidung für oder gegen eine Arbeitssprache dürfte sich also zum einen aus dem Prestige erklären, die die Anerkennung einer Arbeitssprache mit sich brachte. Dieser Umstand erinnert an die Diskussionen über Wissenschaftssprachen, die bereits im 18. und 19. Jahrhundert geführt wurden. Ebenso konnten sie aber auch dem mangelnden Ausdrucksvermögen geschuldet sein, das sich auf den Zusammenkünften bemerkbar machen konnte.

1.4 Die Auseinandersetzung über studentische Teilhabe

Uneinigkeit herrschte in den 1960er Jahren unter den Hochschulleitern der ERK auch darüber, welche Rolle Studierende an den Universitäten sowie innerhalb der ERK einnehmen sollten. Für die 1964 abgehaltene Göttinger Versammlung hatte Gérald Antoine, Rektor der erst 1961 gegründeten Universität Orléans, eine vergleichende Studie über die Verantwortung, die Vertretung und den Status der Studierenden an Europas Universitäten durchgeführt. Der 1915 geborene Antoine zählte zu jenen Persönlichkeiten in der ERK, die bereit waren, auch kontroverse Positionen gegen alteingesessene europäische Amtskollegen zu vertreten. In der von ihm vorgelegten Studie, für die er Fragebögen an alle ERK-Universitätsleiter versandt und ausgewertet hatte, kam er zu gleichermaßen kritischen wie provokanten Schlussfolgerungen. Offen sprach er an, dass zwar fast jeder Universitätsleiter in seinem Fragebogen angegeben habe, dass seine Studierenden in der einen oder anderen Art und Weise in die akademische Selbstverwaltung einbezogen würden. Allerdings hätte eine überwiegende Mehrzahl ebenso angegeben, dass sich ihre Studierenden höchstens in Randbereichen selbst verwalten dürften. Dazu gehörten „soziale Fragen, Sport und Freizeitgestaltung, Tätigkeit auf kulturellem Gebiet (Gemeinschaftsräume [Foyers] oder Studentenwohnheime)" oder bei der „Betreuung ausländischer Studenten".[34] Lediglich eine kleine Zahl skandinavischer Universitäten würde weiter gehen und ihre Studierendenvertreter entweder zur „Festlegung des Studienprogramms" hinzuziehen oder sogar in einer „Erziehungskommission der Fakultäten" mitbestimmen lassen.[35] Antoine führte in seinen Schlussfolgerungen aus:

---

[33] Thomas Parry, Vice-Chancellor of University College of Wales, an Mansfield Cooper, 4. Dezember 1961, in: UNIMA: Mansfield Cooper Papers Box 52 [C. H. E. R. Correspondence 1960–62].

[34] Antoine: Die Verantwortung und die Vertretung der Studentenschaft; Status und Auswahl der Vertreter, in: Zimmerli (Hrsg.): Die optimale und maximale Größe der Universität, S. 188.

[35] Ebenda, S. 189.

„Ich hatte meinen Fragebogen über die Verantwortung der Studenten mit einer etwas indiskreten Frage geschlossen: ‚Wünschen Sie eine Erweiterung oder, im Gegenteil, eine Einschränkung des Verantwortungsbereiches, der zur Zeit den Studenten Ihrer Universität zukommt? Auf welchen Gebieten im Besonderen?' – Wie ich erwarten konnte, hat es niemand gewagt, eine Einschränkung zu wünschen, aus Furcht, dadurch für einen rückständigen Menschen und Miesmacher gehalten zu werden. Einige haben – es muß gesagt werden – die Frage offen gelassen."[36]

Antoine warnte daraufhin, dass „zu viele europäische Länder im Begriff sind, den wahrhaften Charakter der Universitäten aus dem Auge zu verlieren, nämlich den einer Gemeinschaft von Lehrenden und Lernenden."[37] Europas Universitätsleiter würden sich mit ihrer Missachtung studentischer Teilhabe dem Vorwurf aussetzen, „Mandarine oder nur einfache Werkzeuge der Regierung zu sein."[38] Die von Antoine 1964 vorgestellte Studie war eine Provokation und zeigte die Spaltung innerhalb der ERK auf. Während ein Teil der Mitglieder an dem Status quo der alten Ordinarienuniversität festhielt und die Vormachtstellung der Rektoren und Professorenschaft erhalten wollte, wurden ab der ersten Hälfte der 1960er Jahre vermehrt Stimmen laut, die für Reformen an den Hochschulen zugunsten der Teilhabe von Studierenden offen waren. Unterstützung für Ideen einer Gruppenuniversität blieben allerdings deutlich in der Minderheit. So stieß auch Antoines Studie unter ERK-Mitgliedern mehrheitlich auf Ablehnung. Auf Antrag Mansfield Coopers wurde die Studie in Göttingen nicht wie vorgesehen gebilligt und verabschiedet, sondern lediglich „entgegengenommen".[39] Trotz der mehrheitlichen Missbilligung blieben Ausführungen von Antoine nicht ungehört. Der Münchner Prorektor Ludwig Kotter betonte auf einer deutsch-skandinavischen Rektorenkonferenz, welche am 5. Oktober 1967 in Erlangen stattfand, dass es an der Zeit sei, die bereits eingeleiteten Reformbemühungen an den Hochschulen zu intensivieren, wobei man „der Frage eines Abbaus von unnötigen Hierarchien und von professoralem Paternalismus nicht aus dem Wege gehen" dürfe.[40] Mit Blick auf die Studie Antoines schlussfolgerte Kotter: „Dann werden die Studenten ihre Hochschullehrer nicht mehr ‚beschuldigen, Mandarine und nur einfache Werkzeuge' des Establishments zu sein."[41] Antoine und Kotter können als zwei jener Protagonisten angesehen werden, die sich bereits vor 1968 bereit zeigten, die Stellung der Professoren und Rektoren zugunsten einer partizipativeren Ausrichtung an den Hochschulen zu reformieren.

Die in der ERK kontrovers geführte Debatte über eine stärkere Teilhabe von Studierenden an den Universitäten stellte in den späten 1960er Jahren auch das

---

[36] Ebenda, S. 191.

[37] Ebenda, S. 196.

[38] Ebenda, S. 196.

[39] Zum Thema „Die Verantwortung und die Vertretung der Studentenschaft; Status und Auswahl der Vertreter" der Gruppe Antoine. III. Europäische Rektorenkonferenz, Göttingen, 8. 9. 1964, in: HAEU – CRE-3 Gottingen, 1964: Working Sessions.

[40] Kotter: Zu den Ursachen der Studentenunruhen. 3. Deutsch-Skandinavische Rektorenkonferenz. Rede vom 5. Oktober 1967, in: Universitätsarchiv München (Hrsg.): Chronik der Ludwig-Maximilians-Universität München 1967/1968, S. 54.

[41] Ebenda.

institutionelle Gefüge der Europäischen Rektorenkonferenz selbst infrage. Vor dem Hintergrund der einsetzenden Studierendenproteste hoben Generalsekretäre mehrerer nationaler Hochschulverbände in einem Positionspapier hervor:

„... new trends affecting the position of the rectors [...]; we would mention the following: introduction of presidential rule, strengthening of the position of administrative experts, and what is called ‚democratization‘ of university administration."[42]

Mit kritischem Blick auf die Verfasstheit der ERK schlussfolgerten sie: „A Conference based on the Rectors as individuals could, in the near future, be affected and even almost paralyzed by this development."[43] Die beteiligten Generalsekretäre warnten daher davor, dass die Europäische Rektorenkonferenz der neuen Zeit nicht mehr gerecht werden könne. Sie warfen der Vereinigung vor: „CRE becomes gradually transformed into a sort of club for the preservation of old traditions."[44]

Die Vielzahl an Problemfeldern und Spannungen in der ERK lässt deutlich werden, dass Ziele und Wege der Zusammenarbeit in den 1960er Jahren umstritten blieben. Jaques Courvoisier stellte im Januar 1968 über den Zustand der Organisation fest: „Kurzum, die ERK scheint mir im Moment vor allem ein Symbol zu sein, ein Symbol, das sowohl ihre Reichweite als auch ihre Zerbrechlichkeit unterstreicht."[45] Die quantitative Zunahme ihrer Mitglieder ging also zugleich mit anhaltenden Differenzen über Sinn und Zweck der Organisation einher. Dies betraf innerorganisatorische und hochschulpolitische Aspekte gleichermaßen.

1.5 Personelle Neuaufstellung

Die Krisen der Europäischen Rektorenkonferenz in den 1960er Jahren gingen mit einer personellen Neuaufstellung ihrer Führungsriege einher. Denn allmählich verabschiedeten sich die prägenden Figuren der Aufbaujahre. Zu den scheidenden Persönlichkeiten gehörten unter anderem der erste ERK-Präsident Marcel Bouchard, Hermann Jahrreiß und Mansfield Cooper.[46] Die Abtretenden der ERK-Gründergeneration hatten gemein, dass sie um die Jahrhundertwende geboren worden waren und damit den Großteil ihrer Jugend noch vor dem Ersten Weltkrieg verbracht hatten. Bouchard wurde im Jahr 1898, Jahrreiß im Jahr 1894 und Cooper im Jahr 1904 geboren. Sie verband zudem ihre universitäre Berufstätigkeit

---

[42] CRE in Search of its Mission. Report on a meeting of some of the General Secretaries of the national Conferences of Rectors and Vice-Chancellors, Oslo 6. 5. 1969, in: HAEU – CRE-80 Meetings 1969.
[43] Ebenda.
[44] CRE in Search of its Mission: Report on a meeting of some of the General Secretaries of the national Conferences of Rectors and Vice-Chancellors in Geneva, March 21 and 22, 1969, in: HAEU – CRE-80 Meetings 1969.
[45] Jaques Courvoisier: Quelques réflexions sur l'avenir de la CRE en vue de la séance du bureau à Paris, le 20 janvier 1968, in: HAEU – CRE-79 Meetings 1968.
[46] Vgl. Sale professor is new head of university, in: The Guardian, 15. 7. 1955; Jaques Courvoisier: De Dijon à Genève, in: CRE Information 3.47 (1979), S. 39–42.

während der Zwischenkriegszeit, wodurch ihre akademischen Karrieren in einer Hochphase des wissenschaftlichen Internationalismus begannen. Die Ambivalenzen zwischen Internationalismus und Nationalismus, die den wissenschaftlichen Internationalismus ab dem ausgehenden 19. Jahrhundert geprägt hatten, waren noch bei der Gründung der ERK in den 1950er und 1960er Jahren evident. Sie spiegelten sich unter anderem in dem von Bouchard und Jahrreiß gemeinsam betriebenen Protest gegen die supranationale Hochschulidee wider.

Mit dem Ausscheiden der Gründer übernahm allmählich eine jüngere Generation die führenden Positionen in der Europäischen Rektorenkonferenz. Diese Personen waren meist zwei bis drei Jahrzehnte später geboren als die Gründerfiguren. Hierzu gehörte Albert Edward Sloman, der im Jahr 1921 in Cornwall zur Welt kam. Sloman war studierter Romanist und Hispanist. Nach Stationen an der University of California in den Jahren 1946 und 1947 und dem Trinity College Dublin in der Zeit von 1947 bis 1953 arbeitete er von 1953 bis 1962 als Professor für Spanisch an der Universität Liverpool. Sloman fungierte 1962 als erster Vizekanzler der neugegründeten Essex-Universität, die unter seiner Führung als Campus-Universität realisiert wurde. Unter seiner bis 1987 fortdauernden Amtszeit suchte die Essex-Universität enge Bindungen an die Industrie.[47] Sloman übernahm die Präsidentschaft in der Europäischen Rektorenkonferenz von 1969 bis 1974. Mit ihm trat erstmals der Leiter einer Reformuniversität an die Spitze der Vereinigung, was die späten 1960er und frühen 1970er Jahre als einen Wendepunkt der ERK-Geschichte erscheinen lässt. Allmählich begannen neue reformerische Ideen auf Akzeptanz zu stoßen.

Zu den neuen Führungsfiguren im Kreis der Hochschulleiter gehörte auch der 1918 geborene Walter Rüegg. Der Schweizer Altphilologe und Soziologe wurde im Jahr 1961 ordentlicher Professor in Frankfurt am Main; er hatte dort zwischen 1965 und 1970 und damit in den Jahren der Studierendenproteste das Amt des Rektors inne.[48] Im Amtsjahr 1967/68 fungierte er zudem als Präsident der Westdeutschen Rektorenkonferenz. In den bundesdeutschen Auseinandersetzungen war Rüegg ein Kritiker allzu revolutionärer Forderungen nach einer Demokratisierung des Hochschulwesens, die gerade auch Studierende seiner Frankfurter Universität gefordert hatten. Im Umgang mit den Protestierenden bemühte er sich einerseits um eine Beschwichtigung durch eine „Politik der aktiven Geduld";[49] andererseits trat er radikalen Elementen entschieden entgegen und warnte davor, dass sich die Universitäten nicht durch die Provokationen „einem politischen Rätesystem" unterwerfen dürften.[50] Mitgliedern des Sozialistischen Studentenbunds warf er gar „faschistische Terrormethoden" vor.[51] Gemeinsam mit gleichgesinnten

---

[47] Vgl. Sir Albert Sloman, in: The Telegraph [Online], 5. 8. 2012.
[48] Vgl. Stefan Rebenich: Humanismus und Demokratie. Zum Tod des Historikers und Soziologen Walter Rüegg, in: Neue Zürcher Zeitung, 5. 5. 2015.
[49] Vgl. Wehrs: Protest der Professoren, S. 120.
[50] Walter Heinrich Rüegg, in: Der Spiegel, 12. 2. 1968.
[51] Rohstock: Von der ‚Ordinarienuniversität' zur ‚Revolutionszentrale', S. 202.

Professoren engagierte er sich im Bund Freiheit der Wissenschaft, der für eine Abwicklung der Gruppenuniversität eintrat.[52] Im Hinblick auf die Ausgestaltung europäischer Hochschulpolitiken zeigte sich Rüegg deutlich progressiver, als dies seine konservativ-distanzierte Haltung zu Demokratisierungsbestrebungen an westdeutschen Universitäten vermuten lässt. Er wurde in den europäischen Hochschulgremien aktiv und trat dort – trotz mancher Abwehrreflexe, die denen der Gründergeneration der ERK glichen – für eine allmähliche Annäherung zwischen den Hochschulen und der europäischen Politik ein. In den frühen 1970er Jahren avancierte er zum Verhandlungsführer der europäischen Universitäten mit den Europäischen Gemeinschaften. Rüegg und Sloman stehen beispielhaft für einen allmählichen generationellen Wandel, der sich im Laufe der 1960er und 1970er Jahre vollzog und dazu führte, dass zumindest teilweise alte Gewissheiten infrage gestellt wurden. Nachdem der 1970 pensionierte Mansfield Cooper 1974 als Gast die ERK-Generalversammlung in Bologna besucht hatte, bemerkte dieser im Nachhinein, dass er seine alte Organisation nicht wiedererkannt und nur noch wenig Bezugspunkte zu ihr gefunden habe.[53]

Trotz der Verjüngung und der Öffnung für neue Ansätze blieb eine personelle Eigenschaft des ERK-Leitungspersonals konstant: Sie war und blieb eine männerdominierte Organisation. Zeit ihres Bestehens stand keine einzige Frau an ihrer Spitze. Selbst im Ständigen Ausschuss und anderen Leitungsgremien änderte sich an diesem Bild kaum etwas.[54] Die ERK-Führung griff höchstens für Sekretariats- oder Übersetzungsarbeiten auf weibliches Personal zurück. Eine der wenigen Ausnahmen war die Generalsekretärin der Niederländischen Rektorenkonferenz, Koch-Kijlstra, die in den späten 1960er Jahren in die Arbeit der ERK eingebunden wurde. Frauen in leitenden Positionen blieben über den gesamten Untersuchungszeitraum die Ausnahme.

Eine besondere Rolle wies die ERK den Ehefrauen der Hochschulleiter bei großen Zusammenkünften zu. Unter anderem war es auf den Generalversammlungen üblich, dass die Ehefrauen der Rektoren und Vizekanzler ebenfalls eingeladen waren und während der Arbeitssitzungen ihrer Ehemänner ein kulturelles Rahmenprogramm wahrnahmen. Das „Göttinger Tageblatt" berichtete im Zuge der Göttinger Versammlung von 1964, dass „Professorengattinen der Georg-August-Universität" die Betreuung der weiblichen Gäste aus dem Ausland übernommen und ihnen ein „Sight seeing im Sonnenschein" ermöglicht hatten.[55] Die ERK operierte damit mit einem traditionellen Verständnis der Geschlechterrollen, an dem sich auch in den Folgejahrzehnten wenig änderte. Auf der außerordentlichen Generalversammlung in Wien, die vom 5. bis 7. Juni an der Wiener Hofburg statt-

---

[52] Vgl. Wehrs: Protest der Professoren, S. 76.

[53] Vgl. Mansfield Cooper: From Cambridge Onwards. A Personal Survey, in: Manchester University Library: Mansfield Cooper Papers Box 17.

[54] Vgl. List of Officials and Delegates, in: Leech (Hrsg.): Report of the Conference of European University Rectors and Vice-Chancellors held in Cambridge, S. 191–196.

[55] Sight seeing im Sonnenschein, in: Göttinger Tageblatt, Nr. 206, 4. 9. 1964.

fand, wurde den Begleiterinnen ein „Special Ladies Programme" mit Schwerpunkten auf Architektur, Kunst und Musik abseits der Rektorengespräche organisiert.[56] Auf der fünften Generalversammlung, die vom 1. bis 7. September 1974 in Bologna ausgetragen wurde, konnte der Anteil an Frauen unter den mittlerweile auf rund 300 teilnehmenden Repräsentanten aus dem Hochschulwesen weiterhin an einer Hand abgezählt werden. Zu den wenigen Frauen in Leitungspositionen gehörten Sofia Corradi Madia, Direktorin der italienischen Rektorenvereinigung, sowie Ilse Kunert, Professorin für slawische Philologie an der Universität Tübingen, dortige Vizepräsidentin und zugleich Vize-Präsidentin der WRK.[57] Sie waren Ausnahmen auf den sonst männerdominierten Versammlungen.

2. Die studentischen Unruhen und ihre Auswirkungen auf die ERK

Neuere Forschungen zeigen auf, dass die studentischen Unruhen in Westeuropa in erster Linie einen doppelten Ursprung hatten: Einerseits waren die westeuropäischen Revolten durch die Hippie-Bewegung in den USA und deren Proteste gegen den Vietnamkrieg geprägt.[58] Die Anfänge der kritischen Rebellion reichen bis in die Mitte der 1950er Jahre zurück. Andererseits waren die westeuropäischen Proteste durch Studierendenunruhen in Polen und der Tschechoslowakei beeinflusst. Studierende der Warschauer Universität hatten im März 1968 gegen die staatlich verordnete Absetzung einer Theaterinszenierung von Adam Mickiewiczs „Die Totenfeier"[59] demonstriert, was in einer Bewegung für Meinungsfreiheit und Demokratie mündete. In Prag hatte Alexander Dubček im Frühjahr 1968 ein Programm zur Liberalisierung und Demokratisierung verabschiedet und damit den Versuch unternommen, einen „Kommunismus mit menschlichem Antlitz" zu etablieren.[60] Bereits wenige Monate nach Beginn seiner Reformbemühungen, die zahlreiche Studierende des Landes aktiv unterstützten, wurde der sogenannte Prager Frühling von Truppen des Warschauer Paktes niedergeschlagen. Die Vorbilder und Initialzünder für die Proteste in Westeuropa kamen damit nicht nur aus den USA, sondern auch aus Staaten hinter dem Eisernen Vorhang.

Trotz der heute bekannten Vorgeschichte der Proteste kamen diese für Europas Rektoren und Vizekanzler unerwartet. Der Göttinger Rektor Walther Zimmerli

---

[56] Special Ladies Programme. 6th General Assembly, 5–7 June 1975, Vienna, Hofburg, in: HAEU – CRE-16 Vienna, 1975: Arrangements.

[57] Sofia Corradi Madia und Ilse Kunert in: ‚Who's Who' for the 5th General Assembly Bologna, Palazzo Re Enzo, 1–7 September 1974, in: HAEU – CRE-12 Bologna, 1974: Arrangements.

[58] Vgl. Gilcher-Holtey: Die 68er Bewegung, S. 45. Weiterführende Studien zur Kulturgeschichte von ‚68' vgl. Horn: The spirit of '68, Rebellion in Western Europe and North America; Hecken: Gegenkultur und Avantgarde 1950–1970.

[59] Totenfeier, in: Hagenau (Hrsg.): Adam Mickiewicz als Dramatiker, S. 187–319.

[60] Vgl. Dülffer: 1968 – Eine europäische Bewegung, S. 22; Karner u. a.: Der ‚Prager Frühling' und seine Niederwerfung, S. 20.

schrieb am 12. Mai 1968 in einem Brief an das ERK-Präsidium, die „studentischen Unruhen [seien] [...] über Nacht zum Problem Nr. 1 unserer europäischen Universitäten geworden."[61] Die unerwartete Ausbreitung der Proteste führte dazu, dass Europas Hochschulleitungen keine schlüssige Erklärung fanden, weshalb die Proteste überhaupt aufkamen und zu einem globalen Phänomen anwuchsen.[62] Dies offenbarte ERK-Präsident Jaques Courvoisier in einem Bericht an die ERK-Generalversammlung von 1969, in dem er feststellte: „The prevailing impression was that no precise diagnosis of what was happening could yet be made."[63] Trotzdem bemühte sich die Führungsriege der ERK darum, noch während der Unruhen eine vergleichende europäische Perspektive auf die Proteste zu bekommen und ihre Mitglieder für einen regen Informationsfluss zu gewinnen.

Am 1. Juli 1968 richtete Jaques Courvoisier in einem Schreiben an die Mitglieder des Ständigen Ausschusses und an die Generalsekretariate der nationalen Rektorenkonferenzen die Bitte, einen ausführlichen Bericht über die jeweiligen nationalen Ereignisse vorzulegen, um gemeinsame und unterschiedliche Aspekte der Proteste herausfiltern zu können. Er erhoffe sich, so Courvoisier, auf diesem Wege zu einem besseren Verständnis beitragen und gemeinsame Lösungen für die Proteste finden zu können.[64] Seiner Bitte kamen zahlreiche Mitglieder der ERK und Vertreter nationaler Rektorenkonferenzen nach. Dazu gehörten die niederländischen, britischen, deutschen, französischen, norwegischen und schweizerischen Rektorenorganisationen, die über die unterschiedlichen studentischen Protestgruppen, ihre Forderungen und Protestmethoden sowie den größeren gesellschaftlichen Kontext der Proteste in ihren Ländern berichteten.

Die zugesandten Antworten zeigen unterschiedliche Haltungen zu den Protesten auf. Während manche ein Grundverständnis für den studentischen Protest hervorhoben, stellten andere ihre Ablehnung des Protests aufgrund der Radikalität der Protestformen in den Mittelpunkt ihrer Zusendungen.

Die Generalsekretärin der Niederländischen Rektorenkonferenz, Koch-Kijlstra, berichtete über die als linksextrem charakterisierte Studentenvakbeweging und die von ihr als mitte-links zugeordnete Nederlands Studenten Akkoord. Sie hob hervor, dass viele studentische Forderungen mit denjenigen aus international zirkulierenden Manifesten übereinstimmten. Dies gelte etwa für die Kritik der Studierenden an dem Einfluss des politischen Establishments auf die Universitäten.[65] Koch-

[61] Vgl. Prof. W. Zimmerli an ERK-Präsidium, 12. Mai 1968, in: Meeting of the Bureau held in Geneva on June 30, 1968, in: HAEU – CRE-79 Meetings 1968.

[62] Vgl. CRE Standing Conference of Rectors and Vice-Chancellors of the European Universities: Report of the Committee to the General Assembly, in: HAEU – CRE-7 Geneva, 1969: Working Sessions.

[63] Ebenda.

[64] Vgl. Brief von Jaques Courvoisier vom 1. Juli 1968 an den Ständigen Ausschuss der ERK und an nationale Rektorenkonferenzen, in: HAEU – CRE-440 Geneva Secretariat: internal management of the secretariat.

[65] Vgl. Memorandum of Mrs. J. Koch-Kijlstra, Secretary of the Netherlands Rectors Conference, Juni 1968, in: HAEU – CRE-440 Geneva Secretariat: internal management of the secretariat.

Kijlstra schilderte die Besetzung eines akademischen Senats, erklärte aber zugleich, dass die Proteste in den Niederlanden bislang weniger extrem verliefen als in anderen europäischen Ländern. Sie erläuterte, dass die Unruhen mit den steigenden Immatrikulationszahlen zu tun hätten, die es den Studierenden schwermachen würden, ihren Platz in der Universität zu finden. Sie argumentierte: „… one of the main subjects of protest by the students is the fact that they believe that the university considers them as ‚objects‘ of a teaching process instead of being considered partners in the university community."[66] Sie schlussfolgerte, dass zwar das Ausmaß der künftigen Einbeziehung von Studierenden noch nicht festgelegt worden sei, dass hierüber allerdings zumindest intensiv nachgedacht werden müsse.

Andere ERK-Mitglieder schlugen ähnlich gemäßigte Töne an und warben ebenfalls für ein Entgegenkommen. Dazu zählte der Osloer Universitätsrektor Hans Vogt, der die Protestwelle in Norwegen schilderte. Für Vogt waren die studentischen Proteste eine Auflehnung gegen eine Diktatur der Professoren und der autoritären Strukturen an den Universitäten. Daher würden sich die Studierenden für eine „kritische Universität" stark machen. Als Gründe für die Proteste machte er die explodierende Geburtenrate und die daher steigenden Studierendenzahlen verantwortlich. Zugleich stellte er fest, dass die Proteste in Norwegen vor allem aus denjenigen Fakultäten kämen, für deren Studiengänge keine eng definierten Berufsfelder vorlägen. Studiengänge wie Soziologie und Politik seien daher wohl zu wenig definiert, um den Studierenden befriedigende Perspektiven zu bieten.[67] Zugleich warb er dafür, die Protestierenden mit ihren Forderungen ernst zu nehmen:

„In my opinion, it is of the utmost importance to canalize as early as possible the student movement into positive channels, to listen to their claims, which often are justified, however, grossly formulated, and to give them a feeling of real participation in the running of the universities".[68]

Mit Verständnis warb Vogt für Reformbereitschaft. Beispielhaft nannte er die Modernisierung der Studienprogramme, die Organisation der Lehre, eine Überholung der Bewertungssysteme sowie die Stärkung der Möglichkeiten, zwischen den verschiedenen Fakultäten zu wechseln. Zugleich plädierte er dafür, soziale Maßnahmen für die Studierenden an den Universitäten ernser als bislang zu nehmen und die Bedingungen ihres sozialen Lebens an den Universitäten im weitesten Sinne zu verbessern.

Der Göttinger Rektor Walther Zimmerli schilderte seinen europäischen Kollegen die Ereignisse in der Bundesrepublik Deutschland. Zimmerli hob dabei den Mord an Benno Ohnesorg durch die Polizei in Berlin hervor, der die Studierendenschaft in der BRD elektrisiert habe. Bezüglich der Protestmotivationen empfahl Zimmerli, eine Trennung vorzunehmen. Unter den studentischen Forderun-

---

[66] Ebenda.
[67] Vgl. Schilderung von Hans Vogt in „Les mouvements étudiants", in: HAEU – CRE-120 Meetings 1968.
[68] Ebenda, S. 35.

gen sollte zwischen denen unterschieden werden, die an die Universität gerichtet seien, und jenen, die sich auf die soziale und politische Situation im Allgemeinen bezögen. Mit Blick auf die Universitäten würde in der Bundesrepublik zuvorderst die absolute Stellung der Ordinarien attackiert. Zudem griffen Protestierende die Immatrikulationsbeschränkungen an, die als ein „repressiver Akt" empfunden würden. Außerdem kritisierten die Protestierenden die Ausbildung zu „Fachidioten" und forderten eine Demokratisierung der gesamten Universität.[69] Auf politischer und gesellschaftlicher Ebene ständen hingegen die Notstandsgesetze im Zentrum der Kritik sowie die Macht des Medienhauses Springer. Letztlich hätten die Studierenden die Demokratie in der Bundesrepublik nur als eine Scheindemokratie empfunden. Zimmerli gehörte zu jenen Berichterstattern, die sich um eine sachliche Schilderung der Ereignisse für seine europäischen Kollegen bemühten.

Das britische Committee of Vice-Chancellors and Principals schickte der ERK lediglich Unterlagen einschließlich Presse- und Informationspapiere über die National Union of Students. Darin unterschieden sie zwischen friedlichen und gewalttätigen Protesten. Sie zeigten sich gewillt, eine noch stärkere Einbeziehung der Studierenden in Betracht zu ziehen, stellten allerdings zugleich klar, dass dies bei Gewaltanwendung seitens der Studierenden nicht infrage kommen könne. In ihrer Stellungnahme warnten sie: „… we utterly condemn, and will resist, attempts by extremist groups to obstruct or disrupt the life of the universities."[70] In ihrem Statement gaben sich die britischen Universitätsleiter kämpferischer als andere Berichterstatter.

Der Austausch über Protestereignisse zeigt auf, dass sich die ERK darum bemühte, sich ein besseres Bild über die verschiedenen Facetten der Studierendenbewegungen zu machen und ein Verständnis über die Hintergründe der Vorkommnisse zu gewinnen. Dabei kam der ERK in den Protesten nicht nur die Rolle einer distanzierten Informationsplattform für Hochschulverbände zu; sie war in zweifacher Hinsicht selbst von den Unruhen betroffen. Dies galt zum einen für ihre Führungsfiguren wie Mansfield Cooper. Nicht zuletzt auf Coopers Druck hatte die Universität Manchester zwei der führenden Köpfe unter den in Manchester protestierenden Studierenden von der Universität verbannt, was eine ganze Reihe an weiteren Protesten nach sich zog. Im März 1968 blockierten rund 100 Studierende das Büro von Cooper mit einer „sit-down-demonstration".[71] Damit stand Cooper unmittelbar im Kreuzfeuer studentischer Protestaktionen. Er gehörte zu den Kritikern von Zugeständnissen an die protestierenden Studierenden. Am 13. Mai 1968 äußerte er unter dem Eindruck der Vorkommnisse an seiner Universität in einer Stellungnahme vor dem Court of Governors:

---

[69] Vgl. Walther Zimmerli über die Situation in der BRD, in: „Les mouvements étudiants", in: HAEU – CRE-120 Meetings 1968.
[70] Committee of Vice-Chancellors and Principals: Press Release, in: „Les mouvements étudiants", in: HAEU – CRE-120 Meetings 1968.
[71] Vgl. Student and Porters in Clash, in: The Times, 14. 3. 1968.

„The universities have now, in increasing numbers, been invaded by people, not greatly interested in study as such and with an ill-defined sense of motivation – or with motives which would seem to be as readily realised outside the university as inside. Confusing words with action and unable to penetrate the world of intellect in any depth they hug the concept of ‚relevance'".[72]

Cooper gehörte somit zu jenen Hochschulleitern, die die Proteste und die Forderung nach einer Demokratisierung als eine Gefahr für das Selbstverständnis der Universitäten ansahen.

Die Proteste hatten unmittelbare Folgen für die ERK mit sich gebracht.[73] Auf der 1964 abgehaltenen Göttinger Versammlung hatten Europas Rektoren und Vizekanzler entschieden, ihre nächste, für 1969 geplante Generalversammlung in Bologna auszurichten. Bereits 1966 hatte der Ständige Ausschuss seine Planungsarbeiten hinsichtlich dieser Versammlung eingeleitet. Nach einem brieflichen Austausch mit Courvoisier und anderen ERK-Mitgliedern gab die Universität Bologna bekannt, dass sie nicht in der Lage sei, die vierte Vollversammlung durchzuführen. Tito Carnacini, Rektor der Universität Bologna, erläuterte, dass es aufgrund der studentischen Unruhen an seiner Universität an Ruhe fehle, die für eine erfolgreiche Versammlung notwendig sei.[74] Aus der Not geboren, entschied man sich, die Generalversammlung nach Genf zu verlegen, wo mit ähnlichen Protesten wie in Bologna nicht zu rechnen war. Der Wechsel von Bologna nach Genf war für Hermann Jahrreiß ein „würdiger Tausch".[75] Zumal die anhaltenden Proteste in Bologna nahelegten, dass der Ablauf einer solchen Zusammenkunft von Ordinarien mit gezielten Störungen durch Studierende einhergegangen wäre. Die Generalversammlung der ERK in Bologna hätte den protestierenden Studierenden also einen willkommenen Anlass geboten, um ihren Demonstrationen internationale Aufmerksamkeit zu verleihen. Walther Zimmerli betonte am 11. März 1969 in einem Brief an Jaques Courvoisier:

„Sie können sich denken, dass ich in den letzten Wochen oft zu Ihnen hinüber gedacht habe – so auch gerade heute, als ich in der Zeitung las, dass die Polizei die von Studenten besetzte Universität Bologna geräumt habe. Die Entscheidung, mit unserer Vollkonferenz nach Genf zu gehen, wird von daher wohl voll gerechtfertigt."[76]

Die Vorkommnisse warfen zugleich die Frage auf, ob auch die Europäische Rektorenkonferenz Konsequenzen ziehen müsse und ihre eigenen Strukturen und Arbeitsweisen überdenken sollte. Befürworter und Kritiker solcher Reformen zeig-

---

[72] Zitat von Sir William Mansfield Cooper aus Martin Southwold: Critical Students: A reply to Sir William, in: UNIMA: Mansfield Cooper Papers Box 6.
[73] Vgl. Allocution du conseiller fédéral Hans Peter Tschudi, Genève, 3 septembre 1969, in: HAEU – CRE-6 Geneva, 1969: Allocutions.
[74] Vgl. Allocution de M. Tito Carnacini, Recteur de l'Université de Bologne, Rapport Du Comité Permanent, in: HAEU – CRE-6 Geneva, 1969: Allocution. Weiterführende Literatur zu den Unruhen der späten 1960er Jahre in Italien vgl. Hilwig: Italy and 1968; Kurz: Die Universität auf der Piazza.
[75] Hermann Jahrreiß an Jaques Courvoisier, Meersburg/Bodensee, 12. April 1969, in: UNIGE – CRE – Archives Courvoisier – Box 4.
[76] Brief von Walther Zimmerli an Jaques Courvoisier, Göttingen, 11. März 1969, in: UNIGE – CRE – Archives Courvoisier – Box 4.

ten sich einig, dass Studierende selbst zu internationalen Akteuren geworden waren. Der niederländische Rektor Henri de Wijs schilderte europäischen Kollegen: „… increased international contacts among students produced feelings of solidarity, and the use of teach-ins, critical universities, the occupation of localities and the like spread like wildfire."[77] Ähnliches wusste auch Hans Vogt, Rektor der Universität Oslo, zu berichten, der die Internationalisierung der Proteste anhand des Ideentransfers festmachte, der von einem Land ins nächste innerhalb kürzester Zeit stattfinden würde, auch wenn die Ideen stellenweise nur wenig mit den Problemen vor Ort zu tun hätten. Er schlussfolgerte:

„Students travel much more, are much better informed than before. This explains to some extent the spreading of the same slogans, the same vocabulary – whether this is relevant to their own country or not".[78]

Diese Feststellung mündete in Diskussionen, inwieweit Studierende selbst aktiv in die Arbeit der ERK eingebunden werden sollten. Auf der Generalversammlung in Genf kamen daher Stimmen auf, die den verengten Blick auf die Rektoren und Vizekanzler lockern und auch andere Universitätsangehörige in die Arbeit der Organisation einbinden wollten.[79]

Trotz der Bemühungen, die lokalen und nationalen Vorgänge europaweit zu vergleichen, blieben die Ereignisse für die beteiligten Akteure schwer zu fassen. Der Osloer Rektor Hans Vogt zog ein ernüchterndes Fazit aus den Berichten: „The present developments have undoubtedly many causes, which perhaps only future sociologist shall be able to explain."[80] Zu einer ähnlichen Schlussfolgerung kam WRK-Generalsekretär Jürgen Fischer, der auf einem Präsidiumstreffen der Europäischen Rektorenkonferenz feststellte: „… no comparison could be made".[81] Trotz der Bemühungen, zu gemeinsamen Schlussfolgerungen über die Vorkommnisse zu gelangen, waren die Universitätsleiter und ihre Vertreter in den Hochschulverbänden weit davon entfernt, gemeinsame europäische Antworten zu finden. Jaques Courvoisier unterstrich daher in einem Vortrag an der Universität Straßburg, dass der ERK nicht die Aufgabe zukommen könne, *eine* europäische Universitätsreform zu propagieren.[82] Es könne lediglich die Aufgabe der Vereini-

---

[77] Stellungnahme von Prof. de Wijs zu „Les mouvements étudiants", 7. 10. 1968, in: HAEU – CRE-120 Meetings 1968.
[78] Stellungnahme von Prof. Hans Voigt zu „Les mouvements étudiants", 7. 10. 1968, HAEU – CRE-120 Meetings 1968.
[79] Vgl. Report of the Permanent Committee, in: Courvoisier, Jaques (Hrsg.): Acts of the 4th General Assembly held in Geneva, September 3–6,1969, Bologna 1971, S. 405.
[80] Einschätzung von Professor Hans Vogt, Rektor der Universität Oslo, enthalten in den gesammelten Dokumenten über „Les mouvements étudiants", in: HAEU – CRE-120 Meetings 1968.
[81] Minutes of the Meeting of the Bureau held in Strasbourg on October 7, 1968, in: HAEU – CRE-79 Meetings 1968.
[82] Vgl. La Conférence Permanente des Recteurs et Vice-Chanceliers des Universités européennes (CRE) et la Réforme Universitaire. Exposé fait à l'assemblée générale de l'association des instituts d'études européennes, le 13 avril 1970, à Strasbourg, in: CRE Information, 1.12 (1970), S. 1–17, hier S. 2.

gung sein, sich über viele Universitätsreformen auszutauschen, da an jeder Universität und in jedem Land ganz unterschiedliche Versuche unternommen würden.

3. „68" und seine europäische hochschulpolitische Dimension

Die Studierendenunruhen gingen über einen bloßen Informationsaustausch auf europäischer Ebene hinaus. Zugleich lösten sie Debatten unter Hochschulleitern und Vertretern der Europäischen Gemeinschaften über die Möglichkeiten und Grenzen europäischer Hochschulpolitiken aus. Denn beide Seiten diskutierten im Zuge der studentischen Unruhen über Maßnahmen, die sich aus den Ereignissen an den Hochschulen für die weitere überstaatliche Zusammenarbeit ergeben würden.

3.1 Die studentischen Proteste und die Europäischen Gemeinschaften

Die studentischen Unruhen gingen an den Europäischen Gemeinschaften nicht spurlos vorüber. Akteure der EG setzten sich mit den Protesten auseinander und versuchten praktischen Nutzen aus den Unruhen zu ziehen. Dieses Bemühen, die Studierendenproteste für eigene Anliegen zu nutzen, kam in einer Zeit, in der sich abzeichnete, dass der Europarat weit hinter seinen hochschulpolitischen Zielsetzungen zurückbleiben werde. Dieses Scheitern spiegelte sich in der fehlenden Durchschlagskraft des CHER, in welchem die Hochschulleiter mit Regierungsvertretern seit den frühen 1960er Jahren kooperierten. Nach einer Dekade seines Bestehens stellte der norwegische CHER-Vorsitzende Leif Wilhelmsen ernüchtert fest, dass die universitäre Zusammenarbeit im Europarat eine geringe Bedeutung für die Regierungen gespielt habe.[83] Das CHER hatte lediglich ein Jahresbudget von rund 370.000 Francs. Alleine für die Kosten von Anreise und Unterkunft, die für die Ausschussmitglieder bei Sitzungen notwendig waren, wurde damit ein beträchtlicher Teil des Budgets ausgegeben. Wilhelmsen hob daher mit Bedauern hervor, dass das Budget des CHER für die eigenen Zielsetzungen nicht ausreiche – nach seiner Einschätzung war es „the smallest of all international bodies engaged in similar or comparable work."[84] Der Europarat blieb mit seinem Hochschulausschuss damit weit hinter seinen selbstformulierten Ansprüchen zurück. Wie zermürbend dieser geringe Spielraum für wegweisende Projekte war, zeigte sich alleine an der Entscheidung des CHER-Sekretärs Robert Taubman, seine Tätigkeit im

---

[83] Address by Leif Wilhelmsen, Committe for Higher Education and Research, Istanbul, 13 May 1970, in: COE – CCC/ESR (70) 44, S. 2.
[84] Vgl. ebenda, S. 7.

Europarat aufzugeben. Er begründete seinen Schritt damit, dass Hochschulbildung und Forschung bei weitem nicht den nötigen Stellenwert im Europarat zugestanden bekämen.[85] In den 1960er Jahren war damit noch offen, welche internationale Regierungsorganisation die maßgebende Rolle in der europäischen hochschulpolitischen Zusammenarbeit spielen werde.

Zur selben Zeit nahmen sich die Europäischen Gemeinschaften erneut dem Hochschulwesen an. Bereits in der ersten Hälfte der 1960er Jahre und damit vor den studentischen Unruhen hatte insbesondere die Europäische Kommission zu erkennen gegeben, dass sie bereit sei, neuerliche Versuche zu unternehmen, um Forschung und Bildung in ihren Gemeinschaftsorganen zu verankern. Am 11. März 1964 teilte die Europäische Kommission dem Ministerrat mit:

„In all Member States education policy is of high importance both intrinsically and in relation to national economic and social development. The Commission believes that the promotion of educational cooperation within the framework of the European Community is of equal importance as an integral part of the overall development of the Community."[86]

In den späten 1960er Jahren wiederholten Vertreter der europäischen Gemeinschaftsorgane die Forderungen nach EG-Hochschulaktivitäten. Dies spiegelt sich etwa in Stellungnahmen der Parlamentarischen Versammlung der Europäischen Gemeinschaften wider. Im Herbst 1968 beauftragte das Präsidium der Parlamentarischen Versammlung seinen Ausschuss für Energie, Forschung und Atomfragen, einen Bericht über die Bedeutung der Hochschulen und ihrer Forschung und Lehre für die europäische Jugend auszuarbeiten. Unter Federführung des französischen Abgeordneten und ehemaligen Ministers für Veteranen und Kriegsopfer, Raymond Triboulet, legte der Ausschuss am 22. Oktober 1968 einen Bericht vor, in dem zahlreiche hochschul- und forschungspolitische Aktivitäten auf europäischer Ebene gefordert wurden. Die Autoren um Triboulet stellten darin fest:

„Da der zivilisatorische Fortschritt gemessen wird, liegt es auf der Hand, daß die ungeheuren Anstrengungen der Vereinigten Staaten von Amerika auf dem Gebiet der Forschung und die gigantische Entwicklung ihrer industriellen Mittel Westeuropa in Gefahr bringen."[87]

Es drohe, so Triboulet, eine „völlige Abhängigkeit" von den USA, die es über gemeinsame westeuropäische Maßnahmen zu verhindern gelte. Triboulet forderte eine stärkere politische Steuerung der Hochschulen. Die Notwendigkeit seiner Forderung begründete er dabei mit den studentischen Unruhen, die sich in Europa ausgebreitet hatten. Nicht zuletzt die Autonomie der Universitäten und die politische Unabhängigkeit in Forschung und Lehre habe zu den Studierendenprotesten geführt. So seien die Proteste aufgrund der „Konfusion der Gedanken,

---

[85] Vgl. Report of the 19th Meeting of the Committee for Higher Education and Research, Oslo, 7–9 May 1969, in: COE – CCC/ESR (69) 12, S. 8.

[86] Education in the European Community, in: Bulletin of the European Communities, Supplement 3/74.

[87] Politischer Ausschuß des Europäischen Parlaments: Stellungnahme von Herrn Triboulet für den Ausschuß für Energie, Forschung und Atomfragen zu der Hochschulforschung und ihrer Bedeutung für die europäische Jugend vom 22. Oktober 1968, in: HAEU – EUI 890.

häufig auch durch die im Bereich der Lehre herrschende Verwirrung und durch das Fehlen klar definierter Ziele"[88] entstanden. An den Beispielen der Europäischen Organisation für Kernforschung und der Europäischen Organisation für Weltraumforschung erklärten die Autoren um Triboulet, dass das universitäre Selbstbild von der Einheit von Forschung und Lehre ausgedient habe:

> „Die bereits bestehenden europäischen Forschungseinrichtungen beweisen erneut, wie wenig begründet die so häufig wiederholte Behauptung ist, daß Hochschule und Forschung miteinander verbunden seien und daß sie fest eine organische Einheit bilden."[89]

Die Abgeordneten schlussfolgerten, dass Forschungsinstitute und Laboratorien nicht zwangsläufig an einer Universität angesiedelt sein müssten. Stattdessen gelte es zu überlegen, unabhängige europäische Fachinstitute aufzubauen, welche dann wiederum enge Verbindungen zu zahlreichen Lehrstühlen ganz verschiedener Universitäten Europas etablieren könnten. Der Europäischen Kommission müsse daher die Aufgabe zukommen, „praktische Ratschläge und finanzielle Unterstützung" zu gewähren.[90] Der Ausschuss hatte den Bericht am 22. Mai 1969 geprüft und einstimmig angenommen. Er repräsentierte damit die Auffassung von einem gewichtigen Teil der parlamentarischen Versammlung der Europäischen Gemeinschaften.

Andere Europaabgeordnete gingen in ihren bildungspolitischen Forderungen im Zuge der Proteste noch weiter. In einem Bericht von Willem Schujit, den dieser am 3. Oktober 1969 für den politischen Ausschuss der Parlamentarischen Versammlung vorstellte, forderte dieser eine weitreichende „Europäisierung der Hochschulen".[91] Bezüglich der Unruhen stellte Schujit fest: Die Studierendenrevolte könne „als eine heutige Form der europäischen Solidarität" betrachtet werden. Auch wenn es sich um eine Erscheinung handele, die sich in der ganzen Welt verbreitet habe, müsse die studentische Revolte daher zunächst als „eine gemeineuropäische Angelegenheit" angesehen werden, die auch „aus dem europäischen Mutterboden gewachsen" sei.[92] Die Revolte habe demzufolge einen europäischen Charakter, der durch europäische Maßnahmen beantwortet werden müsse: „Wir haben schon gesagt, daß es guten Grund gibt zu behaupten, daß ein Teil der Unzufriedenheit damit zusammenhängt, daß ein politischer Fortschritt in Richtung Europa nicht erreicht werden konnte."[93] Parlamentarier der EG interpretierten damit den fehlenden Fortschritt im europäischen Integrationsprozess als Antriebsfeder hinter den studentischen Unruhen. Zugleich leitete Schujit aus den Protesten die Notwendigkeit für neue europäische Hochschulpolitiken ab. In seinem Bericht hob er diesbezüglich hervor, dass die Studierendenrevolte nicht zuletzt in den heu-

---

[88] Ebenda.
[89] Ebenda.
[90] Ebenda.
[91] Bericht von Herrn Willem Schujit im Namen des Politischen Ausschusses über die Europäisierung der Hochschulen vom 3. Oktober 1969, in: HAEU – EUI 890.
[92] Ebenda.
[93] Ebenda.

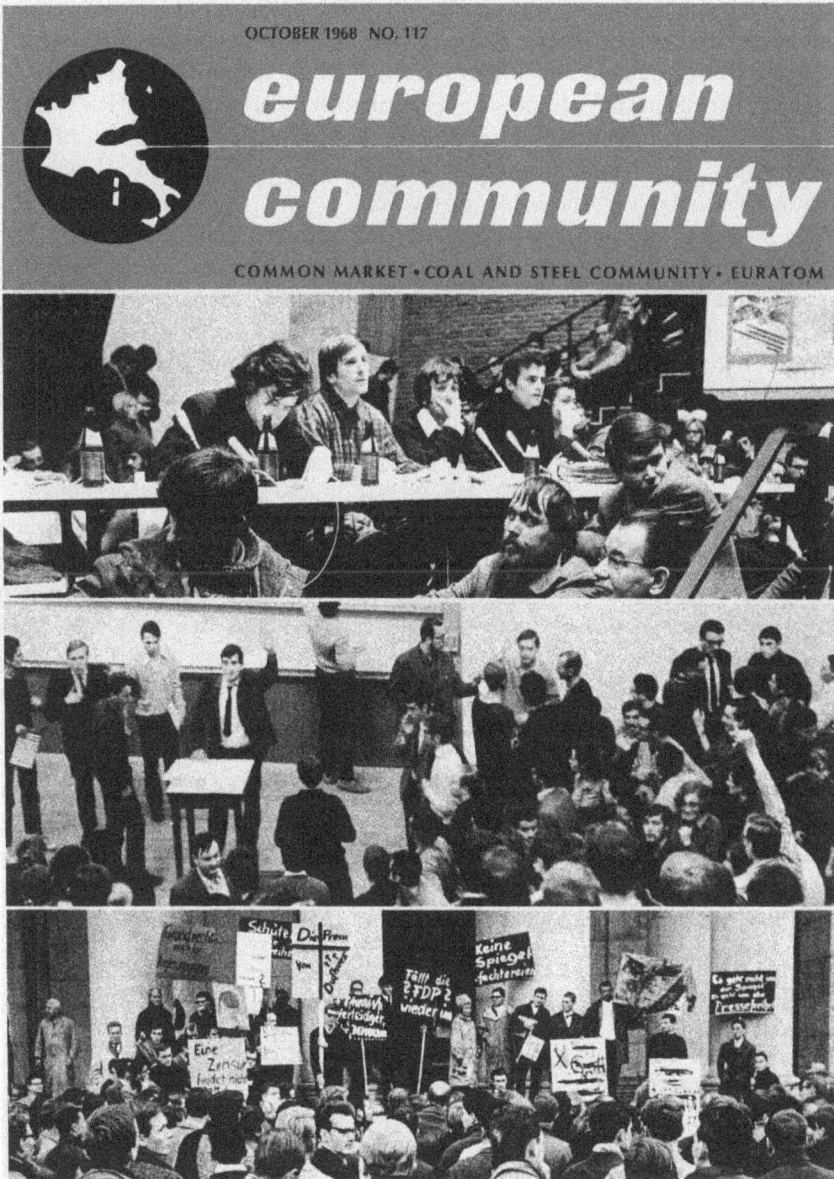

Abb. 7: Cover der Zeitschrift „European Community" vom Oktober 1968 mit Fotografien von Studierendenprotesten einschließlich eines Bildes mit dem politischen Aktivisten Rudi Dutschke

tigen Hochschulstrukturen und ihrer „nationalen Enge" begründet liege: „Man kann sich fragen, ob es nicht zu Reformen der Lehre in der von den Kritikern der heutigen Universitäten gewünschten Richtung kommen könnte, wenn die Strukturen der Universität auf europäischer Ebene harmonisiert würden."[94] Die Angleichung der Hochschulstrukturen an europäische Maßgaben könnten also zu einer Beruhigung unter der Studierendenschaft beitragen. Daher sei, so Schujit, eine „Europäisierung der Hochschulen unerläßlich".

Forderungen nach einer europäischen Dimension in den Europäischen Gemeinschaften als Antwort auf die Studierendenproteste formulierten nicht nur Abgeordnete der parlamentarischen Versammlung der EG, sondern auch Vertreter der Europäischen Kommission. In der hauseigenen Zeitschrift „European Community" hob die Kommission etwa hervor, dass die protestierenden Studierenden ernst genommen werden sollten: Kommissionspräsident Jean Rey brachte zum Ausdruck, dass die studentischen Unruhen nur über ihre europäischen Ausmaße verständlich werden könnten.[95] Daher sollten die Mitglieder der EG den Versuch unternehmen und auf die europäischen Proteste junger Menschen auch gemeinsame europäische Antworten zu geben. Die Kommission formulierte diesbezüglich den Slogan: „Students Point the Way".[96] Es ist hierbei symbolträchtig, dass die Europäische Kommission für das Titelbild ihrer im Oktober 1968 erschienenen Zeitschrift „European Community" ein Motiv des politischen Aktivisten Rudi Dutschke abbildete.

Die Abbildung zeigt Dutschke auf einer studentischen Protestveranstaltung in einem Hörsaal. Dutschke wurde erst wenige Monate vor Erscheinen der Zeitschriftenausgabe auf dem Berliner Kurfürstendamm durch mehrere Schüsse eines nationalistisch motivierten Attentäters schwer verletzt.[97] Das Zeitschriftencover lässt sich damit als ein Symbolbild für die Haltung der Europäischen Gemeinschaften verstehen, die im Zuge der studentischen Unruhen darum bemüht waren, sich mit der auflehnenden Jugend zu solidarisieren. Da diese gegen nationale Enge und eingefahrene nationale Strukturen protestiere, müssten der Kommission Kompetenzen im Bildungsbereich übertragen werden.

3.2 Die Proteste und der neue Geist unter Europas Hochschulleitern

Im Zuge der aufflammenden Debatten, in der Akteure der Europäischen Gemeinschaften über hochschulpolitische Konsequenzen aus den Protesten um das Jahr 1968 diskutierten, zeichnete sich auch in den Reihen der Universitätsleiter eine

---

[94] Ebenda.
[95] Vgl. Students Point the Way, in: European Community: Common Market. Coal and Steel Community. EURATOM, Oktober 1968, Nr. 117, S. 3.
[96] Ebenda.
[97] Vgl. Chaussy: Rudi Dutschke, S. 11.

Neuausrichtung ab. Während sich Europas Rektoren in der Gründungszeit der ERK als eine Gemeinschaft im Kampf gegen eine Europäisierung und Internationalisierung der Hochschulpolitik und des Hochschulwesens definierten, änderte sich in der zweiten Hälfte der 1960er Jahre ihre europapolitische Grundausrichtung. Nicht zuletzt das transnationale Ereignis der Studierendenproteste und die dabei neu entfachte Diskussion über eine Europäisierung des Hochschulwesens führte selbst der alten Garde in der ERK vor Augen, dass ein bloßes Festhalten an alten Handlungsmustern nicht mehr ausreichen würde, um der europäischen hochschulpolitischen Debatte weiter Herr zu bleiben.

Der Pariser Rektor Jean Roche stellte rückblickend fest, dass die zweite Hälfte der 1960er Jahre mit den Turbulenzen der 68er-Proteste und dem sich realisierenden europäischen wirtschaftlichen Zusammenwachsen zu einem „neuen Geist"[98] in der ERK geführt habe. Öffentlich blieb der Abwehrkampf gegen die Politik das bindende Element unter den ERK-Mitgliedern. Die Führungsriege der Organisation stellte in einem Positionspapier über die Zukunft der Vereinigung fest: „… the General Secretaries are of the opinion that CRE should try to represent the academic community and defend it in principle against the politicisation which seems to be threatening it."[99] Mit den eindrücklichen Ereignissen des Jahres 1968 kam allerdings eine zunehmende Anzahl an ERK-Mitgliedern zu dem Schluss, dass eine reine Verhinderung europäischer hochschulpolitischer Maßnahmen nicht mehr ausreiche, um den Anforderungen der Zeit gerecht zu werden. Selbst die Westdeutsche Rektorenkonferenz erkannte in den späten 1960er Jahren den europäischen Rektorenverband als einen hilfreichen Unterstützer für hochschulpolitische Herausforderungen an. WRK-Generalsekretär Jürgen Fischer wandte sich etwa am 19. Oktober 1967 an den ERK-Sekretär Rolf Deppler, mit westdeutschen „Nöten", die „nicht rein nationaler Natur" seien.[100] Fischer teilte Deppler mit, dass das Problem des Numerus Clausus in zunehmendem Maße ein europäisches Problem werde. In der BRD gäbe es bereits 15 Fächer an verschiedenen Universitäten, in denen der Numerus Clausus eine Rolle bei der Studienplatzvergabe spiele. Für die 2.488 Studienplätze habe es 6.700 Kandidaten gegeben, weshalb die Platzvergabe nur noch mit Computern bewältigt werden konnte. Fischer bat Deppler, gemeinsam mit dem ERK-Präsidenten Courvoisier darüber nachzudenken, „ob nicht die Europäische Rektorenkonferenz die berufene Instanz ist, dieser allgemeinen Hilflosigkeit über die Technik des numerus clausus […] abzuhelfen."[101] Jürgen Fischer schlug seinem Amtskollegen auf europäischer Ebene vor, ein Exper-

---

[98] Jean Roche: La CRE et l'évolution des universités européennes, in: CRE Information 47 (1979) 3, S. 27.

[99] CRE in Search of its Mission. Report on a meeting of some of the General Secretaries of the national Conferences of Rectors and Vice-Chancellors, Oslo 6. 5. 1969, in: HAEU – CRE-121 Meetings 1969.

[100] Schreiben von WRK-Generalsekretär Jürgen Fischer an ERK-Generalsekretär Rolf Deppler, Bad Godesberg, 19. 10. 1967, in: UNIGE – CRE – Archives Courvoisier – Box 2 [Corresp. 1966–69].

[101] Ebenda.

tengespräch abzuhalten, um sich unter anderem mit den Normen der Feststellung der Kapazitäten, Entscheidungsinstanzen und den automatischen Verteilungsverfahren auseinanderzusetzen. Die ERK sollte damit eine Plattform bieten, um über einen Erfahrungsaustausch das Wiederholen von Fehlentscheidungen zu verhindern. Fischer schloss sein Schreiben mit einer Bemerkung über die Notwendigkeit eines solchen Austausches; denn gerade an den westdeutschen Erfahrungen könne man sehen, dass „alle Universitäten darauf versessen zu sein [scheinen], ihre negativen Erfahrungen selbst zu machen."[102]

Die wachsende Anerkennung der europäischen Dimension zeigte sich auch im Zuge einer Entscheidung des westdeutschen Verwaltungsgerichts, vor dem eine Studentin ihren Studienplatz erfolgreich eingeklagt hatte. Da diese Klage allerdings nur für deutsche Staatsbürger möglich war, brachte die WRK vor europäischen Kollegen zum Ausdruck, dass die Gefahr bestände, dass deutsche Studienbewerber „strikt und ausnahmslos"[103] ausländischen Studienbewerbern vorgezogen werden würden. Walter Rüegg, der im Amtsjahr 1961/62 als WRK-Präsident fungiert hatte, appellierte daher an die ERK, im Namen aller europäischen Universitäten aktiv zu werden und in einer „offiziellen Verlautbarung der ERK" die Unvereinbarkeit der deutschen Praktiken mit den Zielen der interuniversitären Kooperation in Europa zu erklären.[104] Rüegg erläuterte, dass die deutsche Praxis ein gesamteuropäisches Phänomen werden könnte und drang gegenüber dem britischen Vizekanzler und 1969 zum ERK-Präsident gewählten Albert E. Sloman auf eine europäische Verlautbarung: „Die Europäische Rektorenkonferenz möge an ihre Mitglieder appellieren, bei Zulassungsbeschränkungen prinzipiell auch den ausländischen Studierenden einen angemessenen Zugang zu sichern."[105]

Den bis dahin weitreichendsten Vorschlag, in dem sich die Akzeptanz gegenüber einer neuen europäischen Dimension im Hochschulwesen widerspiegelte, diskutierte der 1970 aus dem Amt scheidende britische Vizekanzler Mansfield Cooper mit dem ERK-Präsidenten Albert E. Sloman. Nach Einschätzung Coopers sollte überlegt werden, europäische hochschulpolitische Entscheidungsfindungen über neue interuniversitäre Organe zu steuern, die dazu angetan seien, Regierungsakteure in europäischen oder internationalen Organisationen überflüssig zu machen. Seine zentrale Idee war es, ein „University Parliament for Europe"[106] zu gründen, dessen Abgeordnete in freien Wahlen an allen europäischen Universitäten gewählt werden würden. Der bis dahin als akademischer Traditionalist aufgetretene Mansfield Cooper unterbreitete dem ERK-Präsidenten den Vorschlag, für dieses Parlament zwei Kammern einzurichten: Eine *Upper Chamber*, in der Rek-

---

[102] Ebenda.

[103] Ebenda.

[104] Schreiben von WRK-Vizepräsident Walter Rüegg an ERK-Präsident Albert Sloman vom 16. 9. 1970, in: UNIMA: Mansfield Cooper Papers Box 54 [C. R. E. Correspondence 1967–70].

[105] Ebenda.

[106] Brief von William Cooper an Albert Sloman, Vice-Chancellor of Essex University, in: UNIMA: Mansfield Cooper Papers Box 54 [C. R. E. Correspondence 1967–70].

toren und Vizekanzler säßen, und eine *Lower Chamber*, die andere Universitätsangehörige umfasse.[107] Das von Cooper vorgeschlagene europäische Hochschulparlament hätte damit einerseits den Forderungen nach Einbeziehung von Studierenden und dem akademischen Mittelbau befriedigt; zugleich aber die höhere Entscheidungsgewalt den Hochschulleitern überlassen. Der Plan sollte nicht weiterverfolgt werden, was nicht zuletzt dem Umstand geschuldet gewesen sein dürfte, dass damit ein erheblicher organisatorischer und finanzieller Aufwand entstanden wäre. Alleine die Diskussion über ein solches europäisches Hochschulparlament macht allerdings deutlich, dass im Zuge der Studierendenproteste auch unter den Hochschulleitern neue Funktionen der europäischen Ebene für die Universitätsgeschicke denk- und sagbar wurden. Diese Veränderung sollte sich in den darauffolgenden Auseinandersetzungen mit Regierungsvertretern ab dem Übergang der 1960er zu den 1970er Jahren weiter verfestigen.

4. Zwischenfazit

Die geschilderten Ereignisse haben deutlich gemacht, dass sich bereits kurze Zeit nach Gründung der Europäischen Rektorenkonferenz verschiedene Krisensymptome bemerkbar machten. Zwar bemühte sich die 1964 formell gegründete Vereinigung darum, nach außen Geschlossenheit zu demonstrieren. In ihrer inneren Verfasstheit blieb die ERK allerdings in einem fragilen Zustand. Diese Fragilität zeigte sich etwa im Hinblick auf befürchtete finanzielle Engpässe, die den dauerhaften Betrieb der ERK zu gefährden drohten. Dabei stand die ERK unter einem hohen Legitimationsdruck vor ihren Mitgliedern, die häufig wenig von ihrer Arbeit mitbekamen und daher die Sinn- und Zweckhaftigkeit ihrer Mitgliedschaft und der damit verbundenen Kosten infrage stellten. Des Weiteren stellte sich die Arbeitsweise der ERK als Schwachpunkt heraus. Alleine die anhaltenden Diskussionen über die Sprachenfrage zeigen, dass nationale Egoismen vorherrschten und der beschworene Gemeinschaftssinn immer wieder durch Partikularinteressen untergraben wurde. Die Fragilität der ERK wurde außerdem mit Bezug auf die Studierendenproteste offensichtlich; Rektoren und Vizekanzler der ERK fanden keine gemeinsame Linie, wie sie mit den Protesten auf europäischer Ebene umgehen sollten. Sie zeigten sich dabei weder im Umgang mit den Protestführern einig, noch über den Umgang mit den studentischen Forderungen nach Teilhabe in den universitären Entscheidungsgremien. Während manche Hochschulleiter zu weitreichenden Zugeständnissen bereit waren, lehnten andere eine studentische Partizipation in der akademischen Selbstverwaltung ab. Trotz dieser Divergenzen blieb die ERK während der Studierendenproteste nicht untätig. Sie bemühte sich darum, zumindest eine überstaatliche Plattform des Informationsaustauschs zu sein, über welche die Rektorate an Europas Universitäten über Protestereignisse und

---

[107] Ebenda.

deren Hintergründe unterrichtet wurden. Daran wird eine neue Rolle ersichtlich, die die ERK in den 1960er Jahren zu spielen versuchte. Neben der politischen Repräsentation der Universitäten auf europäischer Ebene versuchte sie eine Organisation des Wissenstransfers auszuüben. Dieses Bestreben spiegelt sich auch in der zunehmenden Ausrichtung von Seminaren und der regelmäßigen Veröffentlichung einer hauseigenen Zeitschrift, die nicht zuletzt zur Verbesserung der Sichtbarkeit der ERK und ihrer Legitimation vor ihren Mitgliedern eingerichtet wurden.

Eine weitreichende Veränderung ihres Selbstbildes kündigte sich im Hinblick auf das Europaverständnis zahlreicher ERK-Mitglieder an. Während die Vereinigung in erster Linie gegründet worden war, um europäische Hochschulpolitiken zu verhindern, wurden europäische Lösungen auf nationale Hochschulherausforderungen erstmals als denkbarer Ausweg formuliert. Dieser Wandel ging mit einer allmählich stattfindenden generationellen Neuaufstellung einher. In einer Zeit, in der die Europäischen Gemeinschaften neue hochschulpolitische Ansprüche formulierten, zeigten sich auch Hochschulleiter bereit, über europäische Lösungen auf Herausforderungen im Hochschulwesen nachzudenken. Der europäischen Ebene maßen sie damit erstmals auch eine gestaltende Funktion bei. Ihre Vorschläge für eine europäische Dimension machen allerdings deutlich, dass sie die europäische Ebene nicht von regierenden Politikern, sondern von ihnen selbst ausgestaltet sehen wollten. Davon zeugt die Idee eines europäischen Hochschulparlaments, das an den Universitäten gewählt und ausschließlich von Hochschulangehörigen besetzt werden sollte. Mit ihrem sich allmählich wandelnden Europaverständnis gingen noch keine unmittelbaren Folgen für eine europäische Hochschulpolitik einher. Alleine aber die Bereitschaft, über solche Dinge nachzudenken, sollte nicht folgenlos bleiben. Es war eine entscheidende Neuausrichtung, die in den europäischen hochschulpolitischen Auseinandersetzungen mit den Europäischen Gemeinschaften der frühen 1970er Jahre zu bislang undenkbar erscheinenden Ergebnissen führte.

VII. Die EG und das Prinzip der geteilten Verantwortlichkeiten

Die hochschulpolitischen Bestrebungen der Europäischen Gemeinschaften, die sich bereits im Zuge der Studierendenproteste abgezeichnet hatten, mündeten am Übergang von den 1960er zu den 1970er Jahren in eine politische Großoffensive. Mit rund 20 Richtlinienvorschlägen zielte die Europäische Kommission darauf ab, eine europaweite Gleichwertigkeit von Studienleistungen und -abschlüssen herzustellen. Hierfür war sie gewillt, existierende nationale Hochschulregelungen durch einheitliche europäische Standards zu ersetzen. Die Vorschläge der Europäischen Kommission führten zu kontroversen Verhandlungen unter zahlreichen Akteuren. In die Auseinandersetzungen waren nicht nur die Europäische Kommission, Staats- und Regierungschefs sowie die nationalen Fachminister für das Bildungswesen eingebunden; es waren darüber hinaus auch Universitätsleiter und ihre Hochschulverbände beteiligt. Die Richtlinienentwürfe führten zu einem Ringen unterschiedlicher Protagonisten um die Rolle der Europäischen Gemeinschaften in der Hochschulpolitik. Wie bereits in der Kontroverse um die supranationale EURATOM-Universität sowie um die NATO-Universität organisierten die Universitätsleiter einen informellen Protest, um die Pläne zu verhindern. Nicht zuletzt auf Betreiben der Hochschulleiter wurden diese in den frühen 1970er Jahren von der Europäischen Kommission fallen gelassen.

Weder die Richtlinieninitiative noch die einsetzenden Interaktionen zwischen Repräsentanten der Europäischen Kommission und den Hochschulleitern spielen in den bisherigen Forschungen zur Geschichte der europäischen Hochschulpolitik eine nennenswerte Rolle. In den beiden einschlägigen Publikationen „The History of European Cooperation in Education and Training"[1] von Luce Pépin sowie „Universities and the Europe of Knowledge"[2] von Anne Corbett bleiben sie weitgehend unbeachtet. Die bisherige Nichtberücksichtigung in der Forschung dürfte nicht zuletzt im Scheitern der Entwürfe liegen, welche die Auseinandersetzungen als unbedeutend erscheinen lassen. Im Folgenden wird jedoch gezeigt, dass die Kontroverse einen zentralen Einschnitt in der Geschichte der europäischen Hochschulpolitik darstellte. Es war der bis dahin tiefgreifendste Versuch einer internationalen Organisation, Kompetenzen für das tertiäre Bildungswesen auf die europäische Ebene zu verlagern. Eine erfolgreiche Implementierung der Richtlinien hätte nicht nur nationale oder auf Länderebene angesiedelte Kompetenzen, sondern auch Selbstverwaltungsrechte der Hochschulen in erheblichem Maße beschnitten. Die Richtlinieninitiative der Europäischen Kommission stellte den vorerst letzten Versuch dar, eine europäische Bildungspolitik zentralisiert zu implementieren. Auf diesen Versuch folgte unmittelbar im Anschluss daran ein hochschulpolitischer Kurswechsel der Europäischen Gemeinschaften. Fortan bemühten sie sich

---

[1] Pépin: The History of European Cooperation in Education and Training.
[2] Corbett: Universities and the Europe of Knowledge.

um dezentrale Hochschulpolitiken im Geiste geteilter Verantwortlichkeiten unter Einbeziehung nichtstaatlicher Akteure. Dieser Kurswechsel wurde durch die Richtlinienkontroverse entscheidend beeinflusst. Denn während der Auseinandersetzungen darüber setzte ein Annäherungsprozess zwischen den Akteuren der EG und den Hochschulvertretern ein. Während die Europäische Kommission realisierte, dass jedwede Hochschulpolitik gegen den Willen leitender Hochschulvertreter nicht durchzusetzen war, setzte sich unter den Hochschulrepräsentanten endgültig die Überzeugung durch, dass eine pragmatische Mitgestaltung europäischer Politiken zielführender sei als eine fundamentale Opposition. Auf Grundlage dieser Einsichten näherten sich Universitätsleiter und EG-Repräsentanten im Laufe der 1970er Jahre an und gestalteten gemeinsam Hochschulpolitiken aus. Der im Folgenden näher analysierte Wandel der EG-Hochschulpolitik passt zu der Diagnose von Kiran Klaus Patel, wonach die 1970er Jahre eine Phase vielfältiger europapolitischer „Neuanfänge"[3] waren.

Um die hochschulpolitischen Entwicklungen in den Blick zu bekommen, werden bislang unberücksichtigt gebliebene Quellen der Universitätsleiter und EG-Akteure in die Analyse einbezogen. Dazu gehören Archivalien der Rektoren und Vizekanzler, die sich im Bestand der Europäischen Rektorenkonferenz befinden und im Universitätsarchiv in Genf eingesehen wurden. Ebenso zählen dazu Dokumente der Hochschulleiter und der Regierungsakteure, die in den Archiven der Europäischen Kommission in Brüssel sowie im Archiv des Europarats in Straßburg ausgewertet werden konnten. Sie erlauben es, die unterschiedlichen Facetten der Auseinandersetzungen nachzuzeichnen und die Annäherung zwischen EG-Akteuren und Hochschulleitern nachvollziehbar zu machen.

Konkret werden in diesem Kapitel drei Schritte unternommen. In einem ersten Schritt werden die Richtlinieninitiativen der Europäischen Kommission aus den späten 1960er und frühen 1970er Jahren untersucht und in ihren Entstehungszusammenhang eingeordnet. Daraufhin werden in einem zweiten Schritt die Reaktionen des akademischen Milieus und die damit einhergegangenen Interaktionen zwischen Universitätsleitern und europäischen politischen Entscheidungsträgern analysiert, die zur Verwerfung der Richtlinien durch die Europäische Kommission führten. In einem dritten Schritt werden die Folgen der Auseinandersetzungen einschließlich des Annäherungsprozesses zwischen Akteuren der EG und der Universitäten systematisch herausgearbeitet, an dessen Ende sich das Hochschulwesen als ein festes Betätigungsfeld der Europäischen Gemeinschaften etabliert hatte.

1. Die Europäische Wirtschaftsgemeinschaft und das Hochschulwesen

Seit ihrer Gründung im Jahr 1957 hatte die Europäische Wirtschaftsgemeinschaft an der Errichtung eines gemeinsamen Marktes gearbeitet. Hierfür strebte sie die

---

[3] Patel: Das Projekt Europa, S. 20.

„Abschaffung der Zölle und mengenmäßigen Beschränkungen bei der Ein- und Ausfuhr von Waren" an.[4] Im EWG-Vertrag hatten sich die sechs Staaten der Gemeinschaft darauf geeinigt, nationale Zölle abzuschaffen und einen schrankenlosen Austausch von Gütern auf einem gemeinsamen Markt zu ermöglichen. Außerdem hatten sich die Vertragspartner das Ziel gesetzt, einen freien Kapitalverkehr zu etablieren und dafür nationale Finanzvorschriften anzupassen, um einen uneingeschränkten Fluss des Geldes auf dem gemeinsamen Markt sicherzustellen. Weiter hatten sich die Unterzeichner des EWG-Vertrags darauf verständigt, Hindernisse im freien Personen- und Dienstleistungsverkehr zu beseitigen.[5] Bürgern aus den EWG-Staaten sollte es ermöglicht werden, sich überall in der Gemeinschaft niederzulassen und ihre Berufe auszuüben. Bereits die Unterzeichner der Römischen Verträge hatten angestrebt, die Einführung der Niederlassungsfreiheit durch europäische Politiken für das Hochschulwesen zu unterstützen. In Artikel 57 des EWG-Vertrags hatten die unterzeichnenden Parteien erklärt:

> „Um die Aufnahme und Ausübung selbständiger Tätigkeiten zu erleichtern, erläßt der Rat [der EWG] […] einstimmig und danach mit qualifizierter Mehrheit auf Vorschlag der Kommission und nach Anhörung der Versammlung Richtlinien für die gegenseitige Anerkennung der Diplome, Prüfungszeugnisse und sonstigen Befähigungsnachweise."[6]

Die Europäische Kommission hatte damit vertraglich das Recht zugestanden bekommen, zur Durchsetzung der Niederlassungsfreiheit im Hochschulwesen initiativ zu werden und dem Ministerrat konkrete hochschulpolitische Maßnahmen vorzuschlagen. Die Kommission ließ ihr Initiativrecht allerdings fast eine Dekade lang ungenutzt. Noch im März 1966 stellte sie in einem Jahresbericht fest, dass die bildungspolitischen Implikationen der Niederlassungsfreiheit zu groß seien, um eine simple europäische Lösung einzuführen. Sie hob in ihrem Bericht hervor:

„… because of the differences in both training courses and the *effectus civilis* of

---

[4] Vertrag zur Gründung der Europäischen Wirtschaftsgemeinschaft, Rom, 25. März 1957, Artikel 57 Absatz 1 in: CVCE [Online-Ressource].

[5] Einen großen Erfolg verbuchte die EWG im Hinblick auf den Abbau der Zollschranken. Die Unterzeichner des EWG-Vertrags hatten sich darauf geeinigt, die Zölle schrittweise zu reduzieren, bis die innergemeinschaftlichen Zölle vollständig beseitigt seien. Am 1. Juli 1968 erreichten sie dieses Ziel: Bereits 18 Monate vor dem eigentlich festgelegten Zieldatum waren die Handelszölle zwischen den sechs Mitgliedsstaaten der EWG beseitigt. Die Abschaffung der Zölle ging mit einer rasanten Steigerung des Handelsvolumens zwischen den Gemeinschaftsländern einher. Bereits die erste Reduktion der Zolltarife zum Jahresbeginn 1959 um 20% hatte das Handelsvolumen zwischen den sechs Staaten um rund 20% steigen lassen. Nach zehn Jahren hatte sich das Volumen innerhalb der Gemeinschaft mehr als verdreifacht. Walter Hallstein, Präsident der Europäischen Kommission, wertete die Zollunion daher aus wirtschaftspolitischer Sicht als ein großartiges Erfolgsprojekt. Vgl. Address [on progress toward European integration] given by Professor Dr. Walter Hallstein, President of the Commission of the European Economic Community, to the Organization of European Journalists. Brussels, 14 April 1967, S. 4 [Online-Ressource]. Weitergehende Ausführungen über die Entwicklung der EWG und des gemeinsamen Marktes vgl. Loth: Europas Einigung, S. 90 f.

[6] Vertrag zur Gründung der Europäischen Wirtschaftsgemeinschaft, Rom, 25. März 1957, Artikel 57 Absatz 1 in: CVCE [Online-Ressource].

degrees, progress is slow."[7] Noch zu Beginn der zweiten Hälfte der 1960er Jahre schien die Europäische Kommission zögerlich zu sein, ob und wie sie eine Anerkennung der Diplome und Studienleistungen erreichen wolle.

In den Jahren 1967 und 68 setzte sich in der Führungsriege der Europäischen Wirtschaftsgemeinschaft allerdings die Überzeugung durch, dass nun die richtige Zeit gekommen sei, um Artikel 57 durch Maßnahmen der Europäischen Kommission in Angriff zu nehmen. Kommissionspräsident Walter Hallstein erklärte dem Europäischen Parlament im Juni 1967, dass die Sicherstellung der Niederlassungsfreiheit und deren wissenschaftliche und bildungspolitische Implikationen eine zentrale Aufgabe der nahen Zukunft seien und von der Europäischen Kommission entschlossen vorangetrieben werden würden.[8] Die angestrebte Ausgestaltung des Artikels 57 durch die Europäische Kommission fiel in die Zeit der Studierendenproteste rund um das Jahr 1968. Diese zeitliche Überlappung war kein Zufall. Die Kommission wertete die Proteste als studentisches Bestreben, aus nationaler Enge herauszutreten. Hallsteins Nachfolger, Jean Rey, der im Jahr 1967 an die Spitze der Kommission rückte, erklärte im Oktober 1968, dass die europaweiten Proteste junger Menschen auch gemeinsamer europäischer Antworten bedürften.[9] Gerade wegen der studentischen Unruhen sah die Europäische Kommission wohl die Zeit gekommen, um konkrete Vorschläge zur Anerkennung von Diplomen und Prüfungsleistungen auszuarbeiten.

Die Vorschläge zur Ausgestaltung des Artikels 57 sollten, wie es bereits im EWG-Vertrag angedeutet wurde, zwei Dinge möglich machen: Erstens legte die Europäische Kommission einen Arbeitsschwerpunkt auf Abschlusszeugnisse und schickte sich an, die Zeugnisse für jeden Dienstleistungsberuf EWG-weit vergleichbar zu machen. Dies würde den Bürgern erlauben, nach ihrem Studium in allen Gemeinschaftsstaaten berufstätig zu werden. Zweitens legte die Europäische Kommission einen Fokus auf Studienstrukturen, die durch einheitliche Parameter vergleichbar gemacht werden sollten, sodass auch während eines Studiums ein Hochschulwechsel innerhalb der Gemeinschaft möglich werden würde. Es sollten also nicht nur Diplomabschlüsse, sondern auch Teilleistungen an vergleichbaren Hochschulen im europäischen Ausland anerkannt werden. Um dieses doppelte Ziel zu erreichen, zeigte sich die Europäische Kommission bestrebt, für jeden selbstständigen Beruf eine jeweils eigene Richtlinie zu erlassen und darin die gegenseitige Anerkennung über standardisierte Gleichwertigkeitskriterien zu regeln.

Ein besonderes Charakteristikum aller Richtlinienvorschläge lag darin, eine Vergleichbarkeit in erster Linie über zahlenbasierte Festlegungen zu erreichen. Be-

---

[7] European Economic Community Commission: Ninth General Report on the Activities of the Community (1 April 1965–31 March 1966), S. 54.

[8] Vgl. Address [on progress toward European integration] given by Professor Dr. Walter Hallstein, President of the Commission of the European Economic Community, to the Organization of European Journalists. Brussels, 14 April 1967 [Online-Ressource].

[9] Vgl. Students Point the Way, in: European Community: Common Market. Coal and Steel Community. EURATOM, Oktober 1968, Nr. 117, S. 3.

reits die erste Richtlinie, die die Europäische Kommission im März 1969 für die Zahnmedizin vorlegte, verdeutlicht dieses Charakteristikum. Das Papier der Europäischen Kommission sah vor, dass das Studium der Zahnmedizin mindestens fünf Jahre lang dauern müsse.[10] In dieser Zeit waren für die Studierenden insgesamt 5.000 Unterrichtsstunden zu absolvieren. Jedes europaweit anerkannte Zahnmedizinstudium habe von dieser Gesamtzahl 300 Stunden für die Grundfächer der Chemie, Physik und Biologie vorzusehen. Zudem sollten 1.500 Stunden auf allgemeinmedizinische Fächer einschließlich Mathematik und Statistik entfallen; weitere 2.800 Unterrichtseinheiten müssten für die speziellen zahnmedizinischen Fächer der Prothetik, der zahnärztlichen Materialkunde sowie der Zahnheilkunde eingeplant werden. In Bezug auf die Zahnheilkunde nannte der Entwurf konkrete Fachbereiche, die es während dieses Studienbereichs zu unterrichten gelte; hierzu zählte die Chirurgie, die Pathologie, die Kinderzahnheilkunde und die Kieferorthopädie. Innerhalb der 2.800 Einheiten müssten in der Studienordnung darüber hinaus eine gewisse Stundenzahl für Berufskunde sowie Standesordnung und Gesetzgebung festgeschrieben sein. Die danach noch übrig bleibenden 400 der insgesamt 5.000 Unterrichtsstunden sollten den Universitäten zur freien Gestaltung bleiben.[11] Die in ihrem Entwurf formulierten Vorgaben machen deutlich, dass die Kommission plante, Studiengänge über zahlenbasierte Vorgaben zu standardisieren und die Gleichwertigkeit von Diplomen und Studienleistungen über quantitative und nicht qualitative Vorschriften zu erreichen.

Die Formulierung zahlenbasierter Vorgaben für die Zahnmedizin blieb kein Einzelfall. Ähnliche Richtlinienentwürfe wurden von der Europäischen Kommission für rund 20 freie Berufe vorgesehen und im Eiltempo ausgearbeitet. Neben dem Entwurf für die Zahnmedizin legte die Kommission im März 1969 auch einen für Allgemeinmedizin sowie für die Architektur vor.[12] Im Mai 1969 machte sie einen Vorschlag für das Ingenieursstudium; im November 1969 lagen zudem Richtlinienentwürfe für die Berufe der Apotheker und Optiker vor. Im Januar 1970 kamen Vorschläge für die Berufe der Krankenpfleger und Hebammen hinzu. Am 3. Juni 1970 folgte ein Richtlinienvorschlag für Tierärzte. Im Juli 1970 fuhr die Kommission mit Richtlinien für Studiengänge der Betriebswirtschaft und der Rechtswissenschaft fort.[13] Alleine die zeitliche Datierung dieser Richtlinienent-

---

[10] Vgl. Der Rat der Europäischen Gemeinschaften: Vorschlag einer Richtlinie zur Koordinierung der Rechts- und Verwaltungsvorschriften für die selbständige Tätigkeit des Zahnarztes, Bonn, 25. März 1969, in: Deutscher Bundestag. 5. Wahlperiode, Drucksache V/4012; der Rat der Europäischen Gemeinschaften: Vorschlag einer Richtlinie über die gegenseitige Anerkennung der zahnärztlichen Diplome, Prüfungszeugnisse und sonstigen Befähigungsnachweise, Bonn, 25. März 1969, in: Deutscher Bundestag. 5. Wahlperiode, Drucksache V/4012.

[11] Vgl. ebenda.

[12] Richtlinie über die gegenseitige Anerkennung der ärztlichen Diplome, Prüfungszeugnisse und sonstigen Befähigungsnachweise, Bonn, 25. März 1969, in: Deutscher Bundestag. 5. Wahlperiode, Drucksache V/4012.

[13] Vgl. Stand der Arbeit betreffend die Anwendung des Artikels 57 des Romvertrags, o. A. [1971], in: HAEU – CRE-408 Correspondence Expert group on the European Economic Community.

würfe zeigt auf, in welchem Akkord die Europäische Kommission am Übergang der 1960er zu den 1970er Jahren gewillt war, in die Bereiche Ausbildung und Studium hineinzuwirken und diese Bereiche unter eine europäische Gesetzgebung zu stellen.

2. Die Reaktionen der Universitäten und ihre Folgen

Europas Rektoren und Vizekanzler hatten die möglichen hochschulpolitischen Konsequenzen des Artikels 57 über viele Jahre nicht erfasst. WRK-Generalsekretär Fischer stellte diesbezüglich fest, dass sich die Universitäten erst nach Bekanntwerden erster Richtlinienentwürfe über die möglichen Folgen bewusst geworden seien.[14] Politische Forderungen nach einer europaweiten Anerkennung von Diplomen und Studienleistungen waren für Universitätsleiter eigentlich nichts Neues. Bereits der Europarat hatte in den 1950er Jahren solche Ziele formuliert und in drei zwischenstaatlichen Abkommen durch seine Mitgliedsstaaten ratifizieren lassen. Die Europäische Konvention über die Gleichwertigkeit der Reifezeugnisse, das Europäische Übereinkommen für eine Gleichwertigkeit der Studienzeiten an Universitäten und das Europäische Übereinkommen zur Anerkennung von akademischen Graden und Hochschulzeugnissen waren Sinnbild dafür, dass solcherlei Bestrebungen schon lange vor den Richtlinienentwürfen der Kommission bestanden hatten.[15] Allerdings standen die Abkommen des Europarats stellvertretend dafür, dass die Universitäten aus solchen Übereinkommen eigentlich keine praktischen Konsequenzen fürchten mussten.[16] Denn die Ratifizierung der Europarat-Übereinkommen hatte keine wahrnehmbaren Folgen für den Universitätsbetrieb mit sich gebracht.

Die Richtlinienentwürfe der Europäischen Kommission waren im Vergleich zu den Übereinkommen des Europarats keine bloße Selbstverpflichtung an die Mitgliedsstaaten, sondern ein umfangreiches Regelwerk, welches den Aufbau von Studiengängen und die Vergabepraxis von Abschlusszeugnissen verbindlich vorgegeben hätte. Auf die Entwürfe der Europäischen Kommission kamen aus den betroffenen Universitäten daher abwehrende Reaktionen, welche hauptsächlich zwei Elemente enthielten: Erstens waren sie bestrebt, die Entwürfe in ihrer Ge-

---

[14] Vgl. Jürgen Fischer: Hochschulreformen durch europäische Hochschulpolitik, in: Deutsche Universitätszeitung 29 (1973), S. 17–21, hier S. 17.

[15] Die Frage nach Äquivalenz hatte die ERK bereits ab 1960 auf Antrag deutscher Hochschulvertreter diskutiert. Eine gemeinsame europäische Lösung blieb allerdings in weiter Ferne. Vgl. Kurzprotokoll der 2. Sitzung des Ständigen Ausschusses der Ständigen Konferenz der Europäischen Rektoren und Vize-Kanzler am 5. Dezember 1960 in Paris, in: HAEU – CRE-112 Meetings 1960.

[16] Vgl. European Convention on the Equivalence of Diplomas Leading to Admission to Universities, Paris, 11. XII. 1953 [Online-Ressource]; European Convention on the Equivalence of Periods of University Study, Paris, 15. XII. 1956 [Online-Ressource]; European Convention on the Academic Recognition of University Qualifications, Paris, 14. XII. 1959 [Online-Ressource].

samtheit zu verhindern. Dies ähnelte ihrem Vorgehen aus den späten 1950er Jahren, als sie sich gegen den Aufbau von supranationalen Universitäten formiert hatten. Zweitens zeigten sie sich bereit, der Europäischen Kommission und anderen involvierten Regierungsstellen beratend zur Seite zu stehen und alternative Lösungswege aufzuzeigen. Ihre Bereitschaft zur Kooperation war damit größer als in früheren Auseinandersetzungen.

2.1 Ablehnung der Pläne

Einer der ersten und lautesten Kritiker der Richtlinienentwürfe war die Westdeutsche Rektorenkonferenz, welche – vergleichbar mit der Debatte über eine supranationale Universitätsgründung – die Initialzündung für den europaweiten Protest der Universitäten auslöste. Am 3. Juni 1970 richtete sich die WRK mit einem Memorandum „Zur supranationalen Hochschulpolitik" an Politik, Wissenschaft und Öffentlichkeit. Auf nationaler Ebene adressierte sie es an das Bundeskanzleramt, das Bundesministerium für Wirtschaft, das Ministerium für Bildung und Wissenschaft, das Auswärtige Amt sowie die Ständige Konferenz der Kultusminister. Des Weiteren richtete sie ihr Memorandum an europäische Organe. Sie sandte es an die Europäische Kommission und die für die Richtlinienentwürfe verantwortliche Generaldirektion für den Inneren Markt und die Angleichung der Gesetze. Hinzu kamen die europäischen Foren, in denen ihre Hochschulleiter aktiv waren. Zum einen wandte sich die WRK an den Ausschuss für akademische Lehre und Forschung des Europarats; zum anderen richtete sie sich explizit an die Europäische Rektorenkonferenz.[17] Darüber hinaus schickte sie eine Kopie an einzelne Rektoren und Vizekanzler europäischer Universitäten. Neben einer deutschen wurde hierfür auch eine englische und eine französische Fassung angefertigt. Die WRK brachte ihre ablehnende Haltung damit einerseits vor einflussreichen politischen Stellen und andererseits vor akademischen Organen zum Ausdruck und zielte damit auf nationale und europäische Adressaten gleichermaßen ab.

Die Westdeutsche Rektorenkonferenz forderte die politischen Entscheidungsträger auf, allen supranationalen Regelungen zu widersprechen, die auf Grundlage des Artikels 57 des EWG-Vertrages getroffen werden sollten. Grund hierfür war die Sorge, dass die Pläne der Europäischen Kommission die akademische Selbstverwaltung untergrabe.[18] Nach Einschätzung der WRK stünde die Freiheit der Hochschulen, der Fakultäten und der Fachbereiche auf dem Spiel. Die von hochschulfremder Seite ausgearbeiteten Richtlinien würden eine Aushöhlung der uni-

---

[17] Vgl. Bericht der Expertengruppe für Maßnahmen der Europäischen Gemeinschaften (EG) im Hochschulbereich. Entwurf vom 20. 10. 1971, in: HAEU – CRE-408 Correspondence Expert group on the European Economic Community.

[18] Vgl. Zur Supranationalen Hochschulpolitik. Memorandum der 81. Westdeutschen Rektorenkonferenz, München, 3. Juni 1970, in: HAEU – CRE-408 Correspondence Expert group on the European Economic Community.

versitären Autonomie bedeuten und künftige Studienreformen *an* und *durch* die Universitäten unmöglich machen. Ihren Standpunkt verdeutlichte die WRK am Beispiel des EWG-Richtlinienvorschlages für das Studium der Allgemeinmedizin. Sie stellte fest, dass der Kommissionentwurf insgesamt 5.500 Unterrichtsstunden in einem Studienzeitraum von sechs Jahren vorsah. Die WRK argumentierte, dass es einer Medizinischen Fakultät allerdings gelingen könne, die genannten 5.500 Stunden „durch Rationalisierung, neue Didaktik und Reformen" innerhalb von fünf anstatt der vorgeschriebenen sechs Jahre zu lehren. Eine solche Weiterentwicklung des Studiums würde der EWG-Vorschlag allerdings nicht zulassen, da dies mit den Vorschriften der Richtlinie nicht in Einklang zu bringen sei. Eine Reformierung von Studiengängen nach den Prinzipien der akademischen Selbstverwaltung wäre daher künftig unmöglich; andernfalls würden die betroffenen Studierenden von der Niederlassungsfreiheit ausgeschlossen bleiben.[19] Die WRK schlussfolgerte anhand dieses Beispiels, dass die anvisierte zahlenbasierte Ausgestaltung der Richtlinien künftige Reformmöglichkeiten der Fakultäten und Fachbereiche rigoros einengten und keinen Spielraum für Studienzeitverkürzungen, Lehrstoffkonzentrationen oder eine Überprüfung der Notwendigkeit von Pflichtfächern zuließen.[20] Für die WRK kamen die Pläne der Europäischen Kommission damit einem Frontalangriff auf die universitäre Autonomie gleich.

Neben ihrem Memorandum veröffentlichte die Westdeutsche Rektorenkonferenz auch Zeitungsartikel, in denen sie vor den Folgen der Kommissionsentwürfe warnte. WRK-Generalsekretär Jürgen Fischer zeichnete etwa in der „Deutschen Universitätszeitung" ein düsteres Bild der zu erwartenden Folgen an den Hochschulen. Für ihn widersprachen die Richtlinienentwürfe fundamentalen akademischen Traditionen. Er hob diesbezüglich hervor: „Das geistige europäische Prinzip der Evolution von Ordnungen durch Erkenntnis ist in einen Gegensatz geraten zu dem politischen europäischen Prinzip der Integration."[21] Zwar gäbe die Europäische Kommission vor, ein einheitliches Ausbildungssystem nicht vorschreiben zu wollen und den Universitäten „größtmögliche Freiheit" zu lassen, allerdings stellte Fischer fest: „... diese größte Möglichkeit ist klein."[22] Die auf Zahlen basierende Harmonisierung gelte es daher zu verhindern.

Repräsentanten der Westdeutschen Rektorenkonferenz richteten sich zusätzlich in Briefen an politische Entscheidungsträger. Gegenüber Hans Leussink[23], der von

---

[19] Vgl. Stellungnahme und Begründung der WRK über ihr Memorandum „Zur Supranationalen Hochschulpolitik", München, 3. 6. 1970, in: HAEU – CRE-408 Correspondence Expert group on the European Economic Community.

[20] Vgl. Zur Supranationalen Hochschulpolitik. Memorandum der 81. Westdeutschen Rektorenkonferenz, München, 3. 6. 1970, in: HAEU – CRE-408 Correspondence Expert group on the European Economic Community.

[21] Vgl. Jürgen Fischer: Hochschulreformen durch europäische Hochschulpolitik, in: Deutsche Universitätszeitung 29 (1973), S. 17–21, hier S. 20.

[22] Ebenda, S. 18.

[23] Hans Leussink war ab 1954 Professor für Grundbau, Tunnelbau und Baubetrieb an der Technischen Hochschule Karlsruhe, fungierte dort von 1958 bis 1961 als Rektor, agierte von 1960 bis 1962 als Präsident der WRK und übernahm von 1962 bis 1963 den Vorsitz im Ausschuss

1969 bis 1972 als Bundesminister für Bildung und Wissenschaft tätig war, brachte
etwa Gerald Grünwald, WRK-Präsident des Amtsjahres 1971/72, die kritischen
Standpunkte westdeutscher Rektoren mit Nachdruck vor. In einem Brief vom
18. Oktober 1971 schrieb er an Leussink:

„… ich bitte Sie – und leugne nicht, dass ich dieser Bitte gern einen beschwörenden Ton gäbe –
von den deutschen Hochschulen solcherart ,Harmonisierungen' abzuwenden, damit die auch
von Ihnen seit Jahren erstrebte Reform unseres Studienwesens sich [...] frei entfalten kann."[24]

Die WRK appellierte also an politische Entscheidungsträger, die sie für den Fort-
gang der Verhandlungen als entscheidend einstufte, und versuchte sie auf informellem Wege für ihre Positionen zu gewinnen.

Außerdem strebte die WRK eine enge Absprache mit ihren europäischen Hochschulkollegen an. Eine zentrale Funktion kam dabei Walter Rüegg zu. Der 1918
in Zürich geborene Schweizer war aufgrund seines guten Netzwerks und seiner
Mehrsprachigkeit dazu prädestiniert, die Interessen der WRK und der europäischen Hochschulkollegen aus der ERK zu repräsentieren. Rüegg schrieb im August 1970 an den britischen Vizekanzler Mansfield Cooper, er hoffe, die französischen, italienischen und britischen Universitätsvereinigungen seien gemeinsam
mit der WRK gewillt, eine Harmonisierung der Diplom-Studiengänge durch die
EWG zu verhindern.[25] Rüegg appellierte an Cooper, es sei ein geschlossenes Vorgehen nötig, um die Direktiven der Europäischen Kommission abzuwenden. Er
führte aus, dass es der WRK dabei nicht darum gehe, eine Vertiefung der europäischen Zusammenarbeit grundsätzlich zu unterbinden. Allerdings gelte es, gemeinsam gegen eine europaweite Standardisierung im Hochschulwesen vorzugehen und damit Schaden von den Universitäten abzuwenden. Rüegg konkretisierte:
„… the West German Rectors' Conference does not want to accept rigidity and
freezing of academic regulation by too much supranational fixations."[26] Die WRK
setzte damit alle Hebel in Bewegung, um nicht alleine, sondern in einer Allianz
mit zahlreichen europäischen Universitätsleitern und ihren nationalen Hochschulverbänden agieren zu können.

Rüegg gelang ein konzertiertes Vorgehen einer Vielzahl europäischer Hochschulleiter. In der ersten Jahreshälfte 1971 gab er sich zufrieden, da die meisten

für akademische Lehre und Forschung des Europarats. Hans Leussink kannte damit die Anliegen der Hochschulleiter aus eigener Erfahrung. Er ist ein prominentes Beispiel dafür, wie flui-
de die Grenzen zwischen der Seite der Hochschulen und der (europäischen) Politik in der
Praxis aussehen konnten.
[24] Brief von WRK-Präsident Gerald Grünwald an Bundesminister Hans Leussink, Bad Godesberg, 18. 10. 1971, in: HAEU – CRE-408 Correspondence Expert group on the European Economic Community.
[25] Memorandum of the 81st West German Rectors' Conference, adopted in June 3, 1970. Eine
englische Übersetzung hat Walter Rüegg an Mansfield Cooper gesandt, in: UNIMA: Mansfield
Cooper Papers Box 54 [C. R. E. Correspondence 1967–70].
[26] Schreiben von Walter Rüegg, Vize-Präsident der WRK, an Mansfield Cooper vom 20. 8. 1970
hinsichtlich des gemeinsamen europäischen Marktes und der Pläne der Europäischen Kommission über eine europäische Hochschulpolitik, in: UNIMA: Mansfield Cooper Papers Box
54 [C. R. E. Correspondence 1967–70].

Rektoren, Vizekanzler und Präsidenten aus EWG-Staaten die kritischen Standpunkte der WRK teilen würden. Rüegg hob in einem Bericht für die Europäische Rektorenkonferenz hervor, neben der WRK würden auch die Verbände Frankreichs und Italiens „mit Nachdruck gegen diese Entwürfe" protestieren und ihren jeweiligen staatlichen Stellen deutlich machen, dass die Pläne der EWG „schwerste Rückwirkungen negativer Art auf die in Gang befindlichen Hochschulreformen" hätten.[27] Ein gemeinsames europäisches Vorgehen gelang den Hochschulleitern auch im Rahmen des Ausschusses für akademische Lehre und Forschung des Europarats. Universitäre Ausschussmitglieder hatten im Oktober 1970 Vertreter der Europäischen Kommission eingeladen, um mit ihnen über die Entwürfe zu diskutieren. Im Laufe der Sitzung konfrontierte Rüegg den EWG-Mitarbeiter Jean-Pierre de Crayencour mit den zu erwartenden Folgen der Richtlinien und monierte, dass sich die Europäische Kommission in ihren Direktiven ausschließlich auf quantitative anstelle qualitativer Kriterien stützen würde. Damit könnten zwar zeitliche, aber keinesfalls inhaltlich-qualitative Standards gesetzt werden. De Crayencour verteidigte die Richtlinienentwürfe und wies auf den Unterschied zwischen Universitätsdiplomen und staatlichen Diplomen hin. Erstere blieben unangetastet und lediglich Letztere – also jene, die von den EWG-Staaten selbst vergeben würden – seien durch die geplanten Richtlinien betroffen.[28] Diese Beschwichtigung konnte die kritischen Rektoren nicht besänftigen. Die Universitätsleiter des CHER einigten sich am Ende der Sitzung auf eine gemeinsame Stellungnahme. Darin erklärten sie, es sei zwar nachvollziehbar, dass die Niederlassungsfreiheit mit gewissen Mindeststandards für berufsbezogene Abschlüsse einhergehe; allerdings dürften inneruniversitäre Angelegenheiten davon nicht betroffen sein. Studiengänge müssten nach fachlichen Gesichtspunkten und nicht durch Vorgaben aus EWG-Richtlinien weiterentwickelt werden.[29] Die Stellungnahme der Hochschulleiter war Ausdruck davon, dass sich der von der WRK initiierte Protest zu einem Protest von Hochschulrepräsentanten zahlreicher europäischer Länder ausgeweitet hatte.

Unmittelbare Auseinandersetzungen zwischen EWG-Funktionären und europäischen Universitätsleitern wiederholten sich. Auf einem Kolloquium in Grenoble, das lediglich wenige Tage nach der CHER-Sitzung stattfand, zeigten sich anwesende Universitätsleiter erneut einig in ihrer Kritik an den Richtlinienentwürfen. Rund 150 Teilnehmende waren in Grenoble zusammengekommen, um über die Zukunft einer europäischen Hochschulkooperation zu debattieren. Namhafte politische Größen waren auf der Veranstaltung zugegen. Hierzu zählten Vertreter der Europäischen Kommission sowie nationale Spitzenpolitiker; der ehemalige fran-

---

[27] Walter Rüegg: Bericht über das Kolloquium Grenoble, welches vom 29.–31. 10. 1970 stattfand, 26. 3. 1971, Frankfurt am Main, in: HAEU – CRE-408 Correspondence Expert group on the European Economic Community.

[28] Vgl. Report of the Committee of Higher Education and Research, 22nd Meeting, Strasbourg, 14–16 October 1970, in: COE – CCC/ESR (70) 87 Final, S. 12.

[29] Ebenda.

zösische Ministerpräsident Pierre Mendès France nahm ebenso teil wie der ehemalige belgische Erziehungsminister Henri Janne.[30] Im Namen aller europäischen Universitäten verdeutlichten Hochschulrepräsentanten gegenüber der Kommission und den nationalen Politikgrößen ihre „einhellige Ablehnung jeglicher zentralistischer Harmonisierungstendenzen auf dem Gebiet der Hochschulausbildung und -forschung".[31] Sie forderten in Richtung der Europäischen Kommission die „Anerkennung der Verschiedenheit der Universitäten" sowie die Sicherstellung „ihres autonomen Rechts".[32] Walter Rüegg machte in seinem Tagungsbericht deutlich, es sei von Seiten der Hochschulen moniert worden, dass „die Gesamtheit der Universitäten keine Möglichkeit habe, sich bei der Europäischen Kommission Gehör zu verschaffen".[33] Den Universitätsleitern gelang es, die Kommission unmittelbar mit ihrer Kritik zu konfrontieren und dieser zu signalisieren, dass eine Lösung nur in enger Absprache zwischen der Brüsseler Behörde und den Bildungseinrichtungen erfolgen könne.

2.2 Alternativvorschläge der Universitäten

Universitätsleiter und Hochschulverbände beließen es nicht bei ihrer Ablehnung der Kommissionspläne. Zugleich warben sie gegenüber politischen Entscheidungsträgern für einen alternativen Lösungsweg – für die sogenannte korporative Selbstkontrolle. Diese Idee hatte die Westdeutsche Rektorenkonferenz ins Spiel gebracht und in ihrem Memorandum sowie in zahlreichen Gesprächen auf europäischer Ebene konkretisiert.[34] Ihr Lösungsweg sah vor, dass Europas Universitäten einen Rat für Zulassungen gründen und ihn mit akademischen Fachkräften besetzen sollten.[35] Diesem Rat sei die Entscheidung zu übertragen, welche Studienabschlüsse EG-weit anerkannt werden würden.

Um einen Abschluss in allen Staaten der EWG anerkennen zu lassen, sollte es ein im akademischen Milieu verbleibendes Prozedere geben. Der Rat für Zulassungen würde eine Liste mit allen Abschlüssen in den Staaten der Europäischen Gemeinschaften führen. Lediglich jene Abschlüsse sollten von der Niederlas-

---

[30] Westdeutsche Rektorenkonferenz: Rundschreiben Nr. 593 über das Kolloquium „Die Zusammenarbeit zwischen den europäischen Universitäten" in Grenoble vom 29.–31. Oktober 1970, in: HAEU – CRE-398 Correspondence (12).

[31] Walter Rüegg: Bericht über das Kolloquium Grenoble, welches vom 29.–31. 10. 1970 stattfand, 26. 3. 1971, Frankfurt am Main, in: HAEU – CRE-408 Correspondence Expert group on the European Economic Community.

[32] Ebenda.

[33] Ebenda.

[34] Der Vorschlag einer korporativen Selbstkontrolle fand sich etwa in dem Memorandum, welches die WRK an zahlreiche Akteure der Politik und des Hochschulwesens versandt hatte. Vgl. Memorandum of the 81st West German Rectors' Conference, adopted in June 3, 1970, in: UNIMA: Mansfield Cooper Papers Box 54 [C. R. E. Correspondence 1967–70].

[35] Vgl. Jürgen Fischer: Hochschulreformen durch europäische Hochschulpolitik, in: Deutsche Universitätszeitung 29 (1973), S. 17–21, hier S. 21.

sungsfreiheit profitieren, die der Rat für Zulassungen auf seine Liste aufnehme. Wenn eine Universität einen Studiengang anerkannt haben möchte, wäre sie aufgefordert, sich an ihren nationalen Hochschulverband zu wenden, welcher eine Erstüberprüfung vornehme. Wenn der nationale Verband die Anerkennung des geprüften Abschlusses gutheiße, könne er einen Antrag an den Rat für Zulassung adressieren und die Aufnahme des Abschlusses auf dessen Liste beantragen.[36] Die EWG-weite Anerkennung des Abschlusses müsste von dem Rat mit qualifizierter Mehrheit bewilligt werden. Hätte der Rat für Zulassungen allerdings Zweifel an der Gleichwertigkeit mit vergleichbaren Studiengängen, dann müsste er die Aufnahme verweigern und den antragstellenden Hochschulverband darüber informieren. Der nationale Hochschulverband hätte daraufhin entweder seinen Antrag zurücknehmen oder in einer überarbeiteten Version erneut einreichen können.[37] Der Europäischen Kommission wäre in diesem Verfahren lediglich die Rolle eines Beobachters zugekommen. Hätte sie Zweifel an der Gleichwertigkeit eines Studienabschlusses gehabt, hätte sie beim Rat für Zulassungen einen Antrag auf erneute Überprüfung stellen können. Der Rat für Zulassungen wäre daraufhin zusammengetreten, um nach qualitativen Gesichtspunkten zu prüfen, inwieweit die Zweifel der Kommission berechtigt seien.

Die anvisierte korporative Selbstkontrolle hätte nach Meinung der Hochschulleiter verhindert, dass Studienleistungen und Zeugnisse – wie von der Kommission vorgesehen – über rein zahlenbasierte Standards beurteilt würden. Stattdessen hätte der Rat für Zulassungen für jedes Fach qualitative Kriterien ausarbeiten und im Laufe der Zeit weiterentwickeln können. Walter Rüegg, der die Kritikerriege gegen die Richtlinien unter Europas Hochschulrepräsentanten anführte, stützte den von der WRK vorgeschlagenen Alternativplan. Im Januar 1972 warb er gegenüber der Europäischen Kommission dafür mit Nachdruck.[38] So sollten die „Accrediting Associations" in den USA, die „Commission des titres d'ingénieur" in Frankreich sowie die „kantonalen Maturitätsprüfungen" in der Schweiz als Vorbild

---

[36] Vgl. Zur Supranationalen Hochschulpolitik. Memorandum der 81. Westdeutschen Rektorenkonferenz, München, 3. Juni 1970, in: HAEU – CRE-408 Correspondence Expert group on the European Economic Community.

[37] Vgl. Westdeutsche Rektorenkonferenz: Verfahrensvorschlag für die Mitglieder der deutschen Delegation in der Arbeitsgruppe der EG-Kommission „Globale Anerkennung der Diplome und sonstige Befähigungsnachweise", Bonn-Bad Godesberg, 7. Februar 1972, in: HAEU – CRE-408 Correspondence Expert group on the European Economic Community.

[38] Vgl. Aktennotiz über das Gespräch am 6. Mai 1971 in Brüssel zwischen dem Vizepräsidenten der Kommission der Europäischen Gemeinschaften (EG), Herrn Haferkamp, begleitet von Herrn Theodor Vogelaar, Generaldirektor, Generaldirektion XIV der Kommission, von Herrn F. Froschmaier, Berater des Vizepräsidenten der Kommission, von Herrn M. Kohnstamm, Präsident des Instituts der EG für Hochschulstudien einerseits und dem Vizepräsident der WRK, Herrn Professor Rüegg, begleitet von den Herren G. von Götz, Internationale Abteilung der WRK, und Professor Gerlo, Rektor der Freien Universität Brüssel und Beauftragter der Belgischen Rektorenkonferenz andererseits, in: HAEU – CRE-408 Correspondence Expert group on the European Economic Community.

dienen. Diese Beispiele, so Rüegg, könnten ohne weiteres auf einen transnational organisierten Rat für Zulassung „übertragen"[39] werden.

Die Universitätsleiter zeigten sich also bereit, die Zusammenarbeit ihrer Einrichtungen durch den Aufbau einer neuen Institution mit klar definierten Handlungskompetenzen zu europäisieren. Damit verfolgten sie das Ziel, den Einfluss der Europäischen Kommission auf die Hochschulpraxis gering zu halten und die Ideale der akademischen Selbstverwaltung und der politischen Unabhängigkeit der Universitäten zu wahren.

2.3 Folgen der universitären Opposition

Mit ihrer Kritik an den Richtlinienentwürfen und ihrem Vorschlag für eine korporative Selbstkontrolle verschafften sich Europas Universitätsleiter und Hochschulverbände unter zahlreichen Regierungsvertretern Gehör. Bereits auf das an nationale und internationale Stellen verschickte Memorandum, welches die Westdeutsche Rektorenkonferenz am 3. Juni 1970 versandt hatte, reagierten zahlreiche Regierungsakteure. Hans-Georg Steltzer, der die Kulturabteilung des Auswärtigen Amts leitete, schrieb an den WRK-Präsidenten Hans Rumpf, dass er den Kritikpunkten der WRK viel abgewinnen könne und das Memorandum in den anstehenden Verhandlungen „von Nutzen sein" werde.[40] Auch das Sekretariat der Ständigen Konferenz der Kultusminister der Länder antwortete der WRK und betonte, dass das Memorandum bereits „in die laufenden Beratungen der Kultusministerkonferenz einbezogen worden" sei.[41] Hans Leussink, Bundesminister für Bildung und Wissenschaft, signalisierte dem westdeutschen Rektorenverband, er teile die Kritik und habe ebenfalls Bedenken hinsichtlich der „starren Kriterien".[42] Leussink stand den Positionen der Universitäten sehr nahe; vor seinem Einstieg in die Politik war er Rektor der TH Karlsruhe gewesen und hatte im Amtsjahr 1962/63 als Präsident der WRK fungiert. Staatssekretär Johann Schöllhorn, der für das westdeutsche Wirtschaftsministerium tätig war, brachte in seiner Antwort an die WRK zum Ausdruck, dass er in ähnlicher Weise wie die Universitätsrektoren für eine elastische Lösung eintreten wolle.[43] Um etwaigem Gegenwind aus der Kommission oder aus anderen

---

[39] Protokoll der Sitzung der Expertengruppe für Fragen der Europäischen Gemeinschaft vom 21. Januar 1972 in Genf, in: HAEU – CRE-408 Correspondence Expert group on the European Economic Community.

[40] Schreiben von Hans-Georg Steltzer, Leiter der Kulturabteilung des Auswärtigen Amtes, an Hans Rumpf, Präsident der Westdeutschen Rektorenkonferenz, 8. Juli 1970, in: HAEU – CRE-408 Correspondence Expert group on the European Economic Community.

[41] Das Sekretariat der Ständigen Konferenz der Kultusminister der Länder in der Bundesrepublik Deutschland an WRK-Präsident Hans Rumpf vom 31. Juli 1970, in: HAEU – CRE-408 Correspondence Expert group on the European Economic Community.

[42] Schreiben des Bundesministers für Bildung und Wissenschaft, Hans Leussink, an den Präsidenten der Westdeutschen Rektorenkonferenz, 10. August 1970, in: HAEU – CRE-408 Correspondence Expert group on the European Economic Community.

[43] Vgl. Staatssekretär Dr. Schöllhorn an WRK-Präsident Rumpf vom 19. Juni 1970, in: HAEU – CRE-408 Correspondence Expert group on the European Economic Community.

nationalen Verhandlungsdelegationen erfolgreich entgegenzutreten, warb Schöllhorn dafür, dass „alle auf deutscher Seite Beteiligten eine übereinstimmende Meinung vertreten" sollten, um die Richtlinien zu verhindern.[44]

Die Europäische Kommission reagierte ebenfalls auf die westdeutsche Kritik. Intern stellten Vertreter der Europäischen Kommission zwar fest, dass das Memorandum der „traditionell feindseligen Haltung der WRK gegenüber jeglichem Versuch gemeinschaftlicher Lösungen im Hochschulbereich" entsprechen würde.[45] Trotzdem signalisierte die Kommission der WRK, sich mit den von ihr vorgebrachten Kritikpunkten und Gegenvorschlägen näher auseinanderzusetzen. Der SPD-Politiker Wilhelm Haferkamp, der von 1970 bis 1973 als Kommissar für Energie und Binnenmarkt sowie als Vizepräsident der Europäischen Kommission fungierte, versicherte Walter Rüegg in einem persönlichen Schreiben, dass die Kommission „die Konzeption unter Berücksichtigung Ihrer Ausführungen genauestens zu prüfen" gedenke.[46] Zugleich machte die Europäische Kommission deutlich, dass sie bereit war, einen Austausch mit Universitätsleitern und Hochschulverbänden aus den EWG-Staaten zu suchen, um über mögliche neue, anders gelagerte Hochschulpolitiken zu sprechen. Die Europäische Kommission suchte damit eine Abstimmung mit den Hochschulverbänden, die von Universitätsleitern bereits zuvor gefordert worden war.[47] Damit wurden entscheidende Weichen für eine Annäherung zwischen den Rektoren und der Europäischen Kommission gestellt.

In den Jahren 1971 und 1972 fanden mehrere Treffen zwischen europäischen Universitätsrepräsentanten unter Leitung Walter Rüeggs mit EG-Kommissaren statt. Aus einem Gesprächsprotokoll der Kommission über eine dieser Zusammenkünfte wird die allmähliche Annäherung deutlich: Theodor Vogelaar, der als EG-Generaldirektor für den Binnenmarkt fungierte, rechtfertigte am 15. Juli 1971 die Richtlinienentwürfe der Kommission gegenüber Walter Rüegg und dem Rektor der Freien Universität Brüssel, Alois Gerlo. Dabei verteidigte er das quantitative Vorgehen. Offen erklärte er die zahlenbasierte Herangehensweise der Europäischen Kommission für „notwendig, da sie für eine Beurteilung nach qualitativen Maßstäben keine ausreichende Sachkenntnis im Hochschulbereich habe".[48] Wal-

---

[44] Ebenda.

[45] Schreiben von Hartmut Offele, Mitarbeiter des Verbindungsbüros der Europäischen Gemeinschaften in Bonn, an Maurice Gibon, Hauptberater in der Generaldirektion XII der Europäischen Gemeinschaften, vom 5. Juni 1970 bezüglich des Memorandums der WRK gegen die Harmonisierungspläne, in: HAEU – IUE 878.

[46] Wilhelm Haferkamp, Vizepräsident der Kommission der Europäischen Gemeinschaften, an Walter Rüegg, Vizepräsident der Westdeutschen Rektorenkonferenz, in: HAEU – CRE-408 Correspondence Expert group on the European Economic Community.

[47] Walter Rüegg: Bericht über das Kolloquium Grenoble, welches vom 29.–31. 10. 1970 stattfand, 26. 3. 1971, Frankfurt am Main, in: HAEU – CRE-408 Correspondence Expert group on the European Economic Community.

[48] Aktennotiz über das Gespräch vom 15. Juli 1971 in Brüssel der Europäischen Kommission, vertreten durch die Herren Haferkamp, Vogelaar, de Crayencour und Wegenbauer sowie den Universitätsvertretern aus den EG-Mitgliedsstaaten, in: HAEC – BDT 64/84 (1657) – Confé-

ter Rüegg erwiderte darauf: „Aber wir als Hochschulexperten haben diese Sachkenntnis und sie steht Ihnen zur Verfügung."[49] Dieser Meinungsaustausch steht beispielhaft dafür, dass beide Seiten von den informellen Treffen zu profitieren gedachten: Während sich die Kommission aufgrund fehlender bildungspolitischer Expertise bereit erklärte, auf Sachkenntnisse aus den Hochschulen zurückzugreifen, eröffnete sich den Universitätsleitern eine Tür in die Kommission, um ihre Positionen unmittelbar vorzubringen und damit Einfluss auf weitere hochschulpolitische Vorhaben zu gewinnen.

Im Zuge dieser ersten Treffen wurde bereits offensichtlich, dass die Europäische Kommission von ihren ursprünglichen Richtlinienentwürfen abgerückt war. Bereits 1971 gab etwa der EWG-Mitarbeiter de Crayencour während des Gesprächs mit Rüegg zu verstehen, dass die Kritik der Universitäten durchaus berechtigt war, und räumte ein, dass „die Kommission vielleicht ‚zu weit gegangen' sei".[50] Die Brüsseler Behörden signalisierten in den darauffolgenden Gesprächen ihren Verzicht auf eine starre quantitative Herangehensweise. Im Jahr 1973 stellten westdeutsche Hochschulrepräsentanten zufrieden fest, dass die „Schwerverdaulichkeit" der Richtlinienentwürfe „den Verantwortlichen in Brüssel mittlerweile allgemein klar geworden" sei.[51] Die Europäische Kommission diskutierte sogar kurzzeitig die von Hochschulrepräsentanten vorgebrachte Idee der korporativen Selbstkontrolle. Wie aus einem Dokument der Europäischen Kommission hervorgeht, überlegte sie, eine „Community list"[52] erstellen zu lassen, auf der all jene Studienabschlüsse gelistet werden sollten, die europaweit anerkannt sein würden; dieser Lösungsweg wurde allerdings nicht weiterverfolgt.[53] Allerdings zeigt alleine das Aufgreifen der Idee, dass allmählich Überlegungen aus den Universitäten bei der Europäischen Kommission Gehör fanden. Die Repräsentanten der Hochschulen wurden also nicht mehr als bloße Opponenten wahrgenommen, deren Vorstellungen es entweder auszublenden oder zu diskreditieren galt. Stattdessen bahnte sich eine Annäherung zwischen der Kommission und den Universitätsleitern an, bei der Letztere eine gewandelte Rolle einnahmen: Sie waren für die Kommission nicht mehr nur EG-kritische Interessenvertreter für den Erhalt nationaler Hochschulsysteme, sondern schlüpften zunehmend in die Rolle konstruktiver Politikberater, die die europäische Hochschulebene in Kooperation mit den Europäischen Gemeinschaften zu gestalten versuchten.

---

rence permanente des recteurs et vice-présidents des universités européennes (CRE) 1971–1979.

[49] Ebenda.

[50] Ebenda.

[51] Warten auf Dahrendorf. Programmansätze über Einzelprojekte? Hochschulen arrangieren sich über Verbindungsausschuß, in: Deutsche Universitätszeitung vereinigt mit dem Hochschul-Dienst, 9 (1973), S. 378.

[52] European Commission: EC education policy: priority to adult education. European Community Background Information, Nr. 25, 14 November 1973 [Online-Ressource].

[53] Warten auf Dahrendorf. Programmansätze über Einzelprojekte? Hochschulen arrangieren sich über Verbindungsausschuß, in: Deutsche Universitätszeitung vereinigt mit dem Hochschul-Dienst, 9 (1973), S. 378.

3. Die Neuausrichtung der EG-Hochschulpolitik

Die Europäische Kommission hatte zwar ihr Richtlinienvorhaben aufgegeben; aus den gescheiterten Verhandlungen darüber gingen jedoch Impulse hervor, die für die darauffolgenden und tatsächlich realisierten EG-Hochschulpolitiken ab der Mitte der 1970er Jahre entscheidend werden sollten. Denn aus den ersten informellen Gesprächen von Hochschulleitern mit der Europäischen Kommission etablierten sich feste Austauschmechanismen, die für eine erfolgreiche Implementierung der EG-Hochschulpolitiken unabdingbar waren. Bereits während der ersten Gespräche der Europäischen Kommission mit Universitätsrepräsentanten kündigte sich die Etablierung dieser Mechanismen an. Am 6. Mai und am 15. Juli 1971 diskutierten Rüegg und Gerlo mit den EG-Kommissaren Altiero Spinelli, Ralf Dahrendorf und Wilhelm Haferkamp über kontinuierliche gegenseitige Konsultationen. Haferkamp unterstrich während des Treffens am 15. Juni 1971, dass die „Erfahrungen von Kommission und Hochschulen" zusammenwirken müssten, um „eine möglichst große Geschmeidigkeit" künftiger EG-Hochschulaktivitäten zu erzielen.[54] Die Europäische Kommission war damit bereit, die Universitäten auf lange Sicht in ihre hochschulpolitische Ausgestaltung einzubinden.

Wie aus den ausgewerteten Unterlagen hervorgeht, diskutierten die Kommissare und Hochschulrepräsentanten zwei Modi der Zusammenarbeit. Erstens verhandelten sie über eine formelle Einbindung der Universitätsleiter in hochschulpolitische Entscheidungsfindungsprozesse; zweitens diskutierten sie über eine zwar institutionalisierte, aber zugleich informell bleibende Zusammenarbeit. Für erstere Variante warb Walter Rüegg. Der ehemalige WRK-Präsident forderte auf einer Sitzung im April 1972 gegenüber der Kommission eine „institutionelle Beteiligung"[55] und ein „Mitspracherecht"[56] für die Universitäten der EG-Staaten in allen hochschulrelevanten Aushandlungsprozessen. Auf Seiten der Kommission wurde mit Blick auf eine solche formelle Beteiligung allerdings Skepsis formuliert und dagegen für die zweite informelle Variante geworben. Wilhelm Haferkamp brachte gegenüber den Rektoren zum Ausdruck, dass eine Institutionalisierung der Zusammenarbeit „mit einem langwierigen Gründungsprozeß" verbunden sein würde.[57] Daher schlug er vor, die Treffen informell zu halten, aber zugleich in einem festen Rahmen stattfinden zu lassen. Er warb dafür, dass in einem etwa vierteljährlichen Turnus Beratungen in Brüssel stattfinden und jeweils im Vorfeld mit einer

---

[54] Aktennotiz über das Gespräch vom 15. Juli 1971 in Brüssel der Europäischen Kommission, vertreten durch die Herren Haferkamp, Vogelaar, de Crayencour und Wegenbauer sowie den Universitätsvertretern aus den EG-Mitgliedsstaaten, in: HAEC – BDT 64/84 (1657) – Conférence permanente des recteurs et vice-présidents des universités européennes (CRE) 1971–1979.

[55] Protokoll der Expertengruppe für Fragen der Europäischen Gemeinschaften von ihrer Sitzung vom 15. April 1972 in Nizza, in: HAEU – CRE-408 Correspondence Expert group on the European Economic Community.

[56] Ebenda.

[57] Ebenda.

festen Tagesordnung ausgetragen werden sollten.[58] Theodor Vogelaar, Generaldirektor für den Binnenmarkt, sah eine formelle Einbindung ähnlich kritisch und plädierte für eine kontinuierliche Zusammenarbeit in informellem Rahmen, was von Seiten der Kommission als ein „Gentlemen Agreement" angesehen und eingehalten werden würde.[59] Vogelaar versicherte, eine solche informelle Lösung sei für die Universitäten nützlicher als eine formelle Zusammenarbeit, da „allzu offizielle Gründungstexte" dazu führten, dass „EG-Mitgliedsländer die Zusammensetzung des Gremiums bestimmen wollten."[60] Gerade über eine informelle Zusammenarbeit könnte dagegen sichergestellt werden, dass die Universitäten ihr Gewicht in den relevanten hochschulpolitischen Verhandlungen dauerhaft einbringen könnten.

Eine informelle Arbeitsweise schien den Universitätsrepräsentanten eine annehmbare Lösung zu sein. Walter Rüegg hatte bereits im Mai 1971 erklärt, dass es den Hochschulen vor allem um „Zweckmäßigkeitserwägungen" gehe und sie daher nicht auf eine formelle Institutionalisierung der Beziehungen fixiert seien.[61] Im Frühjahr 1972 stellte Rüegg zufrieden fest, dass die Treffen zwar informell abgehalten würden, allerdings „„offiziösen' Charakter" entwickelten.[62] Vertreter der Europäischen Gemeinschaften und der Universitäten schufen sich also institutionalisierte, aber vorerst informell gehaltene Bindungen, die andauern sollten.

3.1 Die Gründung einer zweiten europäischen Rektorenvereinigung

Der eingeschlagene Weg der institutionalisierten, aber informell gehaltenen Konsultationen zwischen EG und Hochschulverbänden ging zugleich mit einer Neuordnung der interuniversitären Zusammenarbeit auf europäischer Ebene einher. Der neue ERK-Generalsekretär Alain Nicollier hatte der Europäischen Kommission im Frühjahr 1971 den Vorschlag unterbreitet, dass die Europäische Rektoren-

---

[58] Bericht der Expertengruppe für Maßnahmen der Europäischen Gemeinschaften (EG) im Hochschulbereich. Entwurf vom 20. 10. 1971, in: HAEU – CRE-408 Correspondence Expert group on the European Economic Community.

[59] Ebenda.

[60] Aktennotiz über das Gespräch am 6. Mai 1971 in Brüssel zwischen dem Vizepräsidenten der Kommission der Europäischen Gemeinschaften (EG), Herrn Haferkamp, begleitet von Herrn Th. Vogelaar, Generaldirektor, Generaldirektion XIV der Kommission, von Herrn F. Froschmaier, Berater des Vizepräsidenten der Kommission, von Herrn M. Kohnstamm, Präsident des Instituts der EG für Hochschulstudien einerseits und dem Vizepräsident der WRK, Herrn Professor Rüegg, begleitet von den Herren G. von Götz, Internationale Abteilung der WRK, und Professor Gerlo, Rektor der Freien Universität Brüssel und Beauftragter der Belgischen Rektorenkonferenz andererseits, in: HAEU – CRE-408 Correspondence Expert group on the European Economic Community.

[61] Ebenda.

[62] Protokoll der Sitzung der Expertengruppe für Fragen der Europäischen Gemeinschaft vom 21. Januar 1972 in Genf, in: HAEU – CRE-408 Correspondence Expert group on the European Economic Community.

konferenz ein gesondertes akademisches Organ für die Belange der EG einrichten und dieses mit Hochschulrepräsentanten aller EG-Staaten besetzen könne.[63] Dem Ausschuss sollte die Aufgabe zukommen, der Kommission dauerhaft beratend zur Seite zu stehen. Hierfür zeigte sich Nicollier gegenüber der Kommission gewillt, durch die Europäische Rektorenkonferenz ein Büro in Brüssel einzurichten. Ein solches universitäres Forum, welches über die ERK organisiert werden würde, schien allerdings weder der Europäischen Kommission noch den an den Gesprächen beteiligten Hochschulvertretern opportun zu sein. Der Spinelli-Vertraute Félix-Paul Mercereau brachte während eines der Treffen mit Universitätsrepräsentanten der EG-Staaten zum Ausdruck, dass die Kommission zwar offen für Anregungen und Kritik aus den Hochschulen sei, jedoch dabei die unterschiedlichen Interessen der Universitäten aus den Mitglieds- und Nichtmitgliedsstaaten der Europäischen Gemeinschaften berücksichtigt werden müssten. Dies gelte zuvorderst mit Blick auf diejenigen Universitäten, deren Staaten sich auf andere Ideologien stützten. Mercereau kritisierte damit in diplomatischer Sprache, dass die ERK als Beratungsorgan der Europäischen Kommission ungeeignet sei, da sie Mitglieder aus einer Vielzahl an Ländern hatte, die nicht den EG angehörten, und darüber hinaus für eine Mitgliedschaft der Universitäten aus sozialistischen Staaten offen war.[64] Mercereau warb damit – ohne es explizit zu machen – für die Gründung eines neuen universitären Organs, das auf die Belange der Europäischen Gemeinschaften zugeschnitten war.

Die Gründung einer zweiten Vereinigung, die von der ERK unabhängig war, forderten auch beteiligte Universitätsleiter aus den EG-Staaten.[65] Alois Gerlo schrieb diesbezüglich an den 1969 in Genf zum neuen ERK-Präsident gewählten britischen Vizekanzler Albert E. Sloman, dass es für die in Brüssel verhandelnden Rektoren schwierig sei, in den Verhandlungen mit der Kommission „sowohl den Interessen der ERK-Mitglieder in ihrer Gesamtheit als auch den besonderen Interessen der Mitglieder aus den Staaten der Europäischen Gemeinschaften gerecht zu werden."[66] Mitglieder dieser Expertengruppe ließen durchblicken, dass sie eine „schwierige Doppelposition"[67] einnahmen, da sie spezifische Interessen der Uni-

---

[63] Vgl. Aufzeichnung für Herrn Haferkamp, Vizepräsident der Europäischen Kommission, für die Unterredung mit dem vertreter der Westdeutschen Rektorenkonferenz, Professor Rüegg, Brüssel, 14. April 1971, in: HAEC – BDT 26/85 – Reconnaissance mutuelle des diplômes – Conférence permanente des recteurs et vice-présidents des universités européennes (CRE) 1969–1971.

[64] Vgl. CRE: procès-verbal de la réunion du 11 janvier 1973 à Genève, in: HAEC – BDT 64/84 (1657) – Conférence permanente des recteurs et vice-présidents des universités européennes (CRE) 1971–1979.

[65] Twenty-sixth administrative meeting of the standing committee, Friday 11 May 1973, Helsinki, in: HAEU – CRE-125 Meetings 1973.

[66] Brief von A. Gerlo, Mitglied der Expertengruppe für Fragen der Europäischen Gemeinschaft, an ERK-Präsident Albert Sloman vom 13. November 1972, in: HAEU – CRE-408 Correspondence Expert group on the European Economic Community.

[67] Protokoll der Expertengruppe für Fragen der Europäischen Gemeinschaften von ihrer Sitzung vom 15. April 1972 in Nizza, in: HAEU – CRE-408 Correspondence Expert group on the European Economic Community.

versitäten aus den EG-Staaten und zugleich aus dem erweiterten Kreis der ERK vertreten mussten. Jürgen Fischer konkretisierte die Schwierigkeiten und erklärte europäischen Kollegen 1972 in Nizza, dass die Europäische Rektorenkonferenz aufgrund ihrer „Zwangslage" nur eine Nebenrolle auf Seiten der Universitäten in den Verhandlungen mit der Kommission übernehmen könne, da ein „Spannungs-verhältnis zwischen den Interessen der ERK an der Erziehungspolitik der EG auf der einen und der Erweiterung nach Osteuropa auf der anderen Seite" bestände.[68] Er brachte damit die Befürchtung zum Ausdruck, dass die ERK mit ihrer Öffnung nach Osten in einem Widerspruch zu den Interessen derjenigen Mitglieder stand, deren Universitäten unmittelbar von den Folgen der EG-Politik betroffen waren.[69] Die Kommission und die eingebundenen Rektoren der EG-Staaten zeigten sich also darüber einig, dass für ihre informelle Zusammenarbeit eine neue universitä-re Repräsentanz auf europäischer Ebene geschaffen werden müsste. Im Vergleich zur ERK sollten in dem neuen Organ allerdings nicht die einzelnen Universitäts-leiter individuell repräsentiert werden, sondern die nationalen Rektorenkonferen-zen die Gestaltungshoheit innehaben.[70] Diese Verschiebung von den einzelnen Hochschulleitern zugunsten der nationalen Verbände spiegelte sich in der neuen Vereinigung, die im Jahr 1974 unter dem Namen „Verbindungskomitee der Rekto-renkonferenzen der Europäischen Gemeinschaften" gegründet wurde. Das Ver-bindungskomitee eröffnete ein Büro mit Sitz in Brüssel und signalisierte damit alleine über seinen Standort eine Nähe zu den Europäischen Gemeinschaften.

Das Verbindungskomitee entwickelte sich im Laufe der 1970er Jahre zu einem von der Europäischen Kommission anerkannten und dauerhaft konsultierten Be-ratungsorgan für europäische Hochschulaktivitäten.[71] Alan A. Bath, der in leiten-

---

[68] Ebenda.

[69] Auch die Europäische Rektorenkonferenz trug die Entscheidung zur Gründung einer zweiten Hochschulvereinigung mit. Auf einer Tagung der ERK, welche im November 1972 in Belgrad stattfand, formulierten Anwesende ihre Unterstützung, „… to transform the Expert group […] into a Liaison-Committee of the rectors conferences of the member states of the European Communities, and to set up a contact body for contacts with the E.E.C, in Brussels". Die Europäische Rektorenkonferenz unterstützte damit nicht nur die informellen Treffen der Uni-versitäten aus dem EG-Raum mit der Kommission, sondern auch die Institutionalisierung einer zweiten europäischen Hochschulorganisation, in der die nationalen Rektorenkonferen-zen der EG-Staaten zusammenarbeiteten. Vgl. A. Gerlo: Groupe d'experts des Universités des Communautés Européennes, Brussels, 9th January 1973, in: HAEC – BDT 64/84 (1657) – Conférence permanente des recteurs et vice-présidents des universités européennes (CRE) 1971–1979.

[70] Über eine institutionalisierte Einbeziehung der nationalen Verbände auf europäischer Ebene hatte die ERK bereits in den 1960er Jahren diskutiert. Vgl. Conférence permanente des rec-teurs et vice-chanceliers des universités européennes. L'avenir de la CRE, 15 février 1969, in: CRE-9 Geneva, 1969: Administrative tasks.

[71] Die Dauerhaftigkeit der Bindungen spiegelt sich in Stellungnahmen, die die Europäische Kommission in den späten 1970er Jahre abgab. Vgl. Note of a meeting with the Liaison Com-mittee of the Rectors' Conferences of Member States of the European Communities held on 18 November 1974 at the Fondation Universitaire, Brussels, in: HAEC – BDT 64/84 (1658) – Conférence permanente des recteurs et vice-présidents des universités européennes (CRE) 1971–1979.

der Funktion für die Generaldirektion für Forschung, Wissenschaft und Bildung der Europäischen Kommission tätig war, stellte am 21. Oktober 1977 fest:

„We have built up a relationship of mutual confidence with the Liaison Committee, and it is most important that they should not feel that the Commission is insensitive to their respective nation Conferences' interest in these important areas."[72]

Der Annäherungsprozess zwischen Hochschulleitern und den Brüsseler Gemeinschaftsorganen mündete damit im Ausbau der europäischen Hochschulzusammenarbeit. Dieser war dazu angetan, den EG in allen hochschulrelevanten Fragen beratend und mitgestaltend zur Seite zu stehen.

3.2 Persönlichkeiten der Annäherung

Die Annäherung der Europäischen Gemeinschaften an Hochschulrepräsentanten spiegelt sich in besonderer Weise in dem Agieren von Persönlichkeiten wider, die für die EG tätig waren. Beispielhaft lässt sich der Deutschbrite Ralf Dahrendorf nennen, der von 1970 bis 1973 als EG-Kommissar für Außenhandel und von 1973 bis 1974 als Kommissar für die neugeschaffene Generaldirektion für Forschung, Wissenschaft und Bildung zuständig war.[73] Bereits in seiner Zeit als Kommissar für Außenhandel hatte Dahrendorf seine Ablehnung gegenüber den vorangegangenen technokratisch begründeten politischen Entscheidungen der Europäischen Kommission zum Ausdruck gebracht. In aller Schärfe kritisierte er im Jahr 1971 etwa die Brüsseler Behörde in zwei Zeitungsartikeln, die er unter dem Pseudonym Wieland Europa in der westdeutschen Wochenzeitung „Die Zeit" publizieren ließ. Dahrendorf warf der Kommission darin vor, einem „Harmonisierungswahn" anheimgefallen zu sein und sich zu einem „bürokratischen Leviathan" entwickelt zu haben.[74] Er führte diesbezüglich aus: „Wer überall dort, wo es möglich ist, gleichartige Lösungen sucht, wer also die Harmonisierung selbst schon für einen Wert hält, verliert sehr rasch den Blick für den Unterschied zwischen wichtigen und

---

[72] Brief aus der Generaldirektion für Forschung, Wissenschaft und Bildung der Europäische Kommission von Alan A. Bath an Herr Jones vom 21. Oktober 1977, in: HAEC – BDT 64/84 (1660) – Conférence permanente des recteurs et vice-présidents des universités européennes (CRE) 1971–1979.

[73] Die Europäischen Gemeinschaften hatten bereits während der Verhandlungen über die Niederlassungsfreiheit ihre mit Bildung beschäftigten Mitarbeiter aus den verschiedenen Generaldirektionen zu direktionsübergreifenden Absprachen angehalten und hierfür eine Dienststelle für Ausbildungs- und Erziehungsfragen eingerichtet. Aus dieser Dienststelle erwuchs 1973 eine Generaldirektion für Forschung, Wissenschaft und Bildung. Ihr erster Kommissar wurde Ralf Dahrendorf, der das Amt bis Herbst 1974 bekleidete, bevor er eine Stelle an der London School of Economics annahm. Vgl. Bericht der Expertengruppe für Maßnahmen der Europäischen Gemeinschaften (EG) im Hochschulbereich. Entwurf vom 20. 10. 1971, in: HAEU – CRE-408 Correspondence Expert group on the European Economic Community; Meifort: Ralf Dahrendorf, S. 197.

[74] Wieland Europa (Ralf Dahrendorf): Ein neues Ziel für Europa, in: Die Zeit, 16. Juli 1971, Nr. 29.

unwichtigen, notwendigen und überflüssigen Dingen."[75] Stattdessen müsse die Kommission begreifen, dass ein „europäisches Europa" differenziert, bunt und vielfältig aussehe.[76] Dass Ralf Dahrendorf hinter dem Pseudonym Wieland Europa steckte, blieb nicht unbemerkt, was ihm scharfe Kritik anderer Kommissionsmitglieder einhandelte. Wie die Kommission im Oktober 1971 verlautbaren ließ, seien die Differenzen beigelegt worden.[77] Die in den Artikeln deutlich gemachte Kritik an einer Harmonisierung blieb bis zum Ende seiner Tätigkeit für die Europäische Kommission im Herbst 1974 eine wichtige Maxime.[78] Bereits als Außenhandelskommissar war der gelernte Soziologe in die europäischen hochschulpolitischen Aushandlungsprozesse eingebunden und hatte sich gegen die Richtlinienentwürfe der Kommission ausgesprochen. Als Kommissar für Forschung, Wissenschaft und Bildung setzte er diesen Kurs fort: In seinem Arbeitsprogramm für die Kommission aus dem Jahr 1973 stellte er fest: „Today, harmonization of the European educational system and of its structures and contents as a whole appears to be neither realistic nor necessary."[79] Die Kommission erteilte damit unter maßgeblichem Einfluss Dahrendorfs einer neuerlichen EG-Hochschulinitiative im Sinne der zurückgewiesenen Richtlinienentwürfe eine deutliche Absage.

Im Hinblick auf die Universitäten unterstrich Dahrendorf 1973 hingegen, dass man sich auf europäischer Ebene auf die Mobilität von Hochschulangehörigen konzentrieren solle. Für die damit einhergehenden Fragen der Anerkennung von Studienleistungen und Abschlüssen müsse eine flexible Lösung in Absprache mit allen betroffenen Akteuren gefunden werden.[80] Dahrendorf stellte gegenüber den Bildungsministern mit kritischem Blick auf die bisherige Arbeit der Kommission fest: „Community action in the field of education should not be worked out

---

[75] Ebenda.

[76] Neben seiner Kritik an den Harmonisierungsbestrebungen brachte Dahrendorf seine Kritik an dem Demokratiedefizit der Europäischen Gemeinschaften zum Ausdruck. Im Hinblick auf die Funktion des Europäischen Parlaments stellte Dahrendorf in einem am 9. Juli 1971 veröffentlichten Artikel „Über Brüssel hinaus" fest, dass sich ein Demokrat nur schämen könne, wenn er ausgewachsene und in ihren Heimatländern ehrlich gewählte Abgeordnete die Farce spielen sehe, die sie in Straßburg oder Luxemburg zehnmal im Jahr eine Woche lang spielen müssten. Er prangerte also das Demokratiedefizit europäischer Gemeinschaftsentscheidungen an und warb stattdessen für eine offene Debattenkultur, die nicht durch die Kommission „supranational" angestrebt, sondern durch die Regierungen „international" erzielt werden sollte. Dies würde zu einem Ende der „schrecklichen Gewohnheit der Europäischen Gemeinschaft [führen], Wichtiges immer nur versteckt und möglichst unsichtbar anzubringen; es für einen Erfolg zu halten, wenn die anderen nicht merken, was man will". Vgl. Wieland Europa (Ralf Dahrendorf): Über Brüssel hinaus. Unorthodoxes Plädoyer für ein zweites Europa, in: Die Zeit, 9. 7. 1971.

[77] Vgl. Streit beendet, in: Die Zeit, 1. 10. 1971.

[78] Vgl. Dahrendorf hatte bereits in seinem 1965 erschienenen Plädoyer „Bildung ist Bürgerrecht" gefordert, dass Bildungspolitik keine Magd der Wirtschaftspolitik sein dürfe. Vgl. Dahrendorf: Bildung ist Bürgerrecht.

[79] Working Program in the Field of „Research, Science and Education." Personal Statement by Mr. Dahrendorf, Brussels 23 March 1973 [Online-Ressource].

[80] Vgl. Address by Professor Dahrendorf, Member of the Commission, to the Conference of Ministers of Education in Luxembourg on 6 June 1974 [Online-Ressource].

around an office table. Rather, the Commission issues an invitation to teachers and educationalists throughout the Community to participate actively and critically."[81] Nach Vorstellung Dahrendorfs sollte also jedwede Ausarbeitung einer EG-Bildungspolitik auch Vertreter des Bildungs- und Wissenschaftswesens einbinden. Mit seinem Plädoyer für die Begrenzung der EG-Kompetenzen im Bildungssektor und seinem Plädoyer für Fördermaßnahmen der Mobilität bei gleichzeitiger Einbindung nichtstaatlicher Akteure vertrat Dahrendorf Positionen, die denen der Hochschulleiter bei der Gründung des Verbindungskomitees der Rektorenkonferenzen der Europäischen Gemeinschaften ähnelten. Auch wenn Dahrendorf nur wenige Jahre für die Kommission wirkte, trug er zu einer Perspektivenerweiterung der EG hinsichtlich einer europäischen Hochschulpolitik bei.

Eine weitere Persönlichkeit, die für den Annäherungsprozess zwischen Hochschulen und den Europäischen Gemeinschaften stand, war der ehemalige belgische Erziehungsminister Henri Janne, der vor und nach seiner Zeit in der Politik als Professor für Soziologie lehrte und in den Jahren 1956 bis 1959 als Rektor der Freien Universität Brüssel fungiert hatte. Auf Anfrage der Kommission vom 19. Juli 1972 arbeitete Janne an einem Bericht über neue Wege für eine künftige europäische Bildungspolitik. Für die Erarbeitung des Berichts, den er 1973 dem für Bildung zuständigen Kommissar Dahrendorf vorlegte, band er zahlreiche Vertreter aus Politik, Wissenschaft, Bildung und Gesellschaft ein. Janne arbeitete mit dem Expertenkreis Vorschläge aus, die neue Wege für eine gemeinschaftliche Bildungspolitik aufzeigten und dabei nicht nur für die Kommission und Regierungen akzeptabel waren, sondern auch für Vertreter des Bildungssektors. Zu der Expertengruppe, die Janne berief, gehörten nicht nur ehemalige Wissenschafts- und Bildungsminister, sondern auch Forscher, Journalisten und Direktoren außeruniversitärer Forschungseinrichtungen.[82] Eine besonders gewichtige Gruppe der rund 30-köpfigen Expertengruppe stellten die Hochschulleiter dar. Zu den mitwirkenden Universitätsrepräsentanten gehörte Eric Ashby, der als ehemaliger Vizekanzler der Cambridge University die erste große europäische Rektorenversammlung 1955 ausgerichtet hatte. Außerdem zählte Maurice Niveau dazu, der das Amt des Rektors an der Universität Grenoble von 1966 bis 1975 bekleidete. Weiter war Hans Löwbeer in die Ausarbeitung des Berichts eingebunden, der von 1969 bis 1980 als Kanzler der Stockholmer Universität tätig war. Hinzu kamen Hendrik Brugmans, Rektor des in Brügge angesiedelten College of Europe, sowie Asa Brigs, der von 1967 bis 1976 das Amt des Vizekanzlers der Essex-Universität ausübte. Zu dem Expertenkreis um Janne gehörte außerdem der Brite Albert E. Sloman, der von 1969 bis 1974 als Präsident der Europäischen Rektorenkonferenz fungierte und damit als ranghöchster Repräsentant der europäischen Hochschulen in die Arbeit eingebunden wurde. Alleine diese Aufzählung an Hochschulleitern macht

---

[81] Ebenda.
[82] Vgl. Henri Janne: For a Community Policy on Education, in: Bulletin of the European Communities, Supplement 10 (1973), S. 58.

deutlich, dass bei den neuerlichen Bemühungen um EG-Bildungspolitiken der bereits laufende Annäherungsprozess zwischen den EG und den Hochschulen fortgesetzt wurde und zahlreiche Stimmen der Universitätsleitungsebene Gehör fanden.

In dem von Janne im Februar 1973 vorgelegten Bericht wurden die von Dahrendorf bereits angedeuteten neuen hochschulpolitischen Standpunkte weitergedacht.[83] Nicht europäische Richtlinien oder Direktiven sollten zu einer Europäisierung im Hochschulwesen führen, sondern der Austausch von Lehrenden und Lernenden unter deren aktiver Mitgestaltung:

„At university level, the forming of consortia with well-defined goals seems to be the best method for exchanges and the best framework for mobility. Here, the Communities must play the role of promoters, particularly by creating the necessary means, encouraging the preparatory contacts and suggesting objectives."[84]

Die Europäischen Gemeinschaften sollten also Impulse in einem flexiblen Rahmen setzen und damit zu einer auf universitärer Ebene selbstständig initiierten Mobilität beitragen. Hierfür sollten die EG finanzielle Anreize setzen, damit eine freiwillige Mitwirkung der Hochschulen Realität werden würde. Der europäischen politischen Ebene käme also in erster Linie die Rolle des Rahmen- und Impulsgebers staatenübergreifender Hochschulaktivitäten zu. Zusätzlich sollten sich die Europäischen Gemeinschaften auf die Förderung der Fremdsprachenkenntnisse und auf den europaweiten Austausch von Informationen und Dokumentationen konzentrieren.[85] Diese zusätzlichen Bereiche waren dazu angetan, die Mobilität mit sprachlichen und organisatorischen Kenntnissen über die europäische Hochschullandschaft zu vereinfachen.

Dahrendorf und Janne stehen beispielhaft für eine Neuausrichtung der bildungspolitischen EG-Bemühungen, die nach den Auseinandersetzungen über die Richtlinienentwürfe einsetzte. Beide hatten bereits vor ihrer Tätigkeit für die Europäische Kommission über mehrere Jahre an Hochschulen gearbeitet und beide plädierten für eine aktive Beteiligung von nichtstaatlichen Akteuren in die europäischen Entscheidungsfindungen, die also nicht nur europäische politische Entscheidungen ausführen, sondern aktiv mitgestalten sollten.

3.3 Das Joint Study Programmes Scheme von 1976

Die Annäherung von Universitätsleitern und Hochschulverbänden einerseits und den Europäischen Gemeinschaften andererseits führte nicht nur zu gegenseitigen Konsultationen und einer neuen Agenda, sondern manifestierte sich auch in einer

---

[83] Vgl. European Commission: For a Community policy on education. Summary of the report by Professor Henri Janne. Information Memo P-53/73, October 1973 [Online-Ressource].

[84] Memo on Talks, in: Henri Janne: For a Community Policy on Education, in: Bulletin of the European Communities, Supplement 10 (1973), S. 58–59, hier S. 58.

[85] Im Janne-Report setzten sich die Autoren auch mit zahlreichen anderen bildungspolitischen Feldern auseinander. Hierzu gehörten Maßnahmen für Schulen und lebenslanges Lernen.

neuen europäischen Hochschulpolitik. Denn die Grundgedanken des Berichts, den die Expertengruppe unter der Leitung von Henri Janne ausgearbeitet hatte, fanden Eingang in ein „Aktionsprogramm im Bildungsbereich"[86], das der formal 1974 neugegründete Rat der Bildungsminister der Europäischen Gemeinschaften[87], der fortan regelmäßig zusammentrat, am 9. Februar 1976 beschloss. Darin einigten sich die Minister auf vielfältige Maßnahmen für die Bereiche Hochschul-, Aus- und Weiterbildung. Dazu gehörten die Themen Mobilität, Fremdsprachenunterricht sowie Chancengleichheit, die in allen Bildungsstufen verbessert werden sollten. Die Maßnahmen für das Hochschulwesen, die auf Forschende, Lehrende, Studierende und Angestellte der Hochschulverwaltungen gleichermaßen ausgerichtet wurden, sollten „unter Beachtung" der universitären „Autonomie" und nach „Aussprache mit Verantwortlichen des Hochschulbereichs" durchgeführt werden.[88] Das Aktionsprogramm der EG-Bildungsminister war weichenstellend. Die Europäische Kommission unter dem Präsidenten Jaques Delors wertete das Zustandekommen des Aktionsprogramms rückblickend als *die* Initialzündung für die späteren bildungspolitischen Unternehmungen der Europäischen Gemeinschaften. Der aus Irland stammende Peter Sutherland, der unter Delors als Kommissar für Wettbewerb fungierte, urteilte 1985 über die Etablierung einer EG-Hochschulpolitik: „… higher education […] [is] a sphere of activity which has seen notable successes for the Commission since the introduction of the 1976 Action Programme."[89]

Ein konkretes und zugleich weichenstellendes Ergebnis, das im Zuge der Ausarbeitung des Aktionsprogramms realisiert wurde, war die Etablierung des sogenannten Joint Study Programmes Schemes. Die EG stellten Finanzmittel für die Initiierung interuniversitärer Studienprogramme zur Verfügung, die von kooperierenden Hochschulen beantragt und individuell ausgestaltet werden konnten. Joint Study Programmes wurden mit verschiedenen Schwerpunkten gefördert: So konnten Programme auf Fördermittel hoffen, bei denen Studierende einen Teil ihrer Studien in europäischen Partnereinrichtungen durchführten. Um Gelder der EG zu erhalten, mussten Hochschulen sicherstellen, dass die von ihren Studierenden im EG-Ausland erbrachten Studienteile an der eigenen Alma Mater anerkannt würden. Ohne standardisierte Vorgaben auf europäischer Ebene zu machen, konnte sich die Europäische Kommission damit erhoffen, maßgeblich zur gegenseitigen Anerkennung von Studienleistungen beizutragen. Zudem stellte die Europäische Kommission Gelder für Programme bereit, in denen Kurse durch Lehren-

---

[86] Entschließung des Rates und der im Rat vereinigten Minister für Bildungswesen vom 9. Februar 1976 mit einem Aktionsprogramm im Bildungsbereich, in: Amtsblatt der Europäischen Gemeinschaften, 19. 2. 1976, Nr. C 28/1.

[87] Entschließung der im Rat vereinigten Minister für Bildungswesen vom 6. Juni 1974 über die Zusammenarbeit im Bereich des Bildungswesens, in: Rat der Europäischen Gemeinschaften (Hrsg.): Erklärungen zur Europäischen Bildungspolitik 1974–1983, Luxemburg 1985, S. 9 f.

[88] Ebenda.

[89] Peter Sutherland: Foreword, in: The joint study programme newsletter of the Commission, 1.1985 [Online-Ressource].

de von Partnereinrichtungen aus dem europäischen Ausland unterrichtet wurden. Damit zielte sie insbesondere auch auf eine Europäisierung bzw. Internationalisierung der Lehrerfahrung ab. Des Weiteren konnten Universitäten EG-Förderungen erhalten, wenn sie beabsichtigten, Studiengänge aus anderen EG-Ländern an der eigenen Alma Mater vorzustellen und damit den Wissens- und Ideentransfer förderten.[90] Darüber hinaus konnten Zuschüsse für die Entwicklung von gemeinsamen Studiengängen mit europäischen Partnereinrichtungen eingeworben werden. Die konkrete inhaltliche und organisatorische Ausgestaltung der geförderten Programme überließ die Europäische Kommission den Verantwortlichen an den antragstellenden Hochschulen. Europäische Akteure setzten damit abstrakte Rahmenvorgaben; sie überließen es jedoch den Hochschulen, konkrete Kooperationsvereinbarungen zu treffen.

Der Rat der Europäischen Gemeinschaften zeigte sich sehr zufrieden mit der Anerkennung, die das Joint Study Programmes Scheme an den Universitäten erfahre. Die Bildungsminister stellten 1983 fest, dass sich das „Instrument der ‚gemeinsamen Studienprogramme'" als „besonders geeignet erwiesen [habe], zur Überwindung von Mobilitätshindernissen im Hochschulbereich und dadurch wesentlich zu einer verstärkten Zusammenarbeit zwischen den Hochschulen in den Mitgliedsstaaten der Gemeinschaft beizutragen."[91] Daher solle es fortgeführt und zugleich Sorge getragen werden, dass so viele Programme wie möglich gefördert werden könnten. Die Akzeptanz der EG-Programminitiative an den Universitäten lässt sich an einigen Statistiken ablesen. Während im Jahr 1977 insgesamt 67 Bewerbungen eingereicht wurden, waren es 1982 bereits 240 und damit mehr als dreimal so viele.[92] Bis zur Ablösung des Joint Study Programmes Scheme durch das noch heute bekannte ERASMUS-Programm in der Mitte der 1980er Jahre wurden insgesamt 467 Förderanträge bewilligt. In 269 Fällen hatte es sich um geförderte Programme gehandelt, an denen drei bis vier Fakultäten von Universitäten verschiedener Länder beteiligt waren.[93] Die Akzeptanz des Joint Study Programmes Schemes lässt sich auch anhand der Ratschläge ablesen, die der Europäischen Kommission durch die Vertreter der Hochschulen in der zweiten Hälfte der 1970er Jahre erteilt wurden. Nach dessen Etablierung entwickelten etwa Mitglieder der Europäischen Rektorenkonferenz Ideen für weitere Förderungsins-

---

[90] Vgl. Second Plenary Conference on Joint Study Programmes 27–29 November 1985 – Brussels, in: The joint study programme newsletter of the Commission, 1.1985, S. 2 [Online-Ressource].

[91] Schlußfolgerungen des Rates und der im Rat vereinigten Minister für Bildungswesen vom 2. Juni 1983 betreffend die Förderung der Mobilität im Hochschulbereich, in: Rat der Europäischen Gemeinschaften (Hrsg.): Erklärungen zur Europäischen Bildungspolitik 1974–1983, Luxemburg 1985, S. 41–45, hier S. 44.

[92] Vgl. Neave: The EEC and Education, S. 91.

[93] Für das akademische Jahr 1977/78 eröffnete die Europäische Kommission zudem mit dem Short Study Visits Scheme einen weiteren Förderzweig, welcher es insbesondere Angestellten der Hochschulverwaltungen erlaubte, eine Partnerverwaltung im europäischen Ausland für bis zu vier Wochen zu besuchen.

trumente. In einem Arbeitsbericht warb die ERK-Führung darum, dass die Europäischen Gemeinschaften analog zu den Joint Study Programmes auch Joint Research Programmes für den Bereich der Grundlagenforschung unterstützen und hierfür zusätzliche Geldmittel bereitstellen sollten.[94] Europas Hochschulvertreter stellten nicht mehr das EG-Engagement prinzipiell infrage, sondern bemühten sich vielmehr darum, an weitere finanzielle Mittel der Europäischen Gemeinschaften zu gelangen.[95] Diese Bemühung spiegelt sich auch beispielhaft in einer Stellungnahme des Committee of the Heads of the Irish Universities, das die Europäischen Gemeinschaften im April 1977 aufforderte, eine noch aktivere hochschulpolitische Rolle zu spielen und dabei das Augenmerk konsequent auf die Programmfinanzierung für den Austausch von Hochschulangehörigen zu richten. Da für Mobilität nicht genügend finanzielle Mittel auf nationaler Ebene zur Verfügung gestellt würden, sollten die Europäischen Gemeinschaften diese Lücken schließen.[96] Der irische Hochschulverband empfahl der Kommission, sich zudem verstärkt um den Aufbau einer europaweiten Informationsinfrastruktur zu kümmern, die es den Universitäten erleichtere, für Programmanträge miteinander in Kontakt zu treten und entsprechende Kooperationsvereinbarungen auszuhandeln. Die Forderungen des irischen Verbands stehen beispielhaft für das neue Verhältnis der Universitätsleiter zu den Europäischen Gemeinschaften. Das Joint Study Programmes Scheme lässt sich damit als eine Politik ansehen, die aktiv durch die Universitätsleiter gefordert und gefördert wurde. Das Joint Study Programmes Scheme war dabei eine Blaupause für das spätere ERASMUS-Austauschprogramm.[97]

3.4 Die Europäischen Gemeinschaften als Geldgeber

Eine besondere Bedeutung im Annäherungsprozess zwischen den Europäischen Gemeinschaften und den Hochschulleitern hatten finanzielle Ressourcen.[98] Denn mit dem Joint Study Programmes Scheme setzten die EG erstmals Finanzmittel ein, um die Universitäten im Rahmen eines Förderformats für ihre politischen Aktivitäten zu gewinnen. Eine entscheidende Voraussetzung hierfür hatte das am 1. und 2. Dezember 1969 stattgefundene Gipfeltreffen der Staats- und Regierungs-

---

[94] CRE Activities, in: CRE Information 2.1 (1986), S. 97–106, hier S. 104.

[95] Vgl. Liaison Committee of Rectors' Conferences of Member States of the European Communities: Eleventh meeting, held in Edinburgh, on Wednesday 20 April 1977. Minutes, in: HAEC – BDT 64/84 (1660) – Conférence permanente des recteurs et vice-présidents des universités européennes (CRE) 1971–1979.

[96] Vgl. Note by the Irish Delegation on ‚co-operation in the field of education‘, Dublin, 17 February 1975, in: HAEC – BDT 64/84 (1660) – Conférence permanente des recteurs et vice-présidents des universités européennes (CRE) 1971–1979.

[97] Vgl. Feyen: The making of a Success Story, S. 25 f.

[98] Vgl. Finanzielle Ressourcen können grundsätzlich als ein zentrales Anliegen begriffen werden, die Angehörige des Wissenschaftssystems enge Bindungen mit der Politik eingehen lässt. Vgl. Ash: Wissenschaft und Politik als Ressource füreinander, S. 117–134.

chefs in Den Haag geschaffen: Sie hatten sich darauf verständigt, die kleinteilig bewilligten finanziellen Einzelmittel zu bündeln und den Europäischen Gemeinschaften als ein Gesamtbudget zur Verfügung zu stellen. Die EG hatten damit in den 1970er Jahren erstmals Eigenmittel, über deren Verteilung sie zu entscheiden hatten. Wie aus den Zahlen der Europäischen Kommission für das Jahr 1976 hervorgeht, umfasste das Jahresbudget rund sechseinhalb Milliarden Francs.[99] Trotz der Begrenztheit der Mittel war damit erstmals die Möglichkeit gegeben, von dieser Summe auch hochschulpolitische Unternehmungen zu fördern und Geld als Lockmittel für eine Partizipation der Hochschulakteure einzusetzen.[100] Gerade der finanzielle Anreiz dürfte mitentscheidend gewesen sein, dass sich die Kooperationsbereitschaft der Universitätsleiter und Hochschulverbände deutlich erhöhte. Denn die monetären Anreize setzten die Europäischen Gemeinschaften in einer Zeit ein, in der sich das Ende des sogenannten Wirtschaftswunders abzeichnete. Diese Zeit beschreiben die beiden Zeithistoriker Anselm Doering-Manteuffel und Lutz Raphael als Epoche „nach dem Boom".[101] Das Thema der knappen finanziellen Ressourcen war in den Gesprächen von Europas Hochschulleitern in den 1970er Jahren allgegenwärtig. Auf der fünften Generalversammlung der Europäischen Rektorenkonferenz, die vom ersten bis siebten September 1974 an der Universität Bologna stattfand, sprach etwa ERK-Präsident Albert E. Sloman in seiner Eröffnungsansprache von einer tiefgreifenden wirtschaftlichen Krise, die sich an fast allen Universitäten des Kontinents bemerkbar mache. Sloman stellte diesbezüglich fest:

„All of us are, I hope, provident in the spending of public funds, and in a time of economic crises we accept, a little grudgingly perhaps, our share of expenditure cuts. But more and more the cost implications of the university's work seem either to be rejected or to be ignored."[102]

Der britische ERK-Präsident fürchtete damit eine Krise, die die Universitäten fundamental zu treffen drohe. In seiner Ansprache mahnte Sloman, dass die Rektoren und Vizekanzler nicht länger auf die bisherige Solidarität der Gesellschaft mit den Universitäten vertrauen könnten. Er schlussfolgerte: „… their future appears to be jeopardy".[103] Sloman beschrieb damit eine finanzielle Krise, die mit ernsten Konsequenzen für die Universitäten einherginge. Wegen des wirtschaftlichen Abschwungs würden politische Entscheidungsträger in noch größerem Maße auf

---

[99] Vgl. Kommission der Europäischen Gemeinschaften: The Community Budget. Information Memo, Brüssel, Mai 1977 [Online-Ressource].

[100] Vgl. Report drawn up on behalf of the Committee on Cultural Affairs and Youth on the information memo from the Commission of the European Communities concerning the allocation of aid to higher education institutions. Working Documents 1975–1976, Document 148/75, 25 June 1975, S. 5 f.

[101] Doering-Manteuffel/Raphael: Nach dem Boom; Doering-Manteuffel: Brüche und Kontinuitäten der Industriemoderne seit 1970, S. 559–581.

[102] Sloman: Official Opening Ceremony, 1 September 1974, in: CRE (Hrsg.): The European Universities 1975–1985, S. 3.

[103] Ebenda.

eine Ausgabenkontrolle drängen und die Autonomie der Universitäten zugunsten staatlicher Vorgaben beschneiden. Sloman argumentierte:

> „If there is a sense of crisis, it is not simply that many universities no longer enjoy the degree of affluence or the degree of freedom which they enjoyed up to the sixties, but that the stringency of their financing and the inroad being made on their freedom could be such that the very nature of a university is at risk."[104]

Der ERK-Präsident stellte also fest, dass nicht nur weniger Gelder von den Staaten für die Hochschulen zu erwarten seien, sondern zugleich auch universitäre Ideale aufs Spiel gesetzt werden würden. Den bislang idealisierten nationalen oder regionalen Bildungssystemen traute Sloman damit nicht mehr vollumfänglich zu, eine adäquate Finanzierung der Hochschulen gewährleisten zu können.

Die von den Hochschulleitern beschriebene Krise ging mit einer Idealisierung der jüngeren Vergangenheit einher. Nicht nur ERK-Präsident Albert E. Sloman, sondern auch der Kopenhagener Rektor Thor Bak sprach davon, dass es sich bei dem vergangenen Jahrzehnt um die „glorious sixties" gehandelt habe. Mit einem geradezu nostalgischen Blick auf die Zeiten des Booms stellte Bak im Mai 1975 fest: „All over Western Europe the period of relatively plentiful financial means for the expansion of universities seems to have come to an end, and most universities are suffering under the increasingly heavy pressure of financial restrictions."[105] Die Einsparungen müssten, so der gelernte Chemiker, mit einem neuen Blick darauf einhergehen, was die Nationalstaaten überhaupt für die Hochschulen leisten könnten. In der Zeit des wirtschaftlichen Aufschwungs habe es auf nationalstaatlicher Ebene einen finanziellen Spielraum gegeben, welcher künftig von den Universitäten nicht mehr erwartet werden könne.[106] Akteure des akademischen Milieus gaben sich in der Mitte der 1970er überzeugt, dass der finanzielle und materielle Status quo in den Universitäten nicht mehr ohne weiteres zu verteidigen war, sondern neue Möglichkeiten der Finanzierung unausweichlich seien.

Die Bereitschaft, sich auf neue Finanzierungswege einzulassen, spiegelte sich in zahlreichen Stellungnahmen europäischer Hochschulleiter. Hans Faillard, Präsident der Universität Saarbrücken, und Gerrit Vossers, Rektor der Technischen Universität Eindhoven, wiesen in einem ERK-Arbeitspapier darauf hin, dass neue Wege notwendig seien, um die Forschung neben der Lehre überhaupt als zentralen Bestandteil der Universitäten erhalten zu können. Sie stellten diesbezüglich fest: „The idea of a close association of research and university activities will not be under discussion; but the conditions in which it should be realized deserve to be carefully studied."[107] Die beiden ERK-Mitglieder äußerten damit die Notwendig-

---

[104] The Situation of European Universities in a Period of Economic and Financial Crisis by Prof. Thor A Bak, Køpenhagen Universitet, 21. 5. 1975, in: HAEU – CRE-17 Vienna, 1975: Business Tasks.

[105] Ebenda.

[106] Vgl. ebenda.

[107] Faillard/Vossers: University Research, in: CRE (Hrsg.): The European Universities 1975–1985, S. 93.

keit einer strukturierten Neuausrichtung der Hochschulfinanzierung. Zwei Aus-
wege schienen sich ERK-Mitgliedern aus der finanziellen und materiellen Res-
sourcenknappheit zu bieten: So diskutierten sie die Potentiale privater Geldmittel,
die über Organisationen, staatliche Stellen und privatwirtschaftliche Unternehmen nun auch für Staatsuniversitäten akquiriert werden könnten. Der Kopenhagener Rektor Mogens Fog schlug vor, die Möglichkeiten der „sponsored research"[108] stärker durchzuführen. Dieses erlaube, Geldmittel aus Politik und
Wirtschaft für die Universitäten anzuwerben und zumindest für einen festgelegten
Zeitraum Personal und Equipment eines Forschungsprojekts finanzieren zu können. Auftragsforschung sei akzeptabel, solange die wissenschaftliche Freiheit nicht
eingeschränkt sowie Ziele, Methoden und Zwecke hinter der Auftragsforschung
offen kommuniziert würden. Fog stellte fest:

> „… no university or other scientific institution should decline to undertake sponsored applied
> research as a matter of principle. But the terms for the acceptance of a project's condition must
> be solely the responsibility of the individual research worker, his institute and the university
> concerned."[109]

Die Durchführung von gesponserter Forschung sei damit hinnehmbar, solange die
letzte Entscheidungsgewalt darüber bei dem einzelnen Wissenschaftler liege und
diese zugleich durch universitäre Instanzen abgesichert werde. Die wissenschaftliche Freiheit des betroffenen Universitätsangehörigen sowie die Autonomie der
Gesamtuniversität müssten also gewahrt bleiben, um solche Forschungsaktivitäten in angemessener Weise durchzuführen. Außerdem diskutierten Europas Universitätsleiter die Potentiale, die sich durch eine europäische und internationale
Hochschulagenda ergeben könnten. ERK-Präsident Albert E. Sloman stellte gegenüber Europas Universitätsleitern fest, dass die europäische Dimension in wirtschaftlich unsicheren Zeiten eine zentrale Rolle spiele:

> „It is that universities should more and more look beyond their national boundaries to ensure
> their health, even perhaps their survival. […] The potential gravity of the present crisis has given
> new impetus, and a new urgency, to European university solidarity and co-operation."[110]

Für einen stärkeren Fokus auf eine neue europäische Grundlage der Wissenschaftskooperation warb auch Alexander W. Merrison, Vizekanzler der Universität Bristol. In einem Arbeitspapier für die ERK betonte der gelernte Physiker, der
rund drei Jahre lang als Forscher am CERN gewesen war, dass es in der europäischen und internationalen Zusammenarbeit eines Zugangs zu forschungsrelevan-
ten Einrichtungen, eines Austauschs von Studierenden und Lehrenden sowie
überstaatlicher Big-Science-Unternehmungen bedürfe. Es müsse sichergestellt
werden, dass eine wissenschaftliche Notwendigkeit hinter den europäischen Aktivitäten deutlich zu erkennen sei. Um die wünschenswerten Aktivitäten durchzu-

---

[108] Fog: Sponsored Research, in: CRE (Hrsg.): The European Universities 1975–1985, S. 123.
[109] Ebenda.
[110] Albert Sloman: Official Opening Ceremony, 1 September 1974, in: CRE (Hrsg.): The European Universities 1975–1985, S. 3.

führen, sei dabei auch die Arbeit von Regierungsorganisationen nötig, welche sich den genannten Themen – in ganz grundsätzlicher Weise – annehmen müssten.[111]

Die Annäherung der Hochschulleiter an die Europäischen Gemeinschaften ging also mit der Aussicht einher, jene finanziellen Engpässe zumindest teilweise auszugleichen, die sich durch die fehlenden Ressourcen der nationalstaatlichen Ebene sowie – in bildungsföderalen Staaten – der Länderebene ergaben. Dies lässt deutlich werden, dass sich die Bereitschaft der Annäherung an die Europäischen Gemeinschaften nicht nur aus der Vereinbarkeit neuer Politiken mit der universitären Autonomie erklären lässt, sondern auch mit dem gewachsenen Interesse, die steigenden finanziellen Ressourcen der EG für die Universitäten in Anspruch zu nehmen und dafür überstaatliche Bedingungen für die Mittelvergabe zu akzeptieren.

4. Zwischenfazit und Ausblick

Die Auseinandersetzungen über die Richtlinienvorschläge haben deutlich werden lassen, dass die Europäische Kommission in den späten 1960er Jahren bestrebt war, Ausbildung und Studium der freien Berufe auf Gemeinschaftsebene zu harmonisieren. Aufgrund ihrer zuvorderst wirtschaftlichen Kompetenz orientierte sich die Europäische Kommission bei ihrer Ausgestaltung der Richtlinienentwürfe an Zahlen als Messgrößen der europaweiten Vergleichbarkeit von Studienleistungen und Abschlüssen. Diese Herangehensweise führte zu einer Gegenwehr der Universitätsrepräsentanten, da sie die Richtlinien als einen fundamentalen Eingriff in die Autonomie ihrer Einrichtungen ansahen. Weder wäre eine freie Entscheidungsfindung in der akademischen Selbstverwaltung noch die von den Universitäten als sakrosankt angesehene politische Autonomie gewahrt worden. In aller Entschlossenheit wendeten sich betroffene Hochschulleiter und nationale Hochschulverbände aus EWG-Staaten über formelle und informelle Kanäle gegen die Richtlinienentwürfe und verhinderten damit eine Kompetenzübertragung zugunsten der Europäischen Gemeinschaften. Zugleich beließen sie es aber nicht bei ihrer Ablehnung. Stattdessen unterbreiteten sie den Regierungen und den europäischen Organen den Vorschlag, einen europäischen Rat für Zulassungen zu gründen, der eine Liste führen sollte, auf denen Studiengänge derjenigen Universitäten stünden, die den Standards des rein mit Hochschulangehörigen besetzten Rates für Zulassungen entsprächen. Sie schlugen damit eine Europäisierung durch Gründung einer neuen Institution mit staatenübergreifenden Handlungskompetenzen vor, bei der den Europäischen Gemeinschaften selbst nur eine marginale Rolle zugekommen wäre. Weder die Richtlinienentwürfe der Kommission noch der alternative Vorschlag der Hochschulleiter konnten sich durchsetzen.

---

[111] Alexander W. Merrison: Collaboration in research on a national and a European basis, in: CRE (Hrsg.): The European Universities 1975–1985, S. 115.

Trotz der Ablehnung der Entwürfe formierte sich im Zuge der Verhandlungen die Grundlage für spätere, erfolgreich verabschiedete EG-Hochschulpolitiken. Denn es etablierten sich dauerhafte Austauschmechanismen, die die Zeit der Verhandlungen zu den Richtlinienentwürfen überdauerten. Sie mündeten in die Gründung des Verbindungskomitees der Rektorenkonferenzen der Europäischen Gemeinschaften, das fortan als Beratungsorgan für die EG fungierte. Zudem führten die Erfahrungen aus den Verhandlungen über die Richtlinienentwürfe zu einer Neuausrichtung der EG-Hochschulbemühungen. Gemeinsam mit Vertretern der Hochschulen ließ die Europäische Kommission eine neue hochschulpolitische Agenda erarbeiten, die für die Staatengemeinschaft und die Hochschulen gleichermaßen akzeptabel war. Grundlage der Neuausrichtung war dabei die Einbindung von Akteuren der Hochschulen in beratender *und* gestaltender Funktion. Die Europäischen Gemeinschaften sahen damit von früheren Versuchen ab, radikale legislative Lösungen anzustreben, die einer Kompetenzverlagerung der nationalen Hoheit im Hochschulwesen zugunsten der europäischen Ebene gleichgekommen wären. Stattdessen etablierte sich ein *Modus Operandi*, bei dem die Europäischen Gemeinschaften selbst nur als rahmengebender Akteur neben anderen Regierungs- und Nichtregierungsakteuren involviert waren. Die Akzeptanz unter beteiligten Hochschulleitern wurde dabei durch finanzielle Anreize der EG sichergestellt. Denn Repräsentanten der Universitäten zeigten sich in zunehmendem Maße bereit, eine europäische hochschulpolitische Ebene neben den bestehenden regionalen und/oder nationalen Ebenen hinzunehmen, solange damit die Chance einherging, an finanzielle Ressourcen der Gemeinschaftsorgane zu gelangen. In der Zusammenarbeit von Universitätsleitern und Vertretern der Europäischen Gemeinschaften entstanden auf diesem Wege erste EG-Hochschulaktivitäten für Mobilität, die als Vorläufer des heute noch prominenten ERASMUS-Programms anzusehen sind. Zugleich schufen sie durch die Einbeziehung von Hochschulakteuren die zentrale Grundlage für das Prinzip geteilter Verantwortlichkeiten, das noch im Bologna-Prozess für europäische hochschulpolitische Entscheidungsfindungen verwendet wurde.

Mit der Neuausrichtung der EG-Hochschulagenda etablierte sich in den 1970er Jahren eine neue Form der europäischen Politikgestaltung. So ist das 1976 etablierte Joint Study Programmes Scheme als ein frühes Beispiel für eine bis heute anhaltende europäische Hochschul- und Forschungspolitik durch Fördermittelvergabe anzusehen. Ab den 1980er Jahren stieg die Zahl von entsprechenden Förderprogrammen stark an. Neben dem ERASMUS-Programm ist etwa das 1984 gestartete ESPRIT-Programm zu nennen, das einen Schwerpunkt auf die Förderung von Projekten zur Datenverarbeitung und Softwareentwicklung legte und dafür meist Kooperationsprojekte von Unternehmen, Universitäten und außeruniversitären Forschungseinrichtungen unterstützte.[112] Des Weiteren ist das 1987 etablierte

---

[112] Die geförderten Projekte des ESPRIT-Programms wurden von den EG und den Industrieunternehmen kofinanziert. Vgl. European Commission: ESPRIT. 1984 Projects and 1985 Operations announced, 24. 1. 1985 [Online-Ressource].

COMETT-Programm[113] hervorzuheben, das darauf zielte, Partnerschaften zwischen Hochschulen und der Wirtschaft zu entwickeln, um Studierende und Berufstätige in neuen Technologien aus- und weiterzubilden. Darüber hinaus sind die seit 1984 aufgelegten Forschungsrahmenprogramme zu nennen, die auf die grenzübergreifende Förderung von Forschung und Entwicklung ausgerichtet wurden.[114] Unter den Mitgliedern der Europäischen Rektorenkonferenz wurden diese Programme meist nachdrücklich gutgeheißen. Der ehemalige Präsident der Universität Lille III, Pierre Deyon, schrieb 1992 rückblickend davon, dass sich die Universitäten glücklich schätzen könnten, dass immer neue europäische Programme aufgelegt worden seien. Er listete das ERASMUS-, COMETT-, ESPRIT-, LINGUA- und TEMPUS-Programm der EG sowie das intergouvernemental geschlossene EUREKA-Programm auf, die allesamt Ausdruck der Selbstfindung des universitären Europas seien:

„… it is important to note a collective growth in awareness of international, and more specifically European solidarities, in capital equipment and training through cooperation, to keep young scientists in the Old World."[115]

Das Verbindungskomitee der Rektorenkonferenzen der Europäischen Gemeinschaften bemühte sich bei der Etablierung dieser Programme darum, eine konstruktive Beratungsfunktion zu übernehmen und versuchte die Universitäten regelmäßig über neue Entwicklungen zu informieren.[116] Zudem warb es unter den Hochschulleitungen für eine Partizipation auf europäischer Ebene bei der Ausgestaltung und Umsetzung dieser Programme. Der Generalsekretär des Verbindungskomitees, Harry Luttikholt, schrieb 1987 in einem Positionspapier, das er an an Mitglieder der ERK richtete:

„Greater involvement on the side of the universities in EEC activities in the field of higher education and research is both desirable and possible. […] However, this involvement presupposes an active preparation and willingness on the side of universities/faculties with respect to long term capital and human investment".[117]

Dieses Bemühen um eine europäische Mitwirkung der Universitätsangehörigen zeigt auf, dass sich die ERK und das Verbindungskomitee in den 1980er und 1990er Jahren zu Bannerträgern europäischer hochschulpolitischer Unternehmungen entwickelten und für diese in den Universitäten um Unterstützung warben. Damit änderte sich das Selbstverständnis der ERK nachhaltig: Während Hochschulleiter bis an die Schwelle der 1970er Jahre dafür eingetreten waren, dass es keiner internationalen Regierungsorganisation bedürfe, um das universitäre

---

[113] European Commission: Press Release. Learning from the COMETT Programme, 26. 11. 1993 [Online-Ressource].

[114] Das erste Forschungsrahmenprogramm startete 1984, lief drei Jahre und war mit umgerechnet 3,3 Milliarden Euro ausgestattet.

[115] Pierre Deyon: University Networking for Europe, in: CRE Action 99.3 (1992), S. 23–28, hier S. 24.

[116] Networks, in: CRE Action 99.3 (1992), S. 80 f.

[117] Harry Luttikholt: Dossier. EEC sources of Support for higher education and research in 1988, Brussels, in: CRE Information 80.4 (1987), S. 83–108, hier S. 102.

Europa mit Leben zu erfüllen, da Universitäten per se europäisch seien, sprachen sich Hochschulleiter danach zunehmend dafür aus, dass Politiken der EG und anderer internationaler Organisationen notwendig seien, damit sich der europäische Charakter der Universitäten noch besser entfalten könne. Auf einer Versammlung der Europäischen Rektorenkonferenz, die im Oktober 1986 in Madrid stattfand, stellte der Präsident der Julius-Maximilians-Universität Würzburg, Theodor Berchem, fest:

„I hope that new programmes under discussion in the European Communities will be implemented rapidly and that they will not be limited geographically to the member states of the EEC. Such mobility and joint research would help us to render the ‚European University‘ a living reality.“[118]

Mit dem Aufkommen von Förderprogrammen ab den 1970er Jahren stieg die Bedeutung wettbewerblicher Elemente in der europäischen Hochschul- und Wissenschaftspolitik zunehmend an. Um die europäischen Fördermittel zu vergeben, mussten Anträge geschrieben, Gutachten durch Dritte erstellt, ein Ranking zwischen besseren und schlechteren Anträgen vorgenommen und die Umsetzung für künftige Antragsrunden ausgewertet werden. Mit der europäischen Programmpolitik setzte damit allmählich eine hochschul- und wissenschaftspolitische Praxis ein, die auf Muster des Wettbewerbs einschließlich seiner Elemente der Kooperation und Konkurrenz aufbaute.[119] Diese bereits in den 1970er Jahren allmählich sichtbar werdenden Logiken des Wettbewerbs wurden von den Hochschulleitungen anfänglich kaum wahrgenommen. Ab den 1980er Jahren wurden sie jedoch auf semantischer und operationeller Ebene reflektiert. Schlagworte der „competitiveness“[120] und der „academic excellence“[121] schlugen sich nicht nur im alltäglichen Sprachgebrauch der ERK-Mitglieder nieder, sondern wurden intensiv auf Zusammenkünften thematisiert. Ab den 1980er Jahren richtete die ERK darüber hinaus Seminare für Hochschulmanagement aus. „Best Practices“ unter Gesichtspunkten von Assessments, Evaluationen und Controlling kamen auf die Tagesordnung.[122] Themen wie etwa „effectiveness of universities“[123], „The rector as a manager“[124] und „Quality Assurance“[125] rückten in den Mittelpunkt der Gespräche. Dieser Trend lässt ersichtlich werden, dass neben Wettbewerbs- auch Unternehmenslogiken in die europäischen Debatten der Universitätsleiter Eingang fanden

---

[118] Theodor Berchem: Final remarks, in: CRE Information, 76.4 (1986), S. 192–196, hier S. 195.
[119] Weiterführende Erkenntnisse zu diesem spannungsreichen Verhältnis liefern die DFG Forschungsgruppe „Kooperation und Konkurrenz in den Wissenschaften“ sowie neuere Studien zur Rolle des Wettbewerbs im Hochschulwesen. Vgl. Szöllösi-Janze: Eine Art pole position im Kampf um die Futtertröge, S. 334f; Mayer: Universitäten im Wettbewerb, S. 283–289.
[120] Summary. Open Approaches to Lifelong Learning, in: CRE Action 98 (1992), S. 9.
[121] CRE Activities, in: CRE Information 70.2 (1985), S. 163–168, hier S. 165.
[122] Frans A. van Vught: Higher Education quality assessment in Europe. The next step, in: CRE Action 96.4 (1991), S. 61–84.
[123] Vgl. Management Seminars, in: HAEU – CRE – CRE.2.1.1.
[124] Ebenda.
[125] Quality Assurance, in: CRE Action 104 (1994), S. 76.

und als Ideen für eine verbesserte Funktionstüchtigkeit der einzelnen Hochschulen und des Hochschulwesens insgesamt diskutiert wurden.

Auf lange Sicht entwickelte sich die Europäische Rektorenkonferenz zu einer wichtigen Säule der europäischen hochschulpolitischen Ebene und stützte eine Vielzahl an Vorhaben internationaler Regierungsorganisationen. Beispielhaft sei die Zusammenfassung eines Vortrags aus dem Jahr 2002 von Eric Froment, dem damaligen Präsidenten der aus der ERK hervorgegangenen European University Association, angeführt:

„European higher education is a basic building block for European integration, and the Bologna Process, the construction of the European higher education area being the response of European higher education to the call for integration in other areas. [...] In short, the universities of Europe are crucial partners in the strategic goal of making Europe ‚the most competitive and dynamic knowledge-based economy in the world‘."[126]

Die Europäische Rektorenkonferenz und ihre Nachfolgerorganisation blieben ein wichtiger Ansprechpartner für die EG/EU, den Europarat und die OECD. Sie trugen den Bologna-Prozess maßgeblich mit und stützten bildungspolitische Ziele der Lissabon-Strategie, mit der die Staats- und Regierungschefs im Jahr 2000 anstrebten, die Europäische Union innerhalb von 10 Jahren zum wettbewerbsfähigsten und dynamischsten wissensbasierten Wirtschaftsraum der Welt zu machen.[127] Die ERK trat damit ausgehend von den 1970er Jahren nachhaltig für ein kooperatives Verhältnis zwischen Universitäten und Politik ein, was die europäische hochschulpolitische Ebene bis in die Gegenwart prägt.

---

[126] Zitiert nach dem Konferenzbericht von Sadlak: The Thirtieth Anniversary of UNESCO-CEPES, S. 8.
[127] Wirsching: Preis der Freiheit, S. 252 f.

VIII. Die ERK und das gekippte Fenster nach Osten

Bereits seit den 1950er Jahren zeigten sich Hochschulleiter bestrebt, die binäre Ordnungsvorstellung des Kalten Kriegs an den Universitäten zu überwinden. Hierfür waren sie von Anbeginn ihrer multilateralen Zusammenarbeit an bereit, die ideologischen und politischen Gegensätze zwischen Ost und West auszublenden. Dieses Bestreben setzte sich in den 1960er und 1970er Jahren fort. Die anfänglich fast ausschließlich westlichen Universitätsleiter der ERK waren gewillt, eine Zusammenarbeit mit Rektoren aus sozialistischen Staaten Mittel- und Osteuropas zu suchen. Bis Ende der 1960er Jahre hatten ihre Bemühungen zu lediglich wenigen Kontaktaufnahmen geführt. Vereinzelt folgten etwa osteuropäische Rektoren der Einladung der ERK und nahmen als Beobachter an europäischen Rektorenzusammenkünften teil. ERK-Mitglieder agierten damit zu einem gewichtigen Teil – im Sinne der Überlegungen von Emmanuel Droit, Jan Hansen und Frank Reichherzer – als *Figuren des Dritten*,[1] welche eine strikte Abgrenzung nach Osten verneinten und stattdessen „Fenster"[2] durch den Eisernen Vorhang zu öffnen versuchten.

In den frühen 1970er Jahren kam es in ihrem Annäherungsprozess an die Universitäten des sozialistischen Ostens zu einer ungeahnten Dynamik: Europäische Bildungsminister aus sozialistischen und demokratischen Staaten kamen 1973 auf Betreiben der UNESCO in Bukarest zusammen und regten an, eine gesamteuropäische Universitätsvereinigung zu gründen. Dieses Bestreben fällt in eine Periode des Kalten Kriegs, in der sich West- und Osteuropa erstmals um eine eigenständige und damit zumindest teilweise von Moskau und Washington losgekoppelte Gestaltung ihrer Ost-West-Beziehungen bemühte.[3] In der Folge der Bukarest-Versammlung entwickelten sich über rund drei Jahre anhaltende Auseinandersetzungen, bei denen die Frage im Zentrum stand, ob und wie eine dauerhafte Zusammenarbeit zwischen östlichen und westlichen Universitäten organisiert werden solle. Die involvierten Hochschulleiter mussten sich darüber einig werden, was die Universitäten des Ostens und des Westens eigentlich im Kern zusammenhalte und inwieweit überhaupt eine gemeinsame Basis für dauerhafte Kooperationen bestände? Für die ERK waren diese Auseinandersetzungen von existentieller Natur: Sie musste klären, welche Rolle ihr in dieser politisch forcierten Ost-West-Annäherung zukommen sollte. Denn es blieb umstritten, wie eine Organisation

---

[1] Vgl. Tagungsbericht: Fenster im „Kalten Krieg". Über Grenzen, Alternativen und Reichweite einer binären Ordnungsvorstellung, 26. 11. 2015–27. 11. 2015 Berlin, in: H-Soz-Kult, 1. 4. 2016 [Online-Ressource].

[2] Vgl. Hansen: Abschied vom Kalten Krieg, insbesondere das Kapitel „Fragilität und Persistenz der binären Ordnungslogik", S. 92–100. Weitere Beispiele dafür, ohne auf das Bild des Fensters explizit zu verweisen, liefern Major/Mitter (Hrsg.): Across the Blocs.

[3] Vgl. Loth/Soutou: Introduction, S. 3; Wenger/Mastny/Nuenlist (Hrsg.): Origins of the European Security System.

beschaffen sein müsste, um eine gesamteuropäische Zusammenarbeit erfolgreich zu gewährleisten.

Die von der UNESCO geforderte gesamteuropäische Hochschulvereinigung wurde (vorerst) nicht Realität: Trotz langwieriger Verhandlungen kam es 1975 zum Scheitern der multilateralen Annäherungsbemühungen. Das Jahr der Schlussakte der Konferenz über Sicherheit und Zusammenarbeit in Europa (KSZE)[4] markierte damit nicht den Beginn, sondern das vorläufige Ende dieses Prozesses. Die nachfolgende Analyse stützt damit die in der Forschung kursierende These, dass das Jahr 1975 in manchen lebensweltlichen Bereichen nicht den Ausgangspunkt, sondern den vorläufigen Endpunkt der sogenannten Ära der Détente darstellte.[5] Es sollte fortan einigen wenigen Universitäten vorbehalten bleiben, bilaterale Abkommen mit Partneruniversitäten auszuhandeln, die es einer kleinen Anzahl an Hochschulangehörigen erlaubte, auf die andere Seite des Eisernen Vorhangs zu gelangen.[6] Erst in den späten 1980er Jahren und damit am Ende des Kalten Krieges gelang es, die Universitäten aus den Staaten des Ostens in umfangreicher Zahl an die Europäische Rektorenkonferenz zu binden und gemeinsame Forschungs- und Lehrprojekte anzustoßen.

Die Bemühung um eine Annäherung und das Nutzbarmachen von „Fenstern" durch den Eisernen Vorhang war dabei keinesfalls ein Unikum, das den Hochschulakteuren vorbehalten blieb. Ein Fenster zwischen Ost und West versuchten auch andere gesellschaftliche Gruppen wie etwa humanitäre NGOs, Stadtplaner oder Wissenschaftler für sich zu nutzen.[7] Die im Folgenden dargestellten Unternehmungen sind damit als eine weitere, bislang noch nicht erforschte Facette im Kalten Krieg zu verstehen. Angeknüpft wird dabei an bestehende Forschungen, die bereits ersichtlich machen, dass die Grenzen der Systemordnung zwischen Ost und West dynamischer und mehrdeutiger verliefen, als es lange Zeit angenommen wurde.

In diesem Kapitel wird den gescheiterten Annäherungsbemühungen in der ersten Hälfte der 1970er Jahre nachgegangen. Es gilt zu zeigen, dass das Ideal eines Ost und West umfassenden Europas umso stärker in die Krise geriet, je weiter europäische Politiker und Hochschulleiter an einer Annäherung zwischen den Universitäten sozialistischer und demokratischer Staaten arbeiteten. Ferne Verhei-

---

[4] In der Schlussakte von Helsinki einigten sich die Unterzeichner auch explizit auf die Bemühung, durch ihre wissenschaftliche Zusammenarbeit zum „Wohlergehen der Völker" beizutragen. Vgl. Schlußakte von Helsinki vom 1. 8. 1975, in: Auswärtiges Amt (Hrsg.): Konferenz über Sicherheit und Zusammenarbeit in Europa, S. 57.

[5] Peter: Konferenzdiplomatie als Mittel der Entspannung, S. 15. Es herrscht in der Forschung weitgehend Einigkeit, dass die KSZE maßgeblich zur Auflösung des sogenannten Ostblocks im Laufe der 1980er Jahre bis zum Übergang der 1980er zu den 1990er Jahren beitrug. Diesen Zusammenhang analysiert beispielsweise Daniel Thomas als Helsinki-Effekt. Vgl. Thomas: The Helsinki Effect; Nuti: Introduction. The Crisis of Détente in Europe, S. 1.

[6] Vgl. Le point de la collaboration, in: CRE Information, 36.4 (1976), S. 50–88.

[7] Vgl. Reichherzer/Droit/Hansen (Hrsg.): Den Kalten Krieg vermessen. Über Reichweite und Alternativen einer binären Ordnungsvorstellung.

ßungen entpuppten sich als unerfüllte Versprechen und führten zu einer Sinnkrise, an deren Ende einerseits die kollektiven Selbstbilder, die unter Westeuropas Hochschulleitern verankert waren, und andererseits die Legitimation der ERK als Sprachrohr europäischer Universitäten infrage gestellt wurden.

Diese Thesen werden in drei Schritten herausgearbeitet: In einem ersten Schritt werden die Vorbedingungen der Annäherungsbemühungen dargestellt und damit die von der UNESCO angestoßene Auseinandersetzung kontextualisiert. In einem zweiten Schritt werden die Bestrebungen der UNESCO und die darauffolgenden Entscheidungsfindungsprozesse unter Europas Hochschulleitern ausgewertet.[8] In einem dritten Schritt werden die Folgen der Debatten aufgezeigt: Hierbei werden zum einen die Folgen der Auseinandersetzungen für das institutionelle Gefüge der Europäischen Rektorenkonferenz untersucht und zum anderen die Auswirkungen auf das Selbstverständnis der ERK-Mitglieder herausgearbeitet.

1. Hintergründe der Annäherung

Im Gegensatz zu den zahlreichen hochschulpolitisch aktiven internationalen Regierungsorganisationen des Westens formierten sich deren östliche Pendants zu einem späteren Zeitpunkt und in einem geringeren Maße. Während westliche Organisationen die Grundlagen für staatenübergreifende Aktivitäten im Hochschulbereich bereits in den späten 1940er Jahren legten, setzte eine solche Entwicklung in den sozialistischen Staaten erst in den 1960er Jahren ein. Zwar gab es mit dem 1949 gegründeten Rat für gegenseitige Wirtschaftshilfe (RGW) eine frühe internationale Organisation, die sich auch dem Wissenschaftsfeld annahm. So setzte sich der RGW für einen „Austausch von wissenschaftlich-technischen Erfahrungen" unter den sozialistischen Staaten ein. Dabei konzentrierte er sich auf diejenigen wissenschaftliche Aspekte, die zur Umsetzung der nationalen Wirtschaftspläne von Bedeutung waren. Im Juni 1962 gründeten die Mitgliedsstaaten des RGW eine gemeinsame Kommission für wissenschaftliche und technologische Forschung.[9] Eine eigene internationale Organisation, welche in umfassender Weise staatenübergreifende Hochschulpolitiken für alle sozialistischen Staaten vorantrieb, gab es in diesen Jahren jedoch nicht. Die UNESCO stellte noch in einer Studie von 1972 fest: „There is no intergovernmental organization among the European socia-

---

[8] Gemeinsame Sitzungen von ost- und westeuropäischen Hochschulleitern in den frühen 1970er Jahren sind von der ERK auf Tonband aufgenommen worden. Aufgrund von Verwerfungen zwischen dem ERK-Präsidenten Ludwig Raiser und dem Generalsekretär Alain Nicollier verließ Letzterer die ERK und entwendete die Tonbandaufnahmen. Sie konnten für diese Studie nicht ausfindig gemacht werden. Vgl. Ludwig Raiser: Die Europäische Rektorenkonferenz und die Universitäten Osteuropas. Ein Bericht über die Jahre 1974 und 1979, in: HAEU – CRE 447.

[9] Vgl. Hindrichs: Kulturgemeinschaft Europa, S. 78.

list countries which is responsible for educational problems".[10] Spezielle Instiute waren die Ausnahme. So kam es in den späten 1960er Jahren zum Aufbau des International Center for Scientific and Technical Information, das seinen Sitz in Moskau hatte. Es diente der Standardisierung und Zentralisierung von Informationssystemen in allen Mitgliedsstaaten des RGW. Das Moskauer Zentrum initiierte eine auf das sozialistische Wirtschaften ausgerichtete Bildungsforschung und förderte zugleich den dafür geeigneten Informationsaustausch von Ausbildungsmaterialien und -methoden.[11] Ab 1966 trafen sich die Hochschulminister der sozialistischen Staaten.[12] Im Laufe der 1960er Jahre verdichteten sich damit die Anzeichen, dass die Staaten Mittel- und Osteuropas am Aufbau einer internationalen Infrastruktur mit wissenschafts- und hochschulpolitischer Ausrichtung partizipierten.

Die allmählich einsetzenden akademischen Internationalisierungsprozesse des sozialistischen Ostens gingen mit ersten Annäherungsversuchen an den demokratischen Westen einher. Im Laufe der 1960er Jahre entstanden einige bilaterale Abkommen, die es Universitätsangehörigen erlaubten, mit Akteuren der jeweils anderen Seite des Eisernen Vorhangs in begrenztem Maße zu kooperieren. Dies galt etwa für Polen und Ungarn, die beide Vereinbarungen mit westeuropäischen Staaten trafen.[13] Frankreich verabschiedete etwa 1964 ein auf zwei Jahre angelegtes bilaterales Abkommen für kulturellen Austausch mit der Tschechoslowakei. Im Januar 1965 folgte ein auf fünf Jahre angelegtes Abkommen mit Rumänien. Im Jahr 1965 gab es ein italienisch-sowjetisches Abkommen, durch das ein Sprachenprogramm aufgelegt und Forschungsstipendien gewährt wurden.[14] Die bilaterale Annäherung wurde über Studien westeuropäischer Regierungsorganisationen kritisch begleitet. Der Europarat nahm sich etwa im Mai 1968 den im Entstehen begriffenen bilateralen Bindungen zwischen westlichen und östlichen Hochschulen an und stellte Chancen und Gefahren gleichermaßen dar. Einerseits warnte er davor, dass die Bereitschaft zur Kooperation des Ostens lediglich vorgetäuscht und eine reine Fassade der Sowjetunion in Richtung Westen sein könnte. Andererseits hätten osteuropäische Hochschulangehörige mittlerweile eingesehen, dass der revolutionäre Geist, der aus dem Marxismus-Leninismus abgeleitet wurde, nicht ausreiche, um den Anforderungen der Zeit angemessen zu begegnen. Der Europarat schlussfolgerte:

[10] UNESCO: Higher Education in Europe. Problems and Prospects. Working Paper for the Study [...] of the provisional agenda of the Second Conference of Ministers of Education of European Member States (Bucharest 26 November–4 December 1973), S. 62 [Online-Ressource].
[11] Vgl. The Reconfiguration of International Information Infrastructure Assistance Since 1991, in: Bulletin of the Association for Information Science and Technology, 24. 5 (Juni/Juli 1998), S. 8–10.
[12] Rüegg/Sadlak: Hochschulträger, S. 102.
[13] Vgl. Report on cultural exchanges between the countries of Western and Eastern Europe, 6 May 1968, Doc. 2381, in: Consultative Assembly of the Council of Europe, Twentieth Ordinary Session, Documents. Working Papers, Vol. III. Straßbourg 1968, S. 6.
[14] Ebenda, S. 8.

„Exchanges of scholars, students, increased contacts between specialists in various disciplines
are more frequent and there is no doubt that these activities are likely, in the long run, to change
the very approach to certain problems and, finally, the relations between countries themselves."[15]

Das Hochschulwesen sei also nach Einschätzung des Europarats trotz Vorbehalten
dazu angetan, einen Beitrag zur allgemeinen Ost-West-Entspannung zu leisten.
Solche Abwägungen nahmen nicht nur europapolitische Beobachter, sondern
auch auf europäischer Ebene aktive Rektoren und Vizekanzler vor. Im Rahmen der
ERK unternahmen sie den Versuch, neben den vereinzelten bilateralen Bindungen
einzelner Hochschulen auch einen multilateralen Austausch der Universitäten zu
realisieren.

1.1 Die ERK und die Annäherung zwischen Ost und West

Von Anbeginn ihrer multilateralen Zusammenarbeit nach Endes des Zweiten
Weltkriegs an hatten sich die vornehmlich aus Westeuropa stammenden Rektoren
und Vizekanzler der ERK gewillt gezeigt, den sogenannten Eisernen Vorhang zu
überwinden und Kontakte mit Rektoren aus den sozialistischen Staaten Mittel-
und Osteuropas zu suchen. Bereits der WEU-Universitätsausschuss hatte Einladungen an Universitätsleiter aus Warschauer-Pakt-Staaten verschickt und auf Betreiben beteiligter Hochschulleiter um eine Einbeziehung östlicher Hochschulvertreter geworben. Diese Bemühungen waren anfangs vergeblich geblieben.[16] Unter
dem Dach einer westlichen verteidigungs- und sicherheitspolitischen Regierungsorganisation war eine Zusammenarbeit für Universitätsrepräsentanten des Ostens
nicht hinnehmbar gewesen. Bereits in den frühen 1960er Jahren und damit nach
der Loslösung der Universitätsleiter von der WEU gelang es aber der im Entstehen
begriffenen Europäischen Rektorenkonferenz, Hochschulleiter aus sozialistischen
Staaten zumindest zur gelegentlichen Teilnahme einzelner Konferenzen und Kol-
loquien zu bewegen. Dies verdeutlichte beispielhaft die 1964 ausgetragene Göttinger Generalversammlung. Daran nahmen zahlreiche Universitätsleiter aus sozialistischen Staaten teil. Dazu gehörten unter anderem die Universitätsrektoren von
Zagreb, Belgrad, Ljubljana, Sofia sowie mehrere Universitäten der DDR einschließlich der Rektoren aus Halle und Jena.[17] Sie waren dort mit einem Beobach-
terstatus anwesend und verfolgten den Abstimmungsprozess, ohne die Tagungser-
gebnisse aktiv mitgestalten zu können.

[15] Ebenda, S. 3.
[16] Vgl. Bericht des Ausschusses der europäischen Universitäten der Westeuropäischen Union
gegenüber der zweiten Konferenz der europäischen Rektoren und Vize-Kanzler, vorgelegt in
Dijon, am 10. September 1959, in: Steger (Hrsg.): Das Europa der Universitäten, S. 245.
[17] Vgl. Protokoll der Sitzung des Präsidiums der Ständigen Konferenz der Rektoren und Vizekanzler der europäischen Universitäten in Paris, am 8. Juni 1964, in: Zimmerli (Hrsg.): Die
optimale und maximale Größe der Universität, S. 236.

Gewisse Charakteristika prägten das Ost-West-Verhältnis der Universitätsleiter in den 1960er Jahren in grundsätzlicher Weise. So blieb eine politisch unabhängige Zusammenarbeit nur ein Wunsch und war fernab der erhofften Wirklichkeit. Alleine für die Einreisegenehmigung der östlichen Rektoren hatte sich die ERK beziehungsweise die jeweiligen Versammlungsorganisatoren mit nationalen Regierungsstellen sowie mit dem NATO Allied Travel Office in Verbindung setzen müssen.[18] Die Ankunft der östlichen Rektoren am Göttinger Bahnhof wurde zudem von Pressefotographen eingefangen und Tageszeitungen zur Verfügung gestellt. Jede Teilnahme östlicher Universitätsleiter war damit ein Politikum, auf das Regierungen und Pressevertreter gleichermaßen ein Auge warfen.

Trotzdem nährte das Auftreten von östlichen Hochschulbeobachtern bei ERK-Tagungen die Hoffnung, dass die Annäherung zwischen den Universitäten des Westens und des Ostens zwar steinig, letztlich aber erfolgreich sein werde. Der Schweizer Bundesrat Hans-Peter Tschudi beschwor etwa in seiner Rede auf der Genfer Vollversammlung der ERK von 1969, dass die Europäische Rektorenkonferenz ein Ausdruck davon sei, „daß die jetzige Spaltung Europas nur eine Etappe in der historischen Entwicklung" darstelle.[19] Die Annäherungsbemühungen der 1960er Jahre fanden damit in einem politisierten Klima statt, auch wenn die Hoffnung bestand, dass eine künftige Zusammenarbeit in einem weniger politisierten Klima stattfinden werde.

Mitglieder der Europäischen Rektorenkonferenz hoben wiederholt hervor, dass alle Universitäten Europas gleichermaßen einem gemeinsamen Erbe der Autonomie verpflichtet seien, was es ermögliche, dass Universitäten abseits der bestehenden politischen und wirtschaftlichen Konflikte zwischen Ost und West miteinander kooperierten. Walther Zimmerli äußerte sich diesbezüglich 1964 auf der Versammlung der ERK in Göttingen:

„… there exists a European University reality and an independent responsibility for a heritage which universities are to ensure, and this is one which reaches beyond frontiers of states and political groups."[20]

Zudem äußerten ERK-Mitglieder, dass die Ost-West-Kooperationen dazu angetan seien, dem Wohle aller Menschen zu dienen. Denn eine Universität helfe mit ihrer Forschung und Lehre auf entscheidende Weise, neues Wissen für die gesamte Menschheit hervorzubringen.[21] Aufgrund der Autonomie der Universitäten und der wissenschaftlichen Freiheit ihrer Angehörigen könne die Zusammenarbeit zwischen beiden Seiten des Eisernen Vorhangs also forciert werden und dabei zu

---

[18] Vgl. WRK-Generalsekretär Jürgen Fischer an Professor Gola, Professor an der Universität Bologna, 10. Oktober 1968, in: HAEU – CRE-408 Correspondence Expert group on the European Economic Community.

[19] Die Autonomie der Hochschule, in: Die Ostschweiz, 4. 9. 1969.

[20] Vgl. Walther Zimmerli: Third European Conference of Rectors, Göttingen, 2.–8. 9. 1964, in: CRE Information 3.4 (1979), S. 44–50, hier S. 47.

[21] Vgl. Memorandum to the Ministers of Education of the UNESCO European region about European interuniversity cooperation. 68th Session of the Bureau. Geneva, 25. 1. 1980, in: HAEU – CRE-419 Correspondence UNESCO.

einem allgemeinen Nutzen für die Welt führen. Unter ERK-Mitgliedern gab es also idealistische Argumente, um die Annäherung an die Universitäten des Ostens zu rechtfertigen.

1.2 Jugoslawische Universitäten als Scharnier zwischen Ost und West

Hoffnungsträger einer Annäherung waren insbesondere Vertreter jugoslawischer Universitäten, denen eine Schlüsselrolle zur Überbrückung des Ost-West-Grabens zukommen sollte.[22] Die Rolle wurde ihnen nicht zuletzt aufgrund der besonderen Position ihres Landes in der internationalen Staatenwelt zuteil.[23] Als Mitglied der Bewegung der blockfreien Staaten galt Jugoslawien als ein Land, das sich keiner der beiden Hemisphären zuordnete und daher die Rolle eines Mittlers zwischen den Hochschulleitern aus Warschauer-Pakt-Staaten und denjenigen aus westeuropäischen Staaten einnehmen könne.

Eine solche Rolle wurde dem Land auch wegen seiner ersten Vermittlungsbemühungen im Hochschul- und Wissenschaftsbereich zugewiesen: Jugoslawische Hochschulangehörige hatten sich bereits in den 1960er Jahren darum bemüht, akademische Akteure von beiden Seiten des Eisernen Vorhangs auf heimischem Boden zusammenzubringen. In Dubrovnik organisierten sie etwa Hochschulseminare für Vertreter der östlichen und westlichen Hemisphäre und zielten darauf ab, Wissenschaftler und Repräsentanten der universitären Leitungsebene gleichermaßen zusammenzubringen.[24] Diese Bemühungen mündeten unter anderem in den Aufbau des 1971/72 gegründeten und noch heute existierenden Inter-University Center in Dubrovnik, welches bereits in den 1970er Jahren die Grenzen der Binarität von Ost und West zu überwinden wusste.[25] Mit der Etablierung solcher interuniversitärer Austauschforen wurde die Hoffnung innerhalb der Europäischen Rektorenkonferenz genährt, dass auch in ihrer eigenen Organisation eine Bindung zwischen Ost und West realisiert werden könne. Der Ständige Ausschuss der ERK äußerte etwa 1969, dass es Universitäten aus Ost- und Mitteleuropa leichter falle, mit westlichen Universitäten in Jugoslawien zusammenzukommen, als auf dem Territorium eines westeuropäischen Landes.[26] Daher strebte die ERK an,

---

[22] In den späten 1960er Jahren entwickelte sich Jugoslawien zu einem aktiven Förderer der Zusammenarbeit zwischen Ost und West und zu einem Unterstützer des späteren KSZE-Prozesses, über den auch auf dem Feld der Wissenschaft eine Annäherung angestrebt wurde Vgl. Zielinski: Die neutralen und blockfreien Staaten und ihre Rolle im KSZE-Prozeß, S. 145.

[23] Vgl. Calic: Der ewige Partisan, S. 287.

[24] Vgl. Schreiben von Walther Zimmerli an Jaques Courvoisier, 31. Januar 1967, in: HAEU – CRE-78 Meetings 1967.

[25] Vgl. IUC History [Online-Ressource].

[26] Vgl. CRE Standing Conference of Rectors and Vice-Chancellors of the European Universities: Report of the Committee to the General Assembly, in: HAEU – CRE-7 Geneva, 1969: Working Sessions.

in regelmäßigen Abständen Konferenzen in Jugoslawien durchzuführen.[27] Dessen scheinbare Neutralität sollte damit auch der interuniversitären Ost-West-Annäherung in der ERK zum Vorteil gereichen.

Die jugoslawischen Universitätsleiter näherten sich noch vor anderen sozialistischen Staaten an die westeuropäischen akademischen Foren an.[28] Bereits auf den ersten Sitzungen des Ständigen Ausschusses der ERK in den frühen 1960er Jahren nahmen sie teil und standen damit in einem Austausch mit ihren westeuropäischen Amtskollegen.[29] In der zweiten Hälfte der 1960er Jahre mehrten sich die Signale, dass aus diesen noch eher losen Zusammenkünften eine kontinuierliche Zusammenarbeit erwachsen könne. Der Ökonomieprofessor und Rektor der Universität Skopje, Ksente Bogoev, der 1968 Präsident der sozialistischen Republik Mazedonien wurde, erklärte im Januar 1967 dem WRK-Generalsekretär Jürgen Fischer, dass die Aussichten auf einen Beitritt jugoslawischer Universitäten zur Europäischen Rektorenkonferenz gut seien. Ksente Bogoev begründete dies mit der glaubhaft gemachten politischen Neutralität der ERK: Grundsätzlich seien die Chancen auf einen Beitritt „desto grösser, je mehr sich die Europäische Rektorenkonferenz von politischen und staatlichen Bindungen loslöst und distanziert"; da eine solche „Loslösung bereits seit längerer Zeit erfolgt" sei, werde er sich aktiv „für den Anschluss der jugoslawischen Universitäten an die Europäische Rektorenkonferenz einsetzen".[30] Die Universität Niš trat im März 1968 als erste jugoslawische Universität der ERK bei. Bis 1970 folgten ihr drei der damals insgesamt sieben Universitäten des Landes.

Bereits die ersten Signale jugoslawischer Rektoren, eine Vollmitgliedschaft in Erwägung zu ziehen, reichten aus, um die Hoffnung in der ERK zu nähren, dass eine dauerhafte Zusammenarbeit mit osteuropäischen Hochschulleitern realisier-

---

[27] Dem Anspruch einer gesamteuropäischen Vereinigung versuchte die ERK u. a. auf organisatorischem Wege gerecht zu werden. Damit sich keine europäische Teilregion ausgeschlossen oder benachteiligt fühlte, strebte sie die Austragung von Veranstaltungen in allen geographischen Teilen des Kontinents an. Albert E. Sloman unterstrich dieses Bemühen in einer Rede vor europäischen Universitätsleitern: „... our association has gone north to Helsinki, south to Lisbon, east to Belgrade, and west to Dublin [...] to improve the understanding between rectors, presidents and vice-chancellors of Europe and between the institutions over which they preside." Vgl. Albert E. Sloman: Official Opening Ceremony, 1 September 1974, in: CRE (Hrsg.): The European Universities 1975–1985, S. 2.

[28] Jugoslawische Universitätsvertreter suchten auch einen inhaltlichen Austausch über akademische Probleme. Vgl. Petar Drezgić, Rector of the University of Novi Sad, Yugoslavia [during a discussion at the Bologna assembly in 1974], in: HAEU – CRE-14 Bologna, 1974: Administrative Tasks; Brief von Walther Zimmerli an den Vizepräsidenten des Jugoslawischen Universitätsvereins, 9. Mai 1967, in: HAEU – CRE-446 President Courvoisier: internal correspondence.

[29] Vgl. Procès-verbal de la première réunion de la commission permanente de la conférence permanente européenne des recteurs et vice-chanceliers, Dijon, les 18 & 19 mars 1960, in: HAEU –CRE-112 Meetings 1960.

[30] Grundsätzliche Erklärung von Herrn Rektor Bogoev, Präsident der Jugoslawischen Universitätenunion eingefügt in einem Brief von Herrn Dr. Jürgen Fischer vom 25. Januar 1967 an Herrn Courvoisier, in: HAEU – CRE-78 Meetings 1967.

bar war.[31] Diese Hoffnung brachte etwa Walther Zimmerli zum Ausdruck, als er auf einer in Straßburg abgehaltenen ERK-Sitzung über die kurz vor der Realisierung stehende Vollmitgliedschaft jugoslawischer Rektoren feststellte:

„Once the Yugoslavs became members of our Conference, the rectors of countries in Eastern Europe would see that for us the word ‚Europe' was not synonymous with ‚Western Europe', and that a country's social and economic structure was not a criterion for admission to the CRE."[32]

Die Einbindung jugoslawischer Universitäten in die ERK sollte damit Vorbild für die Integration zahlreicher Universitätsleiter Ost- und Mitteleuropas sein.

1.3 Die ERK zwischen Annäherung und Abschottung

Die Annäherungsbemühungen der ERK an östliche Hochschulen blieben in den 1960er Jahren allerdings nicht ohne Ambivalenzen: Einerseits blieb das gesamteuropäische Ideal grundsätzlich erhalten. Andererseits kam es im Laufe des Jahrzehntes immer wieder zu Ereignissen, in denen das Ideal Risse bekam und seine Umsetzbarkeit infrage gestellt wurde.

Ein Riss zeigte sich mit Blick auf den persönlichen Umgang zwischen östlichen und westlichen Hochschulangehörigen. Dies lässt sich beispielhaft an Ereignissen während der Vorbereitungen der Göttinger Generalversammlung veranschaulichen: Die ERK hatte auch Einladungen an die Universitäten von Moskau und Leningrad geschickt.[33] Nach anfänglich positiven Signalen ließ die Moskauer Universität der ERK allerdings am 8. April 1964 eine „kurzgehaltene Absage"[34] zukommen. Der damalige französische ERK-Präsident Marcel Bouchard warb trotz dieser Absage um ein Erscheinen der sowjetischen Rektoren. Hierfür versuchte er – nach eigenem Bekunden – durch eine „persönliche Intervention"[35] auf die sowjetischen Universitätsleiter einzuwirken und sie von einer Teilnahme in Göttingen zu überzeugen. Zwar sicherte der Moskauer Rektor daraufhin Bouchard eine erneute Beratung im Senat seiner Universität zu;[36] an der ablehnenden Haltung änderte dieser Umstand allerdings nichts. Die endgültige Absage ihres Versammlungsbesuches ließen die beiden russischen Universitäten über einen russischen Gaststudierenden an der Göttinger Georg-August-Universität übermitteln. Dieser teilte dem Vorbereitungskomitee der Versammlung mit, dass der

---

[31] Vgl. Jürgen Fischer an Jaques Courvoisier, 25. Januar 1967, in: Minutes of the meeting of the Bureau, held in Strasbourg on November 12, 1967, in: HAEU – CRE-78 Meetings 1967.

[32] Minutes of the meeting of the Bureau, held in Strasbourg on November 12, 1967, in: HAEU – CRE-78 Meetings 1967.

[33] Vgl. Einladungsliste mit Stand vom 13. Januar 1964, in: HAEU – CRE-1 Gottingen, 1964: Preparation.

[34] Pressemitteilung betreffend die Einladung der Rektoren von Moskau und Leningrad zur III. Europäischen Rektorenkonferenz, 7. September 1964, in: HAEU – CRE-423 Secrétaire général de la Conférence des Recteurs français: external relations.

[35] Ebenda.

[36] Vgl. Protokoll der Sitzung des Bureaus der Ständigen Konferenz der Rektoren und Vizekanzler der europäischen Universitäten, 8. Juni 1964, Paris, in: HAEU – CRE-75 Meetings 1964.

Moskauer Rektor aufgrund einer Erkrankung und der bisherige Leningrader Rektor aufgrund eines Amtswechsels nicht in Göttingen erscheinen könnten. Der sowjetische Gaststudent informierte darüber hinaus westdeutsche Journalisten, um das Nichterscheinen der sowjetischen Rektoren öffentlichkeitswirksam kundzutun.[37] Aufgrund dieses Vorgehens und den daraus entstandenen Spekulationen fühlten sich die Göttinger Konferenzorganisatoren genötigt, eine Pressemitteilung mit einer ausführlichen Darstellung der Ereignisse zu veröffentlichen. In dem Annäherungsprozess kam damit die Frage auf, inwieweit dieser in einem Klima des gegenseitigen Respekts vonstattengehen würde.

Zugleich zeigten sich Risse in dem Annäherungsprozess mit Blick auf das Sagbare beziehungsweise Unsagbare auf den Konferenzen: Die Protokollbände der ERK aus den 1960er Jahren zeugen davon, dass mögliche weltanschauliche Konfliktlinien zwischen den Versammlungsteilnehmern des Westens und den Beobachtern des Ostens häufig ausgeblendet wurden. Weder fanden Diskussionen über politische oder militärische Ereignisse noch über mögliche Folgen konträrer Hochschulideale statt. Denis de Rougemont wirkte daher geradezu provokant, wenn er als Gastredner in Göttingen vor den „totalitären Kulturen des 20. Jahrhunderts mit ihrer geschlossenen Weltanschauung" warnte, die – wie etwa beim Marxismus-Leninismus[38] – das Hochschulwesen allumfassend zu planen versuchten. Solcherlei Äußerungen dürften anwesende Beobachter aus sozialistischen Staaten als Affront verstanden haben; solche Aussagen blieben daher in den Reden und Gesprächen auf ERK-Tagungen die Ausnahme.

Ein weiterer Riss zeigte sich mit Blick auf den Status quo des jeweiligen Hochschulsystems. Aufgrund der unterschiedlichen wirtschaftlichen und gesellschaftlichen Funktion von Universitäten in den Staaten des Ostens und des Westens blieb es innerhalb der Europäischen Rektorenkonferenz umstritten, zu welchem Zweck die ERK eigentlich zu einer gesamteuropäischen Vereinigung ausgebaut werden sollte. Die Führungsriege der ERK – namentlich der Generalsekretär Rolf Deppler, Präsident Jaques Courvoisier und Schatzmeister Donald J. Kuenen – betonten in einem gemeinsamen Bericht die Vielgestaltigkeit der Probleme, die bei einer festen Einbindung des Ostens entstehen würden: „The geographical term ‚Europe' is thus no guarantee of similarity of problems. This situation will be aggravated if, one day, the rectors of the universities of Eastern Europe apply for admission."[39] Sie warnten vor einer Idealisierung der Annäherung, deren praktische Implikationen nicht ausreichend beachtet werden würden: „the symbolic prevails over the real" – es müsse erkannt werden, dass auf Herausforderungen im Hochschulwesen nur

[37] Vgl. Pressemitteilung betreffend die Einladung der Rektoren von Moskau und Leningrad zur III. Europäischen Rektorenkonferenz, 7. September 1964, in: HAEU – CRE-423 Secrétaire général de la Conférence des Recteurs français: external relations.
[38] Denis de Rougemont: Universität und Universalität im gegenwärtigen Europa, in: HAEU – CRE-2 Gottingen, 1964: Allocutions.
[39] The Future of the Standing Conference of the Rectors and Vice-Chancellors of the European Universities. Report prepared by Mr. Deppler and reviewed by Professors Courvoisier and Kuenen, Oktober 1968, in: HAEU – CRE-79 Meetings 1968.

dann eine realistische Lösung gefunden werden könne, wenn ökonomische und politische Implikationen realistisch eingeschätzt werden würden. Wenn ökonomische und politische Themen in der ERK keine Rolle mehr spielen dürften, seien von ihr auch keine brauchbaren Lösungen auf tatsächliche Probleme an den Hochschulen zu erwarten, was letztlich bedeute – „our efficacy will always remain limited."[40]

Ein ebenso gravierender Riss zeigte sich auch mit Blick auf politisch-militärische Ereignisse in den sozialistischen Staaten. Als die von Studierenden unterstützten Proteste des Prager Frühlings durch Truppen des Warschauer Paktes niedergeschlagen wurden, entbrannte in den rein westlich besetzten ERK-Gremien ein Streit über die Implikationen der Ereignisse: Manche plädierten dafür, eine klare Trennung zwischen dem Handeln des Militärs und der Politik einerseits und den Universitäten in den Warschauer-Pakt-Staaten andererseits vorzunehmen. Andere zweifelten eine solche Unterscheidung an und sahen auch die Universitätsleitungen als mitverantwortlich für den Ausbruch der Gewalt. Die Meinungen über das weitere Vorgehen waren daher gespalten. Während etwa der Göttinger Rektor Walther Zimmerli und der WRK-Generalsekretär Jürgen Fischer zu einer Fortsetzung der Annäherungsbemühungen rieten, plädierte der belgische Vertreter und ERK-Schatzmeister Donald Kuenen dafür, keine neuen Verbindungen mit Universitäten aus den Warschauer Pakt-Staaten einzugehen. Kuenen argumentierte: „We had to take a certain stand, in order to make these countries understand what we thought of their attitude."[41] Der damalige ERK-Präsident Jaques Courvoisier gab in der Debatte Grundsätzliches zu bedenken und argumentierte: „… the universities were not responsible for what had happened, but on the other hand these same universities were not free, they were controlled by political organs."[42] Die Annäherung an den Osten wurde zwar über die 1960er Jahre hinaus fortgesetzt; die Angemessenheit dieses Unterfangens wurde jedoch immer wieder infrage gestellt.

1.4 Die Prager Rektorengespräche und der Beginn des KSZE-Prozesses

Die Prager Karls-Universität schickte sich 1972 unter Leitung ihres Rektors Bedřich Švestka an, eine gesamteuropäische Rektorenversammlung an ihrer Alma Mater abzuhalten. Hierfür hatte Švestka Kontakt zu zahlreichen östlichen und westlichen Universitätsleitern aufgenommen und sie nach Prag eingeladen. Wie die Prager Organisatoren erklärten, sollte die Zusammenkunft der gegenseitigen Verständigung dienen. Die geladenen Universitätsleiter sollten in Prag außerdem

---

[40] Ebenda.
[41] Minutes of the Meeting of the Bureau held in Strasbourg on October 7, 1968, in: HAEU – CRE-79 Meetings 1968.
[42] Ebenda.

versuchen, sich auf einen „gemeinsamen Weg zu einigen, wie man die gegenwärtige Bewegung zur Erhöhung der europäischen Sicherheit und Zusammenarbeit unterstützen soll".[43] Die Prager Zusammenkunft war also dazu angedacht, einen unmittelbaren Beitrag zu dem im Entstehen begriffenen KSZE-Prozess zu leisten.
Švestka gab sich in seinem Schriftverkehr mit anderen europäischen Universitätsleitern überzeugt, dass eine gemeinsame Aussprache in Prag „auf der Grundlage
der vollen Anerkennung der Anschauungen und Meinungen geführt werden"
würden.[44] Als gemeinsame Gesprächsthemen nannte er etwa Umweltfragen, die
Förderung der Bildung und die Entwicklung des Hochschulwesens sowie der Wissenschaft in Ländern des globalen Südens.

Die Resonanz auf die Prager Initiative divergierte stark: Aus den Universitäten
anderer sozialistischer Staaten kamen regelrecht euphorische Unterstützungs-
schreiben. In einer gemeinsamen Erklärung unterstrichen rund 40 ostdeutsche
Hochschulleiter ihre Unterstützung für das Prager Vorhaben:

„Wir Rektoren der Universitäten und Hochschulen der Deutschen Demokratischen Republik
wissen nicht nur um die Verantwortung, sondern dürfen mit dem historisch gewachsenen Recht,
das wir uns durch die gesellschaftliche Entwicklung unseres Staates in den 27 Jahren seit der
Befreiung des Faschismus erworben haben, vor Ihnen und aller Welt versichern, dass unsere
Bildungsstätten von demselben Geist erfüllt sind, der Sie zu dieser Botschaft veranlasst hat: Wissenschaftliche Ergebnisse müssen ausschließlich dem Wohl der Menschheit dienen."[45]

Solche Antwortschreiben blieben keine Seltenheit. Unterstützung dieser Art ver-
sandten zahlreiche weitere Rektoren aus Städten sozialistischer Länder wie etwa
aus Zagreb, Budapest und Warschau.[46] Eine deutlich kritisch-distanziertere Einschätzung gaben die Vertreter westeuropäischer Universitäten ab. Grundsätzlich
begrüßten sie zwar die Prager Initiative, da diese ihrer Vorstellung eines gemeinsamen universitären Europas entsprach, welches sich der binären Ordnungslogik
entzog. Dementsprechend begrüßte etwa Gerald Grünwald, WRK-Präsident im
Amtsjahr 1971/72, in seinem Schreiben an Švestka dessen Initiative, die eine Annäherung aller europäischen Universitäten erlaube und eine Wirkung weit über
das Akademische hinaus entfalten könne. So könnten Universitäten durch ihre
„Distanz gegenüber den politischen Verantwortlichen" zur „Überwindung über-

---

[43] Schreiben des Initiativausschusses für die Organisation des Zusammentreffens der europäischen Universitäten und Hochschulen in Prag in 1972, in: HAEU – CRE-398 Correspondence
(12).
[44] Bedřich Švestka, Rektor der Prager Karls-Universität, in einem Schreiben an Gerd Roellecke,
Präsident der Westdeutschen Rektorenkonferenz, Prag, 25. September 1972, in: UNIGE –
CRE – Associations et Divers – Commission des Com. Européennes.
[45] Gemeinsame Erklärung der Rektoren der Humboldt-Universität zu Berlin, Karl-Marx-Uni-
versität Leipzig, Martin-Luther-Universität Halle, Friedrich-Schiller-Universität Jena, Universität Rostock, o. A., in: HAEU – CRE-398 Correspondence (12).
[46] Der Initiativausschuss für die Organisation der Zusammentreffen der europäischen Universitäten und Hochschulen in Prag 1972 verschickte alle Antwortschreiben an die geladenen Gäste. Vgl. Gesammelte Antwortschreiben auf die Einladung der Prager Universität zu einer Zusammenkunft, welche vom 21. bis 25. November anvisiert war, in: HAEU – CRE-398
Correspondence (12).

kommener Gegensätze" beitragen.[47] Gleichzeitig formierte sich unter den westlichen Universitätsleitern Kritik, denn es stand zu befürchten, dass es zu einer Politisierung der Zusammenkunft kommen und die Prager Versammlung zu einer „osteuropäischen außenpolitischen Meinungsplattform"[48] verkomme werde. Grünwalds Amtsnachfolger an der Spitze der WRK, Gerd Roellecke, plädierte daher gegenüber Svetska dafür, allgemeine politische Themen auf der Versammlung auszuklammern. Roellecke argumentierte: „Es läge nach meiner Ansicht nicht im Interesse der Universitäten, wenn sie versuchten, die Europäische Sicherheitskonferenz zu präjudizieren oder zu beeinflussen."[49]

ERK- Präsident Albert E. Sloman trieb zudem die Sorge um, dass aus der Prager Initiative eine neue, unter maßgeblichem Einfluss östlicher Entscheidungsträger stehende Hochschulvereinigung hervorgehen könne. Die Europäische Rektorenkonferenz hätte durch eine solche Neugründung an den Rand gedrängt oder gar ersetzt werden können. Sloman warb daher gegenüber dem Prager Rektor für die Austragung der geplanten Versammlung unter der Schirmherrschaft der ERK.[50] Laurence Gower, Vizekanzler der Universität von Southampton, unterstrich diese Position ebenfalls gegenüber den Prager Organisatoren:

„The type of meeting which you suggest would appear to be a matter of interest to the European Rectors Conference […]. I would, therefore, suggest for your consideration that the organisation of the meeting which you have in mind might be best be dealt with by that body."[51]

Solche Positionen wurden nicht nur von der ERK-Führung und britischen Vizekanzlern vertreten, sondern auch von kontinentaleuropäischen Vertretern angemahnt. Gerd Roellecke plädierte etwa gegenüber Svetska dafür, das in Prag geplante Treffen von Universitätsleitern unter der Ägide der ERK vorzubereiten und durchzuführen. Roellecke gab sich überzeugt: „Die Europäische Rektorenkonferenz bietet nach meiner Auffassung eine geeignete Plattform für die Erörterung aller universitärer Probleme."[52] In diesem Klima der verhaltenen Annäherung, in der bereits die Austragung einer Versammlung zu einem Politikum wurde, sollte die UNESCO eine weichenstellende Resolution verabschieden, die noch deutlich weitreichendere Gräben zwischen den Universitätsleitern aus Ost und West offenlegte.

[47] WRK-Präsident Gerald Grünwald an Bedřich Švestka, Rektor der Karls-Universität, 5. 5. 1972, in: UNIGE – CRE – Associations et Divers – Commission des Com. Européennes.
[48] Brief Edmund Pollak an ERK-Generalsekretär Alain Nicollier, 2. 5. 1973, in: HAEU – CRE-398 Correspondence (12).
[49] Schreiben WRK-Präsident Gerd Roellecke an Bedřich Švestka, Rektor der Karls-Universität Prag, 26. 2. 1973, in: HAEU – CRE-398 Correspondence (12).
[50] Schreiben von Albert Sloman an die Organisatoren der Prager Konferenz, o. A., in: HAEU – CRE-398 Correspondence (12).
[51] Prof. L. C. Gower, Vizekanzler der Universität Southampton, an die Prager Universität bezüglich einer Ost und West verbindenden Rektorenkonferenz, o. A., in: HAEU – CRE – Associations et Divers: Conférences de Recteurs (WRK 1) 13.
[52] Brief WRK-Präsident Gerd Roellecke an Bedřich Švestka, Rektor der Karls-Universität Prag, 26. 2. 1973, in: HAEU – CRE-398 Correspondence (12).

2. Die UNESCO und das blöckeübergreifende Europa der Universitäten

Vom 26. November bis zum 3. Dezember 1973 organisierte die UNESCO ein Treffen europäischer Bildungsminister in Bukarest. Auf Einladung der rumänischen Regierung nahmen rund 190 Delegierte aus 28 europäischen Staaten teil. Hierzu gehörten unter anderem Delegationen aus Albanien, Österreich, Zypern, der Tschechoslowakei, Finnland, der Ukraine, der UdSSR sowie aus den mittlerweile neun EG-Staaten. Zudem waren Beobachter aus nicht-europäischen Staaten sowie von mehreren internationalen Organisationen und Stiftungen anwesend.[53] Es war die zweite von der UNESCO organisierte Konferenz, auf der für das Hochschulwesen verantwortliche Regierungsvertreter ost- und westeuropäischer Staaten zusammenkamen, um blöckeübergreifend über den Bildungssektor zu diskutieren. Eine erste Zusammenkunft hatte bereits 1967 in Wien stattgefunden und die Grundlage gelegt, um die UNESCO als eine auch auf Europa spezialisierte Organisation zu etablieren. Auf ihrer Tagung in der rumänischen Hauptstadt zeigten sich die anwesenden Regierungsakteure einig, mit Hilfe des Bildungssektors zu einer Entspannung der politischen Lage beizutragen. In ihrem Abschluss-Communiqué empfahlen sie:

„The Conference [...][recommends the promotion of] education of young people in a spirit of peace and mutual understanding among the nations, as an important contribution to the further easing of tension and to co-operation in Europe and throughout the world."[54]

Um solcherlei Absichten erfüllen zu können, einigten sich die anwesenden Bildungsminister auf konkrete Maßnahmen, die zur Entspannung beitragen und die Universitäten näher aneinanderbinden würden. Hierzu gehörte das Ziel, ein Europäisches Zentrum für Hochschulbildung zu gründen. Es sollte fortan unter dem Akronym CEPES firmieren und einerseits an das UNESCO-Sekretariat in Paris angebunden sein, andererseits aber ein eigenes Quartier in Bukarest beziehen.[55] Dem Zentrum sollte unter anderem die Aufgabe zukommen, hochschulrelevante Informationen zwischen Ost und West zu zirkulieren und damit zu einem besseren Verständnis beider Seiten übereinander beizutragen.[56]

Außerdem kamen die anwesenden Delegierten überein, die institutionalisierte Zusammenarbeit der Universitäten Europas zu fördern. Auf gemeinsame Initiative

---

[53] Vgl. Second Conference of Ministers of Education of European Member States Bucharest, 26 November – 4 December 1973: provisional rules of procedure, 20. September 1973 [Online-Ressource].

[54] UNESCO: Final Report of the Second Conference of Ministers of Education of European Member States, Bucharest, 26 November, 3 December 1973. Recommendation No. I/7, S. 28 [Online-Ressource].

[55] Vgl. CEPES: The Open Door.

[56] Vgl. Ad Hoc Meeting of Experts concerning the Cooperation of European Universities, Bucharest, 1973. Draft proposal concerning the working document of the Conference of Ministers of Education of the European States of UNESCO, S. 68 [Online-Ressource].

britischer, französischer, italienischer, jugoslawischer und sowjetischer Delegierter verabschiedete die Bukarester Ministertagung die Empfehlung, eine gesamteuropäische Hochschulvereinigung zu gründen:

„The conference [...][recommends] European universities, the governments of European States and the Director-General of Unesco to encourage the setting up of an association of European universities, an associate member of the International Association of Universities."[57]

Die in Bukarest versammelten Regierungsdelegierten der Ministertagung gingen nicht namentlich auf die ERK ein.[58] Sie einigten sich jedoch auf zwei Punkte, die der ERK Hoffnung machen konnten: Erstens brachten sie ihren Willen zum Ausdruck, dass die bereits existierende europäische Infrastruktur in den Aufbau dieser neuen Vereinigung eingebunden werde.[59] Dieser Verweis auf die Einbeziehung existierender Strukturen war, wie der spätere ERK-Generalsekretär Andris Barblan rückblickend schilderte, nicht zuletzt auf Betreiben jugoslawischer Delegierter in eine Konferenzresolution aufgenommen worden.[60] Darüber hinaus verständigten sich die anwesenden Delegierten darauf, das weitere Vorgehen den Universitätsleitern zu überlassen. Auch wenn die ERK nicht explizit genannt worden war, konnte sie daher ihre Infrastruktur für die Verhandlungen zur Verfügung stellen und ihre Organisation als Basis für die künftige Ost-West-Kooperation zwischen den Universitäten ins Spiel bringen. So nutzten Hochschulleiter die bereits in ihrer Vorbereitung befindliche und für 1974 angesetzte nächste Generalversammlung der ERK in Bologna dazu, um die Gründung der geforderten Vereinigung weiter zu diskutieren.[61]

In Bologna versammelten sich rund 300 Universitätsleiter aus über 20 Staaten.[62] Nach zähen Verhandlungen einigten sich die Anwesenden auf weitere Gespräche in einem kleineren Kreis, die es erlauben sollten, einen konkreten Vorschlag für die Umsetzung der UNESCO-Empfehlung auszuarbeiten.[63] Am 7. September 1974 setzten sie diesbezüglich eine siebenköpfige Arbeitsgruppe ein. Die Leitung der Gruppe übernahm der Rektor der Universität Bologna, Tito Carnacini. Drei Protagonisten aus den sozialistischen Staaten des Ostens gehörten der Arbeits-

---

[57] UNESCO: Final Report of the Second Conference of Ministers of Education of European Member States, Bucharest, 26 November–3 December 1973. Recommendation No. II/15, S. 36 [Online-Ressource].

[58] In Bukarest hatte der ERK-Generalsekretär Nicollier teilgenommen. Die Führungsriege der ERK warf ihm vor, sich während der Ministertagung nicht genug für die Belange der ERK eingesetzt und sie als gesamteuropäische Plattform ins Spiel gebracht zu haben. Vgl. Ludwig Raiser: Die Europäische Rektorenkonferenz und die Universitäten Osteuropas. Ein Bericht über die Jahre 1974 und 1979, in: HAEU – CRE 447.

[59] Vgl. UNESCO: Final Report of the Second Conference of Ministers of Education of European Member States, Bucharest, 26 November–3 December 1973. Recommendation No. II/15, S. 36 [Online-Ressource].

[60] Vgl. Barblan: Academic co-operation and mobility in Europe, S. 8.

[61] Vgl. ebenda.

[62] Vgl. Jean Roche, Foreword, in: CRE (Hrsg.): The European Universities 1975–1985, S. vii.

[63] CRE and Universities of Eastern Europe, 6. 2. 1975, in: HAEU – CRE-127 Meetings and Conferences 1975.

gruppe an: Namentlich waren es der Rektor der Universität Warschau, Zygmunt Rybicki, der Prorektor der Moskauer Staatsuniversität, Evgenij Michailovič Sergeev, und der Rektor der Universität Sofia, Blagovest Sendov.[64] Hinzu kamen drei westliche Mitglieder aus dem ERK-Präsidium; namentlich waren dies der in Bologna zum neuen ERK-Präsidenten gewählte frühere Tübinger Universitätsrektor Ludwig Raiser, sein Amtsvorgänger Albert E. Sloman, und der damalige ERK-Vizepräsident und Rektor der Pariser Panthéon-Sorbonne, François Luchaire.[65] Zusätzlich wurden Beobachter bestimmt, die den Arbeitssitzungen der Arbeitsgruppe beiwohnten. Hierzu gehörten der Rektor der Universität Belgrad, Jovan Gligorijević, der Wiener Universitätsrektor Siegfried Korninger und der Generalsekretär der International Association of Universities, Roger Keyes. Die Arbeitsgruppe trat im Laufe der Jahre 1974/75 drei Mal zusammen. Das erste Treffen fand am 24. und 25. November 1974 in Wien statt. Ein zweites Treffen folgte am 6. und 7. Dezember 1974 in der bulgarischen Hauptstadt Sofia. Ein drittes Treffen kam am 30. und 31. Januar 1975 zustande.[66] Auf den drei Treffen hatte die Arbeitsgruppe eine Organisationsverfassung ausgearbeitet, die am 7. Juni 1975 auf einer außerordentlichen Generalversammlung der ERK der Gesamtheit der beteiligten Universitätsleiter zur Abstimmung gestellt wurde.[67] Es kamen 312 stimmberechtigte Universitätsleiter aus Ost und West zusammen. Außerdem nahmen Repräsentanten des österreichischen Staates teil. Hierzu gehörten die Bundesministerin Hertha Firnberg und der Bundespräsident Rudolf Kirschschläger. Hinzu kamen zahlreiche internationale Beobachter wie etwa Vertreter der UNESCO, des Europarats, der Europäischen Gemeinschaften und der OECD. Unter der Tagungsleitung Siegfried Korningers stritten die Universitätsleiter einen Tag lang kontrovers über die vorgeschlagene Organisationsverfassung.

Die außerordentliche Generalversammlung in Wien war geprägt von gegenseitigem Misstrauen. Nach einer Pause am Versammlungsabend wurde über die zuvor ausgehandelte Organisationsverfassung abgestimmt. Lediglich 139 der insgesamt 312 stimmberechtigten Rektoren, Präsidenten und Vizekanzler waren überhaupt aus der Pause zurückgekehrt. Das für eine Abstimmung über die Organisationsverfassung nötige Quorum von 156 Stimmen wurde damit nicht erreicht. Die Verhandlungen über die Verfassung waren damit gescheitert.[68] Der Annäherungsprozess zwischen östlichen und westlichen Universitäten auf multilateraler

---

64 Vgl. Auflistung in deutsch-, englisch- und französischsprachigem Rundschreiben von Tito Carnacini, Rektor der Universität Bologna, 23. Mai 1975, an die ERK-Mitglieder, in: HAEU – CRE-17 Vienna, 1975: Business Tasks.

65 Vgl. Business Meeting, in: CRE: VIth General Assembly, Wien 1975, S. 30.

66 Vgl. Ludwig: Raiser: Die Europäische Rektorenkonferenz und die Universitäten Osteuropas. Ein Bericht über die Jahre 1974 und 1979, in: HAEU – CRE 447.

67 Vgl. Entwurf einer Satzung des Europäischen Universitäts-Verbandes. 6. Generalversammlung, 7. Juni 1975, Wien, in: HAEU – CRE-17 Vienna, 1975: Business Tasks.

68 Vgl. Ludwig Raiser: The 6th General Assembly of CRE in Vienna, 6 June 1975, in: HAEU – CRE-447 President Raiser: internal correspondence.

Ebene war damit gescheitert und sollte es trotz mancher Bemühung bis in die späten 1980er Jahre bleiben.[69]

Im Folgenden wird den Hintergründen dieses Scheiterns systematisch nachgegangen. Hierbei gilt es zu klären, was die Verhandlungen in der ersten Hälfte der 1970er Jahre hat misslingen lassen? Welche Streitthemen prägten die Interaktionen zwischen den Universitätsleitern des Ostens und des Westens? Inwieweit waren unterschiedliche Vorstellungen von dem, was eine Universität im Kern ausmache, für das Scheitern verantwortlich?

3. Kontroversen über die Verortung der gesamteuropäischen Vereinigung

Das Scheitern einer multilateralen Zusammenarbeit der Universitätsleiter, das auf der außerordentlichen Generalversammlung der ERK in Wien evident geworden war, hatte mehrere Gründe: So waren die beteiligten Universitätsleiter uneinig, wie die gemeinsame Vereinigung institutionell verortet werden sollte. Manche sahen die anvisierte Vereinigung als eine Weiterentwicklung der existierenden Europäischen Rektorenkonferenz an; andere wiederum bestanden darauf, dass es sich um eine neue Organisation handle. In seiner Eröffnungsrede auf der 1974 ausgetragenen Generalversammlung in Bologna hatte ERK-Präsident Albert E. Sloman die Auffassung vertreten, dass die von der UNESCO empfohlene gesamteuropäische Hochschulvereinigung aus der ERK hervorgehen müsse. Die bisherigen ERK-Mitglieder sollten daher offen für eine neue Organisationsverfassung sein, die die 1964 in Göttingen verabschiedeten Statuten ersetzen würde. Diese Kompromissformel zwischen Tradition und Neuanfang war allerdings leichter formuliert als praktisch umgesetzt. Westliche Hochschulleiter waren zwar in den darauf einsetzenden Verhandlungen für kleinere Änderungen an den bisherigen ERK-Statuten offen; sie bestanden allerdings mehrheitlich darauf, die künftige Organisation als eine Fortsetzung der bisherigen Zusammenarbeit in der ERK zu verstehen und diesem Umstand in der neuen Organisationsverfassung auch explizit Ausdruck zu verleihen.[70] So drangen westeuropäische Universitätsleiter darauf, in der neuen Organisationsverfassung hervorzuheben: „This version of the Constitution which replaces the 7 september 1964 version comes into effect on 24 August 1975."[71]

---

[69] Der versammlungsleitende Wiener Rektor brachte anschließend noch einen einzeiligen Antrag ein und stellte ihn vor der längst gescheiterten Versammlung zur Abstimmung: „Der Vorstand bekommt die Aufgabe übertragen, die Wiederaufnahme der Verhandlungen mit unseren Partnern in den östlichen Staaten zu gewährleisten." In der Abstimmung stimmten 101 der 139 verbliebenen Universitätsleiter zu. An dem Scheitern der multilateralen Bemühungen änderte dies jedoch nichts. Vgl. Business Meeting, in: CRE (Hrsg.): VIth General Assembly, Wien 1975, S. 47.

[70] Vgl. ERK: Zusammenfassung der Verhandlungen für die 6. Generalversammlung in Wien, in: HAEU – CRE-17 Vienna, 1975: Business Tasks.

[71] Draft Resolution, in: CRE (Hrsg.): VIth General Assembly, Vienna 1975, S. 67.

Außerdem forderten westeuropäische Universitätsleiter auf der außerordentlichen Generalversammlung in Wien, dass alle bereits von der ERK gefällten Entscheidungen, die auf Grundlage der 1964 verabschiedeten Statuten zustande gekommen waren, weiterhin gültig sein müssten. Damit sollte die Fortschreibung der ERK-Geschichte betont und die schon länger andauernde Geschichte der europäischen Zusammenarbeit der Universitätsleiter festgehalten werden.

Für die aus Mittel- und Osteuropa stammenden Rektoren waren Verweise auf die anfänglich rein westeuropäische ERK jedoch nicht hinnehmbar. So erklärten sie in Wien in aller Knappheit: „the old Constitution is of no interest."[72] Der Tübinger Rektor und spätere ERK-Präsident Ludwig Raiser sprang ihnen bei und erklärte, dass es für Vertreter aus sozialistischen Staaten schon alleine aus Gründen des politischen Prestiges nicht akzeptabel sei, solche Anspielungen auf die Europäische Rektorenkonferenz zu akzeptieren.[73] Er warb daher vergeblich um Zugeständnisse westeuropäischer Universitätsleiter. Es konnte letztlich keine Einigkeit darüber erzielt werden, wie die gesamteuropäische Hochschulvereinigung historisch verortet werden sollte.

Außerdem war unter den beteiligten Universitätsleitern umstritten, wo die geplante Vereinigung geographisch beheimatet werden sollte. Die Schweizer Stadt Genf, an deren Universität bislang das ERK-Büro angesiedelt war, konnte zwar als ein scheinbar neutraler Ort im Ost-West-Konflikt angesehen werden. Die Vereinten Nationen haben neben zahlreichen anderen internationalen Organisationen bis heute ihre europäische Niederlassung in dem gleichnamigen Schweizer Kanton. Genf symbolisierte damit einen Ort weltpolitischer Überparteilichkeit. Trotzdem entbrannte eine Kontroverse darüber, wo die neue gesamteuropäische Vereinigung überhaupt ins Leben gerufen werden sollte. Am Ende der ordentlichen Generalversammlung der ERK in Bologna hatte der Moskauer Prorektor Evgenij Michailovič Sergeev verkündet, Universitätsleiter nach Moskau einzuladen und dort eine von der ERK unabhängige gesamteuropäische Vereinigung zu gründen.[74] Der Tübinger Universitätsrektor Ludwig Raiser, der 1974 den Briten Albert E. Sloman an der Spitze der ERK abgelöst hatte, stellte fest, dass erst nach zahlreichen Schlichtungsbemühungen die in Moskau geplante Gründung verhindert werden konnte.[75] Es kam damit nicht nur zu einer Auseinandersetzung über die historische, sondern auch über die geographische Verortung

---

[72] Business Meeting, in: CRE (Hrsg.): VIth General Assembly, Vienna 1975, S. 33.

[73] Vgl. Ludwig Raiser während des Business Meetings, in: CRE: VIth General Assembly, Vienna 1975, S. 31.

[74] Vgl. Ludwig Raiser: Bericht des Präsidenten über den Verlauf der Verhandlungen zur Erweiterung der Basis der CRE seit der letzten Generalversammlung (Bologna, 1.–7. September 1974), 17. März 1975, in: HAEC – BDT 64/84 (1659) – Conférence permanente des recteurs et vice-présidents des universités européennes (CRE) 1971–1979.

[75] Das wiederholte Zusammenkommen in Wien war kein Zufall. Österreich galt im KSZE-Prozess als ein Vermittler zwischen Ost und West. Zusammenkünfte in Wien schienen damit als ein für alle Seiten akzeptabler Boden für die Aushandlungsprozesse zu sein. Vgl. Gilde: Österreich im KSZE-Prozess, S. 2.

der geplanten Hochschulvereinigung. Hinter dieser Kontroverse dürften symbolische und politische Motive gestanden haben: Die Gründung einer solchen Vereinigung an einer Universität des sozialistischen Ostens oder des demokratischen Westens hätte der jeweiligen Seite eine Deutungshoheit über Initiierung und Durchführung des universitären Annäherungsprozesses ermöglicht. Das vermeintliche Ideal des Europäismus, der keine politischen Grenzen kenne, wurde alleine durch die Auseinandersetzung über den Ort der Organisationsgründung konterkariert.

Zugleich entbrannte ein Streit darüber, in welchem Verhältnis die geplante gesamteuropäische Vereinigung zur UNESCO stehen würde. Unter den in Bologna und Wien versammelten Hochschulleitern herrschte zwar Einigkeit, dass die in Paris ansässige global agierende Organisation ein Impulsgeber der Annäherung gewesen war. Es blieb allerdings unklar, inwieweit das UNESCO-Sekretariat auch künftig aktiv sein und die Geschicke der geplanten Vereinigung mitbestimmen würde. Östliche Vertreter forderten, dass die Organisationsverfassung in ihrer Präambel auf die UNESCO verweisen müsse. Es sollte unter anderem hervorgehoben werden: „The European universities [...] wishing to further their co-operation [...] in the spirit of the Constitution of Unesco".[76] Eine solche unmittelbare Anspielung auf eine internationale Regierungsorganisation blieb allerdings unter den westlichen ERK-Mitgliedern umstritten. Die Geschichte der ERK war bis dahin ein wiederholter Kampf gegen politische Vereinnahmungen gewesen. Eine explizite Nennung einer Regierungsinstanz hätte den bisherigen Bemühungen der ERK grundlegend widersprochen. Bereits 1974 in Bologna hatte Albert E. Sloman betont, dass es notwendig sei, die Unabhängigkeit der anvisierten Vereinigung von Regierungsakteuren sicherzustellen. Zwar seien die meisten Universitäten an Regierungen gebunden, was sich nicht zuletzt durch ihre Abhängigkeit von staatlichen Finanzmitteln erkläre. Um einen freien Meinungsaustausch unter den Universitäten auf europäischer Ebene gewährleisten zu können, sei es jedoch unabdingbar, dass die angestrebte europäische Hochschulvereinigung in finanzieller und administrativer Hinsicht von jedweder Regierung und Regierungsorganisation losgelöst agiere. Nur auf diese Weise könne die Vereinigung ein freies Meinungsforum aller europäischer Universitäten werden.[77] Noch konkreter warnte der Rektor der Eidgenössischen Technischen Hochschule Zürich, Heinrich Zollinger, vor einer Anbindung an die UNESCO. Diese sei, so Zollinger, entschieden abzulehnen, da sonst eine „Politisierung"[78] der Rektorenzusammenarbeit drohe.

---

[76] Draft amendment to the CRE constitution, in: CRE (Hrsg.): VIth General Assembly, Vienna 1975, S. 60.

[77] Vgl. Albert E. Sloman: Official Opening Ceremony, 1 September 1974, in: CRE (Hrsg.): The European Universities 1975–1985. 5th General Assembly Standing Conference of Rectors and Vice-chancellors of European Universities convened in Bologna from 1 to 7 September 1974, Oxford 1975, S. 4 f.

[78] Statement by H. Zollinger, Rector of ETH Zurich, at the CRE General Assembly, Vienna, June 7, 1975, in: UNIGE – CRE – Archives Courvoisier – Box 4.

Die Universitätsleiter konnten sich also nicht darauf einigen, welches Verhältnis ihre Hochschulvereinigung zur internationalen Politik einnehmen solle.

Diese Auseinandersetzung über die Rolle der Politik war eng mit einem besonders kontroversen Thema verknüpft – nämlich der Frage nach den gemeinsamen Hochschulidealen, die eine gesamteuropäische Hochschulvereinigung vertreten sollte. Während ein Großteil der westlichen Universitätsleiter dafür eintrat, in der Präambel der Organisationsverfassung explizit auf die Autonomie der Universitäten und auf die wissenschaftlichen Freiheiten zu verweisen, lehnten Hochschulleiter aus sozialistischen Staaten eine solche Nennung entschieden ab. Der Moskauer Prorektor Sergeev hatte für die Arbeitsgruppe, die zwischen den Versammlungen von Bologna und Wien tagte, einen Verfassungsentwurf ausgearbeitet. Darin verzichtete er auf eine explizite Erwähnung dieser Ideale. Im Gegensatz zur alten, im Jahr 1964 verabschiedeten Organisationsverfassung waren damit keine Verweise mehr auf die akademischen Freiheiten enthalten. In den folgenden Verhandlungen änderte sich daran nichts mehr. Die auf der außerordentlichen Generalversammlung in Wien zur Debatte stehende Organisationsverfassung wurde ohne Nennung der akademischen Freiheiten vorgelegt. ERK-Präsident Raiser war darum bemüht, diese Entscheidung vor den rund 300 Amtskollegen in Wien zu rechtfertigen:

„Referring to such big words as freedom was felt to be dangerous as these concepts have not the same meaning in Western or Eastern Europe. So we decided to propose […] to drop all the big words of the Preamble and to acknowledge that we live in different social and political systems, with different ideologies."[79]

Um den unterschiedlichen Gegebenheiten in Ost und West gerecht zu werden, sollten also die Universitätsleiter bereit sein, auf die bis dahin so vehement verteidigten universitären Selbstbilder der ERK zu verzichten. Zu einem solchen Schritt waren allerdings nicht alle Vertreter westlicher Universitäten bereit. Der Rektor der Universität Salzburg, Franz Matscher, brachte im Namen der österreichischen Rektoren zum Ausdruck, dass er die Nennung der akademischen Freiheiten für nicht verhandelbar halte. Sie seien überhaupt erst die *raison d'être* der ERK.[80] Auch der damalige Mailänder Rektor Luigi Dadda brachte diese Haltung zum Ausdruck und betonte, dass er diese Freiheiten für ein essentielles Konzept aller Universitäten ansehe. Ähnlich äußerte sich der Prorektor der Universität Dortmund, Ludwig Danzer, der betonte, dass die Universitäten in erster Linie die Verteidigung der Wahrheit als Aufgabe hätten. Freiheiten in Forschung und Lehre müssten daher auch als wichtiger eingestuft werden als der Kampf für den Frieden.[81] Ähnliches merkten auch britische Universitätsleiter an, welche forderten, die akademische

---

[79] Ludwig Raiser während des Business Meetings, in: CRE: VIth General Assembly, Wien 1975, S. 39 f.

[80] Der Salzburger Rektor Matscher während der Wiener Arbeitssitzung vgl. CRE (Hrsg.): VIth General Assembly, Wien 1975, S. 39 f.

[81] Ludwig Danzer während der Wiener Arbeitssitzung mit Unterstützung des Mailänder Rektors Dadda während des Business Meetings, in: CRE (Hrsg.): VIth General Assembly, Wien 1975, S. 39.

Freiheit explizit in der Präambel der neuen Verfassung aufzuführen.[82] Der Rektor der Freien Universität Brüssel, Alois Gerlo, stellte auf der Generalversammlung in Wien den Antrag, dass die Freiheit des Studiums, der Forschung und der Meinungsäußerung in die Präambel aufgenommen werden müssten. Mit deutlicher Zustimmung von 123 zu 40 Stimmen wurden sein Antrag angenommen und die genannten Freiheiten in die umstrittene Organisationsverfassung eingefügt. An der Ablehnung der Organisationsverfassung änderte dies jedoch nichts mehr: Durch die frühzeitige Abreise von Universitätsleitern in der Versammlungspause wurde das für eine Verabschiedung notwendige Quorum von 156 Stimmen erst gar nicht erreicht. Die Bestrebung, die ERK zu einer gesamteuropäischen Vereinigung auszubauen, war damit auf unabsehbare Zeit gescheitert.

4. Zwischenfazit und Ausblick

Von Anbeginn ihrer europäischen Zusammenarbeit an hatten Universitätsleiter ein gesamteuropäisches Ideal formuliert und gegenüber europäischen politischen Entscheidungsträgern argumentativ vertreten. Je näher jedoch eine tatsächliche Zusammenarbeit rückte, desto schwieriger wurde es, dieses Selbstverständnis aufrechtzuerhalten. Bereits in den 1960er Jahren wurde Kritik daran laut. Fehlendes gegenseitiges Vertrauen zwischen Universitätsleitern aus Ost und West deutete an, dass eine von den allgemeinen politischen und wirtschaftlichen Konflikten losgelöste multilaterale Hochschulzusammenarbeit kaum zu realisieren war. Die ersten Schwierigkeiten wuchsen in den frühen 1970er Jahren zu grundsätzlichen Problemen an, nachdem die UNESCO eine gesamteuropäische Hochschulvereinigung gefordert und deren praktische Umsetzung den Universitätsleitern überlassen hatte. Nach langwierigen und kontroversen Verhandlungen kam es 1975 zum Scheitern der Bemühungen. Ein ganzes Bündel institutioneller, politischer und ideeller Differenzen hatte zu unüberwindbaren Spannungen zwischen den Universitätsleitern aus sozialistischen und demokratischen Staaten geführt. Das Jahr 1975, also das Jahr der Schlussakte der Konferenz über Sicherheit und Zusammenarbeit in Europa, markierte damit nicht den Beginn, sondern das vorläufige Ende des multilateralen Annäherungsprozesses zwischen den Universitäten des Ostens und des Westens.

Zwar bemühten sich Führungsfiguren der ERK weiterhin um Verständigung. So nahmen ERK-Präsidenten etwa an Zusammenkünften in Osteuropa wie etwa 1978 in Warschau und 1980 in Sofia teil.[83] Zudem waren nach 1975 immer wieder Vertreter osteuropäischer Universitäten in unregelmäßigen Abständen an multila-

---

[82] Vgl. Rektor Gerlo im Business Meeting, in: CRE (Hrsg.): VIth General Assembly, Wien 1975, S. 45.

[83] Vgl. Memorandum to the Ministers of Education of the UNESCO European region concerning recent developments in East/West inter-university cooperation (Minedeurope IV, Paris, 21/27 September 1988, in: HAEU – CRE-262 UNESCO/CRE Roundtable on Copernicus, 1989.

teralen ERK-Versammlungen zugegen. Auf der 1979 abgehaltenen Generalversammlung in Helsinki gehörten etwa sechs polnische Rektoren und ein Rektor aus
Rumänien zu den Teilnehmenden.[84] Die binäre Ordnungsvorstellung des Kalten
Kriegs konnte jedoch nicht nachhaltig überwunden werden. Ludwig Raiser stellte
1979 auf der Generalversammlung der ERK in Helsinki fest: „… the concentration
of the […] efforts on co-operation with Eastern Europe is a true reflection of the
tensions existing throughout the continent."[85] Anstelle einer großangelegten multilateralen Zusammenarbeit kam es in diesen Jahren höchstens zu Ost-West-
Kooperationen einzelner Universitäten. Dieses bilaterale Zusammenarbeiten veranschaulichte die ERK im Jahr 1976 in einem Bericht, für den sie ihre Mitglieder
befragt hatte. Die Ergebnisse stellte sie in folgendem Schaubild dar.

Die grafisch dargestellten Bindungen beruhten überwiegend auf offiziell ausge-
handelten Kooperationsabkommen zwischen Universitäten, Instituten oder Lehrstühlen. Aus dem Bericht der ERK wird allerdings ersichtlich, dass diese Abkommen mit erheblichen Schwierigkeiten einhergingen. So konnten diese Abkommen
nur mit großem Aufwand realisiert werden, da in den meisten östlichen Ländern
staatliche Stellen ihre Zustimmung häufig verweigerten. Zudem bestanden diese
Bindungen oft nur auf dem Papier. Obwohl also Kooperationen vereinbart waren,
konnten diese in der Praxis häufig nicht umgesetzt werden.[86] In den meisten Fällen gingen die Bindungen außerdem mit hohen administrativen Hürden einher,
was die Kooperationspraxis erheblich erschwerte. An diesem Umstand änderte
sich auch in den frühen 1980er Jahren wenig. Der fünfte ERK-Präsident, Gerrit
Vossers, empfahl im Oktober 1982 den Präsidiumsmitgliedern der ERK im Hinblick auf bilaterale Bindungen mit Universitäten Mittel- und Osteuropas: „Do not
break any official agreement, even when it is not very operative at the moment.
[…] Try to revive those agreements which were up till now only dead letters."[87]

Der Europäischen Rektorenkonferenz blieb für über eine Dekade eine erfolgreiche Annäherung an den Osten auf multilateraler Ebene versagt. Als ERK-Generalsekretär Alain Nicollier sein Amt im Jahr 1976 niederlegte, stellte er in einem
Rundschreiben an die Mitglieder der Europäischen Rektorenkonferenz konster-
niert fest:

„I am leaving the CRE with one major regret, that of not having been able to achieve the bringing
together of all European Universities into one single association. It is my hope that the good will
of all the parties involved will surmount all the present obstacles, eventually."[88]

---

[84] Vgl. Address by the President, Ludwig Raiser, former Rector of the University of Tübingen
during the Opening Ceremony of the VIIth General Assembly of the CRE in Helsinki, 13 August 1979, in: HAEU – CRE-20 Helsinki, 1979: Administrative tasks.

[85] Report on activities of Ludwig Raiser, Administrative Meeting, Mittwoch, 15. August 1979, in:
Barblan (Hrsg.): Acts of the 7th General Assembly Held in Helsinki August 12–17, 1979
(Band 1), S. 154.

[86] Vgl. Le point de la collaboration, in: CRE Information, 36.4 (1976), S. 50–88, hier S. 73 f.

[87] Gerrit Vossers: Report on visit to Polish CRE-Members. 30 September – 5 October 1982. Con-
fidential – For Bureau Members only, in: HAEU – CRE-420 Correspondence V – W.

[88] Schreiben des Generalsekretärs Alain Nicollier an die ERK-Mitglieder betreffend seinen Rück-
tritt als Generalsekretär, Genf, 31. März 1976, in: HAEC – BDT 64/84 (1657) – Conférence
permanente des recteurs et vice-présidents des universités européennes (CRE) 1971–1979.

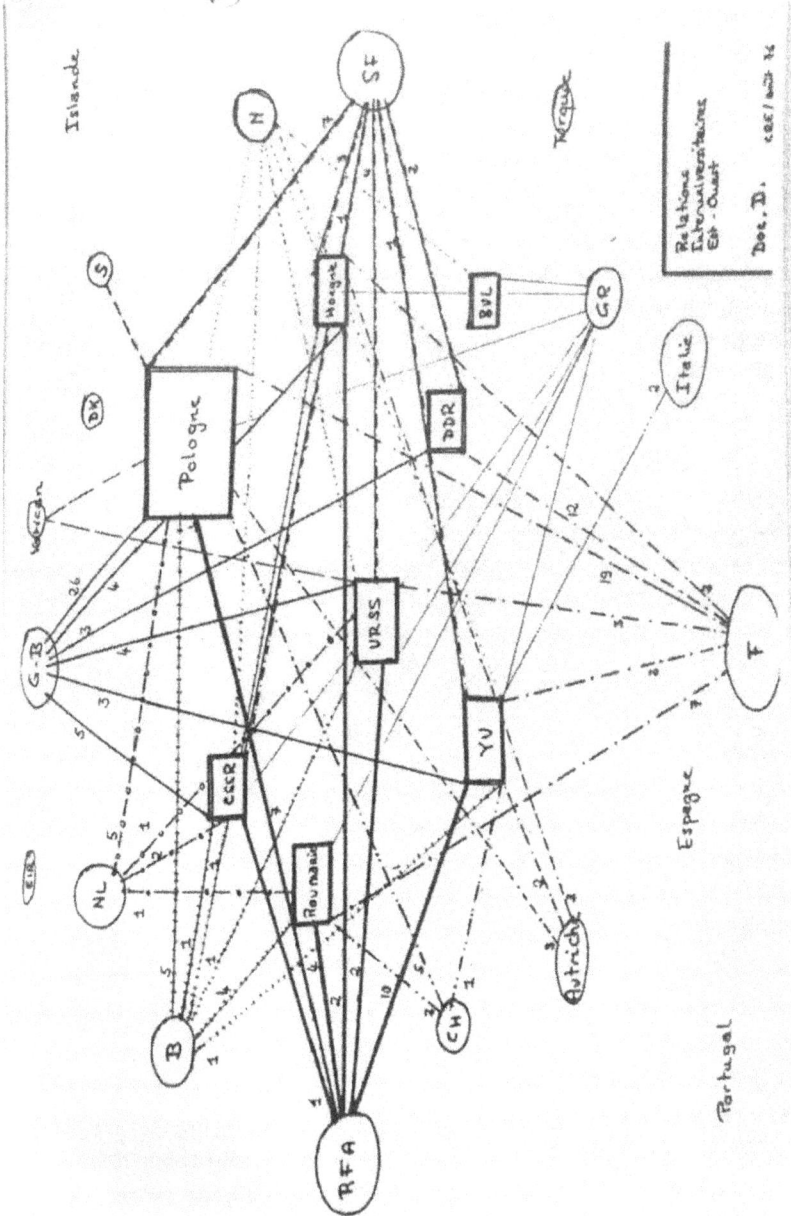

Abb. 8: Die ERK sammelte Informationen über die Kooperationen ihrer Mitgliedsuniversitäten zu Partnereinrichtungen in Osteuropa und veranschaulichte die Ergebnisse im Jahr 1976 in einer Zeichnung, die sie in ihrer hauseigenen Zeitschrift „CRE Information" abdruckte

Eine dauerhafte multilaterale Zusammenarbeit der Universitätsleiter im Rahmen der ERK gelang bis in die zweite Hälfte der 1980er Jahre nicht.[89] Es lässt sich daher – ganz in der Bildsprache der „Fenster im Kalten Krieg" – festhalten, dass sich zwar in den späten 1960er Jahren ein Fenster im Eisernen Vorhang auftat, das den Hochschulleitern Kontakte mit der anderen Seite erlaubte; je weiter sich dieses Fenster jedoch öffnete, desto schwieriger wurde es, den sich öffnenden Fensterspalt für einen konstruktiven Austausch zu nutzen. Es wurde daher weder vollständig geöffnet noch geschlossen, sondern blieb ab der Mitte der 1970er Jahre in einem gekippten Zustand. Denn die Möglichkeit einer künftigen Öffnung blieb weiterhin möglich und der kleine Spalt, der offenblieb, wurde auch weiterhin von ERK-Mitgliedern genutzt. Dabei ermöglichte dieses Fenster zwar punktuell, Kontakte mit der anderen Seite des Eisernen Vorhangs zu knüpfen, das Bemühen um einen dauerhaften Austausch blieb allerdings erfolglos.

Erst gegen Ende der 1980er Jahre – im Zuge des Verfallsprozesses des sogenannten Ostblocks – näherten sich beide Seiten auf europäischer Ebene an. Hierbei markierte 1988 das entscheidende Jahr. Zwei Ereignisse gilt es schlaglichtartig anzuführen: Die Europäische Rektorenkonferenz initiierte in diesem Jahr das sogenannte Copernicus-Projekt.[90] Vom 15. bis 17. September 1988 hatte die ERK eine Konferenz in Zusammenarbeit mit polnischen Rektoren über das Thema „The University as a melting-pot of European culture" organisiert und ihre nach wie vor überwiegend westlichen Mitglieder mit östlichen Amtskollegen zusammengebracht.[91] Die Konferenzteilnehmer legten den Grundstein für eine dauerhafte Ost-West-Zusammenarbeit auf dem Feld des nachhaltigen Wachstums. Mit Unterstützung der UNESCO verfolgten die Projektinitiatoren das Ziel, zu einer Verbesserung der Forschung und Lehre über Umwelt und Gesundheit beizutragen sowie eine Vermittlung der Forschungsergebnisse in Politik und Wirtschaft zu befördern.[92] Hierfür organisierten sie bis weit in die 1990er Jahre hinein sogenannte Copernicus-Round-Tables und boten Forschungsaufenthalte, Weiterbildungskurse und Seminare an. Über ein alle Seiten betreffendes Themenfeld gelang es also der ERK, kurz vor dem Ende des Ost-West-Konfliktes eine blöckeübergreifende Zusammenarbeit in die Wege zu leiten.

---

[89] Vgl. Stellungnahme von Prof. Dr. Jan M. Lochman (Universität Basel). Rektoren in Athen, 1984, in: HAEU – CRE-26 Athens, 1984: Discussions Groups.

[90] Die Abkürzung Copernicus stand für Cooperation Programme in Europe for Research on Nature and Industry through Co-ordinated University Studies. Vgl. Projet Copernicus. La phase pilote, 1990, in: HAEU – CRE-263 Coordinating Committee meetings.

[91] Gregorz Bialkowski, Rector of the University of Warsaw, and Carmine Romanzi, President of CRE: Memorandum to the Ministers of Education of the UNESCO European region concerning recent developments in East/West inter-university cooperation (Minedeurope IV, Paris, 21/27 September 1988), Geneva, 12 August 1988: in: HAEU – CRE-262 UNESCO/CRE Roundtable on Copernicus, 1989.

[92] Vgl. Project Copernicus. Co-operation Programme in Europe for Research on Nature and Industry through Co-ordinated University Studies, in: HAEU – CRE-262 UNESCO/CRE Roundtable on Copernicus, 1989; a new project for Europe. Copernicus, in: HAEU – CRE-262 UNESCO/CRE Roundtable on Copernicus, 1989.

Zugleich fand 1988 eine symbolische Annäherung statt: Am 18. September kamen rund 400 Universitätsleiter aus Ost und West in die norditalienische Stadt Bologna, um im Beisein von europäischen Politikern und Diplomaten eine gemeinsame Erklärung – die Magna Charta Universitatum – zu unterzeichnen. Als erster setzte Carmine Alfredo Romanzi, Präsident der Europäischen Rektorenkonferenz, seine Unterschrift unter das Dokument, das unter Federführung seiner Organisation entstanden war.[93] Zwei Jahre lang hatten rund 80 Universitätsleiter von beiden Seiten des Eisernen Vorhangs an den Formulierungen der Charta gearbeitet. Ihr Name war eine Anspielung auf die 1215 besiegelte Magna Carta Libertatum, die dem englischen Adel grundlegende politische Freiheiten gegenüber dem englischen König zusicherte. Fast 800 Jahre später unterstrichen nun Rektoren, Vizekanzler und Präsidenten aus demokratischen und sozialistischen Staaten, dass sie an den fundamentalen Prinzipien der wissenschaftlichen Freiheit und der Autonomie der Universitäten festhalten wollten. Sie vergewisserten sich dabei ihrem Anspruch, ihre Forschungs- und Lehreinrichtungen vor politischen und ideologischen Kräften verteidigen zu wollen. Gleichzeitig forderten sie in ihrer Erklärung den Willen zur gegenseitigen Kooperation über die „geographischen und politischen Grenzen" hinweg.[94]

Das Dokument wies dabei bereits Wege in eine Zeit nach dem Ende des Kalten Kriegs. So legte die Erklärung einen Grundstein für den Bologna-Prozess. Denn in ihrer 1999 unterzeichneten Bologna-Erklärung beriefen sich die europäischen Bildungsminister explizit auf die Magna Charta Universitatum. Die Bildungsminister betonten, dass die in der Charta „niedergelegten Grundsätze" als „Grundlage" für ihre Bologna-Erklärung gedient hätten und „übernommen worden" seien.[95] Dies zeigt auf, dass die universitären Selbstbilder auch in der jüngeren Vergangenheit ihre Anziehungskraft nicht verloren haben und noch in der Gegenwart zur Begründung beziehungsweise Rechtfertigung europapolitischer Entscheidungen herangezogen werden.

---

[93] Une charte universitaire pour l'Europe – pourquoi, comment? Intervention faite au nom de la CRE à la table ronde du colloque ERASME, organisé à Bologne le 6 juin 1987, in: HAEU – CRE-144 Bologna Conference, 1988.

[94] Magna Charta Universitatum, Bologna, 18. 9. 1988, in: HAEU – CRE-144 Bologna Conference, 1988.

[95] Die Bologna-Erklärung der europäischen Bildungsminister (19. Juni 1999), 1. 1. 2006, in: Themenportal Europäische Geschichte [Online-Ressource].

IX. Schlussbetrachtungen

Diese Studie hat die Genese erster europäischer Hochschulpolitiken nachgezeichnet und hierfür Regierungs- und Hochschulakteure in den Blick genommen, die ab den späten 1940er Jahren über mannigfaltige Ideen, Pläne und Entwürfe für europäische hochschulpolitische Aktivitäten diskutierten. Die vorliegende Studie hat dabei ersichtlich gemacht, dass es in den ersten drei Nachkriegsdekaden zahlreiche hochschulpolitische Initiativen gab, mit denen angestrebt wurde, tertiäre Bildung auf europäischer Ebene zu verankern und die meist nationalstaatlich orientierten Strukturen im Hochschulwesen zugunsten überstaatlicher Institutionen zu transformieren.

Die gewonnenen Erkenntnisse dieser Studie werden nun in drei Themenabschnitten zusammenfassend diskutiert: In einem ersten Abschnitt wird die Gründungsgeschichte der Europäischen Rektorenkonferenz als Folge europapolitischer Kontroversen aufgezeigt, bei denen Rektoren und Vizekanzler immer wieder erfolgreich darum kämpften, die meist nationalstaatliche Hoheit in der Hochschulpolitik zu bewahren und eine von der Politik geforderte Europäisierung oder Westernisierung tertiärer Bildungseinrichtungen zu verhindern. In einem zweiten Abschnitt wird der Wandlungsprozess der Europäischen Rektorenkonferenz von einer Verteidigerin des nationalstaatlich geprägten Status quo zu einer Mitgestalterin europäischer Hochschulpolitiken aufgezeigt. Dieser Wandlungsprozess vollzog sich von der Mitte der 1960er Jahre bis in die Mitte der 1970er Jahre. In einem dritten Abschnitt werden zentrale Erkenntnisse dieser Studie über das „Europa der Universitäten" in aktuelle Forschungsdebatten zur europäischen Integration, zur Geschichte des Kalten Kriegs und zur Geschichte der Universitäten eingebettet und diskutiert.

1. Die Gründungsgeschichte der ERK

Als sich die Europäische Rektorenkonferenz gründete, waren internationale Kooperationen von universitären Akteuren keine Neuheit mehr: Bereits in den Dekaden vor dem Ersten Weltkrieg und in der Zwischenkriegszeit hatten Studierende, Lehrende und Forschende in internationalen Vereinigungen und Instituten zusammengearbeitet. Aus losen Kontakten akademischer Akteure sind ab dem späten 19. Jahrhundert häufig institutionalisierte Foren des grenzüberschreitenden Austauschs hervorgegangen. In der Vor- und Zwischenkriegszeit hatten auch schon erste internationale Zusammenkünfte von Universitätsleitern stattgefunden. Die Anfänge der noch heute existierenden Association of Commonwealth Universities und einzelne global angelegte Großveranstaltungen zeugen davon, dass in der ersten Hälfte des 20. Jahrhunderts neben wissenschaftlichen auch vereinzelt hochschulorganisatorische Themen auf internationalem Parkett diskutiert wurden. Es hatte damit bereits Vorläufer zu den europäischen Zusammenkünften der Universitätsleiter ab den 1950er Jahren gegeben. Die Gründungsgeschichte der ERK fügt sich damit in eine deutlich ältere Geschichte wissenschaftlich-akademischer Globalisierungsprozesse ein.

Die ersten Zusammenkünfte von Europas Hochschulleitern kamen vor dem Hintergrund der jüngst überwundenen nationalsozialistischen Herrschaft und des Endes des Zweiten Weltkriegs zustande. So brachten die Konferenzen ehemalige Kriegsgegner zusammen, obwohl die NS-Besatzung auch an den Hochschulen Europas zu erheblichen materiellen Schäden und zu gravierendem menschlichem Leid geführt hatte. Auf den Rektorenkonferenzen der 1950er, 1960er und 1970er Jahre spielte die Zeit des Nationalsozialismus allerdings eine lediglich untergeordnete Rolle und machte sich höchstens in einer Rhetorik der Versöhnung bemerkbar. Fragen zur Schuld und zur Mittäterschaft von Hochschulangehörigen blieben auf den Zusammenkünften dieser Jahrzehnte weitgehend ausgeklammert.

Außerdem fanden die ersten europäischen Versammlungen von Rektoren und Vizekanzlern vor dem Hintergrund des sich verfestigenden Ost-West-Konfliktes statt. Der Eiserne Vorhang zwischen den Demokratien Westeuropas und den Diktaturen Mittel- und Osteuropas hatte auch zu einer Spaltung unter den Universitäten geführt. An den ersten Konferenzen der Universitätsleiter nahm kein einziger Vertreter aus Warschauer-Pakt-Staaten teil. Trotz zahlreicher Bemühungen und punktueller Ausnahmen änderte sich daran bis in die späten 1960er Jahre kaum etwas. Auch wenn einige Rektoren und Vizekanzler eigentlich bestrebt waren, mit Kollegen der anderen Seite des Eisernen Vorhangs zusammenzuarbeiten, wirkten sich allgemein politische und wirtschaftliche Konfliktlinien auf die Realisierungschancen dieses Unterfangens aus.

Die ersten Konferenzen nach 1945, auf denen Universitätsleiter zahlreicher europäischer Staaten zusammenkamen, gingen nicht aus einer Eigeninitiative von Hochschulangehörigen hervor, sondern fanden auf Betreiben von Regierungsakteuren westeuropäischer Staaten statt. Bereits auf dem Haager Europa-Kongress hatten Anwesende über staatenübergreifende Zusammenkünfte von Hochschulakteuren für einen gemeinsamen Schutz der universitären Autonomie und der wissenschaftlichen Freiheitsrechte nachgedacht. Es sollten jedoch die Brüsseler-Pakt-Organisation und die aus ihr hervorgegangene Westeuropäische Union sein, die die ersten Versammlungen der Rektoren und Vizekanzler auf europäischer Ebene realisierten.

Diese Organisationen ergriffen die Initiative vor allem aus spezifischen Eigeninteressen. Die administrative Spitze sowie Abgeordnete der Parlamentarischen Versammlungen der Brüsseler-Pakt-Organisation und der Westeuropäischen Union gedachten, das Bildungswesen in erster Linie dazu zu nutzen, um der eigenen, in einer Dauerkrise befindlichen Organisation neue Legitimation zu verleihen. Hierfür hielten sie es für opportun, Akteure des Bildungswesens an ihre Organisationen heranzuführen und sie über gesponserte Aktivitäten für sich zu gewinnen. Sie bereiteten unter anderem eine erste europäische Großversammlung der Rektoren und Vizekanzler in Cambridge vor und etablierten im Anschluss daran den WEU-

Universitätsausschuss, in welchem Ministerialbeamte mit Universitätsleitern zusammenarbeiteten. Die beteiligten Universitätsleiter standen der Westeuropäischen Union allerdings von Anfang an skeptisch gegenüber, da sie an der Vereinbarkeit ihres universitären Selbstverständnisses mit den geopolitischen Interessen der WEU zweifelten.

Bereits kurze Zeit nach Gründung des WEU-Universitätsausschusses kam es zu einem grundsätzlichen Interessenkonflikt unter den beteiligten Akteuren. Das Generalsekretariat und die Parlamentarische Versammlung der WEU drängten die Mitglieder des Universitätsausschusses nach dem Start des russischen Erdsatelliten Sputnik dazu, die im Systemkonflikt zwischen West und Ost als entscheidend geltenden Natur- und Technikwissenschaften prioritär zu behandeln und eine enge Absprache mit der NATO und deren Wissenschaftsorganen zu suchen. Der Universitätsausschuss sollte also der binären Systemlogik des Kalten Krieges folgen und sich dem westlichen Staatenbündnis in klarer Abgrenzung zu den sozialistischen Staaten Mittel- und Osteuropas zur Verfügung stellen. Die in dem Ausschuss mitwirkenden Hochschulleiter waren allerdings nicht bereit, diese Bestrebung zu unterstützen. Stattdessen forderten sie, dass der Universitätsausschuss autonom agieren und die politische Unabhängigkeit seiner Mitglieder wahren müsse. Außerdem warben sie für die Einbindung von Universitätsleitern aller europäischer Staaten in die Arbeit des Ausschusses. Dies führte zu gescheiterten Versuchen, auch Rektoren aus sozialistischen Staaten Mittel- und Osteuropas zu den Sitzungen des WEU-Universitätsausschusses einzuladen. Die beteiligten Rektoren und Vizekanzler lehnten damit die von der WEU geforderte Westorientierung ab und strebten stattdessen die Überwindung der binären Ordnungslogik für eine systemübergreifende europäische Hochschulzusammenarbeit an.

In der zweiten Hälfte der 1950er Jahre gab es eine weitere Auseinandersetzung zwischen Hochschul- und Regierungsakteuren auf europäischer Ebene. Die Europäische Atomgemeinschaft war bestrebt, eine Gemeinschaftsuniversität aufzubauen. Diese Universität sollte als Vorbild für weitere supranationale Hochschulen dienen. Das von Walter Hallstein initiierte und von den Regierungen der EURATOM-Staaten unterstützte Hochschulvorhaben sollte mehrere Ziele verfolgen: Erstens setzten die Unterstützer des Vorhabens darauf, mit der Gemeinschaftsuniversität ein europäisches Bewusstsein unter der Jugend zu fördern und damit ein Symbol der Einheit auszusenden. Zweitens zielten sie darauf ab, Fachkräfte für die europäischen Gemeinschaftsorgane auszubilden und damit der Europäisierung erster Politikfelder durch das Heranziehen adäquaten Personals Rechnung zu tragen. Drittens strebten sie mit dem Aufbau der Universität an, den Verheißungen des Atomzeitalters nachzugehen. Ausgewertete Dokumente der EURATOM-Kommission und nationaler Regierungen zeigen, dass Forschung und Lehre der Kernenergie sowie angrenzender naturwissenschaftlicher Felder an der Hochschule im Mittelpunkt stehen und für alle Studierenden *die* verpflichtenden Fachmodule werden sollten. Die Führungsriege der Europäischen Atomgemeinschaft versprach sich davon eine Verbreitung des theoretischen Wissens über die Kernenergie sowie eine Steigerung marktkonformer Produkte, die zur Prosperität in den EURATOM-Staaten beitragen und die Schaffung des gemeinsamen europäischen Marktes unterstützen sollten. Viertens passte die Gründung der Gemeinschaftsuniversität zu dem allgemeinen Bestreben, den Systemkonflikt zwischen Ost und West auf die Felder der Wissenschaft und Bildung auszudehnen und gemeinsame westeuropäische Antworten auf die – nicht zuletzt durch die Sputnik-Satelliten offensichtlich gewordenen – sowjetischen Erfolge in Naturwissenschaft, Technik und Bildung zu finden.

Die Rektoren und Vizekanzler nahmen die von der Europäischen Atomgemeinschaft angestrebte Gründung einer supranationalen Universität als eine fundamentale Bedrohung für ihre eigenen Universitäten wahr. Sie fürchteten, dass ihre eigenen Einrichtungen durch supranational gegründete Hochschulen marginalisiert und im Vergleich zu einer von mehreren Staaten finanzierten „europäischen Universität" zweitrangig werden würden. Auf Initiative der Westdeutschen Rektorenkonferenz – namentlich des Kölner Rektors und WRK-Präsidenten Hermann Jahrreiß – protestierten sie gegen das EURATOM-Vorhaben. In enger Absprache mit französischen Rektoren rund um den in Dijon tätigen Marcel Bouchard sowie gemeinsam mit anderen europäischen Rektoren des WEU-Universitätsausschusses arbeiteten sie an der Verhinderung der von EURATOM angestrebten Hochschulgründung. Die ausgewerteten Stellungnahmen europäischer politischer Akteure legen offen, dass es insbesondere auch der auf informeller Ebene ausgeübte Druck der Hochschulleiter war, der die Europäische Atomgemeinschaft dazu veranlasste, ihre supranationalen Hochschulpläne fallenzulassen.

Die Auseinandersetzungen mit der Westeuropäischen Union und mit der Europäischen Atomgemeinschaft führten dazu, dass eine zunehmende Anzahl an Hochschulleitern darüber nachdachte, eine eigene, von allen internationalen Regierungsorganisationen unabhängige Vereinigung zu gründen. Die Idee kursierte seit 1955 in den Reihen der Rektoren und Vizekanzler; sie konkretisierte sich während der Konflikte mit der WEU und EURATOM und wurde zwischen 1959 und 1964 durch die Gründung der Europäischen Rektorenkonferenz umgesetzt. Die Gründung der ERK blieb allerdings unter den Hochschulleitern umstritten. Während die Gründung der ERK von Rektoren aus Westdeutschland und Frankreich als notwendig erachtet und entschieden vorangetrieben wurde, lehnten sie andere Universitätsleiter – zuvorderst aus Großbritannien und den skandinavischen Ländern – ab. Letztere fürchteten, dass die Gründung einer europäischen Hochschulvereinigung irgendwann in gegenteilige Ziele verkehrt werden und dann nicht mehr der Bewahrung nationaler Hochschultraditionen dienen, sondern einer europaweiten Vereinheitlichung der Hochschulstrukturen Vorschub leisten könne. Anstatt der Gründung einer eigenen regierungsfernen Hochschulvereinigung präferierten die britischen und skandinavischen Universitätsleiter eine Zusammenarbeit von Universitätsrepräsentanten mit Ministerialbeamten unter dem Dach des Europarats. Dessen Generalsekretariat warb seit den späten 1950er Jahren offensiv um die Hochschulleiter des WEU-Universitätsausschusses und versuchte sie für einen solchen Ausschuss in Straßburg zu gewinnen. Der Europarat bot damit eine scheinbar tragfähige Alternative zur Gründung der Europäischen Rektorenkonferenz.

Es gab damit erhebliche Meinungsunterschiede unter den Hochschulleitern, ob und in welchem Rahmen sie auf europäischer Ebene zusammenarbeiten sollten. Diese Meinungsunterschiede konnten erst in den frühen 1960er Jahren durch eine Kompromisslösung ausgeräumt werden. So einigten sich die involvierten Rektoren und Vizekanzler letztlich darauf, gemeinsam die ERK aufzubauen und zugleich mit Ministerialbeamten unter dem Dach des Europarats zu kooperieren. Dieser Kompromiss kam im Zuge von zwei weiteren Auseinandersetzungen mit Regierungsakteuren zustande.

Die NATO strebte unter Federführung des Eisenhower-Beraters und MIT-Präsidenten James R. Killian an, in Europa eine transatlantische Universität nach Vorbild des Massachusetts Institute of Technology zu errichten. Es sollte ein MIT auf europäischem Boden entstehen, welches seine Studierenden in einigen wenigen natur- und technikwissenschaftlichen Feldern wie der Ozeanographie sowie in kultur- und sprachwissenschaftlichen Feldern – allen voran in geostrategisch wichtigen Area Studies – ausbildet. Die Unterstützer des Vorhabens zielten darauf, die Universität an private Unternehmen anzubinden, um unmittelbaren wirtschaftlichen Nutzen durch die dortige Forschung und Lehre zu erzielen. Nationale Universitätsverbände sowie die im Aufbau befindliche Europäische Rektorenkonferenz brachten ihre ablehnende Haltung gegenüber dem NATO-Vorhaben zum Ausdruck. Die von den NATO-Staaten in Paris geplante Hochschule sei fernab der in Europa bewährten Traditionen und werde nicht den universitären Prinzipien der Autonomie, der wissenschaftlichen Freiheit und der fachlichen Vielfalt gerecht. Auch wenn die NATO ihr Vorhaben einer Hochschulgründung nach rund zwei Jahren fallenließ, hatte allein ihr Versuch auch jenen Universitätsleitern, die der Gründung der ERK ablehnend gegenübergestanden hatten, vor Augen geführt, dass eine gemeinsame europäische Repräsentation auch für die Wahrung ihrer eigenen Interessen wiederholt notwendig werden dürfte.

Zudem mussten anfängliche Gegner der Gründung der Europäischen Rektorenkonferenz erkennen, dass der von ihnen favorisierte Lösungsweg, ausschließlich unter dem Dach des Europarats kooperieren zu wollen, mit erheblichen Unsicherheiten einherging. Denn rund anderthalb Jahre nach Gründung des Europarat-Ausschusses für akademische Lehre und Forschung, in welchem Universitätsleiter mit Ministerialbeamten zusammenarbeiteten, strukturierte der Europarat seine gesamte Kultur- und Bildungsarbeit neu. Zahlreiche Ausschüsse einschließlich desjenigen für akademische Lehre und Forschung wurden fortan einem neugegründeten Rat für kulturelle Zusammenarbeit unterstellt, der die Aufgabe bekommen sollte, ein für alle relevanten Ausschüsse gültiges Gesamtprogramm auszuarbeiten. Die Universitätsleiter befürchteten, dass der Ausschuss für akademische Lehre und Forschung zu einem unbedeutenden Unterausschuss degradiert und die ihm zugesagte unmittelbare Einflussmöglichkeit auf den Ministerrat verlieren würde. Europas Hochschulverbände intervenierten daher gegen die Neustrukturierung der Kultur- und Bildungsarbeit im Europarat. Die meisten Rechte, die den Universitätsleitern bei Gründung des Ausschusses zugebilligt worden waren, konnten durch die Interventionen teilweise verteidigt werden.

246   IX. Schlussbetrachtungen

Die Kontroversen um den Aufbau einer NATO-Universität und um die Reformierung des Europarats führten auch jenen Hochschulleitern, die die Gründung der ERK kritisiert hatten, vor Augen, dass eine gemeinsame europäische Hochschulvereinigung dienlich sein werde, um universitäre Interessen gegenüber der Politik zu vertreten. Entsprechend war der Zweck der Europäischen Rektorenkonferenz defensiver Natur. Sie wurde als eine Verteidigungszentrale der Universitäten gegründet, um nationalstaatlich organisierte Hochschulsysteme zu erhalten und ihre Mitglieder vor hochschulpolitischen Ambitionen europäischer und transatlantischer Regierungsorganisationen zu schützen. Der Gründung der ERK lag damit ein Paradoxon zugrunde: Europas Rektoren und Vizekanzler begannen ihre Zusammenarbeit überstaatlich zu institutionalisieren und damit europäische Austauschmechanismen zu etablieren, um nationalstaatlich verfasste Hochschulsysteme zu bewahren und eine Europäisierung im Hochschulwesen zu verhindern. Dafür trat die ERK als Verteidigerin universitärer Ideale wie der Autonomie und der wissenschaftlichen Freiheit und der Einheit der Fächer auf, die durch die verschiedenen hochschulpolitischen Vorhaben der Regierungsakteure auf europäischer Ebene bedroht zu sein schienen. Diese universitären Selbstbilder waren jedoch nicht nur Ideale; sie fungierten für die involvierten Rektoren und Vizekanzler vor allem auch als Werkzeuge, um in den Gesprächen mit Regierungsakteuren ihre handfesten Interessen durchzusetzen.

2. Der Wandlungsprozess der ERK

Bereits kurze Zeit nach ihrer Gründung geriet die Europäische Rektorenkonferenz in eine Krise. Zwar versuchte sie nach außen hin Geschlossenheit zu demonstrieren; der Blick auf ihre internen Auseinandersetzungen in der Mitte der 1960er Jahre lässt allerdings deutlich werden, dass sie sich in mehrfacher Weise in einem fragilen Zustand befand. Diese Fragilität drückte sich in ihrer angespannten Finanzlage aus. Denn es stand zu befürchten, dass der dauerhafte Betrieb der ERK nicht gewährleistet werden könne. Zumal die noch junge ERK einen erheblichen Legitimationsdruck gegenüber ihren Mitgliedern verspürte. Außer denjenigen Universitätsleitern, die aktiv in die Gremienarbeit eingebunden waren, wussten nur wenige von der alltäglichen Arbeit der ERK. Damit blieb vielen Mitgliedern verborgen, welche praktischen Vorteile eine Mitgliedschaft in der ERK, für die regelmäßig Beiträge entrichtet werden mussten, überhaupt hatte. Außerdem zeigte sich die Fragilität im Hinblick auf die Verfahrensweise der ERK. Alleine die anhaltenden Diskussionen über die Frage, in welchen Sprachen auf den Zusammenkünften offiziell gesprochen werden sollte, zeigt auf, dass nationale Egoismen vorherrschten und der beschworene Gemeinschaftsgeist durch Partikularinteressen überlagert wurde.

Die Fragilität der ERK wurde außerdem im Umgang mit den Studierendenprotesten offensichtlich. Rektoren und Vizekanzler fanden keine gemeinsame Haltung zu den Revolten und zeigten sich uneinig, welche Konsequenzen aus den studentischen Forderungen nach Teilhabe an der akademischen Selbstverwaltung gezogen werden sollten. Während manche Hochschulleiter zu weitreichenden Zugeständnissen bereit waren, lehnten es andere ab, Studierende an handfesten universitären Entscheidungsfindungen partizipieren zu lassen. Trotzdem blieb die ERK während der Studierendenproteste nicht untätig. Sie bemühte sich darum, zumindest als eine überstaatliche Kontaktstelle zu fungieren, die die Rektorate über das Protest-Geschehen an den anderen europäischen Hochschulen unterrichten konnte. Daran wird eine neue Rolle ersichtlich, die die ERK in den 1960er Jahren zu spielen versuchte. Neben der politischen Repräsentation der Universitäten auf europäischer Ebene versuchte sie sich als eine Organisation des interuniversitären Informationsaustauschs zu etablieren. Dieses Bestreben spiegelt sich auch in der Ausrichtung von Seminaren zum Hochschulmanagement und der regelmäßigen Veröffentlichung einer Mitgliederzeitschrift. Beides zielte darauf ab, die Sichtbarkeit der ERK zu erhöhen und sich auf diese Weise besser vor ihren Mitgliedern zu legitimieren.

Im Zuge der Studierendenproteste von „68" kündigte sich eine weitreichende Veränderung in der ERK an. Während die Vereinigung gegründet worden war, um europäische Hochschulpolitiken zu verhindern, entwickelten ERK-Mitglieder ab dieser Zeit erstmals konkrete Ideen, wie sie selbst die europäische Hochschulebene ausgestalten könnten. Unter den Mitgliedern der ERK kursierten in den späten 1960er Jahren etwa Überlegungen, eine Europäisierung im Hochschulwesen voranzutreiben, sofern sich diese mit den Idealen und Interessen der Universitätsleiter in Einklang bringen ließ. Ein weitreichender Vorschlag, der in diesen Jahren von ERK-Mitgliedern thematisiert wurde, sah den Aufbau eines europäischen Universitätsparlaments vor, dessen Mitglieder an den Universitäten gewählt und mit einer Ersten Kammer für Rektoren und Professoren sowie mit einer Zweiten Kammer für den akademischen Mittelbau und die Studierenden institutionalisiert werden könnte. Auch wenn die ERK diesen Plan nicht weiterverfolgte, macht er deutlich, dass eine europäische Hochschulebene nicht mehr prinzipiell abgelehnt wurde, sondern allmählich in den Bereich des Denkbaren rückte.

Die zunehmende Akzeptanz europapolitischer Überlegungen für das tertiäre Bildungswesen manifestierte sich auch in einer Auseinandersetzung mit der Europäischen Wirtschaftsgemeinschaft. Bereits seit den Römischen Verträgen hatte die Europäische Kommission das Recht zugestanden bekommen, für die Durchsetzung der Niederlassungsfreiheit im Hochschulwesen aktiv zu werden und Gesetzesinitiativen ergreifen zu können. In den Wirren der Studierendenproteste um das Jahr 1968 nutzte sie die Gunst der Stunde und strebte an, Abschluss- und Prüfungszeugnisse von Studiengängen zu freien Berufen wie etwa von Apothekern, Anwälten und Medizinern mittels klarer Strukturvorgaben und zahlenbasierter Vergleichbarkeitskriterien zu harmonisieren. Mitglieder der ERK werteten die Richtlinien als einen fundamentalen Eingriff in die Autonomie ihrer Einrichtungen, weshalb sie sich in aller Entschlossenheit gegen die Bestrebungen der EWG wendeten. Wie bei den Plänen für eine EURATOM- und eine NATO-Universität bemühten sie sich darum, über formelle und informelle Kanäle ihre ablehnende Haltung zu Gehör zu bringen. Darüber hinaus unterbreiteten sie den Regierungen und der Europäischen Kommission auch einen Gegenvorschlag. Sie warben für einen europäischen Rat für Zulassungen, der von den Universitäten selbst eingerichtet werden und die Gleichwertigkeit der Studien- und Prüfungsleistungen sicherstellen sollte. Damit schlugen sie eine Europäisierung durch die Gründung einer neuen Institution mit staatenübergreifenden Handlungskompetenzen vor. Nach diesem Plan wäre den Europäischen Gemeinschaften selbst nur eine marginale Rolle zugekommen. Der Vorschlag, der ebenso wie die Richtlinien der Europäischen Kommission nicht umgesetzt wurde, unterstreicht die zunehmende Bereitschaft der Hochschulleiter, eigene europäische Lösungswege in hochschulpolitischen Verhandlungen einzubringen.

Im Zuge der Auseinandersetzung mit der Europäischen Kommission wurde die Grundlage für spätere, erfolgreich verabschiedete EG-Hochschulpolitiken gelegt. So etablierten sich zwischen der Europäischen Kommission und den Hochschulrepräsentanten neue Austauschmechanismen. Sie führten zur Gründung des Verbindungskomitees der Rektorenkonferenzen der Europäischen Gemeinschaften, das in der Mitte der 1970er Jahre seine Arbeit als Beratungsorgan der EG aufnahm. Zugleich richteten die Europäischen Gemeinschaften ihre Hochschulbemühungen neu aus. Gemeinsam mit Vertretern der Hochschulen und weiterer Wissenschafts- und Bildungseinrichtungen erarbeitete die Europäische Kommission eine neue hochschulpolitische Agenda, die für Vertreter der politischen und akademischen Sphäre gleichermaßen akzeptabel war. Grundlage dieser Neuausrichtung war dabei die Einbeziehung akademischer Akteure in beratender *und* gestaltender Funktion. Damit verabschiedeten sich die Europäischen Gemeinschaften von ihrem früheren Versuch, supranationale Politiken unter Ausschluss von Hochschulrepräsentanten durchzusetzen, was einer partiellen Kompetenzverlagerung der nationalen Hoheit im Hochschulwesen zugunsten der europäischen Ebene gleichgekommen wäre. Die Europäischen Gemeinschaften setzten stattdessen auf einen *Modus Operandi*, bei dem ihr lediglich die Rolle eines rahmengebenden Akteurs neben anderen Regierungs- und Nichtregierungsakteuren zukam. Gerade diese rahmengebende Funktion sollte es ihr jedoch langfristig erlauben, für das tertiäre Bildungswesen ein Agenda-Setting zu betreiben. Diese neue Funktion für die Europäischen Gemeinschaften wurde möglich, da Hochschulakteure in zunehmendem Maße bereit waren, eine europäische hochschulpolitische Ebene neben den bestehenden regionalen und/oder nationalen Ebenen zu akzeptieren. Ausschlaggebend waren hierfür finanzielle Anreize, die die EG und andere internationale Organisationen setzten. Für die Hochschulakteure ergab sich daraus die Chance, von den finanziellen Ressourcen für Forschung und Bildung auf europäischer Ebene zu profitieren. Die wachsende Offenheit der Universitätsleiter für eine aktiv gestaltete europäische Hochschulebene fiel mit einem generationellen Wandel in der Europäischen Rektorenkonferenz zusammen. Denn mit dem Ausscheiden der Gründer nahm allmählich eine jüngere Generation in der ERK eine führende Position ein, die sich gegenüber europäischen Hochschulpolitiken aufgeschlossen zeigte. In Zu-

sammenarbeit von Universitätsleitern und Vertretern der Europäischen Gemeinschaften entstand auf diesem Wege ein erstes Programmformat für Mobilität,
welches als Vorläufer des noch heute existierenden ERASMUS-Programms angesehen werden kann. Aus dem früheren Antagonismus zwischen Universitätsleitern und Europapolitikern erwuchs eine Zusammenarbeit in einem Geist der de-
zentralen Politiksteuerung. Rektoren und Vizekanzler einerseits und Akteure der
Brüsseler Gemeinschaftsorgane andererseits legten damit in den 1970er Jahren
den entscheidenden Grundstein für das noch heute vorherrschende Prinzip geteilter Verantwortlichkeiten im tertiären Bildungswesen, bei dem die Universitäten
und die Hochschulverbände neben anderen europäischen, nationalen und regionalen Entscheidungsträgern aktiv eingebunden sind.

3. Das Europa der Universitäten

Für die Gründergeneration der ERK war das Europa der Universitäten in erster
Linie ein Europa der nationalen Hochschulsysteme, welches es zu erhalten und
gegen überstaatliche Bestrebungen zu verteidigen galt. Die Sicherung der im
19. Jahrhundert herausgebildeten meist nationalstaatlich organisierten Hochschulsysteme war damit ein treibendes Motiv für die Institutionalisierung der Zusammenarbeit der Hochschulleiter. Die ausgewerteten Kontroversen zwischen
Universitätsleitern und Regierungsakteuren in den 1950er und frühen 1960er Jahren veranschaulichen dabei, dass das Europa der Universitäten in Abgrenzung zu
dem Europa der Regierungen oder – noch allgemeiner formuliert – zu dem Europa der Politiker etabliert wurde. Zwar waren es Regierungsakteure, die sich den
Hochschulen in ihren internationalen Organisationen annahmen und die auch die
Impulse zu den ersten Rektorenzusammenkünften gegeben hatten; nach Einschätzung vieler Universitätsleiter hatten Regierungsakteure jedoch keine ausreichende
Kenntnis von den vielfältigen nationalen Hochschultraditionen in Europa. Die
Gründer der ERK hatten sich daher die Aufgabe gesetzt, die nationalstaatlich geprägten Hochschulsysteme zu erhalten und die Etablierung überstaatlicher Ein-
heitspolitiken zu verhindern. Die in der ERK zusammenarbeitenden Hochschulleiter bildeten damit – im Sinne von Norbert Elias – eine Überlebenseinheit, um
ihre bislang individuell oder einzelstaatlich vertretenen Interessen auch auf europäischer Ebene zu wahren. Das im Plural formulierte Europa der Universitäten
stand damit in einem bewussten Gegensatz zu dem Ziel von Regierungsakteuren,
eine im Singular formulierte europäische Universität zu etablieren.

Erst im Zuge der späten 1960er und frühen 1970er Jahre wandelte sich das in
der ERK etablierte Bild des universitären Europa. Zwar lehnten involvierte Universitätsleiter weiterhin politische Initiativen ab, die zu einer Harmonisierung oder zu
einer Konkurrenz bestehender Universitäten durch überstaatliche Einrichtungen
geführt hätten. Trotzdem traten staatenübergreifende Hochschulpolitiken in den
Bereich des Sag- und Denkbaren. Nicht die prinzipielle Verhinderung europäischer politischer Bestrebungen, sondern eine von den Universitäten selbstgestalte-

te Hochschulebene entwickelte sich zu einem in ERK-Kreisen anerkannten Ziel. Das universitäre Europa entwickelte sich damit im Laufe der 1960er und frühen 1970er Jahre zu einem durch Universitätsleiter aktiv mitgestalteten Europa.

Die in der vorliegenden Studie analysierte Genese europäischer Hochschulpolitiken kann zu allgemeineren Debatten in der Zeitgeschichtsforschung beitragen. Die Historiographie zur Geschichte der europäischen Integration hat in der jüngeren Vergangenheit aufgezeigt, dass eine Fokussierung auf die Europäische Union und ihre unmittelbaren Vorläuferorganisationen der Vielzahl an politischen und gesellschaftlichen Europäisierungsprozessen nicht gerecht wird. Diese Studie bekräftigt diese Einschätzung für das Hochschulwesen nachdrücklich: Dies gilt für die Vorgeschichte der europäischen Integration, die für das Wissenschafts- und Hochschulwesen nicht etwa auf Bewegungen für ein vereintes Europa in der Zwischenkriegszeit zurückzuführen ist, sondern mindestens in die zweite Hälfte des 19. Jahrhunderts zurückdatiert werden kann. Gerade die Forschungen zum wissenschaftlichen Internationalismus weisen bereits auf zahlreiche Europäisierungs- bzw. Internationalisierungsprozesse hin, an die nach Ende des Zweiten Weltkriegs von Regierungs- und Hochschulakteuren angeknüpft werden konnte. Damit bekräftigt die Studie den Trend, die Anfänge der europäischen Integration je nach Politikfeld und Handlungskontext differenziert einzuordnen und unionistische Bestrebungen nur als einen von vielen möglichen Impulsen für Europäisierungsprozesse anzusehen.

Außerdem unterstreicht diese Studie den lohnenswerten Blick auf europäische Integrationsprozesse abseits der Geschichte der Europäischen Union und ihrer Vorläuferorganisationen. Es etablierte sich ab den späten 1940er Jahren ein breitgefächertes Handlungsfeld, auf dem ganz unterschiedliche internationale Organisationen und Netzwerke aktiv waren und in denen hohe Beamte, Parlamentarier, Experten sowie Interessenvertreter der Hochschulen um die Formierung einer europäischen (hochschul)politischen Ebene rangen. Die Zeit von den späten 1940er bis in die 1960er Jahre lässt sich dabei als Konstituierungsphase des hochschulpolitischen Feldes begreifen, in der vielfältige Ideen und Konzepte entwickelt und diskutiert wurden. Zwar scheiterten diese Initiativen noch meist an ihrer Umsetzung, doch brachten sie eine ganze Bandbreite an möglichen europäischen Hochschulpolitiken hervor, die in späteren Zeiten erneut aufgegriffen und in adaptierter Form als „neues" Politikangebot ins Spiel gebracht werden konnten. Selbst heutige Debatten über die Ausweitung der Forschungsförderung, über die Harmonisierung von Studienabschlüssen, über den Aufbau europäischer Universitäten und die Steigerung der internationalen Mobilität von Studierenden und Lehrenden sind als Fortläufer derjenigen Diskussionen zu verstehen, die Akteure aus Politik und Hochschulen bereits in den ersten drei Jahrzehnten nach Ende des Zweiten Weltkriegs führten.

Während die 1970er Jahre in älteren Forschungen noch als Krisenzeit der Europäischen Integration interpretiert und mit dem Begriff der *Eurosklerose* versehen wurden, betonen neuere Forschungen auch jene Impulse, die für eine erweiterte und vertiefte europäische Zusammenarbeit in dieser Zeit gesetzt wurden. So hat sich in den 1970er Jahren u. a. eine europäische Agrarpolitik, eine Umwelt- und Klimaschutzpolitik sowie eine europäische Wissenschafts- und Technikpolitik etabliert. Den Befund der Neuformierung hat diese Studie auch für das Feld der Hochschulpolitik bestätigt. Die 1970er Jahre können daher als eine Transformationsphase begriffen werden, in der Forschung und Bildung einschließlich angrenzender Politikfelder wichtige Funktionen für die weitere wirtschaftliche und gesellschaftliche Entwicklung zugesprochen bekamen.[1] Damit erlebten gleich mehre Politikfelder in den 1970er Jahren einen Bedeutungszuwachs, die in den späteren Planspielen für eine europäische Wissensgesellschaft tragende Säulen darstellten.

Seit einiger Zeit diskutiert die Zeitgeschichtsforschung über die zunehmende Ökonomisierung des Wissenschafts- und Hochschulwesens.[2] Die vorliegende Studie macht für die Entwicklung europäischer Hochschulpolitiken deutlich, dass es keinesfalls zu einer simplen Verdrängung humanistischer Bildungsideale durch ökonomische Interessen kam. So zeigen alleine die Kontroversen um die supranationale Universität in den späten 1950er Jahren sowie um die einheitliche Gestaltung der Studiengangstrukturen am Ende der 1960er Jahre, dass ökonomische Interessen von Beginn der europäischen hochschulpolitischen Debatten an prägend waren; sie gingen jedoch häufig mit geopolitischen und gesellschaftlichen Interessen einher oder wurden von diesen sogar zeitweise verdrängt. Neu war ab den 1970er Jahren der sich allmählich durchsetzende Wettbewerbsgedanke, der mit dem stetigen Zuwachs an Fördermitteln in den europäischen Hochschul- und Forschungsprogrammen an Bedeutung gewann. Hochschulakteure kooperierten mit europäischen Partnern und konkurrierten zugleich mit anderen Hochschulakteuren in kompetitiven Verfahren um ausgeschriebene Fördersummen. Das Verfassen von Anträgen, deren Evaluierung durch Gutachter, die Hierarchisierung in bessere und schlechtere Anträge auf Grundlage gemeinschaftlicher Wettbewerbsregeln sowie der Versuch der Messbarmachung von Erfolg oder Misserfolg der Förderungen entwickelten sich ausgehend von den 1970er Jahren zu einem festen Bestandteil der hochschul- und wissenschaftspolitischen Praxis auf europäischer Ebene.

Neuere Forschungen weisen darauf hin, dass es eine starke sozialgeschichtliche Komponente der europäischen Integration gab und gesellschaftliche Kräfte – seien es Medien, Intellektuelle oder soziale Bewegungen – auf europäische Entscheidungen Einfluss hatten.[3] Den Einfluss gesellschaftlicher Kräfte auf den Verlauf der europäischen Integration bestätigt die Studie für das Hochschulwesen. So waren es nicht zuletzt die Studierendenproteste um das Jahr 1968, die Regierungs- und Hochschulakteure emotionalisierten und sie zu einer Reflexion über ihr eigenes universitäres Selbstverständnis bewogen. Gesellschaftliche Kräfte stießen damit die

---

[1] Vgl. Wirsching: Toward a New Europe, S. 7–22.
[2] Désirée Schauz stellt fest, dass es sich bei der Ökonomisierung um ein „traveling concept" mit ganz unterschiedlichen Sinnzuschreibungen handelt, vgl. Schauz: Umstrittene Analysekategorie – erfolgreicher Protestbegriff, S. 263.
[3] Vgl. Hohls/Kaelble: Einleitung, S. 12.

Dynamik einer europäischen hochschulpolitischen Neuausrichtung am Übergang der 1960er zu den 1970er Jahren an. Dabei fand der Einfluss teilweise auf indirektem Wege statt; so stellten die Proteste etwa die Position und das Selbstverständnis einzelner Rektoren sowie der ERK insgesamt infrage und trugen maßgeblich zu einer Öffnung der Universitätsakteure gegenüber europäischen Hochschulpolitiken bei. Zugleich nutzte die Europäische Kommission die Studierendenproteste als Hebel, um die von ihr als verkrustet wahrgenommene und nationalstaatlich denkende Leitungsebene an den Universitäten unter Druck zu setzen. Dafür solidarisierte sie sich mit der scheinbar europäisch fühlenden und denkenden studentischen Protest-Jugend. Die Neuformierung der europäischen hochschulpolitischen Ebene in den 1970er Jahren lässt sich ohne diese sozial- und emotionsgeschichtliche Komponente schwerlich verstehen.

Seit den 1980er Jahren sind zahlreiche Forschungen erschienen, in denen die Universitätsgeschichte als ein gesamteuropäisches Phänomen von den Anfängen im Mittelalter bis zur Gegenwart dargestellt wird. Der gesamteuropäische Anspruch dieses Narratives hat nicht erst im Zuge des Bologna-Prozesses zu einer politischen Vereinnahmung für oder gegen die Reform geführt. Diese Studie zeigt auf, dass das Narrativ nach Ende des Zweiten Weltkriegs dazu diente, die Interessen der Hochschulen auf europäischer Ebene erfolgreich zu verteidigen. So griffen Hochschulvertreter darauf zurück, um den Europäischen Gemeinschaften am Übergang der 1960er und 1970er Jahren vor Augen zu führen, dass es keiner Europäischen Kommission bedürfe, um Universitäten zu europäisieren, da die Geschichte zeige, dass Hochschulen in ihrem Kern längst europäisch seien. Im Laufe der 1970er Jahre wandelte sich jedoch die Verwendung dieses Narratives. So wurde es nun vermehrt dazu eingesetzt, um für die Jahrhunderte alten europäischen Hochschulen zusätzliche Finanzmittel von den internationalen Regierungsorganisationen zu fordern. Das Bild vom europäischen Charakter der Universitäten bot also lange vor der Bologna-Reform große Spielräume, um es bei der Interessenvertretung der Hochschulen gegenüber der Politik einzusetzen.

Die vorliegende Studie wirft ein neues Licht auf die in der Forschung diskutierte These von einer Amerikanisierung beziehungsweise Westernisierung der Hochschulen in den ersten Jahrzehnten nach dem Ende des Zweiten Weltkriegs. Zwar mögen Vertreter einzelner Fachdisziplinen, Bildungspolitiker und Hochschulreformer gezielt den Blick über den Atlantik geworfen und dort Inspiration gefunden haben.[4] Die Debatten innerhalb der Europäischen Rektorenkonferenz zeigen jedoch auf, dass in den europäischen Zirkeln der Hochschulleiter eine deutlich kritischere Sicht auf US-amerikanische Hochschulpraktiken vorherrschte, als dies bislang bekannt ist. Auch wenn das Bild von US-Hochschulen wenig ausdifferenziert war, galten sie unter den Rektoren als zu industrienah und anwendungsorien-

---

[4] Eine solche Orientierung an den USA zeigt etwa Christophe Charle für Frankreich und Stefan Paulus für die Bundesrepublik Deutschland auf. Vgl. Charle: La République des universitaires (1870–1940); Paulus: Vorbild Amerika.

tiert, weshalb sie dem Ideal einer auf Grundlagenforschung ausgerichteten und die akademischen Freiheiten wahrenden Universität entgegenzustehen schienen. Die allmähliche Offenheit für europäische Hochschulpolitiken und das zunehmende Argumentieren mit einer gemeinsamen europäischen Hochschulgeschichte bis zum Mittelalter lässt sich daher auch als ein Versuch verstehen, Forderungen nach einer Amerikanisierung mit einem Narrativ der Europäisierung begegnen zu können. Die rhetorischen Verweise der Hochschulleiter auf Jahrhunderte alte europäische Hochschultraditionen unterstrichen dabei, dass es europäische Gepflogenheiten gab, die es jenseits des Atlantiks aufgrund der jungen US-amerikanischen Geschichte gar nicht geben konnte. Für viele Mitglieder der ERK war das US-amerikanische Universitätswesen in den 1950er und 1960er Jahren letztlich eher Feindbild als Vorbild.

In der Forschung zur Geschichte des Kalten Kriegs wird seit geraumer Zeit über dessen Bedeutung für die Geschichte des 20. Jahrhunderts diskutiert. Während manche Untersuchungen postulieren, dass der Konflikt fast alle politischen, wirtschaftlichen und gesellschaftlichen Bereiche tiefgreifend beeinflusste, sprechen ihm andere abseits der Geopolitik eine deutlich geringere Bedeutung zu.[5] Studien zu „Loopholes" oder „Fenstern im Eisernen Vorhang" nehmen meist eine Position in der Mitte ein und zeigen auf, dass die binäre Ordnung in Ost und West auch für Akteure abseits der Geopolitik als Ordnungsrahmen fungierte, jedoch von ihnen auch transzendiert werden konnte. Die vorliegende Studie bekräftigt diese abgewogene Einschätzung und zeigt dabei auf, mit welch erheblichen Schwierigkeiten der Versuch einhergehen konnte, das Muster der binären Ordnung in der Praxis beiseitezulassen. Dies zeigte sich in kaum einer Auseinandersetzung so deutlich wie in den Querelen um eine Öffnung der ERK nach Osten an der Wende der 1960er zu den 1970er Jahren. Je näher eine tatsächliche Zusammenarbeit zwischen Hochschulleitern des Ostens und des Westens rückte, desto schwieriger wurde es, die in der ERK vorherrschenden Bilder der Autonomie und der wissenschaftlichen Freiheit aufrechtzuerhalten. Die Uneinigkeit zwischen Ost- und Westrektoren entpuppte sich letztendlich als eine unüberwindbare Hürde, die der großangelegten multilateralen Hochschulkooperation im Weg stand. Westliche Hochschulleiter waren nicht bereit, ihre Vorstellungen von universitärer Autonomie und wissenschaftlicher Freiheit bis zur Unkenntlichkeit zu verwässern. Dies zeigt, dass die Selbstbilder der Autonomie und der wissenschaftlichen Freiheit als rahmengebende Ideale für das Denken und Handeln der Hochschulleiter fungierten. Zugleich folgt die vorliegende Studie jedoch auch jenen Forschungen, die die universitäre Autonomie und die wissenschaftliche Freiheit als strategisch anpassbare Bilder verstehen. Diese wurden gerade dann bemüht, wenn die Hochschulleiter um die Stellung oder die finanzielle und materielle Versorgung ihrer eigenen Einrichtungen fürchteten. Diese Bilder waren damit stets mehr als Ideale; sie dien-

---

[5] Vgl. Iriye: Historicizing the Cold War, S. 15–31.

ten zugleich als Argumente und Instrumente zur Durchsetzung von Eigeninteressen gegenüber der europäischen Politik.

Trotz seiner situativen Anpassungsfähigkeit kann die vorliegende Studie für das kollektive Selbstbild der universitären Autonomie einen grundsätzlichen Wandel ausmachen. Während Autonomie bis in die 1960er Jahre noch weitgehend von der einzelnen Universität gedacht und höchstens durch nationale Hochschulorganisationen gegenüber der Politik vertreten wurde, zeigten sich Europas Hochschulleiter in der Folge zunehmend bereit, die universitäre Autonomie europäisch zu denken und durch interuniversitäre Organe auf europäischer Ebene sicherzustellen. Davon zeugen etwa Konzepte für ein europäisches Universitätsparlament und für einen Rat für Zulassungen. Letztlich entwickelte sich das Bestreben, autonom zu bleiben, von einer lokalen und nationalen Aufgabe hin zu einer kollektiven europäischen Mission, die bei europäischen Hochschulpolitiken gewahrt bleiben müsse. Neben der Institutionalisierung der europäischen Zusammenarbeit setzte damit auch eine Europäisierung des universitären Selbstverständnisses ein, das in der Bereitschaft der Hochschulakteure mündete, mit Regierungsakteuren konstruktiv zusammenzuarbeiten, selbst europäische Hochschulpolitiken zu konzipieren und entsprechende Entscheidungen mitzutragen. Damit setzte sich ein Prinzip geteilter Verantwortlichkeiten durch, das noch in der europäischen hochschulpolitischen Gegenwart wirksam ist.

Danksagung

Dieses Buch ist die überarbeitete Fassung meiner Dissertation, die am 15. April 2019 von der Philosophischen Fakultät der Humboldt-Universität zu Berlin angenommen wurde. Von den ersten Überlegungen bis zur Druckfassung des Manuskripts konnte ich auf die Unterstützung zahlreicher Personen bauen.

An erster Stelle gebührt der Dank meiner Doktormutter Prof. Dr. Gabriele Metzler, deren zahlreiche Anregungen mir bei der Konzeption und Ausarbeitung des Manuskripts eine wichtige Hilfe waren. Das Gleiche gilt für die Kolleginnen und Kollegen an ihrem Lehrstuhl, bei denen ich meine Arbeit vorstellen und diskutieren konnte. Ebenso danke ich meinem Zweitgutachter Prof. Dr. Mitchell G. Ash für seine wertvollen Anmerkungen in der Ausarbeitungsphase.

Ein besonderer Dank gilt darüber hinaus PD Dr. Markus J. Prutsch und dem Team des WIN-Kolleg-Projekts „Science, Numbers and Politics". Meine Tätigkeit für das Projekt finanzierte mir meine Promotionszeit, erlaubte mir praktische Einblicke in die Politikberatung und ermöglichte mir einen anregenden internationalen Austausch über Kernfragen dieses Buches.

Viele Kolleginnen und Kollegen haben mich bei der Anfertigung des Manuskripts unterstützt, sei es durch das kritische Lesen einzelner Abschnitte, durch Anmerkungen zu Struktur und Inhalt sowie durch Literaturhinweise. Namentlich erwähnen möchte ich Prof. Dr. Heike Wieters, Prof. Dr. Kiran Klaus Patel, Prof. Dr. Elke Seefried, Dr. Jan Hansen, Dr. Jörn Retterath, Dr. Carlos Haas, Christina Holzmann, Hannah Tulay, Lesley Wilson, Tommy Stöckel, Kevin Lenk, Sophie Lange, Benedikt Neuroth und Matthias Thaden.

Des Weiteren danke ich den Mitarbeiterinnen und Mitarbeitern der von mir besuchten Archive in Genf, Florenz, Brüssel, Straßburg, Köln und Manchester, die mir ein intensives Quellenstudium trotz oftmals schwieriger Bedingungen ermöglichten. Namentlich hervorheben möchte ich Dominique Torrione-Vouilloz vom Genfer Universitätsarchiv. Sie machte mir den anfangs unauffindbar scheinenden Bestand der Europäischen Rektorenkonferenz zugänglich, der in einer Lagerhalle eines Möbelhauses in einem Genfer Vorort deponiert war. Ohne ihr persönliches Engagement wäre mir der Zugang zu dem wichtigsten Quellenbestand für dieses Buch nicht möglich gewesen.

Dank gebührt auch jenen Personen, die mir Abbildungen über die Europäische Rektorenkonferenz bereitstellen. Ich möchte Christian Paul hervorheben, der mir umfangreiches Bildmaterial aus dem Nachlass seines Vaters, des Fotografen Fritz Paul, zur Verfügung stellte, sowie das Städtische Museum Göttingen.

Dem Institut für Zeitgeschichte München-Berlin danke ich für die Aufnahme des Manuskripts in die Reihe „Quellen und Darstellungen zur Zeitgeschichte". Ein besonderer Dank gilt hierbei Prof. Dr. Andreas Wirsching, der mich dazu anregte, das Manuskript zur Begutachtung einzureichen. Ebenso danke ich Günther Opitz für die Betreuung des Manuskripts sowie Katja Klee für das Korrektorat.

Schließlich möchte ich meiner Familie danken. Meine Eltern Edith und Matthias Lehmann sowie meine Schwester Elisa Lehmann waren mir ein großer Rückhalt. Meiner Frau Sina und unserem Sohn Eduard gilt der größte Dank: Sie haben mich unterstützt, motiviert und inspiriert.

Abkürzungsverzeichnis

AEU	Association of European Universities
BRD	Bundesrepublik Deutschland
CCC	Rat für kulturelle Zusammenarbeit
CEC	Europäisches Kulturzentrum
CEPES	Europäisches Zentrum für Hochschulbildung
CERN	Europäische Organisation für Kernforschung
CHER	Committee for Higher Education and Research/Ausschuss für akademische Lehre und Forschung
CIE	Confédération internationale des étudiants/International Confederation of Students
COE	Council of Europe
COMECON/ RGW	Council of Mutual Economic Assistance/Rat für gegenseitige Wirtschaftshilfe
CRE	Europäische Rektorenkonferenz/Conférence permanente des recteurs et vice-chanceliers des universités européennes
CVCE	Centre Virtuel de la Connaissance sur l'Europe
DAAD	Deutscher Akademischer Austauschdienst
DDR	Deutsche Demokratische Republik
DFG	Deutsche Forschungsgemeinschaft
EFTA	European Free Trade Association/Europäische Freihandelsassoziation
EG	Europäische Gemeinschaft(en)
EGKS	Europäische Gemeinschaft für Kohle und Stahl
EPG	Europäische Politische Gemeinschaft
ERK	Europäische Rektorenkonferenz
ESPRIT	European Strategic Programme for Research and Development in Information Technology
ESRO	European Space Research Organisation
ESF	Europäische Wissenschaftsstiftung
EHI	Europäisches Hochschulinstitut
EU	Europäische Union
EUA	European University Association
EURATOM	Europäische Atomgemeinschaft
EVG	Europäische Verteidigungsgemeinschaft
EWG	Europäische Wirtschaftsgemeinschaft
HAEU	Historisches Archiv der Europäischen Union
IAA	Internationale Assoziation der Akademien
IAU	International Association of Universities
KSZE	Konferenz über Sicherheit und Zusammenarbeit in Europa
MIT	Massachusetts Institute of Technology
NGO	Nichtregierungsorganisation

NATO	North Atlantic Treaty Organization
NSDAP	Nationalsozialistische Deutsche Arbeiterpartei
OECD	Organization of Economic Cooperation and Development
OEEC	Organization of European Economic Cooperation
SED	Sozialistische Einheitspartei Deutschlands
UdSSR	Sowjetunion/Union der Sozialistischen Sowjetrepubliken
UNESCO	United Nations Educational, Scientific and Cultural Organization
UNIGE	Archiv der Universität Genf
UNIKOE	Historisches Archiv der Universität Köln
UNIMA	Archiv der Universität Manchester
UNO	United Nations Organization
WEU	Westeuropäische Union
WRK	Westdeutsche Rektorenkonferenz

Abbildungsverzeichnis

Abbildung 1: Photograph of the West European Union Conference of University Rectors taken outside Senate House, in: University of Cambridge – University external relations records, Reference: EXR.62.

Abbildung 2: Bundeskanzler Ludwig Erhard, Walther Zimmerli und Arnold Scheibe auf der Göttinger Generalversammlung der ERK, in: Fotosammlung zur III. Europäischen Rektorenkonferenz. Fotograf: Fritz Paul. Städtisches Museum Göttingen.

Abbildung 3: Europas Rektoren und Vizekanzler ziehen in ihrem Ornat durch die Friedrichstraße in Göttingen, 2. 9. 1964. Fotosammlung zur III. Europäischen Rektorenkonferenz. Fotograf: Fritz Paul. Städtisches Museum Göttingen.

Abbildung 4: Europas Hochschulleiter nahe der Göttinger Universitätsbibliothek, 2. 9. 1964. Fotosammlung zur III. Europäischen Rektorenkonferenz. Fotograf: Fritz Paul. Städtisches Museum Göttingen.

Abbildung 5: Bildpostkarte „Göttingen: Rektor und Prorektor der Universität. Umzug anläßlich der III. Europäischen Rektorenkonferenz", 2. 9. 1964. Fotograf: Fritz Paul. Historisches Archiv der Universität zu Köln, Zugang 614/179: Studentika (Verschiedenes 8).

Abbildung 6: Festumzug vor der Aula der Georg-August-Universität vorbei, 2. 9. 1964. Fotograf: Fritz Paul. Fotosammlung zur III. Europäischen Rektorenkonferenz, in: Städtisches Museum Göttingen.

Abbildung 7: European Community: Common Market. Coal and Steel Community. EURATOM, Nr. 117; Oktober 1968.

Abbildung 8: Le point de la collaboration. CRE Information, 36.4 (1976), S. 69.

Quellen- und Literaturverzeichnis

Archivalische Quellen

Historisches Archiv der Europäischen Union in Florenz (HAEU)

Conférence permanente des Recteurs, Présidents et Vice-Chanceliers des Universités européennes:

General Assemblies [1964–1984], in: HAEU – CRE 1.1.
Board [Meetings von 1962 bis 1980], in: HAEU – CRE 1.2.
Permanent Committee meetings and Bi-annual conferences [1959–1979], in: HAEU – CRE 1.3.
Secretariat [1959–1979], in: HAEU – CRE 1.4.
Activities [1972–1992], in: HAEU – CRE.2.
Liaison Committee [1973–], in: HAEU – CRE.3.

European Science Foundation:

Antecedents and Foundation, in: HAEU – ESF 01.
President and Secretary General, in: HAEU – ESF 02.04.

European University Institute:

Establishment. Documents from 1958 to 1976, in: HAEU – EUI 01.

Assemblée parlementaire européenne et Parlement européen avant l'élection directe:

Européanisation des universités, in: HAEU – PE0-9211.

Centre international de formation européenne:

La coopération entre les universités européennes, in: HAEU – CIFE – 367.

Universitätsarchiv Genf (UNIGE)

Archives Courvoisier – Boxes 1–4 [Documents 1969–75], in: UNIGE – CRE.

Universitätsarchiv Manchester (UNIMA)

Mansfield Cooper Boxes 1–62 [Documents 1955–70].

Historisches Archiv der Universität zu Köln (UNIKOE)

Europa-Universität 1956–1960, in: UNIKOE – Zugang 272 Nr. 87.
Hermann Jahrreiß, in: UNIKOE – Zugang 725/II Nr. 60.

Bibliothek der Hochschulrektorenkonferenz in Bonn (HRK-Bib).

WRK Plenum – Protokolle [1950er bis 1970er Jahre].
WRK Präsidium – Protokolle [1960er bis 1970er Jahre].

Archiv des Europarats in Straßburg (COE)

Direction de l'Enseignement Culturel et Scientifique – 1955–1960, in: COE – D17/DECS.
Transfert Activités Culturelles de l'U.E.O., in: COE – D 17/DECS 107.
UEO au CE, transfert des activités culturelles 1957–1959, in: COE – D 262.
UEO/WEU – Comité des Universités Européennes – 1955/1956, in: COE D 15/DECS.
Universités Européennes Comité 1955–1960, in: COE – D17/DECS.
WEU – Partial Agreements, in: COE – D 265/UEO.
WEU 1957–1959, in: COE – D 262.

Archivierte Einzeldokumente:

Address by Leif Wilhelmsen, Committe for Higher Education and Research, Istanbul, 13 May 1970, in: COE – CCC/ESR (70) 44.
Report by the Observer of the Secretariat-General of the Council of Europe, Strasbourg, 19. September 1955, in: COE – AS/CS (7) 12.
Report of the Committee of Higher Education and Research, 22nd Meeting, Strasbourg, 14–16 October 1970, in: COE – CCC/ESR (70) 87 Final.
Report of the 19th Meeting of the Committee for Higher Education and Research, Oslo, 7–9 May 1969, in: COE – CCC/ESR (69) 12.

Historische Archive der Europäischen Kommission in Brüssel (HAEC)

Conférence permanente des recteurs et vice-présidents des universités européennes (CRE), comité de liaison des conférences des recteurs des états-membres des communautés européennes; réunions (1971–1978), in: HAEC – BAC 64/1984 1657.
Conférence permanente des recteurs et vice-présidents des universités européennes (CRE), comité de liaison des conférences des recteurs des états-membres des communautés européennes; réunions (1973–1974), in: HAEC – BAC 64/1984 1658.
Conférence permanente des recteurs et vice-présidents des universités européennes (CRE), comité de liaison des conférences des recteurs des états-membres des communautés européennes; réunions (1974–1975), in: HAEC – BAC 64/1984 1659.
Conférence permanente des recteurs et vice-présidents des universités européennes (CRE), comité de liaison des conférences des recteurs des états-membres des communautés européennes; réunions (1973–1974), in: HAEC – BAC 120/1990 878.
Conférence permanente des recteurs et vice-présidents des universités européennes (CRE): correspondance, bulletins d'information (1967–1973), in: HAEC – BAC 78/1980 255.
Conférence permanente des recteurs et vice-présidents des universités européennes (CRE) 1971–1979, in: HAEC – BDT 64/84 (1657).
Conférence permanente des recteurs et vice-présidents des universités européennes (CRE) 1971–1979 in: HAEC – BDT 64/84 (1659).
Reconnaissance mutuelle des diplômes, relations avec la conférence des recteurs de l'Allemagne occidentale (Westdeutsche Rektorenkonferenz) correspondance, notes internes (1969–1971), in: HAEC – BAC 26/1985 108.

Université européenne: établissement universitaire prévu par l'article 9 du Traité Euratom, in: HAEC – BAC 118 86 N 2192.

La création d'une université européenne: concertation entre les universités européennes et les états membres, résolution de l'Assemblée parlementaire européenne sur la création, institution d'un comité intérimaire qui a la charge d'examiner les implications, in: HAEC – BAC 79 1982 N 235.

Archiv des Rates der Europäischen Union in Brüssel

Ouverture de l'Institut universitaire européen, le 15 novembre 1976, in: Archiv des Rates der Europäischen Union in Brüssel – 185141.

Online-Ressourcen

Address by Professor Dahrendorf, Member of the Commission, to the Conference of Ministers of Education in Luxembourg on 6 June 1974. URL: http://aei.pitt.edu/12951/1/12951.pdf. Abrufdatum: 27. 1. 2018.

Ad Hoc Meeting of Experts concerning the Cooperation of European Universities, Bucharest, 1973. Draft proposal concerning the working document of the Conference of Ministers of Education of the European States of UNESCO. URL: http://unesdoc.unesco.org/images/0000/000045/004503eb.pdf. Abrufdatum: 2. 3. 2018.

Bilan des activités culturelles de l'UEO de 1948 à 1956 (Londres, septembre 1956), in: CVCE, URL: http://www.cvce.eu/obj/bilan_des_activites_culturelles_de_l_ueo_de_1948_a_1956_londres_septembre_1956-fr-07c649f8-0b2d-4fed-8534-ce9da95804c1.html. Abrufdatum: 29. 12. 2015.

Brugmans, Hendrik: The College of Europe. World Affairs. The quarterly journal of the London Institute of World Affairs. London, Oktober 1951, in: CVCE: https://www.cvce.eu/content/publication/2008/1/23/1370ecae-de1e-4d8f-8e80-f762f321123b/publishable_en.pdf. Abrufdatum: 28. 3. 2020.

Committee on Information and Cultural Relations – Ad Hoc Meeting of Senior Officers in NATO Countries concerned with Government-Sponsored Cultural Activities. Seminars and Summer Schools. Note by the United Kingdom Delegation, 26. 6. 1956, in: NATO Online Archive: http://archives.nato.int/uploads/r/null/1/4/14336/AC_52_CE_D_1_ENG.pdf. Abrufdatum: 19. 8. 2016.

Committee on Information and Cultural Relations – Ad Hoc Meeting of Senior Officers in NATO Countries concerned with Government-Sponsored Cultural Activities. Visiting Professorship. Note by the United Kingdom Delegation, 27. 6. 1956, in: NATO Online Archive. URL: http://archives.nato.int/visiting-professorships;isad. Abrufdatum: 1. 8. 2017.

Committee on Information and Cultural Relations. Chair for Atlantic Civics at the College of Europe. Text of a letter dated 17th May, 1954, addressed to Secretary General by Dr. H. J. Reinink, Temporary Cultural Consultant, in: NATO Online Archives. URL: http://archives.nato.int/chair-for-atlantic-civics-at-college-of-europe-3. Abrufdatum: 4. 7. 2017.

Committee on Information and Cultural Relations: Proposed Youth Activities, March 9, 1959, in: NATO Archives Online: 1959AC/52-D(59)10. URL: http://archives.nato.int/uploads/r/null/1/5/15388/AC_52_D_59_10_ENG.pdf. Abrufdatum: 6. 1. 2017.

Committee on Information and Cultural Relations: Proposed 1960 NATO Cultural Activities, October 14, 1959, in: NATO Archives Online AC/52-D(59)27. URL: http://archives.nato.int/proposed-1960-nato-cultural-activities Abrufdatum: 6. 10. 2017.

Committee on Information and Cultural Relations: Recommendations by the Consultative Assembly of the Council of Europe on the Cultural Activities of NATO. Note by the Chairman, 2. 10. 1959, in: NATO Archives Online: AC/52-D(59)24. URL: http://archives.nato.int/uploads/r/null/1/5/15474/AC_52-D_59_24_ENG.pdf. Abrufdatum: 19. 8. 2016.

Convention on the Organisation for Economic Co-operation and Development, Paris, 14. Dezember 1960. URL: http://www.oecd.org/general/conventionontheorganisationforeconomiccooperationanddevelopment.htm. Abrufdatum: 28. 8. 2015.

Cultural Resolution of the Hague Congress (7–10 May 1948). CVCE. URL: https://www.cvce.eu/en/obj/cultural_resolution_of_the_hague_congress_7_10_may_1948-en-f9f90696-a4b2-43fd-9e85-86dee9fb57a5.html. Abrufdatum: 12. 11. 2017.

Council of the Western European Union. Extract from minutes of the 78 meeting of WEU Council held on 6 March 1958. II. Council of Ministers, in: CVCE. URL: https://www.cvce.eu/obj/extract_from_minutes_of_the_78th_meeting_of_the_weu_council_6_march_1957-en-2783ec0e-a1dd-47b8-aa29-6680c3bc5aff.html. Abrufdatum: 10. 8. 2017.

Council of the Western European Union. Secretrary-General's note. Cooperation in the research, development and the production of armaments. London: 24. 3. 1958, in: CVCE. URL: https://www.cvce.eu/obj/communication_from_the_weu_council_to_nato_concerning_the_research_development_and_production_of_armaments_london_24_march_1958-en-9475d0d5-83ea-4cf0-b9cc-c928520daffc.html. Abrufdatum: 2. 8. 2018.

Danescu, Elena Rodica: „Das Gipfeltreffen von Den Haag". In Neubewertung des Werner-Berichts vom 8. Oktober 1970 im Zuge der Öffnung der Pierre Werner-Familienarchive, in: CVCE. URL: https://www.cvce.eu/obj/das_gipfeltreffen_von_den_haag-de-fe5ed979-1c4e-4eea-a640-98c358651fd0.html. Abrufdatum: 3. 1. 2018.

Declaration of Common Purpose by the US President and the Prime Minister of the United Kingdom, October 25, 1957. URL: http://www.presidency.ucsb.edu/ws/?pid=10941. Abrufdatum: 7. 9. 2017.

Der Nordatlantikvertrag, Washington DC, 4. April 1949, in: NATO Online Archive. URL: http://www.nato.int/cps/en/natolive/official_texts_17120.htm?blnSublanguage=true&selectedLocale=de. Abrufdatum: 8. 8. 2017.

Die Bologna-Erklärung der europäischen Bildungsminister (19. Juni 1999), 1. 1. 2006, in: Themenportal Europäische Geschichte. URL: https://www.europa.clio-online.de/quelle/id/artikel-3230. Abrufdatum: 6. 8. 2018.

Ditscher, Nico: Tagungsbericht. Fenster im „Kalten Krieg". Über Grenzen, Alternativen und Reichweite einer binären Ordnungsvorstellung, 26. 11. 2015–27. 11. 2015 Berlin, in: H-Soz-Kult, 1. 4. 2016. URL: www.hsozkult.de/conferencereport/id/tagungsberichte-6470. Abrufdatum: 1. 3. 2018.

Doering-Manteuffel, Anselm: Amerikanisierung und Westernisierung, Version: 1.0, in: Docupedia-Zeitgeschichte, 18. 1. 2011, URL: http://docupedia.de/zg/Amerikanisierung_und_Westernisierung?oldid=125786. Abrufdatum: 12. 4. 2018.

Draft Statement of Policy by W. E. U. Council Standing Armaments Committee, Paris 11. 4. 1958, in: CVCE. URL: https://www.cvce.eu/obj/note_from_the_united_kingdom_delegate_on_interdependence_in_research_development_and_production_paris_11_april_1958-en-bdf6f637-dcf9-485a-9f63-541b213999cd.html. Abrufdatum: 10. 8. 2017.

Dr. H.-J. Reinink – Biographie, URL: http://www.parlement.com/id/vg09llzzocqn/h_j_reinink. Abrufdatum: 9. 12. 2015.

Duke Of Edinburgh At Rectors' Conference 1955. Material dates from around 20/07/1955. Video-URL: http://www.britishpathe.com/video/duke-of-edinburgh-at-rectors-conference/query/Duke+of+Edinburgh+Rectors+Cambridge. Abrufdatum: 1. 6. 2017.

Eisenhower, Dwight D.: Radio and Television Address to the American People on Science in National Security, 7. November 1957. URL: http://www.presidency.ucsb.edu/ws/?pid=10946. Abrufdatum: 8. 2. 2016.

Erklärung der Hochschullehrer des Deutschen Reiches, Berlin, 23. Oktober 1914. URL: https://opus4.kobv.de/opus4-fau/files/349/A008838631.pdf. Abrufdatum: 30. 4. 2018.

Europäische Kommission: Mitteilung der Kommission. Europa 2020. Eine Strategie für intelligentes, nachhaltiges und integratives Wachstum. Brüssel, 3. 3. 2010. Kom(2010)2020 endgültig. URL: https://eur-lex.europa.eu/legal-content/DE/TXT/HTML/?uri=LEGISSUM:em0028&from=DE Abrufdatum: 14. 4. 2018.

European Commission: EC education policy: priority to adult education. European Community Background Information, Nr. 25, 14 November 1973. URL:http://aei.pitt.edu/56739/1/BN_25.73.pdf. Abrufdatum: 19. 2. 2018.

European Commission: ESPRIT. 1984 Projects and 1985 Operations announced, 24. 1. 1985. URL: https://ec.europa.eu/commission/presscorner/detail/en/IP_85_13. Abrufdatum: 16. 7. 2020.

European Commission: For a Community policy on education. Summary of the report by Professor Henri Janne. Information Memo P-53/73, October 1973. URL: http://aei.pitt.edu/30203/1/P_53_73.pdf. Abrufdatum: 19. 2. 2018.

European Commission (Press and Information Directorate-General): European University Institute to be set up (European University) 19/72. Information. Education – Youth, 19. June 1972. URL: http://aei.pitt.edu/7726/1/31735055262921_1.pdf. Abrufdatum: 3. 1. 2018.

European Communities Commission: Press Release. Education Committee established, 7. Juni 1974. URL: http://aei.pitt.edu/54966/1/ISEC.26.74.pdf. Abrufdatum: 1. 2. 2018.

European Convention on the Equivalence of Diplomas Leading to Admission to Universities, Paris, 11. XII. 1953. URL: https://rm.coe.int/CoERMPublicCommonSearchServices/DisplayDCTMContent?documentId=090000168006457b. Abrufdatum: 30. 4. 2018.

European Convention on the Equivalence of Periods of University Study, Paris, 15. XII. 1956. URL: https://rm.coe.int/CoERMPublicCommonSearchServices/DisplayDCTMContent?documentId=0900001680064581. Abrufdatum: 30. 4. 2018.

European Convention on the Academic Recognition of University Qualifications, Paris, 14.XII.1959. URL: https://rm.coe.int/CoERMPublicCommonSearchServices/DisplayDCTMContent?documentId=09000016800656d0. Abrufdatum: 30. 4. 2018.

European University Association: The European Higher Education Area and the Bologna Process. URL: http://www.eua.be/policy-representation/higher-education-policies/the-european-higher-education-area-and-the-bologna-process. Abrufdatum: 14. 4. 2018.

General Secretariat of the Council of the European Communities: Press Release. 373rd Council meeting – education – Brussels, 10 December 1975, under the Presidency of Mr Franco Maria Malfatti, Minister of Education of the Italian Republic. URL: http://aei.pitt.edu/66474/1/CPR0192.pdf. Abrufdatum: 26. 1. 2018.

Hallstein, Walter: Address [on progress toward European integration] given by Professor Dr. Walter Hallstein, President of the Commission of the European Economic Community, to the Organization of European Journalists. Brussels, 14 April 1967. URL: http://aei.pitt.edu/13619/1/S51 %2DS50 %2DS52.pdf. Abrufdatum: 4. 1. 2018.

Hochschulrektorenkonferenz: HRK-Präsident protestiert gegen Umgang mit Hochschulangehörigen in der Türkei. Pressemitteilung der HRK vom 20. 7. 2016. URL: https://www.hrk.de/presse/pressemitteilungen/pressemitteilung/meldung/hrk-praesident-protestiert-gegen-umgang-mit-hochschulangehoerigen-in-der-tuerkei-3999/ Abrufdatum: 20. 9. 2017.

IUC History. URL: https://www.iuc.hr/history.php. Abrufdatum: 20. 2. 2018.

Kommission der Europäischen Gemeinschaften: The Community Budget. Information Memo, Brüssel, Mai 1977. URL: http://aei.pitt.edu/30543/1/P_45_77.pdf. Abrufdatum: 27. 1. 2018.

Landwehr, Achim: Diskurs und Diskursgeschichte, Version: 2.0, in: Docupedia-Zeitgeschichte, 1. 3. 2018, URL: http://docupedia.de/zg/Landwehr_diskursgeschichte_v2_de_2018?oldid=128768. Versionen: 2.0 1.0. Abrufdatum: 15. 6. 2018.

Letter from E. Star Busmann to Jacques Camille Paris (London, 15 November 1951), in: CVCE, URL: http://www.cvce.eu/obj/letter_from_e_star_busmann_to_jacques_camille_paris_london_15_november_1951-en-9699ca69-b23a-488d-9a87-f4c213a6f140.html. Abrufdatum: 29. 12. 2015.

List for Cooperation in Research, Developement and Production, Paris 11. 4. 1958, in: CVCE, URL: https://www.cvce.eu/obj/note_from_the_united_kingdom_delegate_on_interdependence_in_research_development_and_production_paris_11_april_1958-en-bdf6f637-dcf9-485a-9f63-541b213999cd.html. Abrufdatum: 10. 8. 2017.

Macron, Emmanuel: Initiative pour l'Europe. Une Europe souveraine, unie, démocratique. Zusammenfassung seiner Rede vom 26. September 2017 an der Pariser Sorbonne. URL: http://www.elysee.fr/assets/Initiative-pour-lEurope-une-Europe-souveraine-unie-et-democratique-Emmanuel-Macron.pdf. Abrufdatum: 10. 4. 2018.

Magna Charta Observatory. URL: http://www.magna-charta.org/magna-charta-universitatum. Abrufdatum: 7. 3. 2018.

Maull, Hanns W.: „Zivilmacht“: Karriere eines Begriffs. Abschiedsvorlesung an der Universität Trier vom 3. Mai 2013. URL: https://www.uni-trier.de/fileadmin/fb3/POL/Mitarbeiter/Maull__Hanns_W/Abschiedsvorlesung_Rev.pdf. Abrufdatum: 2. 8. 2018.

NATO Public Diplomacy Divison: Report on the Establishment of an International Institute of Science and Technology, Press Release, 16. November 1962, in: NATO Archives Online. URL:

http://archives.nato.int/report-on-establishment-of-international-institute-of-science-and-technology. Abrufdatum: 6. 10. 2017.

Narjes, Karl-Heinz: Walter Hallstein – ein großer Europäer der Berliner Schule. Beitrag zum Wissenschaftlichen Symposium aus Anlaß der Eröffnung des Walter-Hallstein-Instituts für europäisches Verfassungsrecht der Humboldt Universität zu Berlin. URL: https://www.rewi.hu-berlin.de/de/lf/oe/whi/institut-1/hellstein-archiv-1/inhalte/narjes. Abrufdatum: 20. 6. 2018.

Note du secrétaire général de l'Union occidentale sur la réorganisation de l'enseignement supérieur (Londres, 27 novembre 1953), in: CVCE, URL: http://www.cvce.eu/obj/note_du_secretaire_general_de_l_union_occidentale_sur_la_reorganisation_de_l_enseignement_superieur_lon dres_27_novembre_1953-fr-a82bb07d-9363-442a-9da9-13e164a3210 f.html. Abrufdatum: 29. 12. 2015.

Note sur la carte d'identité culturelle de l'Union occidentale (Londres, 14 mai 1950), in: URL: http://www.cvce.eu/obj/note_sur_la_carte_d_identite_culturelle_de_l_union_occidentale_lon dres_14_mai_1950-fr-b30d46cb-2117-44ea-a319-a3f16f7720ee.html. Abrufdatum: 29. 12. 2015.

Passeport collectif pour les jeunes de l'Union Occidentale, in: CVCE, URL: http://www.cvce.eu/obj/passeport_collectif_pour_les_jeunes_de_l_union_occidentale-fr-7721a2ce-e819-43e3-8531-5889f41d8058.html. Abrufdatum: 29. 12. 2015.

Professor Dr. Walter Hallstein, President of the Commission of the European Economic Community, to the Organization of European Journalists. Brussels, 14 April 1967, S. 4. URL: http://aei.pitt.edu/13606/1/S22.pdf. Abrufdatum: 4. 1. 2018.

Rapport général sur la conférence européenne de la culture (Lausanne, 8–12 décembre 1949). CVCE. URL: https://www.cvce.eu/obj/rapport_general_sur_la_conference_europeenne_de_la_culture_lausanne_8_12_decembre_1949-fr-dc341cef-6e17-4ac9-9be5-ab70d098beec.html. Abrufdatum: 13. 9. 2017.

Recruitment and Training of Scientists, Engineers and Technicians in NATO Countries and the Soviet Union, 26 November 1956, in: NATO Archives Brussels – C-M(56)128. URL: http://archives.nato.int/uploads/r/null/2/6/26173/C-M_56_128_ENG.pdf. Abrufdatum: 2.8. 2018.

Science Committee: Effectiveness of Western Science. Report by the Working Party, 24. März 1959, in: NATO Archives Online – AC/137-D/38, URL: http://archives.nato.int/effectiveness-of-western-science-report-by-working-party. Abrufdatum: 6. 10. 2017.

Science Committee: Report on the Progress of the Study Group on increasing the effectiveness of Western Science. Note by the Secretary, 9. Dezember 1959, in: NATO Archives Online – AC/137-D/53, URL: http://archives.nato.int/uploads/r/null/6/1/6173/AC_137-D_53_ENG.pdf. Abrufdatum: 6. 10. 2017.

Second Conference of Ministers of Education of European Member States Bucharest, 26 November–4 December 1973: provisional rules of procedure, 20. September 1973. URL: http://unesdoc.unesco.org/images/0001/000104/010460eb.pdf. Abrufdatum: 19. 2. 2018.

Second Plenary Conference on Joint Study Programmes 27–29 November 1985 – Brussels, in: The joint study programme newsletter of the Commission, 1.1985. URL: http://aei.pitt.edu/80579/1/1985_Volume_1_Joint_Study_Programme.pdf. Abrufdatum: 27. 1. 2018.

Seitz, F.: Improvement of Effectiveness of Western Science. Note by the Science Adviser, 9. Juli 1959, in: NATO Archives Online. URL: http://archives.nato.int/uploads/r/null/6/1/6113/AC_137-D_41_ENG.pdf. Abrufdatum: 6. 10. 2017.

Speech by Paul-Henri Spaak, Secretary General of NATO, before a Joint Meeting of Members of Parliament in the House of Commons, 6 November 1957. URL: https://www.nato.int/cps/en/natohq/opinions_17565.htm?selectedLocale=en. Abrufdatum: 20. 6. 2018.

Sir Albert Sloman, in: The Telegraph, 5. 8. 2012. URL: https://www.telegraph.co.uk/news/obituaries/9454139/Sir-Albert-Sloman.html. Abrufdatum: 1. 2. 2018.

Tagungsbericht: Fenster im „Kalten Krieg". Über Grenzen, Alternativen und Reichweite einer binären Ordnungsvorstellung, 26. 11. 2015–27. 11. 2015 Berlin, in: H-Soz-Kult, 1. 4. 2016. URL: www.hsozkult.de/conferencereport/id/tagungsberichte-6470. Abrufdatum: 1. 3. 2018.

Text of the Address Given at the Opening Session by M. Paul-Henri Spaak, 21 October, 1958, in: NATO Online Archive. URL: http://archives.nato.int/text-of-address-given-at-opening-session-by-paul-henri-spaak-secretary-general-chairman-of-north-atlantic-council;isad. Abrufdatum: 20. 6. 2018.

The joint study programme newsletter of the Commission, 1.1985. URL: http://aei.pitt.edu/80579/1/1985_Volume_1_Joint_Study_Programme.pdf. Abrufdatum: 27. 1. 2018.

Treaty Between Belgium, France, Luxembourg, the Netherlands and the Kingdom of Great Britain and Northern Ireland, signed at Brussels, on march 17th, 1948. URL: http://www.cvce.eu/obj/the_brussels_treaty_17_march_1948-en-3467de5e-9802-4b65-8076-778bc7d164d3.htm. Abrufdatum: 4. 9. 2017.

Treaty establishing the European Atomic Energy Community (Rome, 25 March 1957). URL: https://www.cvce.eu/en/obj/treaty_establishing_the_european_atomic_energy_community_rome_25_march_1957-en-a3390764-3e75-421b-9c85-f52de5a14c2f.html.   Abrufdatum: 16. 3. 2018.

Übereinkommen über die Gründung eines Europäischen Hochschulinstituts von 1972, in: URL: http://www.eui.eu/Documents/AboutEUI/Convention/German.pdf. Abrufdatum: 17. 8. 2016.

UNESCO Constitution, signed on 16 November 1945. URL: http://portal.unesco.org/en/ev.php-URL_ID=15244&URL_DO=DO_TOPIC&URL_SECTION=201.html. Abrufdatum: 2. 5. 2018.

UNESCO: Final Report of the Second Conference of Ministers of Education of European Member States, Bucharest, 26 November–3 December 1973. Recommendation No. II/15. URL: http://unesdoc.unesco.org/images/0000/000069/006960eb.pdf. Abrufdatum: 19. 2. 2018.

UNESCO: Higher Education in Europe. Problems and Prospects. Working Paper for the Study […] of the provisional agenda of the Second Conference of Ministers of Education of European Member States (Bucharest 26 November–4 December 1973). URL: http://unesdoc.unesco.org/images/0000/000051/005195eb.pdf. Abrufdatum: 2. 3. 2018.

Vertrag zur Gründung der Europäischen Wirtschaftsgemeinschaft (Rom, 25. März 1957), in: CVCE. URL: https://www.cvce.eu/en/obj/vertrag_zur_grundung_der_europaischen_wirtschaftsgemeinschaft_rom_25_marz_1957-de-cca6ba28-0bf3-4ce6-8a76-6b0b3252696e.html. Abrufdatum: 30. 4. 2018.

von Hirschhausen, Ulrike/Patel, Kiran Klaus: Europäisierung, Version: 1.0, in: Docupedia-Zeitgeschichte, 29. 11. 2010, URL: http://docupedia.de/zg/Europ.C3.A4isierung?oldid=125857. Abrufdatum: 7. 8. 2018.

Working Program in the Field of „Research, Science and Education". Personal Statement by Mr. Dahrendorf, Brussels 23 March 1973, in: URL: http://aei.pitt.edu/5452/1/5452.pdf. Abrufdatum: 25. 1. 2018.

Gedruckte Quellen

Dokumentenbände der Europäischen Rektorenkonferenz:

Barblan, Andris (Hrsg.): Presidents and Vice-Chancellors of the European Universities. Acts of the 7th General Assembly Held in Helsinki August 12–17, 1979 (2 Bände), Genf 1980.

Courvoisier, Jaques (Hrsg.): Acts of the 4th General Assembly Held in Geneva, September 3–6, 1969, Bologna 1971.

CRE (Hrsg.): CRE from 1969 to 1974. Quinquennial Report of the Permanent Committee to the General Assembly on the Activities of the CRE 1969–1974, Geneva 1974.

CRE (Hrsg.): The European Universities 1975–1985. 5th General Assembly of the Standing Conference of Rectors and Vice-Chancellors of the European Universities convened in Bologna from 1 to 7 September 1974, Oxford 1975.

CRE (Hrsg.): VIth General Assembly, Wien 1975.

Eden, Anthony: Full Circle. The Memoirs of Anthony Eden, London 1960.

Europäische Rektorenkonferenz. Die optimale und maximale Größe der Universität. Veröffentlichung der Ständigen Konferenz der Rektoren und Vizekanzler der europäischen Universitäten für die Vorbereitung der III. Generalversammlung in Göttingen vom 2. bis 9. September 1964, Göttingen 1964.

Leech, H. R. (Hrsg.): Report of the Conference of European University Rectors and Vice-Chancellors held in Cambridge, 20th–27th July, 1955, London 1955.

Rat der Europäischen Gemeinschaften (Hrsg.): Erklärungen zur Europäischen Bildungspolitik 1974–1983, Luxemburg 1985.
Steger, Hanns-Albert (Hrsg.): Das Europa der Universitäten. Entstehung der Ständigen Konferenz der Rektoren und Vize-Kanzler der Europäischen Universitäten 1948–1962, Bad Godesberg 1964.
Western European Union (Hrsg.): Second Conference of European University Rectors and Vice-chancellors held at Dijon, 9–15 September 1959. Report of Proceedings, London 1960.
Zimmerli, Walther (Hrsg.): Die optimale und maximale Größe der Universität. Protokoll der III. Generalversammlung der Ständigen Konferenz der Rektoren und Vizekanzler der europäischen Universitäten, Göttingen 1966.

Weitere Dokumentenbände:

Angel, William David (Hrsg.): The International Law of Youth Rights: Source Documents and Commentary, Dordrecht 1995.
Assembly of Western European Union [Assembly Documents/Minutes of Proceedings].
Auswärtiges Amt (Hrsg.): Konferenz über Sicherheit und Zusammenarbeit in Europa. Dokumente zum KSZE-Prozeß, Bonn 1990.
Bauer, Karl Heinrich (Hrsg.): Vom Neuen Geist der Universität: Dokumente, Reden und Vorträge 1945/46, Berlin 1947.
Collège d'Europe (Hrsg.): Université Européenne. Documents et conclusions du Colloque international organisé par le Collège d'Europe et le Bureau Universitaire du Mouvement Européen à Bruges du 4 au 7 avril 1960, Leiden 1962.
Council of Europe, Consultative Assembly [Assembly Documents/Working Papers].
Der Präsident der Humboldt-Universität zu Berlin (Hrsg.): Gründungstexte. Mit einer editorischen Notiz von Rüdiger vom Bruch. Festgabe zum 200-jährigen Jubiläum der Humboldt-Universität zu Berlin, Berlin 2010.
Deutscher Bundestag. 5. Wahlperiode. Drucksachen.
Generaldirektion Parlamentarische Dokumentation und Information (Hrsg.): Die Europäische Universität: Dokumentensammlung, Luxemburg 1967.
Neuhaus, Rolf (Hrsg.): Dokumente zur Hochschulreform: 1945–1959, Wiesbaden 1961.
Universitätsarchiv München (Hrsg.): Chronik der Ludwig-Maximilians-Universität München 1967/1968.
vom Brocke, Bernhard/Krüger, Peter (Hrsg.): Hochschulpolitik und Föderalismus. Die Protokolle der Hochschulkonferenzen der deutschen Bundesstaaten und Österreichs 1898 bis 1918, Berlin 1994.
Westdeutsche Rektorenkonferenz: Stellungnahmen, Empfehlungen, Beschlüsse 1960–1989, Band VI. Beziehungen zum Ausland, Bonn 1991.
Western European Union. Documentary for 1955, in: European Yearbook, 3 (1957), S. 172–201.
III. Europäische Rektorenkonferenz, Göttingen, 2.–8. September 1964. Sonderausgabe: Wirtschaft und Wissenschaft. Mitteilungsblatt des Stifterverbandes für die deutsche Wissenschaft, November 1964.

Sonstige gedruckte Quellen:

Assembly of Western European Union (Hrsg.): Ten Years of Seven-Power Europe, Paris 1964.
Bouchard, Marcel: L'Académie de Dijon et le premier discours de Rousseau, Paris 1950.
Bouchard, Marcel: L'Histoire des oracles' de Fontenelle, Paris 1947.
Bouchard, Marcel: Pour la Bourgogne, son Université. Souvenirs et réflexions, Dijon 2008.
Britain in Western Europe. WEU and the Atlantic Alliance. A Report by a Chatham House Study Group, London 1956.
Cohn-Bendit, Daniel: Wir haben sie so geliebt, die Revolution, Frankfurt am Main 1987.
European Economic Community Commission: Ninth General Report on the Activities of the Community (1 April 1965–31 March 1966), Brüssel 1966.
Hallstein, Walter: Wege nach Europa. Walter Hallstein und die junge Generation, Andernach 1967.

Jahrreiß, Hermann: Mensch und Staat. Rechtsphilosophische, staatsrechtliche und völkerrechtliche Grundfragen in unserer Zeit, Köln 1957.
Jahrreiß, Hermann: Demokratie. Selbstbewußstein – Selbstgefährdung – Selbstschutz, Tübingen 1949.
Jahrreiß, Hermann: Deutschland und Europa, Köln 1939.
Jahrreiß, Hermann: Europa – Germanische Gründung aus dem Ostseeraum, 2. Auflage, Heidelberg 1939.
Jahrreiß, Hermann: England und Deutschland. Vortrag und Niederländische Übersetzung, Den Haag 1943.
Killian Jr., James R.: Ein Internationales Institut für Wissenschaft und Technik, in: NATO-Brief, 10.3 (1962), S. 8.
Kohnstamm, Max: Zivilmacht Europa – Supermacht oder Partner? Deutsche Fassung von Ruprecht Paqué, Frankfurt am Main 1973.
Müller-Armack, Alfred: Auf dem Weg nach Europa. Erinnerungen und Ausblicke, Tübingen 1971.
Organisation du traité de Bruxelles: En route! Guide international de la Jeunesse – International Guide for Young People, Paris 1951.
Ständige Konferenz der Rektoren und Vizekanzler der Europäischen Universitäten: Entstehung und Entwicklung bis zur III. Konferenz in Göttingen 1964, in: Wissenschaft und Wirtschaft: Zeitschrift des Stifterverbandes für die deutsche Wirtschaft, Sonderausgabe 1965.

Zeitungen/Magazine

Amtsblatt der Europäischen Gemeinschaften
Bulletin of the European Communities
Bulletin des Presse- und Informationsamtes der Bundesregierung
CRE Action
CRE Information
Der Spiegel
Deutsche Universitätszeitung
Die Ostschweiz
Die Zeit
EG-Magazin
European Community: Common Market. Coal and Steel Community. EURATOM
Frankfurter Allgemeine Zeitung
Göttinger Tageblatt
Haagsche Courant
Herald Tribune
Neues Deutschland
Neue Zürcher Zeitung
New York Times
Süddeutsche Zeitung
The Guardian
The Manchester Guardian
The Times

Monographien, Sammelbände, Zeitschriften

Alter, Peter: Der DAAD seit seiner Wiedergründung 1950, in: Derselbe (Hrsg.): Spuren in die Zukunft. Der Deutsche Akademische Austauschdienst 1925–2000, Band 1, Der DAAD in der Zeit. Geschichte, Gegenwart und zukünftige Aufgaben – vierzehn Essays, 4. Auflage, Bonn 2000, S. 50–105.

Altrichter, Helmut: Stalin. Der Herr des Terrors, München 2018.

Angster, Julia: Konsenskapitalismus und Sozialdemokratie. Die Westernisierung von SPD und DGB, München 2003.

Anweiler, Oskar: Sowjetisierung im Bildungswesen – Zwanzig Jahre nach den ersten Analysen – ein Rückblick und ein Ausblick, in: Lemberg, Hans (Hrsg.): Sowjetisches Modell und nationale Prägung. Kontinuität und Wandel in Ostmitteleuropa nach dem Zweiten Weltkrieg, Marburg 1991, S. 309–312.

Applebaum, Anne: Der Eiserne Vorhang. Die Unterdrückung Osteuropas 1944–1956. Aus dem amerikanischen Englisch von Martin Richter, Neuauflage, Bonn 2014.

Ashby, Eric/Anderson, Mary: Autonomy and Academic Freedom in Britain and in English-speaking Countries of Tropical Africa, in: Minerva, IV.3 (1966), S. 317–364.

Ash, Mitchell G.: Bachelor of What, Master of Whom? The Humboldt Myth and Historical Transformations of Higher Education in German-Speaking Europe and the US, in: European Journal of Education 41.2 (2006), S. 245–267.

Ash, Mitchell G.: Die Universität Wien in den politischen Umbrüchen des 19. und 20. Jahrhunderts, in: Derselbe/Ehmer, Josef (Hrsg.): Universität – Politik – Gesellschaft (650 Jahre Universität Wien – Aufbruch ins neue Jahrhundert, Band II/1, S. 29–172.

Ash, Mitchell G.: From ‚Humboldt‘ to ‚Bologna‘: History as Discourse in Higher Education Reform Debates in German-Speaking Europe, in: Jessop, Bob/Fairclough, Norman/Wodak, Ruth (Hrsg.): Education and the Knowledge-Based Economy in Europe, Rotterdam 2008, S. 41–62.

Ash, Mitchell G.: Mythos Humboldt gestern und heute – Zur Einführung, in: Derselbe (Hrsg.): Mythos Humboldt. Vergangenheit und Zukunft der deutschen Universität, Wien 1999, S. 7–25.

Ash, Mitchell G./Söllner, Alfons: Introduction. Forced Migration and Scientific Change after 1933, in: Dieselben (Hrsg.): Forced Migration and Scientific Change. Emigre German-speaking Scientists and Scholars After 1933, Washington D. C. 1996, S. 1–19.

Ash, Mitchell G./Surman, Jan (Hrsg.): The Nationalization of Scientific Knowledge in the Habsburg Empire, 1848–1918, Basingstoke 2012.

Ash, Mitchell G.: Wissenschaft und Politik als Ressourcen füreinander. Programmatische Überlegungen am Beispiel Deutschlands, in: Büschenfeld, Jürgen (Hrsg.): Wissenschaftsgeschichte heute. Festschrift für Peter Lundgreen, Bielefeld 2001, S. 117–134.

Aubourg, Valérie: Problems of Transmission. The Atlantic Community and the Successor Generation as Seen by US Philanthropy, 1960s-1970s, in: Scott-Smith, Giles/Aubourg, Valérie (Hrsg.): Atlantic, Euratlantic, or Europe-America? Paris 2011, S. 416–443.

Aubourg Valérie: Organizing Atlanticism. The Bilderberg Group and the Atlantic Institute, 1952–1963, in: Intelligence and National Security, 18.2 (2003), S. 92–105.

Barblan, Andris: University Co-operation in Europe. Some Useful Lessons, in: European Journal of Education 17.1 (1982), S. 27–35.

Barblan, Andris: Academic co-operation and mobility in Europe; how it was, how it should be, in: CEPES 30th anniversary – special issue of Higher Education in Europe, S. 1–32.

Bayly, Christopher Alan: The Birth of the Modern World, 1780–1914. Global Connections and Comparisons, Oxford 2004.

Beaupré, Nicolas: Das Trauma des großen Krieges 1918–1932/33. Aus dem Französischen übersetzt von Gaby Sonnabend, Darmstadt 2009.

Beck, Ulrich/Grande, Edgar: Das kosmopolitische Europa. Gesellschaft und Politik in der zweiten Moderne, Frankfurt am Main 2004.

Behnel, Albrecht (Hrsg.): Das kleine Lexikon der Hochschulbegriffe. Akademische Fachbegriffe aus Tradition und Gegenwart, Stuttgart 2012.

Bekemans, Léonce/Mahncke, Dieter/Picht, Robert: The College of Europe: Fifty Years of Service to Europe, Brügge 1999.

Beyerchen, Alan D.: Wissenschaftler unter Hitler. Physiker im Dritten Reich, aus dem Amerikanischen von Erica und Peter Fischer, Köln 1980.

Bielzer, Louise: Perzeption, Grenzen und Chancen des Subsidiaritätsprinzips im Prozess der Europäischen Einigung. Eine international vergleichende Analyse aus historischer Perspektive, Münster 2003.

Blanke, Hermann-Josef: Europa auf dem Weg zu einer Bildungs- und Kulturgemeinschaft, Köln 1994.

Bockstaele, Paul: Mathematik und exakte Naturwissenschaften, in: Rüegg, Walter (Hrsg.): Geschichte der Universität in Europa. Band 3: Vom 19. Jahrhundert zum Zweiten Weltkrieg (1800–1945), München 2004, S. 407–426.

Borcier, Paul: The Political Role of the Assembly of WEU, Straßburg 1963.

Bourdieu, Pierre: Der Tote packt den Lebenden (= Schriften zu Politik & Kultur 2), aus dem Französischen von Jürgen Bolder, Hamburg 1997.

Bourdieu, Pierre: Entwurf einer Theorie der Praxis auf der ethnologischen Grundlage der kabylischen Gesellschaft, Frankfurt am Main 1972.

Bourdieu, Pierre: Zur Soziologie der symbolischen Formen. Aus dem Französischen von Wolf H. Fietkau, Frankfurt am Main 1970.

Brunn, Gerhard: Die europäische Einigung. Von 1945 bis heute, Stuttgart 2002.

Bungert, Heike: Globaler Informationsaustausch und globale Zusammenarbeit. Die International Association of Universities, 1950–1968, in: Jahrbuch für Universitätsgeschichte, 13 (2010), S. 177–191.

Burleigh, Michael: Death and Deliverance. ‚Euthanasia‘ in Germany 1900–1945, Cambridge 1994.

Calic, Marie-Janine: Geschichte Jugoslawiens, Neuauflage, München 2018.

Calic, Marie-Janine: Tito. Der ewige Partisan, München 2020.

Calligaro, Oriane/Patel, Kiran Klaus: From Competition to Cooperation in Promoting European Culture. The Council of Europe and the European Union since 1950, in: Journal of European Integration History, 1.23 (2017), S. 129–149.

Charle, Christophe: Comparaisons et transferts en histoire culturelle de l'Europe. Quelques réflexions à propos de recherches récentes, in: Les cahiers Irice, 1.5 (2010), S. 51–73.

Charle, Christophe: La République des universitaires (1870–1940), Paris 1994.

Charle, Christophe: Les références étrangères des universitaires, in: Actes de la recherche en sciences sociales, 148 (2003), S. 8–19.

Charle, Christophe: The Intellectual Networks of Two Leading Universities: Paris and Berlin 1890–1930, in: Charle, Christophe/Schriewer, Jürgen/Wagner, Peter (Hrsg.): Transnational Intellectual Networks. Forms of Academic Knowledge and the Search for Cultural Identities, Frankfurt am Main 2004, S. 401–450.

Chaussy, Ulrich: Rudi Dutschke. Die Biographie, München 2018.

Clemens, Gabriele/Reinfeldt, Alexander/Wille, Gerhard: Geschichte der europäischen Integration, Paderborn 2008.

Chomsky, Noam u. a. (Hrsg.): The Cold War & the University. Toward an Intellectual History of the Post War Years, New York 1997.

Connelly, John: Captive University. The Sovietization of East German, Czech, and Polish Higher Education 1945–1956, Chapell Hill 2000.

Connelly, John: Ostdeutsche Universitäten 1945–1989, in: Ash, Mitchell G. (Hrsg.): Mythos Humboldt. Vergangenheit und Zukunft der deutschen Universität, Wien 1999, S. 80–104.

Corbett, Anne: Ideas, Institutions and Policy Entrepreneurs. Towards a New History of Higher Education in the European Community, in: European Journal of Education 38.3 (2003), S. 315–330.

Corbett, Anne: Principles, Problems, Politics … What Does the Historical Record of EU Cooperation in Higher Education Tell the EHEA Generation, in: Curaj, Adrian u. a.: European Higher Education at the Crossroads, Dordrecht 2012, S. 39–57.

Corbett, Anne: Universities and the Europe of Knowledge. Ideas, Institutions, and Policy Entrepreneurship in European Union Higher Education Policy, 1955–2005, Basingstoke 2005.

Cornides, Wilhelm: Der Europarat als politischer Rahmen der europäischen kulturellen Zusammenarbeit, in: Europa-Archiv, 9.21 (1954), S. 6995.

Csáyk, Moritz: Von der Ratio Educationis zur Education Nationalis, in: Klingenstein, Grete/Lutz, Heinricht/Stourzh, Gerald (Hrsg.): Bildung, Politik und Gesellschaft (Wiener Beiträge zur Geschichte der Neuzeit, Band 5), Wien 1978, S. 205–238.

Dahrendorf, Ralf: Bildung ist Bürgerrecht. Plädoyer für eine aktive Bildungspolitik, Hamburg 1965.

de Boer, Harry: Change and continuity in Dutch internal university governance and management, in: Enders, Jürgen/van Vught, Franciscus A. (Hrsg.): Towards a cartography of higher education policy change. A Festschrift in Honour of Guy Neave, Enschede 2007, S. 31–38.

Deighton, Anne: The Last piece of the Jigsaw. Britain and the Creation of the Western European Union, 1954, in: Contemporary European History, 7.2 (1998), S. 181–196.

De Witt, Nicholas: Soviet Professional Manpower. Its Education, Training, and Supply, Washington DC 1951.

Dirnecker, Bert: Die „Patrice Lumumba-Universität für Völkerfreundschaft" in Moskau, in: Moderne Welt, 3 (1961/1962), S. 211–224.

Djagalov, Rossen/Evans, Christine: Moskau 1960. Wie man sich eine sowjetische Freundschaft mit der Dritten Welt vorstellte, in: Hilger, Andreas (Hrsg.): Die Sowjetunion und die Dritte Welt. UdSSR, Staatssozialismus und Antikolonialismus im Kalten Krieg 1945–1991, München 2009, S. 83–105.

Doering-Manteuffel, Anselm: Wie westlich sind die Deutschen? Amerikanisierung und Westernisierung im 20. Jahrhundert, Göttingen 1999.

Doering-Manteuffel, Anselm: Nach dem Boom. Brüche und Kontinuitäten der Industriemoderne seit 1970, in: Vierteljahrshefte für Zeitgeschichte, 55.4 (2007), S. 559–581.

Doering-Manteuffel, Anselm/Raphael, Lutz: Nach dem Boom. Perspektiven auf die Zeitgeschichte seit 1970, 3. Auflage, Göttingen 2012.

Dötsch, Jörg J.: Higher Purpose and Economic Reason. An Essay Concerning the Role of Numbers in European Education Policy, in: Prutsch, Markus J. (Hrsg.): Science, Numbers and Politics, Cham 2019, S. 271–299.

Donnerstag, Jürgen: German Education between Americanization and Globalization, in: Bach, Gerhard/Broeck, Sabine/Schulenberg, Ulf (Hrsg.): Americanization – Globalization – Education, Heidelberg 2003, S. 69–81.

Dorsmann, Leen/Blankesteijn, Annemarieke: Work with Universities. The 1948 Utrecht Conference and the Birth of IAU. Higher Education and Research Addressing Local and Global Needs. IAU 13th General Conference 15–18 July 2008, Utrecht 2008.

Dransfeld, Gabriele: Die Rolle der Westeuropäischen Union (WEU) im Europäischen Integrationsprozess, München 1974.

Dülffer, Meike: 1968. Eine europäische Bewegung? BPB Dossier, S. 17–80.

Eckel, Jan: Die Ambivalenz des Guten. Menschenrechte in der internationalen Politik seit den 1940ern, Göttingen 2014.

Ehlich, Konrad: „Alles Englisch oder was?" Eine kleine Kosten- und Nutzenrechnung zur neuen wissenschaftlichen Einsprachigkeit, in: Glaser, Elvira u. a. (Hrsg.): Sprache(n) verstehen, Zürich 2014, S. 215–232.

Elias, Norbert: Die Gesellschaft der Individuen (Gesammelte Schriften, 10), Frankfurt am Main 2001.

Elias, Norbert: Studien über die Deutschen. Machtkämpfe und Habitusentwicklung im 19. und 20. Jahrhundert (Gesammelte Schriften, 11), Frankfurt am Main 2005.

Feyen, Benjamin: The making of a Success Story. The Creation of the Erasmus Programme in the Historical Context, in: Derselbe/Krzaklewska, Ewa (Hrsg.): The ERASMUS Phenomenon. Symbol of a New European Generation, Frankfurt am Main 2003, S. 21–38.

Finkel, Stuart D.: On the ideological front. The Russian intelligentsia and the making of the Soviet Public Sphere, New Haven 2008.

Finkel, Stuart D.: Purging the Public Intellectual. The 1922 Expulsions from Soviet Russia, in: The Russian Review, 62.4 (2003), S. 589–613.

Fischer, Per: Dreijährige Bilanz der Westeuropäischen Union, in: Europa-Archiv 14.2/3 (1959), S. 55.

Fischer, Peter: Atomenergie und staatliches Interesse. Die Anfänge der Atompolitik in der Bundesrepublik Deutschland 1949–1955, Baden-Baden 1994.

Fisher, Herbert A. L. (Hrsg.): British Universities and the War. A Record and its Meaning, Boston 1917.

Fox, Michael David: Das seltsame Schicksal der russischen Universitäten, in: Connelly, John/ Grüttner, Michael (Hrsg.): Zwischen Autonomie und Anpassung. Universitäten in den Diktaturen des 20. Jahrhunderts, Paderborn 2003, S. 13–37.

Fränz, Peter/Schulz-Hardt, Joachim: Zur Geschichte der Kultusministerkonferenz 1948–1998, in: Sekretariat der Kultusministerkonferenz (Hrsg.): Einheit in der Vielfalt. 50 Jahre Kultusministerkonferenz 1948–1998, München 1998, S. 177–227.

Frei, Norbert: 1968. Jugendrevolte und globaler Protest, 3. Auflage, München 2008.

Fuchs, Eckhard: The Creation of New International Networks in Education. The League of Nations and Educational Organizations in the 1920s, in: Paedagogica Historica 43.2 (2007), S. 199–209.

Fuchs, Eckhardt/Schriewer, Jürgen: Internationale Organisationen als Global Players in Bildungspolitik und Pädagogik, in: Zeitschrift für Pädagogik, 52.2 (2007), S. 145–148.

Füssel, Marian: Einleitung, in: Derselbe/Mulsow, Martin (Hrsg.): Gelehrtenrepublik (= Aufklärung. Interdisziplinäres Jahrbuch zur Erforschung des 18. Jahrhunderts und seiner Wirkungsgeschichte, Bd. 26) Hamburg 2015, S. 5–16.

Füssl, Karl-Heinz: Deutsch-amerikanischer Kulturaustausch im 20. Jahrhundert. Bildung – Wissenschaft – Politik, Frankfurt am Main 2004.

Gassert, Philipp: Amerikanismus, Antiamerikanismus, Amerikanisierung. Neue Literatur zur Sozial-, Wirtschafts- und Kulturgeschichte des amerikanischen Einflusses in Deutschland und Europa, in: Archiv für Sozialgeschichte, 39 (1999), S. 531–561.

Gehler, Michael: Bündnispolitik und Kalter Krieg 1949/55–1991, in: Kernic, Franz/Hauser, Gunther (Hrsg.): Handbuch zur europäischen Sicherheit, 2., durchgesehene Auflage, Frankfurt am Main 2006, S. 57–69.

Gehler, Michael: Europa. Ideen – Institutionen – Vereinigungen, München 2005.

Geiger, Roger L.: Research and Relevant Knowledge. American Research Universities Since World War II, New York 1993.

Geiger, Roger L.: What Happened after Sputnik? Shaping University Research in the United States, in: Minerva. A Review of Science, Learning & Policy. 35.4 (1997), S. 349–367.

Gemelli, Giuliana: Western Alliance and Scientific Community in the early 1960s. The Rise and Failure of the Project to Create a European M.I.T., in: Laurence, Robert/Vaudagna, Maurizio (Hrsg.): The American Century in Europe, Cornell 2003, S. 171–194.

Geuna, Aldo: The Internationalisation of European Universities. A Return to Medieval Roots, in: Minerva 36.3 (1998), S. 253–270.

Gierl, Martin: Geschichte und Organisation. Institutionalisierung als Kommunikationsprozess am Beispiel der Wissenschaftsakademien um 1900, Göttingen 2004.

Gilcher-Holtey, Ingrid: Die 68er Bewegung. Deutschland – Westeuropa – USA, München 2001.

Gilde, Benjamin: Österreich im KSZE-Prozess. Neutraler Vermittler in humanitärer Mission, München 2013.

Gordin, Michael D.: Scientific Babel. How Science Was Done Before and After Global English, Chicago 2015.

Gornitzka, Ase: Coordinating Policies for a „Europe of Knowledge". Emerging Practices of the „Open Method of Coordination" in Education and Research, Arena Working Paper 16, Oslo 2005.

Grätz, Ronald: Kann Kultur Europa retten? Bonn 2017.

Grätz, Ronald: Die Zukunft Europas aus der Kultur gewinnen, in: Kulturpolitische Mitteilungen 137.II (2012), S. 38–40.

Graham, Loren R.: Science in Russia and the Soviet Union. A Short History, Cambridge 1993.

Graziano, Paolo/Vink, Maarten Peter (Hrsg.): Europeanization. New Research Agendas, New York 2007.

Green, Maria Cowles/Caporaso, James A./Risse-Kappen, Thomas (Hrsg.): Transforming Europe. Europeanization and Domestic Change, Ithaca 2001.

Gregory, Wilfried (Hrsg.): International Congresses and Conferences 1840–1937, New York 1937.

Große Hüttmann, Martin/Wehling, Hans-Georg (Hrsg.): Das Europalexikon, Bonn 2009.

Grüttner, Michael (Hrsg.): Biographisches Lexikon zur nationalsozialistischen Wissenschaftspolitik, Heidelberg 2004.

Grüttner, Michael: Die deutschen Universitäten unter dem Hakenkreuz, in: Connelly, John/ Grüttner, Michael (Hrsg.): Zwischen Autonomie und Anpassung. Universitäten in den Diktaturen des 20. Jahrhunderts, Paderborn 2003, S. 67–100.

Grüttner, Michael: Studenten im Dritten Reich, Paderborn 1995.

Grüttner, Michael u. a. (Hrsg.): Gebrochene Wissenschaftskulturen. Universität und Politik im 20. Jahrhundert, Göttingen 2010.

Grüttner, Michael: Wissenschaft, in: Enzyklopädie des Nationalsozialismus, 5., aktualisierte und erweiterte Ausgabe, München 2007, S. 143–165.

Grüttner, Michael/Kinas, Sven: Die Vertreibung von Wissenschaftlern aus den deutschen Universitäten 1933–1945, in: Vierteljahrshefte für Zeitgeschichte, 55.1 (2007), S. 123–186.

Grüttner, Michael: Wissenschaft, in: Enzyklopädie des Nationalsozialismus, 5. aktualisierte und erweiterte Ausgabe, München 2007, S. 143–165.

Haar, Ingo/Fahlbusch, Michael (Hrsg.): German Scholars and Ethnic Cleaning, 1920–1945, New York 2005.

Habermas, Jürgen: Erläuterungen zur Diskursethik, Frankfurt am Main 1991.

Häußler, Mathias: Ein britischer Sonderweg? Ein Forschungsbericht zur Rolle Großbritanniens bei der europäischen Integration seit 1945, in: Vierteljahrshefte für Zeitgeschichte, 67.2 (2019), S. 263–286.

Hagenau, Gerda (Hrsg.): Adam Mickiewicz als Dramatiker. Dichtung und Bühnengeschichte, Frankfurt am Main 1999.

Haigh, Anthony: Cultural Diplomacy in Europe, New York 1972.

Hammerstein, Notker: Besonderheiten der österreichischen Universitäts- und Wissenschaftsreform zur Zeit Maria Theresias und Joseph II., in: Österreich im Europa der Aufklärung. Kontinuität und Zäsur in Europa zur Zeit Maria Theresias und Joseph II., Band 3, Wien 1985, S. 787–812.

Hansen, Hendrik: Politik und wirtschaftlicher Wettbewerb in der Globalisierung. Kritik der Paradigmendiskussion in der Internationalen Politischen Ökonomie, Wiesbaden 2008.

Hansen, Jan: Abschied vom Kalten Krieg? Die Sozialdemokraten und der Nachrüstungsstreit, Berlin 2016.

Harmsen, Robert/Wilson, Thomas: Introduction. Approaches to Europeanization, in: Yearbook of European Studies, 14 (2004), S. 13–26.

Harryvan, Anjo G./van der Harst, Jan: Max Kohnstamm. A European's Life and Work, Baden-Baden 2011.

Hatzivassiliou, Evanthis: NATO and Western Perceptions of the Soviet Bloc. Alliance analysis and reporting, 1951–69, London 2014.

Hausmann, Frank-Rutger: ,Deutsche Geisteswissenschaft' im Zweiten Weltkrieg. Die ,Aktion Ritterbusch' (1940–1945), 3., erweiterte Auflage, Heidelberg 2007.

Hausmann, Frank-Rutger: Die Geisteswissenschaften im „Dritten Reich", Frankfurt am Main 2011.

Hecken, Thomas: Gegenkultur und Avantgarde 1950–1970. Situationisten, Beatniks, 68er, Tübingen 2006.

Heiber, Helmut: Universitäten unterm Hakenkreuz, Band 1 Teil II: Die Kapitulation der Hohen Schulen. Das Jahr 1933 und seine Themen, München 1992.

Heilbron, Friedrich: Hochschule und auswärtige Politik, in: Das Akademische Deutschland, Band 3: Die deutschen Hochschulen in ihren Beziehungen zur Gegenwartskultur, Berlin 1930, S. 143–152.

Herren, Madeleine: Hintertüren zur Macht. Internationalismus und modernisierungsorientierte Außenpolitik in Belgien, der Schweiz und den USA 1865–1914, München 2000.

Hilwig, Stuart J.: Italy and 1968. Youthful Unrest and Democratic Culture, New York 2010.

Hindrichs, Günter: Kulturgemeinschaft Europa, Köln 1968.

Hohls, Rüdiger/Kaelble, Hartmut: Einleitung. Historische Perspektiven auf die europäische Integration, in: Dieselben (Hrsg.): Geschichte der europäischen Integration bis 1989, Stuttgart 2016, S. 11–23.

Holeschovsky, Christine: Europarat, in: Bergmann, Jan/Wickel, Wolfgang W. (Hrsg.): Handlexikon der Europäischen Union, 3., überarbeitete Auflage, Stuttgart 2005, S. 310–311.

Hollander, Paul: Anti-Americanism. Critiques at Home and Abroad, 1965–1990, New York 1992.

Horn, Gerd-Rainer: The spirit of '68, Rebellion in Western Europe and North America, 1956–1976, Oxford 2007.

Humburg, Martin: The Open Method of Coordination and European Integration. The Example of European Education Policy, Berlin Working Paper on European Integration No. 8, Berlin 2008.

International Co-operation in Research, in: Nature, 4754, 10. 12. 1960, S. 879–881.

Irish, Tomás: The University at War, 1914–25. Britain, France, and the United States. Basingstoke 2015.

Iriye, Akira: Global Community. The Role of International Organizations in the Making of the Contemporary World, Berkeley 2002.

Iriye, Akira: Historicizing the Cold War, in: Immermann, Richard H./Goedde, Petra (Hrsg.): The Oxford Handbook of the Cold War, Oxford 2013, S. 15–31.

Iriye Akira/Osterhammel, Jürgen (Hrsg.): Geschichte der Welt 1870–1945. Weltmärkte und Weltkriege. München 2012.

Ivanov, Konstantin: Science after Stalin. Forging a New Image of Soviet Science, in: Science in Context 15.2 (2002), S. 317–338.

Jaspers, Karl: Die Idee der Universität, Neuauflage, Berlin 1946.

Jessen, Ralph: Akademische Elite und kommunistische Diktatur. Die ostdeutsche Hochschullandschaft in der Ulbricht-Ära, Göttingen 1999.

Jonas, Alexandra: Organisation für wirtschaftliche Zusammenarbeit und Entwicklung, in: Große Hüttmann, Martin/Wehling, Hans-Georg (Hrsg.): Das Europalexikon, Bonn 2009, S. 292.

Kaiser, Charles: The Cost of Courage, New York 2015.

Kaiser, Monika: Sowjetischer Einfluß auf die ostdeutsche Verwaltung und Politik 1945–1970, in: Jarausch, Konrad Hugo/Siegrist, Hannes (Hrsg.): Amerikanisierung und Sowjetisierung in Deutschland 1955–1970, Frankfurt am Main 1997, S. 111–135.

Kaiser, Wolfram/Patel, Kiran Klaus: Multiple connections in European co-operation. International organizations, policy ideas, practices and transfers 1967–92, in: European Review of History, 24.3 (2017), S. 337–357.

Kallen, Denis/Neave, Guy: The Open Door. Pan-European Academic Co-operation, Bukarest 1991.

Karady, Victor: La migration internationale d'étudiants en Europe, 1890–1940, in: Actes de la recherche en sciences sociales 5.145 (2002), S. 47–60.

Karady, Victor: La république des lettres des temps modernes. L'internationalisation des marchés universitaires occidentaux avant la Grande Guerre, in: Actes de la recherche en sciences sociales, 121–122 (1998), S. 92–103.

Karner, Stefan u. a.: Der ‚Prager Frühling' und seine Niederwerfung. Der internationale Kontext, in: Tomilina, Natalja/Tschubarjan, Alexander (Hrsg.): Prager Frühling. Das internationale Krisenjahr 1968, Köln 2008, S. 17–67.

Kehm, Barbara M./Schomburg, Harald/Teichler, Ulrich (Hrsg.): Funktionswandel der Universitäten, Frankfurt 2012.

Kimminich, Otto: Rektoratsverfassung, in: Lexikon der Pädagogik, Band 3: Kultur bis Schulbuch, 3. Auflage, Freiburg 1971, S. 409.

Klein, Wolf Peter: Deutsch statt Latein! Zur Entwicklung der Wissenschaftssprachen in der frühen Neuzeit, in: Eins, Wieland/Glück, Helmut/Pretscher, Sabine (Hrsg.): Wissen schaffen – Wissen kommunizieren. Wissenschaftssprachen in Geschichte und Gegenwart, Wiesbaden 2011, S. 35–47.

Kleßmann, Christoph/Długoborski, Waclaw: Nationalsozialistische Bildungspolitik und polnische Hochschulen 1939–1945, in: Geschichte und Gesellschaft, 23 (1997), S. 535–559.

Knegtmans, Peter Jan: De rector of een directeur? Over macht en voorrang aan de Universiteit van Amsterdam, 1945–1955, in: Dorsman, Leen/Knegtmans, Peter Jan (Hrsg.): Het universitaire bedrijf. Over professionalisering van onderzoek, bestuur en beheer, Hilversum 2010, S. 25–36.

Knipping, Franz/Schönwald, Matthias (Hrsg.): Aufbruch zum Europa der zweiten Generation. Die europäische Einigung 1969–1984, Trier 2004.

Koch, Hans-Albrecht: Die Universität. Geschichte einer europäischen Institution, Darmstadt 2008.

Kopetz, Hedwig: Forschung und Lehre. Die Idee der Universität bei Humboldt, Jaspers, Schelsky und Mittelstraß, Wien 2002.

Korzhenkov, Aleksander: Zamenhof. The Life, Works and Ideas of the Author of Esperanto, New York 2010.

Kowalczuk, Ilko-Sascha: Geist im Dienste der Macht. Hochschulpolitik in der SBZ/DDR 1945–1961, Berlin 2003.

Kraushaar, Wolfgang: Die 68er-Bewegung international, 4 Bände, Stuttgart 2018.

Kretschmer, Winfried: Geschichte der Weltausstellungen, Frankfurt am Main 1999.

Krige, John: American Hegemony and the Postwar Reconstruction of Science in Europe, Cambridge 2006.

Krige, John: „Carrying American Ideas to the Unconverted". MIT's Failed Attempt to Export Operations Research to NATO, in: Mallard, Grégoire/Paradeise, Catherine/Peerbaye, Ashveen (Hrsg.): Global Science and National Sovereignty. Studies in Historical Sociology of Science, New York 2009, S. 120–142.

Krige, John: NATO and the Strengthening of Western Science in the Post-Sputnik Era, in: Minerva. A Review of Science, Learning & Policy, 38.1 (2000), S. 81–108.

Krill, Hans-Heinz: Die Gründung der UNESCO, in: Vierteljahrshefte für Zeitgeschichte, 16.3 (1968), S. 247–279.

Kurlansky, Mark: 1968. Das Jahr, das die Welt veränderte. Aus dem Englischen von Franca Fritz und Heinrich Koop. Köln 2005.

Kurz, Jan: Die Universität auf der Piazza, Entstehung und Zerfall der Studentenbewegung in Italien 1966–1968, Köln 2001.

Laitenberger, Volkhard: Der DAAD von seinen Anfängen bis 1945, in: Alter, Peter (Hrsg.): Spuren in die Zukunft. Der Deutsche Akademische Austauschdienst 1925–2000, Band 1, Der DAAD in der Zeit. Geschichte, Gegenwart und zukünftige Aufgaben – vierzehn Essays, 4. Auflage, Bonn 2000, S. 20–49.

Laqua, Daniel/Bouyssou, Rachel: Internationalisme ou affirmation de la nation? La coopération intellectuelle transnationale dans l'entre-deux-guerres, in: Critique internationale, 52 (juillet-septembre 2011), S. 51–67.

Lecheler, Helmut: Das Subsidiaritätsprinzip. Strukturprinzip einer europäischen Union, Berlin 1993.

Le Livre bleu. Recueil Biographique, Bruxelles 1950.

Leonhard, Jörn: Die Büchse der Pandora. Geschichte des Ersten Weltkriegs, München 2014.

Leonhard, Jörn: Der überforderte Frieden. Versailles und die Welt 1918–1923, München 2018.

Liebsch, Katharina: Identität und Habitus, in: Korte, Hermann/Schäfers, Bernhard (Hrsg.): Einführung in Hauptbegriffe der Soziologie, 9., überarbeitete und aktualisierte Auflage, Wiesbaden 2016, S. 79–100.

Loth, Wilfried: Europas Einigung: Eine Unvollendete Geschichte. Frankfurt am Main 2014.

Loth, Wilfried/Soutou, Georges-Henri (Hrsg.): The Making of Détente. Eastern and Western Europe in the Cold War, 1965–1975, London 2008, S. 1–5.

Loth, Wilfried: Vor 60 Jahren – der Haager Europa-Kongress, in: integration 31.2 (2008), S. 179–190.

Lowen, Rebecca S.: Creating the Cold War University. The Transformation of Stanford, Berkeley 1997.

Ludlow, Piers N. (Hrsg.): European Integration and the Cold War. Ostpolitik-Westpolitik, 1965–1973, London 2007.

Lundgreen, Peter: Europäische Universitäten im Krieg, in: Maurer, Trude (Hrsg.): Kollegen – Kommilitonen – Kämpfer. Europäische Universitäten im Ersten Weltkrieg, Stuttgart 2006, S. 353–357.

Maaß, Kurt-Jürgen: Europäische Hochschulpolitik. Die Arbeit des Europarats im Hochschulbereich 1949–1969, Hamburg 1970.

Major, Patrick/Mitter, Rana (Hrsg.): Across the Blocs. Exploring Comparative Cold War Cultural and Social History, London 2004.

Manning, Patrick: Introduction. Building Global Perspectives in History of Science. The Era from 1750 to 1850, in: Derselbe/Rood, Daniel (Hrsg.): Global Scientific Practice in an Age of Revolutions, 1750–1850, Pittsburgh 2016, S. 1–18.

Marwick, Arthur: The Sixties, Cultural Revolution in Britain, France, Italy, and the United States, c.1958–c.1974, Oxford 1998.

Maurer, Trude (Hrsg.): Kollegen – Kommilitonen – Kämpfer. Europäische Universitäten im Ersten Weltkrieg, Stuttgart 2006.

Maurer, Trude: Krieg der Professoren. Russische Antworten auf den deutschen Aufruf „An die Kulturwelt", in: Jahrbuch für Wirtschaftsgeschichte 45.1 (2004), S. 221–248.

Maurer, Trude: „… und wir gehören auch dazu". Universität und ‚Volksgemeinschaft' im Ersten Weltkrieg, Band 1, Göttingen 2015.

Maurer, Trude: Universitäten im Krieg. Aspekte eines lange vernachlässigten Forschungsthemas, in: Dieselbe (Hrsg.): Kollegen – Kommilitonen – Kämpfer. Europäische Universitäten im Ersten Weltkrieg, Stuttgart 2006, S. 9–28.

Mayer, Alexander: Universitäten im Wettbewerb. Deutschland von den 1980er Jahren bis zur Exzellenzinitiative, Stuttgart 2019.

Mayntz, Renate/Scharpf, Fritz W.: Der Ansatz des akteurzentrierten Institutionalismus, in: Dieselben (Hrsg.): Gesellschaftliche Selbstregelung und politische Steuerung. Frankfurt am Main 1995, S. 39–72.

Mayntz, Renate: Sozialwissenschaftliches Erklären. Probleme der Theoriebildung und Methodologie, Frankfurt am Main 2009.

Meifort, Franziska: Liberalisierung der Gesellschaft durch Bildungsreform. Ralf Dahrendorf zwischen Wissenschaft und Öffentlichkeit in den 1960er Jahren, in: Brandt, Sebastian u. a. (Hrsg.): Universität, Wissenschaft und Öffentlichkeit in Westdeutschland (1945 bis ca. 1970), Stuttgart 2014, S. 141–159.

Meifort, Franziska: Ralf Dahrendorf. Eine Biographie, München 2017.

Metzler, Gabriele: Deutschland in den internationalen Wissenschaftsbeziehungen, 1900–1930, in: Grüttner, Michael u. a. (Hrsg.): Gebrochene Wissenschaftskulturen. Universität und Politik im 20. Jahrhundert, Göttingen 2010, S. 55–82.

Metzler, Gabriele: Internationale Wissenschaft und nationale Kultur. Deutsche Physiker in der internationalen Community 1900–1960, Göttingen 2000.

Möller, Horst: Nationalsozialistische Wissenschaftsideologie, in: Tröger, Jörg (Hrsg.): Hochschule und Wissenschaft im Dritten Reich, Frankfurt am Main 1984, S. 65–76.

Neave, Guy: The EEC and Education, Trentham 1984.

Neumeister, Sebastian/Wiedemann, Conrad (Hrsg.): Res Publica Litteraria. Die Institutionen der Gelehrsamkeit in der frühen Neuzeit, Wiesbaden 1987.

Nierenberg, William A.: The NATO Science Programme, in: Bulletin of the Atomic Scientist. A Journal of Science and Public Affairs, 21.5 (1965), S. 45–48.

Nieuwenhuys, John: The Institute for European Studies. 50 Years of Teaching and Research in Pursuit of Openness, Brüssel 2014.

Nuti, Leopoldo: (Hrsg.): The Crisis of Détente in Europe. From Helsinki to Gorbachev 1975–1985, London 2009.

Nyborg, Per: The Roots of the European University Association, Brussels 2014.

Oberloskamp, Eva: Die Europäisierung der Terrorismusbekämpfung in den 1970er Jahren: Bundesdeutsche Akteure und Positionen, in: Hürter, Johannes (Hrsg.): Terrorismusbekämpfung in Westeuropa. Demokratie und Sicherheit in den 1970er und 1980er Jahren, Berlin 2015, S. 219–238.

Osterhammel, Jürgen: Die Verwandlung der Welt. Eine Geschichte des 19. Jahrhunderts, Neuauflage, Bonn 2010.

Palayret, Jean-Marie: Eine Universität für Europa. Die Vorgeschichte des Europäischen Hochschulinstituts in Florenz (1948–1976), übersetzt aus dem Französischen von Dieter Moselt,
Rom 1996.

Palayret, Jean-Marie: Une grande école pour une grande idée. L'institut universitaire européen
de Florence et les vicissitudes d'une identité „académique" de l'Europe (1948–1990), in: Bitsch,
Marie-Therèse/Loth, Wilfried/Paidevin, Raymon (Hrsg.): Institutions européennes, S. 477–
501.

Paletschek, Sylvia: Die Erfindung der Humboldtschen Universität. Die Konstruktion der deutschen Universitätsidee in der ersten Hälfte des 20. Jahrhunderts, in: Historische Anthropolo-
gie, 10.2 (2002), S. 183–205.

Paletschek, Sylvia: Die permanente Erfindung einer Tradition. Die Universität Tübingen im Kaiserreich und in der Weimarer Republik, Stuttgart 2001.

Paletschek, Sylvia: Stand und Perspektiven der neueren Universitätsgeschichte, in: Zeitschrift für
Geschichte der Wissenschaften, Technik und Medizin (N.T.M.), 19 (2011), S. 169–189.

Papadopoulos, George S.: The OECD Approach to Education in Retrospect, 1960–1990, in: European Journal of Education 46.1 (2011), S. 85–86.

Patel, Kiran Klaus: Das Projekt Europa. Eine kritische Geschichte, München 2018.

Patel, Kiran Klaus: Europäisierung wider Willen. Die Bundesrepublik Deutschland in der Agrar-
integration der EWG 1955–1973, München 2009.

Patel, Kiran Klaus: Forschungsbericht. Europäische Integrationsgeschichte auf dem Weg zur Geschichte der 1970er und 1980er Jahre, in: Zeitschrift für Sozialgeschichte, 50 (2010), S. 595–
642.

Patel, Kiran Klaus: Jenseits des EU-Zentrismus. Kooperation und Integration in Europa im
20. Jahrhundert, in: Dingel, Irene/Kusber, Jan (Hrsg.): Die europäische Integration und die
Kirchen, Teil 3, Göttingen 2017, S. 1–18.

Patel: Kiran Klaus: Provincialising European Union. Co-operation and Integration in Europe in
a Historical Perspective, in: Contemporary European History, Volume 22 Issue 4, S. 649–673.

Paulus, Stefan: Vorbild USA? Amerikanisierung von Universität und Wissenschaft in Westdeutschland 1945–1976, München 2010.

Pépin, Luce: The History of European Cooperation in Education and Training. Europe in the
Making – An Example, Luxemburg 2006.

Peter, Matthias: Konferenzdiplomatie als Mittel der Entspannung. Die KSZE-Politik der Regie-
rung Schmidt/Genscher 1975–1978, in: Altrichter, Helmut/Wentker, Hermann (Hrsg.): Der
KSZE-Prozess. Vom Kalten Krieg zu einem neuen Europa 1975 bis 1990, München 2011,
S. 15–28.

Piela, Ingrid: Walter Hallstein – Jurist und gestaltender Europapolitiker der ersten Stunde. Politische und institutionelle Visionen des ersten Präsidenten der EWG-Kommission (1958–1967),
Berlin 2012.

Pietsch, Tamson: Empire and Higher Education Internationalisation, in: Bulletin of the Association of Commonwealth Universities, 20. Juli 2013.

Pietsch, Tamson: Empire of Scholars. Universities, Networks and the British Academic World,
Oxford 2015.

Pietsch, Tamson: Out of Empire. The Universities' Bureau and the Congresses of the Universities
of the British Empire, 1913–36, in: Schreuder, Deryck M. (Hrsg.): Universities for a New
World. Making a Global Network in International Higher Education, 1913–2013, Los Angeles
2013.

Piper, Ernst: Nacht über Europa. Kulturgeschichte des Ersten Weltkrieges, Berlin 2013.

Pörksen, Uwe (Hrsg.): Die Wissenschaft spricht Englisch? Versuch einer Standortbestimmung,
Göttingen 2005.

Prévost, Jean-Guy/Beaud, Jean-Pierre: Statistics, Public Debate and the State, 1800–1945. A Social, Political and Intellectual History of Numbers, Neuauflage, London 2015.

Raphael, Lutz: Die Pariser Universität unter deutscher Besatzung 1940–1944, in: Geschichte und
Gesellschaft, 23.4 (1997), S. 507–534.

Rasmussen, Anne: Au nom de la patrie. Les intellectuels et la Première Guerre mondiale (1910–
1919), Paris 1996.

Rasmussen, Anne: Mobilising minds, in: Winter, Jay (Hrsg.): The Cambridge History of the First World War, Band 3, Cambridge 2014, S. 390–417.

Regelmann, Johann-Peter: Die Geschichte des Lyssenkoismus, Frankfurt am Main 1980.

Reichherzer, Frank/Droit, Emmanuel/Hansen, Jan (Hrsg.): Den Kalten Krieg vermessen. Über Reichweite und Alternativen einer binären Ordnungsvorstellung, Berlin 2018.

Reif, Hans (Hrsg.): Europäische Integration, Wiesbaden 1962.

Reimer, Bruno W.: Hochschule zwischen Kaiserreich und Diktatur, in: Knigge-Tesche, Renate (Hrsg.): Berater der braunen Macht. Wissenschaft und Wissenschaftler im NS-Staat, Frankfurt am Main 1999, S. 11–25.

Reinbothe, Roswitha: Deutsch als internationale Wissenschaftssprache und der Boykott nach dem Ersten Weltkrieg, 2., überarbeitete und erweiterte Auflage, Berlin 2019.

Rieß, Falk/Kremer, Armin: Physikunterricht und Kalter Krieg, in: Forstner, Christian/Hoffmann, Dieter (Hrsg.): Physik im Kalten Krieg. Beiträge zur Physikgeschichte während des Ost-West-Konfliktes, Wiesbaden 2013.

Rivier, Dominique: En Marge de la Cinquième Assemblée de la Conférence des Recteurs Européens, à Bologne. L'Autonomie des Universités. L'enjeu d'une ouverture, in: Bulletin d'information de l'Université de Lausanne, 13 (1974), S. 1–3.

Rohan, Sally: The Western European Union. International Politics between Alliance and Integration, London 2014.

Rohrmann, Henning: Forschung, Lehre, Menschenformung. Studien zur „Pädagogisierung" der Universität Rostock in der Ulbricht-Ära, Rostock 2013.

Rosenberg, Emily: Spreading the American Dream. American Economic and Cultural Expansion, 1890–1945, New York 1982.

Rohstock, Anne: ‚Boom' oder ‚Krise'? Hochschulpolitik in Frankreich und Westdeutschland vor den Herausforderungen der 1960er Jahre, in: Gotto, Bernhard u. a. (Hrsg.): Krisen und Krisenbewusstsein in Deutschland und Frankreich in den 1960er Jahren, München 2012, S. 45–58.

Rohstock, Anne: Von der ‚Ordinarienuniversität' zur ‚Revolutionszentrale'. Hochschulreform und Hochschulrevolte in Bayern und Hessen 1957–1976, München 2010.

Rothbarth, Margarete: Geistige Zusammenarbeit im Rahmen des Völkerbundes, Münster 1931.

Ruane, Kevin: The Rise and Fall of the European Defence Community. Anglo-American Relations and the Crisis of European Defence, 1950–1955, Basingstoke 2000.

Rupnik, Jacques u. a. (Hrsg.): The Rise and Fall of Anti-Americanism. A Century of French Perception, London 1990.

Rüegg, Walter: Die Entwicklung der deutschen Universität. Gedenkschrift an Frau Margot Becke, Heidelberg 2013.

Rüegg, Walter (Hrsg.): Geschichte der Universität in Europa, Band 1: Mittelalter, München 1993.

Rüegg, Walter (Hrsg.): Geschichte der Universität in Europa, Band 2: Von der Reformation zur Französischen Revolution (1500–1800), München 1996.

Rüegg, Walter (Hrsg.): Geschichte der Universität in Europa, Band 3: Vom 19. Jahrhundert zum Zweiten Weltkrieg (1800–1945). München 2004.

Rüegg, Walter (Hrsg.): Geschichte der Universität in Europa, Band 4: Vom Zweiten Weltkrieg bis zum Ende des zwanzigsten Jahrhunderts, München 2010.

Rüegg, Walter/Sadlak, Jan: Die Hochschulträger, in: Rüegg, Walter (Hrsg.): Geschichte der Universität in Europa, Band 4: Vom Zweiten Weltkrieg bis zum Ende des zwanzigsten Jahrhunderts, München 2010, S. 79–120.

Rüegg, Walter: Themen, Probleme und Grundlagen, in: Derselbe (Hrsg.): Geschichte der Universität in Europa, Band 4: Vom Zweiten Weltkrieg bis zum Ende des zwanzigsten Jahrhunderts, München 2010, S. 21–45.

Rupprecht, Tobias: Gestrandetes Flaggschiff. Die Moskauer Universität der Völkerfreundschaft, 21. August 1963, in: Osteuropa, 60.1 (2010), S. 95–114.

Scharpf, Fritz W.: Interaktionsformen. Akteurzentrierter Institutionalismus in der Politikforschung, Opladen 2000.

Schauz, Désirée: Umstrittene Analysekategorie – erfolgreicher Protestbegriff. Debatten über Ökonomisierung der Wissenschaft in der jüngeren Geschichte, in: Graf, Rüdiger (Hrsg.): Ökonomisierung. Debatten und Praktiken in der Zeitgeschichte, Göttingen 2019, S. 262–296.

Schönwald, Matthias: Walter Hallstein. Ein Wegbereiter Europas, Stuttgart 2018.

Schönwald, Matthias: „The same – should I say – antenna." Gemeinsamkeiten und Unterschiede im europapolitischen Denken von Jean Monnet und Walter Hallstein (1958–1963), in: Wilkens, Andreas (Hrsg.): Interessen verbinden. Jean Monnet und die europäische Integration der Bundesrepublik Deutschland, Bonn 1999, S. 269–297.

Schreuder, Deryck M. (Hrsg.): Universities for a New World. Making a Global Network in International Higher Education, 1913–2013, Los Angeles 2013.

Schroeder-Gudehus, Brigitte: Deutsche Wissenschaft und internationale Zusammenarbeit, 1914–1928. Ein Beitrag zum Studium kultureller Beziehungen in politischen Krisenzeiten, Genf 1966.

Schroeder-Gudehus, Brigitte: Die Jahre der Entspannung. Deutsch-französische Wissenschaftsbeziehungen am Ende der Weimarer Republik, in: Cohen, Yves/Manfrass, Klaus (Hrsg.): Frankreich und Deutschland. Forschung, Technologie und industrielle Entwicklung im 19. und 20. Jahrhundert, München 1990, S. 105–115.

Schroeder-Gudehus, Brigitte: Les scientifiques et la paix. La communauté scientifique internationale au cours des années 20, Montreal 1978.

Schuppert, Gunnar Folke (Hrsg.): The Europeanisation of Governance, Baden-Baden 2006.

Scott-Smith, Giles: Networks of Empire. The US State Department's Foreign Leader Program in the Netherlands, France, and Britain 1950–70, Brüssel 2008.

Shaw, Tony: The Politics of Cold War Culture, in: Journal of Cold War Studies 3.3 (2001), S. 59–76.

Sidjanski, Dusan: Rapport sur la Communauté Universitaire Européenne, in: Friedrich, Carl J. (Hrsg.): Politische Dimension der europäischen Gemeinschaftsbildung, Köln 1968, S. 105–224.

Siemens, Johannes: Lyssenkoismus in Deutschland (1945–1965), in: Biologie in unserer Zeit, 27 (1997), S. 255–262.

Sikosek, Marcus: Die neutrale Sprache. Eine politische Geschichte des Esperanto-Weltbundes, Bydgoszcz 2006.

Sluga, Glenda: Internationalism in the Age of Nationalism, Philadelphia 2013.

Soyfer, Valery N.: Lysenko and the Tragedy of Soviet Science, New Brunswick 1994.

Soyfer, Valery N.: The Consequences of Political Dictatorship for Russian Science, in: Nature Review Genetics, 2.9 (2001), S. 723–729.

Staudigl-Ciechowicz, Kamila Maria: Das Dienst-, Habilitations- und Disziplinarrecht der Universität Wien 1848–1938. Eine rechtshistorische Untersuchung zur Stellung des wissenschaftlichen Universitätspersonals, Göttingen 2017.

Stephan, Alexander (Hrsg.): The Americanization of Europe. Culture, Diplomacy, and Anti-Americanism after 1945, New York 2007.

Stöver, Bernd: Der Kalte Krieg 1947–1991. Geschichte eines radikalen Zeitalters, München 2007.

Szanton, David L. (Hrsg.): The Politics of Knowledge: Area Studies and the Disciplines, Berkeley 2002.

Szöllösi-Janze, Margit: ‚Eine Art pole position im Kampf um die Futtertröge' – Thesen zum Wettbewerb zwischen Universitäten im 19. und 20. Jahrhundert, in: Jessen, Ralph (Hrsg.): Konkurrenz in der Geschichte. Praktiken – Werte – Institutionalisierungen, Frankfurt am Main 2014, S. 317–351.

Tenorth, Heinz-Elmar: Wilhelm von Humboldt: Bildungspolitik und Universitätsreform, Paderborn 2018.

The Reconfiguration of International Information Infrastructure Assistance Since 1991, in: Bulletin of the Association for Information Science and Technology, 24. 5 (Juni/Juli 1998), S. 8–10.

Thiemeyer, Guido: Die „Volonté Générale". Das Europäische Staatensystem und die Genese supranationaler internationaler Organisationen vom frühen 19. Jahrhundert bis in die Mitte des 20. Jahrhunderts, in: ZGEI – Zeitschrift für die Geschichte der Europäischen Integration, 22.2 (2016), S. 229–248.

Thomas, Daniel C.: The Helsinki Effect. International Norms, Human Rights, and the Demise of Communism, Princeton 2001.

Tindemans, Peter: Post-War Research, Education and Innovation Policy-Making in Europe, in: Delanghe, Henri/Muldur, Ugur/Soete, Luc (Hrsg.): European Science and Technology Policy. Towards Integration or Fragmentation? Cheltenham 2009, S. 3–24.

Tolz, Vera: Russian Academicians and the Revolution. Combining Professionalism and Politics, London 1997.

Tromly, Benjamin: Brother or Other? East European Students in Soviet Higher Education Establishments, 1948–1956, European History Quarterly, 44.1 (2014), S. 80–102.

Turner, George/Weber, Joachim D./Göbbels-Dreyling, Brigitte (Hrsg.): Hochschule von A–Z. Orientierung – Geschichte – Begriffe, 2., überarbeitete Auflage, Berlin 2011.

Uvalić-Trumbić, Stamenka: The World's Reference Point for Change in Higher Education, in: Bassett, Roberta Malee/Maldonado-Maldonado, Alma (Hrsg.): International Organizations and Higher Education Policy. Thinking Globally, Acting Locally? New York 2009, S. 29–45.

Valkova, Olga A.: Wissenschaftssprache und Nationalsprache. Konflikte unter russischen Naturwissenschaftlern in der Mitte des 19. Jahrhunderts, in: Jessen, Ralph/Vogel, Jakob (Hrsg.): Wissenschaft und Nation in der europäischen Geschichte, Frankfurt am Main 2002, S. 59–79.

van Eltern, Mel: Americanism and Americanization. A Critical History of Domestic and Global Influence, Jefferson 2006.

Varwick, Johannes: Sicherheit und Integration in Europa. Zur Renaissance der Westeuropäischen Union, Wiesbaden 1998.

Verger, Jacques/Charle, Christophe: Histoire des universités: XIIIe–XXIe siècle, Paris 1994.

Vogel, Ralph H.: The Making of the Fulbright Program, in: The ANNALS of the American Academy of Political and Social Science, 491.1 (1987), S. 11–21.

vom Brocke, Bernhard: Der deutsch-amerikanische Professorenaustausch. Preußische Wissenschaftspolitik, internationale Wissenschaftsbeziehungen und die Anfänge einer deutschen auswärtigen Kulturpolitik vor dem Ersten Weltkrieg, in: Zeitschrift für Kulturaustausch, 31 (1981), S. 128–182.

vom Bruch, Rüdiger: Gelehrtenpolitik, Sozialwissenschaften und akademische Diskurse in Deutschland im 19. und 20. Jahrhundert, Stuttgart 2006.

vom Bruch, Rüdiger/Kaderas, Brigitte (Hrsg.): Wissenschaften und Wissenschaftspolitik. Bestandsaufnahmen zu Formationen, Brüchen und Kontinuitäten im Deutschland des 20. Jahrhunderts, Stuttgart 2002.

vom Bruch, Rüdiger: Methoden und Schwerpunkte der neueren Universitätsgeschichtsforschung, in: Buchholz, Werner (Hrsg.): Die Universität Greifswald und die deutsche Hochschullandschaft im 19. und 20. Jahrhundert, Stuttgart 2004, S. 9–26.

von Bredow, Wilfried: Sicherheit, Sicherheitspolitik und Militär, Wiesbaden 2015.

von Hirschhausen, Ulrike/Patel, Kiran Klaus: Introduction, in: Conway, Martin/Patel, Kiran Klaus (Hrsg.): Europeanization in the Twentieth Century: Historical Approaches, New York 2010, S. 1–18.

von Ungern-Sternberg, Jürgen: Wissenschaftler, in: Hirschfeld, Gerhard/Krumeich, Gerd/Renz, Irina (Hrsg.): Enzyklopädie Erster Weltkrieg, 2. Auflage, Paderborn 2014, S. 169–175.

Vorbrodt, Günther W./Vorbrodt, Ingeburg: Die akademischen Zepter und Stäbe in Europa (Corpus Sceptrorum, Band I.), Heidelberg 1971.

Wächter, Bernd: Handbook of European Associations in Higher Education: A Practical Guide to Academic Networks in Europe and Beyond, Bonn 2000.

Walker, Mark: Physics and Propaganda. Werner Heisenberg's Foreign Lectures under National Socialism, in: Historical Studies in the Physical and Biological Sciences, 22.2 (1992), S. 339–389.

Walter, Thomas: Der Bologna-Prozess. Ein Wendepunkt europäischer Hochschulpolitik? Wiesbaden 2006.

Wallerstein, Immanuel: The Unintended Consequences of Cold War Area Studies, in: Chomsky, Noam/Barsamian, David/Zinn, Howard (Hrsg.): The Cold War & the University, New York 1997, S. 195–232.

Weitensfelder, Hubert: Studium und Staat. Heinrich Graf Rottenhan und Johann Melchior von Birkenstock als Repräsentanten der österreichischen Bildungspolitik um 1800, Wien 1996.

Winkler, Heinrich August: Geschichte des Westens. Vom Kalten Krieg zum Mauerfall, 2. Auflage, München 2014.

Wirsching, Andreas: Der Preis der Freiheit. Geschichte Europas in unserer Zeit, München 2012.
Wirsching, Andreas: Toward a New Europe? Knowledge as a Transformational Resource since the 1970s, in: Bulletin of the GHI Washington, 56 (2015), S. 7–22.
Wolgast, Eike: Die Wahrnehmung des Dritten Reiches in der unmittelbaren Nachkriegszeit (1945/56), Heidelberg 2001.

Zielinski, Michael: Die neutralen und blockfreien Staaten und ihre Rolle im KSZE-Prozeß, Baden-Baden 1990.

Personenregister